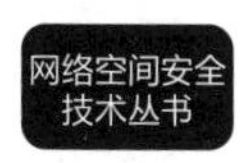

写给工程师的密码学

[德] 罗伯特·施米德（Robert Schmied）著
袁科 周素芳 贾春福 译

机械工业出版社
China Machine Press

图书在版编目（CIP）数据

写给工程师的密码学 /（德）罗伯特·施米德（Robert Schmied）著；袁科，周素芳，贾春福译．—北京：机械工业出版社，2022.8

（网络空间安全技术丛书）

书名原文：Cryptology for Engineers：An Application-Oriented Mathematical Introduction

ISBN 978-7-111-71663-1

I. ① 写…　II. ① 罗… ② 袁… ③ 周… ④ 贾…　III. ① 密码学　IV. ① TN918.1

中国版本图书馆 CIP 数据核字（2022）第 176914 号

北京市版权局著作权合同登记　图字：01-2021-1708 号。

在当今几乎透明的数字世界中，密码学已经成为日常生活中不可或缺的一部分。本书首先介绍了密码学的数学基础和通信系统的基本概念，为后面深入介绍密码学内容打下基础。然后根据密码学的发展，循序渐进地介绍了古典私钥密码的基本思想和工作模式以及安全加密的理论边界，现代私钥密码体制（如 DES、AES、Pohlig-Hellman 指数密码等）的工作模式，公钥密码体制（如 RSA、Rabin、El-Gamal 密码体制等）的基本概念和工作模式，以及利用公钥密码体制生成消息摘要和数字签名的技术。最后补充了有关密码学问题中需要用到的素性检验和伪随机数生成方法。

全书逻辑清晰，对密码学的发展历程描述完整，内容难度由浅至深，其中提供的示例便于读者实际操作，非常适合信息化工程技术和密码学方向的研究人员阅读，也适合作为高等学校相关专业本科生、研究生的密码学通识教材。

出版发行：机械工业出版社（北京市西城区百万庄大街 22 号　邮政编码：100037）

责任编辑：姚　蕾　　　　责任校对：贾海霞　张　薇

印　　刷：保定市中画美凯印刷有限公司　　　　版　　次：2023 年 1 月第 1 版第 1 次印刷

开　　本：186mm×240mm　1/16　　　　印　　张：21

书　　号：ISBN 978-7-111-71663-1　　　　定　　价：99.00 元

客服电话：（010）88361066　68326294

译者序

当今信息化时代，密码已经成为人们生活和工作中不可或缺的部分，同时也渗透到信息系统及其应用的各个环节中。而密码技术则是处理不同安全服务、实现安全目标的核心技术。

本书主要关注实现当今各类安全目标所使用的各种基本密码算法，因此需要对其涉及的数学基础知识进行深入介绍，以便读者很好地理解这些算法。书中在介绍各种密码算法时，通过丰富的计算实例来阐述和解释算法，使读者能够“知其然，知其所以然”。本书的特点体现在以下方面：

- 主要关注基本的密码算法，在介绍密码算法时，给出涉及的数学背景知识，易于读者掌握基本原理。
- 通过丰富的实例阐述基本原理，且许多实例都可以手工计算完成。
- 给出的算法都能够直接编程实现，对密码理论学习者和密码工程师非常有益。
- 每章开头都给出学习本章的知识要求，正文中包含大量的备注和参考文献，内容组织深入浅出。

本书共包括 11 章。第 1 章至第 3 章介绍了密码学的数学基础和通信系统基本概念，包括数论和概率论基础、抽象代数基础和通信系统安全相关的基本概念。第 4 章和第 5 章分别介绍了古典私钥密码的基本思想和工作模式以及安全加密的理论边界。第 6 章介绍了现代私钥密码，包括 DES、AES 和 Pohlig-Hellman 指数密码。第 7 章到第 10 章分别介绍了公钥密码的基本概念、典型的公钥密码体制、生成消息摘要的基本技术、典型的数字签名体制。第 11 章介绍了密码学中典型的素性检验方法和伪随机数生成。

本书非常适合信息化工程技术和密码学方向的研究人员阅读，也适合作为高等学校相关专业本科生和研究生的密码学通识教材。

本书由南开大学贾春福教授组织翻译，河南大学袁科和周素芳副教授主译。高敏芬、李家保、戴琦、杜展飞、杨龙威、王雅飞、邵蔚和武辰璐等也参与了对译稿的审读和校对工作。最后，全书由贾春福教授统稿。在翻译的过程中，得到了机械工业出版社编辑的大力支持和帮助，在此深表感谢。

我们本着对读者负责的宗旨开展本书的翻译工作，努力做到技术内涵的准确无误和专业术语的规范统一。但是限于译者水平，加之时间仓促，翻译中的不妥和疏漏之处在所难免，敬请读者批评指正。

译者

2022 年夏于南开大学

前　言

在当今透明的数字世界中，密码学已成为日常生活中不可或缺的一部分。密码学最初的目标是对消息进行加密以确保通信安全，现在它已经扩展到众多领域，尤其是那些涉及计算机化的工程领域，并且拓展出一些可以持续进行研究的主题。这些主题至少有两个共同点：一是它们嵌在互联的系统之中；二是它们必须保证最大的安全性。为此，我们需要了解并处理不同的安全服务以确保实现安全目标。安全服务是密码系统的静态部分，通过明确定义其应用的行为序列来丰富其内容。密码系统是所谓的加密器的主要部分，可确保通信系统中任何类型消息的安全性。这样的密码系统必须在通信的参与者（即发送方和接收方）之间进行协商。因此，消息发送端涉及的组件也同样建立在接收端。

本书主要关注为确保达成当今的安全目标所需的各种基本算法，因此需要对其涉及的数学背景进行深入介绍，这对于理解困难的算法很重要。书中每章都提供了丰富的实例，许多实例可以通过手工计算完成，少数需要计算机实现。书中给出的算法都是正确的，且能够直接实现。但是，没必要一一实现这些算法，因为本书的重点在于理解抗攻击者安全的算法，而不是其实现。

图 A 展示了本书提到的各个主题。白色圆圈中的数字为介绍和主要讨论这些主题的章的编号。

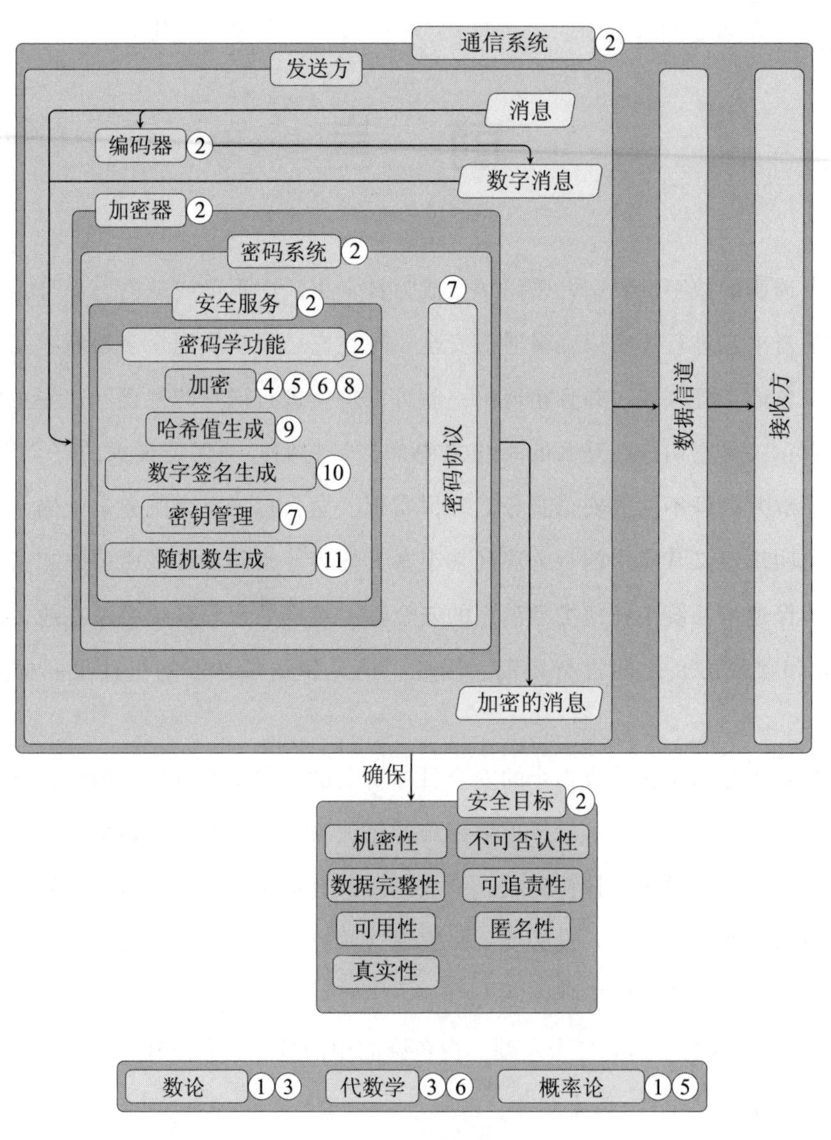
通信系统 2
发送方
消息
编码器 2
数字消息
加密器 2
密码系统 2
7
安全服务 2
密码学功能 2
加密 4 5 6 8
哈希值生成 9
数字签名生成 10
密钥管理 7
随机数生成 11
密码协议
加密的消息
数据信道
接收方
确保
安全目标 2
机密性
不可否认性
数据完整性
可追责性
可用性
匿名性
真实性
数论 1 3
代数学 3 6
概率论 1 5

图 A 本书主题概览

目录

第1章
数论和概率论基础

说明 1.1　学习本章的知识要求：

- 能够对数字进行加法和乘法运算；
- 能够通过不大于（即$<$或$\leqslant$）关系对数字进行排序；
- 知道$\mathbb{N}$的每个非空子集都存在一个最小的元素；
- 知道对于每个$n\in\mathbb{N}$，只有有限个元素$z\in\mathbb{Z}$满足$|z|\leqslant n$；
- 能够建立映射关系。

精选文献：请参阅文献（Applebaum，2008；Hardy 等，2008；Hoffstein 等，2008；Ross，2014）。

每个使用一个或多个涉及密码学服务的应用都用到了数论的结果。此外，现代的安全概念应用了概率论的结果。因此，对相关理论的研究和发展具有重要意义[⊖]。

1.1　欧几里得算术基本定理

本节讨论所涉及的集合包括$\mathbb{N}=\{1,2,3,\cdots\}$、$\mathbb{N}_0=\{0,1,2,\cdots\}$、$\mathbb{Z}=\{0,\pm1,\pm2,$

⊖　请参阅文献（Hoffstein 等，2008）或（Hardy 等，2008）中的一些介绍性的章节。

±3,…}和$\mathbb{R}$。

1.1.1 带余除法

我们将在后面讨论的密码系统[㊀]，通常是用于保证传输消息机密性的必要条件。在演示密码系统的示例之前，我们必须理解数论的基本原理。我们将讨论模运算，即有限集上的同余理论。有限集上的运算可以通过加法和乘法规则来处理。最初，根据所谓的Cayley表[㊁]汇集每个计算规则，例如[㊂]当$n=3$且集合为{0,1,2}时，Cayley表表示为

$+_3$	0	1	2
0	0	1	2
1	1	2	0
2	2	0	1

$\cdot_3$	0	1	2
0	0	0	0
1	0	1	2
2	0	2	1

由于该表过于复杂，无法记录所有可能的$n\in\mathbb{N}$的情况，因此需要引入整数带余除法的概念。然而，我们并不总是能够使某个整数$z\in\mathbb{Z}$被自然数$n\in\mathbb{N}$整除，但是余数是精确确定的。令

$$\lfloor\cdot\rfloor:\mathbb{R}\to\mathbb{Z},x\mapsto\lfloor x\rfloor:=\max\{q\in\mathbb{Z};q\leqslant x\}$$

是向下取整函数，例如：

$$\left\lfloor\frac{22}{7}\right\rfloor=3\text{ 和}\left\lfloor-\frac{22}{7}\right\rfloor=-4$$

定理 1.2（$\mathbb{Z}$中的带余除法） 令$z\in\mathbb{Z}$和$n\in\mathbb{N}$。则存在确定的数$q\in\mathbb{Z}$和$r\in\{0,1,\cdots,n-1\}$满足

$$z=q\cdot n+r$$

在这种情况下，q是商，r是z除以n的余数。

证明 存在性：令$q:=\lfloor z/n\rfloor\in\mathbb{Z}$和$r:=z-q\cdot n\in\mathbb{Z}$。由于$q\leqslant z/n<q+1$，

㊀ 该术语在约定2.24中进行了讨论。

㊁ Arthur Cayley（1821—1895）。

㊂ 根据例3.12和例3.16。

$$q \leqslant z/n < q+1 \Leftrightarrow q \cdot n \leqslant z < q \cdot n + n$$
$$\Leftrightarrow 0 \leqslant \underbrace{z - q \cdot n}_{r} < n$$

因而 $0 \leqslant r < n$。所以 $z = q \cdot n + r$。

唯一性：由于 $0 \leqslant r/n = z/n - q < 1$，因而 $z/n - 1 < q \leqslant z/n$，从而得到 q 的唯一性。

□

类似地，z 除以 n 得到的余数[⊖] r（换句话说：模 n 的余数）是唯一的，表示为

$$r = z \bmod n$$

其中的自然数 n 称为模数。我们可以定义一个映射

$$\rho_n : \mathbb{Z} \to \{0, \cdots, n-1\}, z = q \cdot n + r \mapsto r := z \bmod n \tag{1.1}$$

来表示这个过程。

例 1.3 $n=7$ 时：

z	q	$\cdot\ n+r$	$\rho_n(z)$
$-22=$	(-4)	$\cdot\ 7+6$	6
$-14=$	(-2)	$\cdot\ 7+0$	6
$0=$	0	$\cdot\ 7+0$	0
$1=$	0	$\cdot\ 7+1$	1
$9=$	1	$\cdot\ 7+2$	2
$23=$	3	$\cdot\ 7+2$	2

备注 1.4 在定理1.2中可以很容易地从 $\mathbb{Z}\setminus\{0\}$ 中选择 n。如果 $n<0$，我们只需要使用 $|n|=-n$，最后使用 $-q$ 代替 q。例如，$9=(-1)\cdot(-7)+2$ 或 $-14=2\cdot(-7)$。就表示模 n 的余数而言，这里的 n 必须是自然数。

在两个正整数的情况下，使用以下简单算法。

⊖ 余数也称为剩余，例如在文献（Dixon 等，2010）中。

算法 1.1：正整数的除法算法

要求：正整数 z，$n\in\mathbb{N}$。

确保：$q\in\mathbb{N}$ 和 $r\in\{0,\cdots,n-1\}$，满足 $z=q\cdot n+r$。

1：$q:=0$，$r:=z$

2：**while** $r\geqslant n$ **do**

3：　$r:=r-n$

4：　$q:=q+1$

5：**end while**

6：**return**（q，r）

如果余数 r 为零，则 $z=q\cdot n$。这种特例很重要，并且有其相应的术语。

定义 1.5（因子和倍数） 令 $a,z\in\mathbb{Z}$，我们将

$$a\mid z:\Leftrightarrow\exists q\in\mathbb{Z}:z=q\cdot a$$

表示为"a 整除 z"。这样处理时，a 被称为 z 的因子（也可称为因数、约数或除数），而 z 被称为 a 的倍数。

如果 a 不是 z 的因子，则表示 $a\nmid z$。$z\in\mathbb{Z}$ 的所有自然数因子集合表示为

$$D_z:=\{a\in\mathbb{N};a\mid z\}$$

对于任意 D_z，$1\in D_z$，因为对于任何 $z\in\mathbb{Z}$，简单等式 $z=z\cdot 1$ 是有效的，所以 $1\mid z$。此外，每个 $z\in\mathbb{Z}\setminus\{0\}$都整除其自身，由于 $z=1\cdot z=\pm1\cdot|z|$。因此，相应的 D_z 至少包含元素 1 和$|z|$，且 D_z 是一个有限集，因为由 $a\mid z$，可知对于某些 $q\in\mathbb{Z}$ 和 $1\leqslant a\leqslant z$，有 $z=q\cdot a$。$D_0=\mathbb{N}$是一个特例，因为对于所有 $a\in\mathbb{N}$，都有 $0=0\cdot a$。

例1.6

$$60=1\cdot 60=2\cdot 30=3\cdot 20=4\cdot 15=5\cdot 12=6\cdot 10$$

$$\Rightarrow D_{60}=\{1,2,3,4,5,6,10,12,15,20,30,60\}$$

不为零的两个或多个数 $z_1,\cdots,z_k \in \mathbb{Z}\backslash\{0\}$ 具有至少一个共同的因子（称为公因子）1。公因子的集合由

$$D_{z_1} \cap D_{z_2} \cap \cdots \cap D_{z_k}$$

确定。由于集合 D_{z_i} 中的元素个数有限，因此总是存在一个最大的数。

定义 1.7（最大公因子） 令 z_1，…，$z_k \in \mathbb{Z}$。则根据映射 $\mathrm{GCD}: \mathbb{Z}^k \to \mathbb{N}_0$，值

$$\mathrm{GCD}(z_1,\cdots,z_k):=\begin{cases} \max D_{z_1} \cap \cdots \cap D_{z_k}, & \text{至少存在一个 } z_i \neq 0 \\ 0, & \text{所有的 } z_i = 0 \end{cases}$$

被称为 z_1，…，z_k 的最大公因子。如果 $\mathrm{GCD}(z_1,z_2)=1$，则称 z_1 和 z_2 互素。

令

$$\mathcal{L}(z_1,\cdots,z_k):=\{\lambda_1 \cdot z_1+\cdots+\lambda_k \cdot z_k;\lambda_i \in \mathbb{Z},i=1,\cdots,k\} \tag{1.2}$$

是整数 $z_1,\cdots,z_k \in \mathbb{Z}\{0\}$ 的整数线性组合的集合。$\mathcal{L}(z_1,\cdots,z_k)$ 是包含 $\pm z_i$ 的 $\mathbb{Z}$ 的子集，因此，它具有最小的正元素，例如，$d=\mu_1 \cdot z_1+\cdots+\mu_k \cdot z_k$。如果 $t \in \mathbb{N}$ 是 $z_1,\cdots,z_k$ 的公因子，即 $z_1=q_1 \cdot t,\cdots,z_k=q_k \cdot t$，那么 t 是 d 的因子，因为

$$\begin{aligned} d &= \mu_1 \cdot z_1+\cdots+\mu_k \cdot z_k=\mu_1 \cdot (q_1 \cdot t)+\cdots+\mu_k \cdot (q_k \cdot t) \\ &=(\mu_1 \cdot q_1+\cdots+\mu_k \cdot q_k) \cdot t \end{aligned}$$

假设 d 不是 z_1 的因子，则 $z_1=q \cdot d+r,r \in \{1,\cdots,d-1\}$，且

$$\begin{aligned} r &= z_1-q \cdot d=z_1-q \cdot (\mu_1 \cdot z_1+\cdots+\mu_k \cdot z_k) \\ &=(1-q \cdot \mu_1) \cdot z_1+(-q \cdot \mu_2) \cdot z_2 \\ &\quad +\cdots+(-q \cdot \mu_k) \cdot z_k \in \mathcal{L}(z_1,\cdots,z_k) \end{aligned}$$

但是，正整数 r 小于 d，这与 d 是 $\mathcal{L}(z_1,\cdots,z_k)$ 中最小正元素的假设相反。因此，$d|z_1$。同理可得，d 可以依次整除 z_2，…，z_k。因此，d 是 z_1，…，z_k 的公因子。由于 z_1，…，z_k 的所有公因子都是 d 的因子，因此 d 是 z_1，…，z_k 的唯一最大公因子。

例 1.8

$$D_{14}=\{1,2,7,14\},D_{49}=\{1,7,49\}\Rightarrow D_{14}\cap D_{49}=\{1,7\}$$

$$\Rightarrow \mathrm{GCD}(14,49)=7$$

$$\mathbf{1}=-5\cdot 11+4\cdot 14\Rightarrow \mathrm{GCD}(11,14)=1$$

$$\mathcal{L}(10,15,20)=\{\cdots,-10,-5,0,\mathbf{5},10,\cdots\}\Rightarrow \mathrm{GCD}(10,15,20)=5$$

由于$d\in\mathcal{L}(z_1,\cdots,z_k)$且$d=\mu_1\cdot z_1+\cdots+\mu_k\cdot z_k$，因此 d 的任何倍数$u\cdot d=(u\cdot\mu_1)\cdot z_1+\cdots+(u\cdot\mu_k)\cdot z_k$ 也属于$\mathcal{L}(z_1,\cdots,z_k)$。或者，每个$k\in\mathcal{L}(z_1,\cdots,z_k)$都属于$\mathcal{L}(d)$，因为$k=\lambda_1\cdot z_1+\cdots+\lambda_k\cdot z_k=(\lambda_1\cdot\mu_1)\cdot d+\cdots+(\lambda_k\cdot\mu_k)\cdot d=(\lambda_1\cdot\mu_1+\cdots+\lambda_k\cdot\mu_k)\cdot d$。综合上述分析，可得$\mathcal{L}(d)=\mathcal{L}(z_1,\cdots,z_k)$。

推论 1.9　如果$d=\mathrm{GCD}(z_1,\cdots,z_k)$，则

$$\mathcal{L}(d)=\mathcal{L}(z_1,\cdots,z_k)$$

给定$z_1,z_2,z_3\in\mathbb{Z}$，假设$z_1|z_2\cdot z_3$，即$z_2\cdot z_3=\lambda_1\cdot z_1$。令$d=\mathrm{GCD}(z_1,z_2)=1$。那么

$$\begin{aligned}z_3&=z_3\cdot 1=z_3\cdot d=z_3\cdot(\mu_1\cdot z_1+\mu_2\cdot z_2)\\&=(z_3\cdot\mu_1)\cdot z_1+(\mu_2\cdot\lambda_1)\cdot z_1\\&=(z_3\cdot\mu_1+\mu_2\cdot\lambda_1)\cdot z_1\Rightarrow z_1|z_3\end{aligned}$$

推论 1.10　给定$z_1,z_2,z_3\in\mathbb{Z}$，假设$z_1|z_2\cdot z_3$，如果z_1和z_2互素，则$z_1|z_3$。

例 1.11

$$11|308=14\cdot 22,\mathrm{GCD}(11,14)=1\Rightarrow 11|22$$

$$14|98=49\cdot 2,\quad 14\nmid 2\qquad\Rightarrow \mathrm{GCD}(14,49)\neq 1$$

整数$z_1,\cdots,z_k\in\mathbb{Z}\backslash\{0\}$具有至少一个正公倍数，特别是当每个集合$\mathcal{L}(z_i)$都包含$z_1,\cdots,z_k$时。交集$\mathcal{L}(z_1)\cap\cdots\cap\mathcal{L}(z_k)$包含$z_1,\cdots,z_k$的所有公倍数。

定义 1.12（最小公倍数） 令 z_1，…，$z_k \in \mathbb{Z}\setminus\{0\}$ 为 k 个非零整数，$U:=\mathcal{L}(z_1)\cap\cdots\cap\mathcal{L}(z_k)$。则值

$$\mathrm{LCM}(z_1,\cdots,z_k):=\min\mathbb{N}\cap U$$

被称为 z_1，…，z_k 的最小公倍数。

令 $v=\mathrm{LCM}(z_1,\cdots,z_k), v=\nu_j\cdot z_j$，其中 $\nu_j\in\mathbb{Z}$。则可得，$u\cdot\nu=(u\cdot\nu_j)\cdot z_j\in\mathcal{L}(z_j)$，其中 $u\in\mathbb{Z}$，因此，$\mathcal{L}(v)\subseteq U$。或者由定理 1.2 可知，对于任何 $k\in U$，都存在一个 $q\in\mathbb{Z}$ 满足 $0\leqslant k-q\cdot v<v$。但是，由 $k\in U$ 和 $q\cdot v\in U$，可知 $k-q\cdot v\in U$。由于 v 是 U 的最小正元素，因此我们得到 $k-q\cdot v=0$ 和 $U\subseteq\mathcal{L}(v)$。所以，$U=\mathcal{L}(v)$。

推论 1.13 如果 $v=\mathrm{LCM}(z_1,\cdots,z_k)$，则

$$\mathcal{L}(v)=\mathcal{L}(z_1)\cap\cdots\cap\mathcal{L}(z_k)$$

例 1.14

$$\begin{aligned}\mathrm{LCM}(14,49)&=\min\{14,28,42,56,70,84,98,\cdots\}\cap\{49,98,\cdots\}\\&=98\end{aligned}$$

$$\mathrm{LCM}(15,20)=\min\{15,30,45,60,\cdots\}\cap\{20,40,60,\cdots\}=60$$

令 $z_1,z_2\in\mathbb{Z}\setminus\{0\}$ 是整数，且 $d=\mathrm{GCD}(z_1,z_2), d=\mu_1z_1+\mu_2z_2, z_1=q_1d, z_2=q_2d, v=\mathrm{LCM}(z_1,z_2), v=\nu_1z_1=\nu_2z_2$。那么

$$z_1\mid z_1q_2=q_1dq_2, z_2\mid z_2q_1=q_2dq_1\Rightarrow v\mid q_1dq_2$$

因为 z_1 和 z_2 的每个公倍数都被 v 整除。由此可得

$$dv\mid dq_1dq_2=z_1z_2\Rightarrow z_1z_2=m_1(dv), m_1\in\mathbb{Z}$$

或者

$$\begin{aligned}dv&=(\mu_1z_1+\mu_2z_2)v=\mu_1z_1\nu_2z_2+\mu_2z_2\nu_1z_1\\&=\underbrace{(\mu_1\nu_2+\mu_2\nu_1)}_{m_2\in\mathbb{Z}}z_1z_2\Rightarrow z_1z_2\mid dv\end{aligned}$$

因此

$$dv=m_2(z_1z_2)=m_2m_1(dv)\Rightarrow m_1m_2=1$$

要么 $m_1=m_2=1$，要么 $m_1=m_2=-1$。

推论 1.15 给定 $z_1,z_2\in\mathbb{Z}\backslash\{0\}$，则

$$\mathrm{GCD}(z_1,z_2)\cdot\mathrm{LCM}(z_1,z_2)=|z_1z_2|$$

例 1.16 我们再次来看 LCM(14，49)和 LCM(15，20)

$$\mathrm{LCM}(14,49)=\frac{14\cdot 49}{\mathrm{GCD}(14,49)}=\frac{14\cdot 49}{7}=98$$

$$\mathrm{LCM}(15,20)=\frac{15\cdot 20}{\mathrm{GCD}(15,20)}=\frac{15\cdot 20}{5}=60$$

1.1.2 素数

有些自然数具有对密码系统很有用的特殊性质。这些数字几乎出现在每一种现代密码技术中。

定义 1.17（素数） 如果 $|D_n|=2$，则自然数 $n\in\mathbb{N}$ 称为素数或质数。这样的数用 p 表示。如果 $n\in\mathbb{N}$ 不是素数，则 n 是一个合数。

备注 1.18

(1) 由于 $D_1=\{1\}$ 和 $|D_1|=1\neq 2$，因此 1 不是素数。

(2) 若 n 的因子同时也是素数，则称其为素因子。

例 1.19 对于 $n=120$，

$$D_{120}=\{1,2,3,4,5,6,8,10,12,15,20,24,30,40,60,120\}$$

在这种情况下，数字 2、3 和 5 是素数。

另一个例子是 $D_7=\{1,7\}$，其中 7 是素数。

备注 1.20 对于一个素数 p，$\mathrm{GCD}(a,p)=1$ 对于所有的 $a\in\{1,\cdots,p-1\}$ 成立，而 $\mathrm{GCD}(0,p)=p$。

令素数 p 是 $a\cdot b$ 的一个因子，其中 a，$b\in\mathbb{Z}$。如果 $p\nmid a$，则 a 和 p 互素，且根据推论 1.10 可得 $p|b$。类似地，由 $p\nmid b$ 可得 $p|a$。

推论 1.21　给定 $a, b\in\mathbb{Z}$ 和素数 p，假设 $p|a\cdot b$。则 $p|a$ 或 $p|b$。

例 1.22

$11|308=14\cdot 22$

因为 11 是素数　$\Rightarrow 11|14$ 或 $11|22$

又因为 $5\nmid 11$ 且 $5\nmid 14$　$\Rightarrow 5\nmid 154=11\cdot 14$

事实上 $1,n\in D_n$。令集合 $S=D_n\backslash\{1\}$，则 S 中的最小元素 p 是素数，因为 p 的每个正因子$a(p=q_2\cdot a)$都是 n 的因子：$n=q_1\cdot p=(q_1\cdot q_2)\cdot a$。但是，$p$ 的正因子是 1 和 p。

推论 1.23　每个 $n\in\mathbb{N}$(其中 $n>1$) 都有一个素因子。

给定一个特定的数列$(a_n)_n\in\mathbb{N}_0$，

$$a_n=\frac{4^n-1}{3},n\in\mathbb{N}_0 \tag{1.3}$$

$(a_n)_n\in\mathbb{N}_0$ 的前十个成员是

0，1，5，21，85，341，1365，5461，21 845，87 381

在此之前，我们需要知道几何级数

$$s_n=\sum_{i=0}^{n}x^i=\frac{x^{n+1}-1}{x-1},x\in\mathbb{R}\backslash\{1\} \tag{1.4}$$

它是正确的，因为

$$\begin{aligned}s_n+x^{n+1}&=\sum_{i=0}^{n+1}x^i=x^0+\sum_{i=1}^{n+1}x^i=1+\sum_{i=0}^{n}x^{i+1}\\&=1+x\cdot\sum_{i=0}^{n}x^i=1+x\cdot s_n\end{aligned}$$

令 $x=4$，那么

$$1+4+16+\cdots+4^{n-1}=\sum_{i=0}^{n-1}4^i\overset{(1.4)}{=}\frac{4^n-1}{3}=a_n\in\mathbb{N}_0$$

$$\Leftrightarrow 3 \mid 4^n - 1 = 2^{2n} - 1 = (2^n - 1) \cdot (2^n + 1)$$

由推论 1.21 可知，$3 \mid 2^n - 1$ 或 $3 \mid 2^n + 1$。如果 $n = 2k (k \in \mathbb{N}_0)$ 是一个非负偶数且 $3 \mid 4^k - 1$，则

$$3 \mid 4^k - 1 = 2^{2k} - 1 = 2^n - 1$$

$$\Rightarrow a_n = \underbrace{\frac{2^n - 1}{3}}_{\in \mathbb{N}_0} \cdot (2^n + 1)$$

或者，如果 $n = 2k + 1 (k \in \mathbb{N}_0)$ 是一个正奇数且 $3 \mid 4^k - 1$，则

$$2^n + 1 = 2^{2k+1} + 1 = 2 \cdot 2^{2k} + 1 = 2 \cdot 4^k - 2 + 2 + 1 = 2 \cdot (4^k - 1) + 3$$

可得 $3 \mid 2^n + 1$，因此

$$a_n = (2^n - 1) \cdot \underbrace{\frac{2^n + 1}{3}}_{\in \mathbb{N}_0.}$$

综上所述，对于 $n > 2$，a_n 是一个合数。

推论 1.24　令 $n \in \mathbb{N}_0$，$n > 2$。则 $a_n = \frac{4^n - 1}{3}$ 不是素数。

最后，$(a_n)_{n \in \mathbb{N}_0}$ 的第三到第十个成员可以记为

$$21 = 7 \cdot 3, 85 = 5 \cdot 17, 341 = 31 \cdot 11, 1365 = 21 \cdot 65,$$
$$5461 = 127 \cdot 43, 21\,845 = 85 \cdot 257, 87\,381 = 511 \cdot 171$$

我们将在 11.1 节中参考此数列。欧几里得[⊖]是第一个研究素数个数的人。

定理 1.25（欧几里得定理）　*素数是无穷多的。*

证明　假设存在有限个数的素数 p_1，…，p_n。令 z 为所有这些素数的乘积加 1：

$$z = p_1 \cdot \cdots \cdot p_n + 1 > \max\{p_1, \cdots, p_n\}$$

z 不可能是素数，这会与证明开始的假设相矛盾。由推论 1.23 可知，z 必定存在一个素因子。对于任何 $i = 1$，…，n，假设 $p_i \mid z$。但对于每个 p_i，它都满足

⊖　亚历山大的欧几里得(约公元前 300 年)。

$$z-1=p_i\cdot\prod_{j\neq i}p_j,\ p_i \mid z-1 \Rightarrow p_i \mid z-(z-1)=1$$

因此，p_i 是 1 的因子，而不是素数。由推论 1.23，必定存在另一个是素数的因子。但是，这将与先前的假设相矛盾。 □

例 1.26

$2\cdot3\cdot5\cdot7+1=211$（素数）

$2\cdot3\cdot5\cdot7\cdot11+1=2311$（素数）

$2\cdot3\cdot5\cdot7\cdot11\cdot13+1=30\ 031=59\cdot509$（合数）

可以使用一种古老的方法来查找小于给定 $n\in\mathbb{N}$ 的素数。埃拉托斯特尼[1]筛法是一种非常简单的算法。首先，记下所有小于 n 的整数（从 2 开始），然后开始划掉一些整数。因此，从列表中第一个未划掉的元素 m 开始，它的所有倍数 $k\cdot m$，$k=1$，…，$\left\lfloor\frac{n}{m}\right\rfloor$都被划掉。重复此步骤，直到得到满足 $m^2>n$ 的元素 m。剩下的元素都是素数。

例 1.27（埃拉托斯特尼筛法）

$$n=27$$

执行以下步骤：

2 3 4 5 6 7 8 9 10 11 12 13 14 15 16 17 18 19 20 21 22 23 24 25 26 27

2：2 3 ~~4~~ 5 ~~6~~ 7 ~~8~~ 9 ~~10~~ 11 ~~12~~ 13 ~~14~~ 15 ~~16~~ 17 ~~18~~ 19 ~~20~~ 21 ~~22~~ 23 ~~24~~ 25 ~~26~~ 27

3：2 3 ~~4~~ 5 ~~6~~ 7 ~~8~~ ~~9~~ ~~10~~ 11 ~~12~~ 13 ~~14~~ ~~15~~ ~~16~~ 17 ~~18~~ 19 ~~20~~ ~~21~~ ~~22~~ 23 ~~24~~ 25 ~~26~~ ~~27~~

5：2 3 ~~4~~ 5 ~~6~~ 7 ~~8~~ ~~9~~ ~~10~~ 11 ~~12~~ 13 ~~14~~ ~~15~~ ~~16~~ 17 ~~18~~ 19 ~~20~~ ~~21~~ ~~22~~ 23 ~~24~~ ~~25~~ ~~26~~ ~~27~~

由于 $7^2=49>27$，因此筛选过程在此停止，剩下的数 2、3、5、7、11、13、17、19 和 23 为素数。

一个非常有趣但难以证明[2]的结果产生了*素数定理*，它给出了素数在正整数中的渐近分布的估计。

---

[1] 昔兰尼的埃拉托斯特尼（公元前 276 年—约公元前 195 年）。

[2] 有关证明的详细推导，请参阅文献（Hardy 等，2008）。

定理 1.28（素数定理） 令 $\pi(n)$ 为小于或等于 $n\in\mathbb{N}$ 的素数。对于任意小的 $\varepsilon>0$ 和任意相应足够大的 n，满足

$$(1-\varepsilon)\cdot\frac{n}{\ln(n)}\leqslant\pi(n)\leqslant(1+\varepsilon)\cdot\frac{n}{\ln(n)}$$

换言之：$\lim_{n\to\infty}\frac{\pi(n)}{n/\ln(n)}=1$

每个大于 1 的正数都可以记为素数的乘积。这称为因子分解或把一个整数分解成若干素因子。

定理 1.29（算术基本定理） 对于任何 $n>1$ 的正整数，存在素数 p_1，…，p_s，满足 $n=1\cdot p_1\cdot\cdots\cdot p_s$。除了顺序之外，此表示形式是唯一的。

证明　我们可以在 n 上用归纳法证明其存在性。

基础：$n=2$：$2=1\cdot 2$。

归纳假设：该陈述适用于 $n-1$。

归纳步骤：根据推论 1.23，n 的大于 1 的最小因子是一个素因子。如果 $n/p=1$，则 $D_n=\{1, p\}$，且由于 p 是素数，因此该陈述是正确的。如果 $f:=n/p>1$，则根据归纳假设（$f\leqslant n-1$）可得，f 是素数的乘积。这确保了其存在性。

对于唯一性，假设

$$n=p_1\cdot\cdots\cdot p_s \text{ 和 } n=q_1\cdot\cdots\cdot q_t$$

是 n 的不同素因子分解式，其中 p_i 和 q_j 为素数，$i=1,\cdots,s,j=1,\cdots,t$。我们通过对素因子数 t 的归纳来证明命题：p_1 等于素因子 q_1，…，q_t 之一。

基础：$t=1$ 是明确的，因为 $p_1|n=q_1$，且 p_1，q_1 是素数。

归纳假设：该命题适用于 $t-1$。

归纳步骤：该命题适用于 $p_1|n=q_1\cdot\cdots\cdot q_t$。通过使用括号，我们有 $p_1|q_1\cdot(q_2\cdot\cdots\cdot q_t)$。根据推论 1.21，可知 $p_1|q_1$ 或 $p_1|q_2\cdot\cdots\cdot q_t$。在第一种情况下，由于 p_1 和 q_1 是素数，因此该命题得到了验证。在第二种情况下，我们知道 p_1 是 $m=q_2\cdot\cdots\cdot q_t$ 的素因子，

且 m 可以分解为 $t-1$ 个素因子相乘。因此，归纳假设生效，且 p_1 等于素因子 q_2，…，q_t 之一。

重新编号可使得 $p_1=q_1$，查看 n/p_1，或者 n/q_1，归纳假设再次生效。现在，重新编号后，$s=t$，或者更确切地说是 $p_i=q_i$，对于所有的 $i=1$，…，s 都成立。除了顺序以外，分解而得的素数是唯一的。 □

任何 $z\in\mathbb{Z}\setminus\{0\}$ 都可以通过首先分解 $|z|$，然后，如果 $z<0$，将乘积乘以 -1 来进行分解。计算因子分解很困难，我们将在 7.2.3 节中进行讨论。把相同素因子的个数相加，我们得到表达式

$$n=p_1^{\alpha_1}\cdot p_2^{\alpha_2}\cdot\cdots\cdot p_k^{\alpha_k} \tag{1.5}$$

且称 n 能被分解或因子分解为素因子幂之积。n 的所有自然因子的集合可以记为

$$D_n=\{p_1^{\gamma_1}\cdot\cdots\cdot p_k^{\gamma_k};0\leqslant\gamma_i\leqslant\alpha_i,1\leqslant i\leqslant k\},\ |D_n|=\prod_{i=1}^{k}(\alpha_i+1)$$

例 1.30

$$120=2^3\cdot 3\cdot 5\Rightarrow|D_{120}|=4\cdot 2\cdot 2=16$$

两个（或任意多个）数的因子分解与它们的 GCD 和 LCM 之间存在联系。令

$$a=q_1^{r_1}\cdot q_2^{r_2}\cdot\cdots\cdot q_k^{r_k},$$

$$b=u_1^{s_1}\cdot u_2^{s_2}\cdot\cdots\cdot u_l^{s_l}$$

被因子分解为素因子幂之积。我们假设 a 和 b 的符号是无区别的正数。此外，令

$$D=\{p_1,\cdots,p_m\}=\{q_1,\cdots,q_k\}\cup\{u_1,\cdots,u_l\}$$

是 a 和 b 的所有素因子的集合。如果我们观察

$$a=p_1^{\alpha_1}\cdot\cdots\cdot p_m^{\alpha_m}$$

$$b=p_1^{\beta_1}\cdot\cdots\cdot p_m^{\beta_m}$$

$$a\cdot b=p_1^{\alpha_1+\beta_1}\cdot p_m^{\alpha_m+\beta_m},(\alpha_j \text{ 和 } \beta_j \text{ 可能为 } 0)$$

那么有 $\gamma_j\leqslant\min\{\alpha_j,\beta_j\}$，

$$p_1^{\gamma_1}\cdot\cdots\cdot p_m^{\gamma_m}\mid a,b$$

由于

$$d=p_1^{\min\{\alpha_1,\beta_1\}}\cdot\cdots\cdot p_m^{\min\{\alpha_m,\beta_m\}}\mid a,b$$

也是 a 和 b 的一个因子，甚至是最大的，因此 $d=\mathrm{GCD}(a,b)$。根据推论 1.15，$\mathrm{GCD}(a,b)\cdot\mathrm{LCM}(a,b)=a\cdot b$，且由于 $\min\{\alpha_j,\beta_j\}+\max\{\alpha_j,\beta_j\}=\alpha_j+\beta_j$，可得

$$p_1^{\min\{\alpha_1,\beta_1\}}\cdot\cdots\cdot p_m^{\min\{\alpha_m,\beta_m\}}\cdot p_1^{\max\{\alpha_1,\beta_1\}}\cdot\cdots\cdot p_m^{\max\{\alpha_m,\beta_m\}}=a\cdot b$$

推论 1.31　令 $a,b\in\mathbb{Z}\backslash\{0\}$ 被因子分解为素因子幂之积。则

$$\underbrace{\prod_{j=1}^{m}p_j^{\min\{\alpha_j,\beta_j\}}}_{\mathrm{GCD}(a,b)}\cdot\underbrace{\prod_{j=1}^{m}p_j^{\max\{\alpha_j,\beta_j\}}}_{\mathrm{LCM}(a,b)}=|a\cdot b|$$

例 1.32

$$15=3\cdot 5,20=2^2\cdot 5\Rightarrow D=\{2,3,5\},\gamma_1=\gamma_2=0,\gamma_3=1$$

$$\mathrm{GCD}(15,20)=2^0\cdot 3^0\cdot 5^1=5,\mathrm{LCM}(15,20)=2^2\cdot 3^1\cdot 5^1=60$$

$$(2^0\cdot 3^0\cdot 5^1)\cdot(2^2\cdot 3^1\cdot 5^1)=300=15\cdot 20$$

1.2　概率论的基本概念

本节介绍概率空间[⊖]，其中由三个不可分割部分组成的三元组（Ω，$\mathcal{F}$，$\mathbb{P}$）对包含不确定性元素的试验进行建模。

1.2.1　概率空间

满足以下条件的试验被称为随机试验：

- 根据预定规则开展；
- 理论上可以根据需要重复开展；

⊖ 这里的介绍很简短。有关概率论的全面介绍，请参阅文献（Ross，2014）或（Applebaum，2008）。

• 无法预测其输出。

因此，Ω 是样本空间，即试验可能输出的非空集合。$\mathcal{F}$ 是事件的集合，每个事件都是一个可能输出的集合。$\mathbb{P}$ 是映射 $\mathbb{P}:\mathcal{F}\rightarrow[0,1]$，它将每个事件映射到 0 和 1 之间的值，即概率度量。Ω 的每个成员称为一个简单事件。称一个事件（集合 $A\subseteq\Omega$）发生，如果随机试验的输出 w 是 A 的一个成员，即 $w\in A$。事件集由所有需要的事件组成。一个常用的例子是 Ω 的幂集。需要对事件发生的安全性进行评估，可以通过映射 $\mathbb{P}:\mathcal{F}\rightarrow[0,1]$ 来实现，该映射满足以下性质：

• $\mathbb{P}(\emptyset)=0,\mathbb{P}(\Omega)=1,\mathbb{P}(A)\geqslant 0$；

• $1=\mathbb{P}(\Omega)=\mathbb{P}(A\cup\overline{A})=\mathbb{P}(A)+\mathbb{P}(\overline{A}),\overline{A}=\Omega\backslash A$；

• $\mathbb{P}(A\cup B)=\mathbb{P}(A)+\mathbb{P}(B)$，其中 $A\cap B=\emptyset$；

• $\mathbb{P}(\bigcup_{i\in\mathbb{N}}A_i)=\sum_{i\in\mathbb{N}}\mathbb{P}(A_i)$，其中 A_i 互不相交；

• 如果 $B\subseteq A$，则 $\mathbb{P}(B)\leqslant\mathbb{P}(A)$，这可以由 $\mathbb{P}(A)=\mathbb{P}(B\cup(A\backslash B))=\mathbb{P}(B)+\mathbb{P}(A\backslash B)$ 得出。

应用这些性质的每个映射都为事件分配一个概率。遗憾的是，对于重要的标准情况 $\Omega=\mathbb{R}$ 而言，幂集 $\mathcal{P}(\mathbb{R})$ 不是有效的事件集。因此不存在这样的映射 $\mathbb{P}:\mathcal{P}(\mathbb{R})\rightarrow[0,1]$。但是，这种映射的思想仍然适用，并且所需的性质是合理的。必须减少事件集 $\mathcal{F}$，以便保留所有其他考虑因素。一个合适的事件集就是所谓的 σ-域。

定义 1.33（σ-域） 由样本空间 Ω 的子集组成的集合系统 $\mathcal{F}\subseteq\mathcal{P}(\Omega)$ 称为 Ω 上的 σ-域，如果它满足以下性质：

• $\Omega\in\mathcal{F}$；

• 对于所有的 $A\in\mathcal{F}$，有 $\overline{A}\in\mathcal{F}$；

• 对于所有的 $A_i\in\mathcal{F}$，有 $\bigcup_{i\in\mathbb{N}}A_i\in\mathcal{F}$。

每个 σ-域都是一个事件集。基于 σ-域，我们可以定义一个将事件分配给概率的映射。

定义 1.34（概率质量函数） 令 $\mathcal{F}$ 为样本空间 Ω 上的一个 σ-域。为每个 $A\in\mathcal{F}$ 分配一个概率的映射 $\mathbb{P}$：$\mathcal{F}\rightarrow\mathbb{R}$ 称为概率质量函数，如果满足以下性质：

- 对于所有的 $A\in\mathcal{F}$，有 $\mathbb{P}(A)\geqslant 0$；
- $\mathbb{P}(\Omega)=1$；
- $\mathbb{P}(\bigcup_{i\in\mathbb{N}}A_i)=\sum_{i\in\mathbb{N}}\mathbb{P}(A_i)$，其中 A_i 互不相交。

公理化概率理论由科尔莫戈罗夫[⊖]提出。我们通过构建前文提到的三个要素（Ω，$\mathcal{F}$，$\mathbb{P}$）建立了一个随机试验模型，其中

- Ω 是一个样本空间；
- $\mathcal{F}$ 是 Ω 上的一个 σ-域；
- $\mathbb{P}$ 是 $\mathcal{F}$ 上的一个概率质量函数。

如果存在一个至多可数集 $T\in\mathcal{F}$ 且 $\mathbb{P}(T)=1$，则将 T 称为 $\mathbb{P}$ 的支持，并将概率空间称为离散的。否则，称概率空间为连续的。$(\Omega,\mathcal{F})$ 对称为可测空间。考虑到对于所有子集 $A\subseteq T$，有 $\mathbb{P}(A)=\sum_{\omega\in A}f(\omega)$，其中 f 是离散密度。通过映射 $f:T\rightarrow[0,1]$，其中 $\mathbb{P}(\{\omega\})=f(\omega)$，$\sum_{\omega\in T}f(\omega)=1$，可以完全表征离散概率质量函数。

1.2.2 条件概率

令 $(\Omega,\mathcal{F},\mathbb{P})$ 为一个概率空间，而 $(\Psi,\mathcal{P}(\Psi))$ 为一个可测空间。一个可测映射 X：$\Omega\rightarrow\Psi$，即对于所有 $A\in\mathcal{P}(\Psi)$，有 $X^{-1}(A)\in\mathcal{F}$，被称为一个随机变量。现在考虑 Ω 和 Ψ 是至多可数的。离散随机变量 X 取值 $x\in\Psi$ 的概率表示为

$$\mathbb{P}(X=x):=\mathbb{P}_X(\{x\}):=\mathbb{P}(X^{-1}(\{x\}))=\underbrace{\mathbb{P}(\{\omega\in\Omega;X(\omega)=x\})}_{\text{这是}\mathcal{F}\text{的一个事件}} \tag{1.6}$$

其中 $\mathbb{P}_X:\mathcal{P}(\Psi)\rightarrow[0,1]$ 是前推测量。我们用 $p_X:\Psi\rightarrow[0,1]$，$p_X(x):=\mathbb{P}(X=x)$ 表示 X 的概率质量函数。同样，对于任何 $M\in\mathcal{P}(\Psi)$，

⊖ Andrei Nikolajewitsch Kolmogorow（1903—1985）。

$$\mathbb{P}(X\in M):=\mathbb{P}_X(M)=\mathbb{P}(\{\omega\in\Omega;X(\omega)\in M\})$$

由于 M 是一个至多可数集，我们可以计算

$$\mathbb{P}(X\in M)=\mathbb{P}_X(M)=\sum_{m\in M}\mathbb{P}_X(\{m\})$$

现在，令 $X_i:\Omega\to\Psi_i$，$i=1$，…，n 为离散随机变量，则，X_1，…，X_n 的联合概率分布定义为

$$\mathbb{P}_{X_1,\cdots,X_n}(\{(x_1,\cdots,x_n)\}):=\mathbb{P}((X_1=x_1)\cap\cdots\cap(X_n=x_n))$$

因此，函数值是 $X_1(\omega)=x_1,X_2(\omega)=x_2,\cdots,X_n(\omega)=x_n$ 的概率。概率质量函数简写为 $p_{X_1,\cdots,X_n}$ $(x_1, \cdots, x_n)$。通过将 Ψ_i 的所有值相加，得到

$$\begin{aligned}&\sum_{x_i\in\Psi_i}\mathbb{P}_{X_1,\cdots,X_n}(\{(x_1,\cdots,x_n)\})\\&=\mathbb{P}_{X_1,\cdots,X_{i-1},X_{i+1},\cdots,X_n}(\{(x_1,\cdots,x_{i-1},x_{i+1},\cdots,x_n)\})\end{aligned}$$

通过连续累加除一个变量之外的所有变量的值，我们得到了边缘分布。这些随机变量称为独立变量，如果对于所有可能的值 $x_i\in\Psi_i$，有

$$\mathbb{P}_{X_1,\cdots,X_n}(\{(x_1,\cdots,x_n)\})=\mathbb{P}_{X_1}(\{x_1\})\cdot\mathbb{P}_{X_2}(\{x_2\})\cdot\cdots\cdot\mathbb{P}_{X_n}(\{x_n\})$$

$$p_{X_1,\cdots,X_n}(x_1,\cdots,x_n)=p_{X_1}(x_1)\cdot p_{X_2}(x_2)\cdot\cdots\cdot p_{X_n}(x_n)\tag{1.7}$$

假设事件 $A\in\mathcal{F}$ 的发生概率为 $\mathbb{P}(A)$。现在，如果假设出现新事件 $B\in\mathcal{F}$，则必须重新评估 A 的概率。假设 $\mathbb{P}(B)>0$，我们称

$$\mathbb{P}(A|B):=\frac{\mathbb{P}(A\cap B)}{\mathbb{P}(B)}\tag{1.8}$$

为条件概率，空间 Ω 的可能输出可以减小到 B。如果 $(B_i)_{i\in I}$（I 是一个至多可数集）是 Ω 的一个划分，即

$$\bigcup_{i\in I}B_i=\Omega\text{ 且 }B_i\cap B_j=\varnothing,\quad i\neq j$$

那么

$$\sum_{i\in I}\mathbb{P}(A|B_i)\cdot\mathbb{P}(B_i)\overset{(1.8)}{=}\sum_{i\in I}\mathbb{P}(A\cap B_i)=\mathbb{P}(\bigcup_{i\in I}A\cap B_i)=\mathbb{P}(A)\tag{1.9}$$

这称为全概率定律。另外，如果 $\mathbb{P}(A)>0$，则得到贝叶斯定理

$$\mathbb{P}(B_i\mid A)\overset{(1.8)}{=}\frac{\mathbb{P}(B_i\cap A)}{\mathbb{P}(A)}\overset{(1.9)}{=}\frac{\mathbb{P}(A\mid B_i)\cdot\mathbb{P}(B_i)}{\sum_{i\in I}\mathbb{P}(A\mid B_i)\cdot\mathbb{P}(B_i)}\tag{1.10}$$

项 $\mathbb{P}(A\cap B)$ 是事件 A 和 B 联合概率。令 A_1，…，A_n 为事件，$\mathbb{P}(A_1\cap\cdots\cap A_n)>0$。由于

$$0<\mathbb{P}(A_1\cap\cdots\cap A_n)\leqslant\mathbb{P}(A_1\cap\cdots\cap A_{n-1})\leqslant\cdots\leqslant\mathbb{P}(A_1)$$

可得

$$\begin{aligned}\mathbb{P}(A_1\cap\cdots\cap A_n)&=\frac{\mathbb{P}(A_1\cap\cdots\cap A_n)}{\mathbb{P}(A_1\cap\cdots\cap A_{n-1})}\cdot\cdots\cdot\frac{\mathbb{P}(A_1\cap A_2)}{\mathbb{P}(A_1)}\cdot\frac{\mathbb{P}(A_1)}{1}\\&\overset{(1.8)}{=}\mathbb{P}(A_n\mid A_1\cap\cdots\cap A_{n-1})\cdot\cdots\cdot\mathbb{P}(A_2\mid A_1)\cdot\mathbb{P}(A_1)\end{aligned}\tag{1.11}$$

这称为乘法法则。给定 $X_2=x_2$，其中 $\mathbb{P}_{X_2}(\{x_2\})>0$，则随机变量 X_1 和 X_2 的条件概率为 $X_1=X_1$ 的概率，

$$p_{X_1\mid X_2}(x_1\mid x_2):=\frac{\mathbb{P}_{X_1,X_2}(\{(x_1,x_2)\})}{\mathbb{P}_{X_2(\{x_2\})}}=\frac{p_{X_1,X_2}(x_1,x_2)}{p_{X_2}(x_2)},\text{且}$$

$$p_{X\mid Y,Z}(x\mid y,z):=\frac{\mathbb{P}_{X,Y,Z}(\{x,y,z\})}{\mathbb{P}_{Y,Z}(\{y,z\})}\overset{(1.8)}{=}\frac{p_{X,Y\mid Z}(x,y\mid z)}{p_{Y\mid Z}(y\mid z)}$$

进而可得：

$$\sum_{x_1\in\Psi_1}p_{X_1\mid X_2}(x_1\mid x_2)=\frac{\sum\limits_{x_1\in\Psi_1}p_{X_1,X_2}(x_1,x_2)}{p_{X_2}(x_2)}=\frac{p_{X_2}(x_2)}{p_{X_2}(x_2)}=1$$

$\mathbb{P}_{X_2}(\{x_2\})=0$ 的特例以灵活且适当的方式处理，但考虑了概率性质。

期望

离散随机变量 X：$\Omega\rightarrow\Psi\subseteq\mathbb{R}$ 的期望定义为：

$$\mathbb{E}[X]:=\sum_{\omega\in\Omega}X(\omega)\cdot p(\omega)=\sum_{x\in X(\Omega)}x\cdot p_X(x)\tag{1.12}$$

考虑一个实值函数 $f:X(\Omega)\rightarrow\mathbb{R}$。相应随机变量 $Y:\Omega\rightarrow\mathbb{R},Y=f(X)$ 的期望是

$$\mathbb{E}[Y]=\mathbb{E}[f(X)]\overset{(1.6)}{=}\sum_{x\in X(\Omega)}f(x)\cdot p_X(x)$$

另外，$f(X_1,\cdots,X_n)$ 的期望是

$$\mathbb{E}[f(X_1,\cdots,X_n)]=\sum_{x_1\in X_1(\Omega)}\cdots\sum_{x_n\in X_n(\Omega)}f(x_1,\cdots,x_n)\cdot p_{X_1,\cdots,X_n}(x_1,\cdots,x_n)$$

我们将在第 2、5、9 和 11 章中引用这里所总结的结果。

第 2 章

通信系统的安全

说明 2.1　学习本章的知识要求：

- 能够计算模 n 的余数，请参阅 1.1 节；
- 能够运用基本的概率论概念，请参阅 1.2 节。

精选文献：请参阅文献（Biggs，2008；Martin，2017；Proakis，2008；Stinson，2005）。

从智能手机到冰箱再到可穿戴设备，越来越多的设备在互联网中相互连接。智能手机可以通过无线网络在扬声器中播放音乐，智能冰箱能够订购超市的食品和杂货，智能手环可以将心率数据发送给智能手机。以上三个过程都是*通信系统*的基本模型实例，如图 2.1 所示。发送方（冰箱）通过数据信道（互联网）传输数据（给我牛奶）给接收方（超市）。该模型非常简单，但是能帮助我们充分认识到数字化世界中涉及安全性问题的主要术语。目前，世界上超过 50%的人通过互联网进行联系⊖（见图 2.2），这一比例还在逐年上升。

通信系统

发送方 → 数据信道 → 接收方

图 2.1　基本通信系统

⊖　图 2.2 的数据来源于 http：//www.internetworldstats.com/stats.htm。

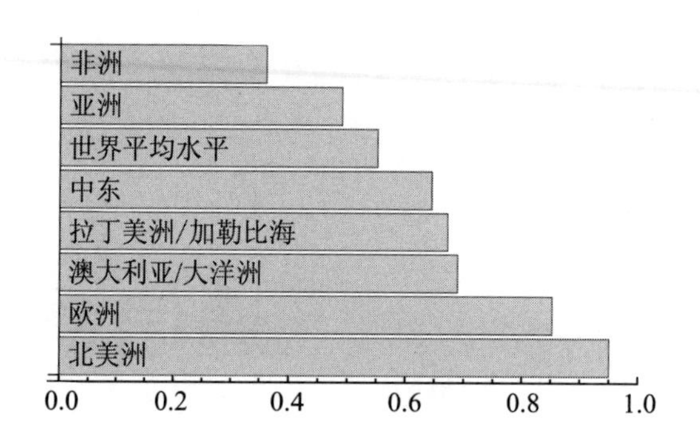

图 2.2　2018 年全球按地理区域分类的因特网普及率

2.1　字符集和字母表

数字化㊀从其基本原理开始已经走过了漫长的道路，这个概念可以追溯到布莱叶㊁于 1837 年完成的触觉书写系统。布莱叶使用由 6 个或平或凸的点组成的单元格来编码 26 个字母（甚至更多）。每种单元格代表一个特定的模式。例如，“cryptography”一词如图 2.3 所示。所有可辨别的盲文符号构成一个有限集。这个有限集被称为字符集，其元素称为符号㊂。二进制字符集恰好包含两个符号。例如，莫尔斯电码㊃由“•”和“-”两个符号组成。同样，布莱叶盲文符号的 6 个点分布在三行两列上，或是凸的（1），或是平的（0）。通过逐行写入，我们得到元组（1,1,0,0,0,0），用于表示字母 c。因此，从二进制字符集 $\mathbb{Z}_2:=\{0,1\}$ 开始，我们可以基于笛卡儿积㊄ $\{0,1\}^k(k\in\mathbb{N},k=6)$ 创建一个新的字符集。其中包含从小写拉丁文字母集合到盲文字符集或 $\{0,1\}^6$ 的映射。从一个字符集到另一个字符集的每个单射都称为*编码*。

㊀ 源于拉丁语单词 digitus：手指，用来计数的手指的属性。

㊁ Louis Braille（1809—1852）。

㊂ 请参阅文献（Biggs，2008）。

㊃ Samuel F. B. Morse（1791－1872）。

㊄ 以笛卡儿（1596—1650）命名。

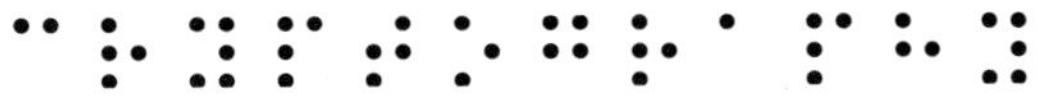

⠉⠗⠽⠏⠞⠕⠛⠗⠁⠏⠓⠽

图 2.3　用盲文书写的“cryptography”一词

例 2.2　设

$$\mathbb{Z}_{26}:=\{0,1,\cdots,25\}$$

是前 26 个非负数的集合，

$$\Sigma_{\text{lat}}:=\{a,b,c,d,e,f,g,h,i,j,k,l,m,n,o,p,q,r,s,t,u,v,w,x,y,z\}$$

是小写拉丁文字母的集合，Σ_{Bra}是盲文的字符集。则映射

$$\mathbb{Z}_{26}\rightarrow\Sigma_{\text{lat}},0\mapsto a,1\mapsto b,2\mapsto c,\cdots,25\mapsto z$$

和

$\Sigma_{\text{lat}}\rightarrow\Sigma_{\text{Bra}}$, a ↦ ⠁, b ↦ ⠃, c ↦ ⠉, …, z ↦ ⠵

都是编码。

从例 2.2 可以清楚地看出，编码不需要是满射，即映射 $\Sigma_{\text{lat}}\rightarrow\Sigma_{\text{Bra}}$不必对应 Σ_{Bra}中的每个符号。这并不奇怪，因为$|\Sigma_{\text{Lat}}|=26<64=|\Sigma_{\text{Bra}}|$。或者说，在编码一个符号（编码处理）之后，可以逆向处理（解码处理）该过程。因此，编码映射必须是单射。

考察符号的排列顺序通常是很有用的。在自然语言中，字母表中字母数是有限的，并且是按升序排列的。例如，大约公元前 1300 年的乌加里特字母[1]是按字母顺序排列的楔形文字。乌加里特字母如图 2.4 所示。这种顺序被认为源于一首儿童背诵的诗[2]，反映在当时字母表的排序上[3]。这个地区的人们经常使用列表，所以他们会列出所使用的符号和需要的顺序。此外，小学生通常需要学习这些符号。不过，使这些符号产生特殊排列顺序的原因并不清楚。最后，语义排序是假设的，或者说，这种排序是基于生活故事中符号隐喻连续出现的情况。今天的字母表基于类似早期字母表的思想，然而，它们

[1] https：//en. wikipedia. org/wiki/Ugariticalphabet

[2] http：//www. finse. dk/ugarit. htm

[3] 我们遵循 Küster（2006）的注释。

的自然顺序还不被人们所理解。字母可以用另一种方式排序。例如，我们可以通过计算字母在一组文本中的频率来排列字母，这在频率分析中十分有用（请参阅本书例 2.26）。

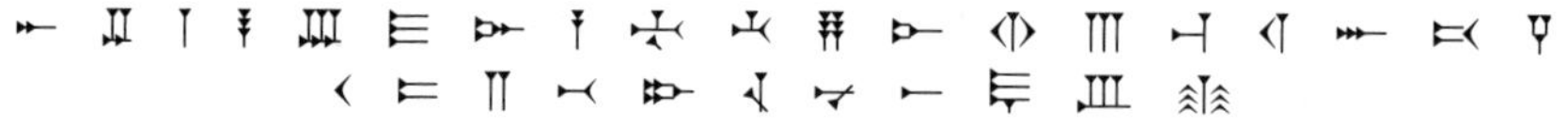

图 2.4　乌加里特字母表

例 2.3　设"$\leqslant$"为通常公认的数字顺序关系符号，这种顺序关系具有一些性质。对于每个 x，y，$z\in\mathbb{Z}$，有

- $x\leqslant y$ 且 $y\leqslant z\Rightarrow x\leqslant z$(传递性)
- $x\leqslant y$ 且 $y\leqslant x\Rightarrow x=y$(反对称性)
- $x\leqslant y$ 或 $y\leqslant x$(整体性)

这样的顺序称为集合上的全序。这个顺序关系是否需要限制在 $\mathbb{Z}_{26}$ 上并不重要。因此，这些性质适用于符号的每种顺序。

一个字符集 Σ 的全序为$\preceq$,$(\Sigma,\preceq)$ 称为*字母表*。每一个符号都可以在字母表中的任意其他特定符号之前、之后或相同位置。此外，符号之间的关系是可传递的：如果一个符号先于另一个符号，而第二个符号先于第三个符号，那么第一个符号也先于第三个符号。所示的二元关系用严格的全序表示。例如，给定集合

$$\mathbb{Z}_n:=\{0,1,\cdots,n-1\},n\in\mathbb{N}\tag{2.1}$$

其中的排序是数字的自然排序$\leqslant$，元组（$\mathbb{Z}_n,\leqslant$）则构成一个字母表。设（$\Sigma,\preceq$）为非空字母表。对于某些固定的 $k\in\mathbb{N}$，任何元组（$s_1,\cdots,s_k$）$\in\Sigma^k$ 都称为 Σ 上长度为 k 的*字符串*。从字母表中建立一个有限的符号序列会产生一个字符串。一个字母表可以生成许多字符串。因此，有时实际生成的字符串的集合需要受到一定的限制。Σ 上所有字符串的集合可以简要地表示为 $\Sigma^*:=\bigcup\limits_{k=0}^{\infty}\Sigma^k$。任何能表示集合中所有可能单词的子集 $\mathcal{L}_\Sigma\subseteq\Sigma^*$ 称为 Σ 上的*语言*。每个 $m\in\mathcal{L}_\Sigma$ 表示一条*消息*。

稍后我们根据字母表的基数来区分用于加密目的的不同类型的算法。

例 2.4

- $\Sigma_{\mathrm{lat}} = \{a,b,c,d,e,f,g,h,i,j,k,l,m,n,o,p,q,r,s,t,u,v,w,x,y,z\}$表示使用自然语言顺序的小写拉丁字母表；
- $\Sigma_{\mathrm{Lat}} := \{A,B,C,D,E,F,G,H,I,J,K,L,M,N,O,P,Q,R,S,T,U,V,W,X,Y,Z\}$表示使用自然语言顺序的大写拉丁字母表；
- $\Sigma_{\mathrm{Latext}} := \Sigma_{\mathrm{Lat}} \cup \{\ .\ ,!,?,,,;,:\}$表示使用给定排列顺序的扩展了标点符号的大写拉丁字母表，使用此处的排列方式给定标点；
- $\Sigma_{\mathrm{dez}} := \{0,1,2,3,4,5,6,7,8,9\} = \mathbb{Z}_{10}$表示使用自然数字顺序的字母表；
- $\Sigma_{\mathrm{bool}} := \{0,1\} = \mathbb{Z}_2$ 表示使用自然数字顺序的布尔字符集[⊖]组成的字母表；
- $\Sigma_{\mathrm{hex}} := \{0,1,2,3,4,5,6,7,8,9,a,b,c,d,e,f\}$表示有序的十六进制数字的字符集组成的字母表。

备注 2.5

- 如果字母表清晰、无歧义，我们可以把语言简写为 $\mathcal{L}$ 而不是 $\mathcal{L}_\Sigma$。
- 出于形式化的原因，空字符串不包含任何符号，由 ε 表示，并且包含在 Σ^* 中。
- 为方便起见，我们可以用较短的形式编写消息，例如，如下元组

$$(C,R,Y,P,T,O,G,R,A,P,H,Y) \in \Sigma_{\mathrm{Lat}}^{12}$$

的字符串可以表示为“CRYPTOGRAPHY”。

此外，我们在将字符串$(s_1,\cdots,s_l,s_{l+1},\cdots,s_k)$拆分分成左右两部分时，用下式表示：

$$\underbrace{s_1\cdots s_l}_{L} \parallel \underbrace{s_{l+1}\cdots s_k}_{R}$$

通常，上式左部分（L）称为前缀，右部分（R）称为后缀。

- Σ_{bool}所包含的两个符号中的每一个都称为位。

⊖ George Boole(1815—1864)。

以下映射关系规定了两个长度分别为 k 和 l 的字符串的连接：

$$\Sigma^* \times \Sigma^* \to \Sigma^*, ((s_1, \cdots, s_k), (\hat{s}_1, \cdots, \hat{s}_l)) \mapsto (s_1, \cdots, s_k, \hat{s}_1, \cdots, \hat{s}_l)$$

上述操作满足结合律但不满足交换律。$|m|$表示消息 m 的长度，是 m 中所含符号的数量。空字符串 ε 的长度为零。

例 2.6

- 字符串 $m=(C,R,Y,P,T,O,G,R,A,P,H,Y)$的长度$|m|=12$；
- $m=(12,0,19,7,18)\in \mathbb{Z}_{26}^5, |m|=5$；
- $\underbrace{0111}_{L} \| \underbrace{0101}_{R} \in \mathcal{L}_{\Sigma_{\text{bool}}} := \Sigma_{\text{bool}}^8, |L|=|R|=4$。

在当今的数字化世界中，消息的交换和存储非常重要。消息由源自字符集的字符组成，通常可以根据某些特定语法规范将其组合在一起。仅在特定情况下，信息才会从消息中产生。我们将在 5.2.2 节中定义信息量，并假定消息只是一个或多个未解释的符号。

2.2 数字消息

数学家香农[1]在 1948 年发表的论文“通信中的数学理论”[2]中率先提出了数字化的概念。在 20 世纪的后几十年中，计算机技术和网络互联技术得到了迅速发展。海量的数字数据急需得到保护。

此前，数学家乔治·斯蒂布兹[3]使用“数字”一词来指代 1942 年设计的用于操作高射炮的装置而发出的快速电脉冲，类似于明显的 0－1 分离。从更广泛的角度考虑数字消息，一则消息的消息二进制编码值通常是通过基于字母的消息编码过程而产生的。尤其

[1] Claude E. Shannon（1916—2001）。

[2] http：//math. harvard. edu/～ctm/home/text/others/shannon/entropy/entropy. pdf

[3] George R. Stibitz（1904—1995）。

是，如果陪域是基于布尔字母的笛卡儿积，则使用二进制编码。我们将术语“数字消息”简写为数据。

2.2.1 编码消息

例 2.7 根据例2.2，我们构建逆函数 $\Sigma_{\text{lat}} \to \mathbb{Z}_{26}$，

$$a \mapsto 0, b \mapsto 1, c \mapsto 2, \cdots, z \mapsto 25$$

消息（Σ_{lat}^*中的元素）

sec**u**rity ‖ is ‖ the ‖ main ‖ goal ‖ of ‖ cryptography

映射为（$\mathbb{Z}_{26}^*$中的元素）

18,4,2,**20**,17,8,19,24 ‖ 8,18 ‖ 19,7,4 ‖ 12,0,8,13 ‖ 6,
14,0,11 ‖ 14,5 ‖ 2,17,24,15,19,14,6,17,0,15,7,24

美国信息交换标准代码（ASCII）[1]的编码表是具有固定字符串长度的二进制编码的例子。这意味着每个符号在二进制字符集中具有相同的长度。

例 2.8 在二进制编码的例子中，如表 2.1 所示，为每个编码分配了一个符号(sym)和相应的二进制表示形式(binary)。消息

sec**u**rity ‖ is ‖ the ‖ main ‖ goal ‖ of ‖ cryptography

具有以下表示形式：

111001111001011100011**1110101**1110010110100111101001111001 ‖ 11010011110011 ‖
111010011010001100101 ‖ 1101101110000111010011101110 ‖ 1100111110111111000011101100 ‖
11011111100110 ‖ 1100011111001011110011110000111010011011111100111111
00101100001111000011010001111001

该编码共有 7 · 35＝245 位。

[1] 请参阅 https：//sltls.org/ASCII。

表 2.1　ASCII 表或 ISO 7 位编码表

十进制	二进制	符号	十进制	二进制	符号	十进制	二进制	符号	十进制	二进制	符号
0	0000000	NUL	32	0100000	SP	64	1000000	@	96	1100000	’
1	0000001	SOH	33	0100001	!	65	1000001	A	97	1100001	a
2	0000010	STX	34	0100010	“	66	1000010	B	98	1100010	b
3	0000011	ETX	35	0100011	#	67	1000011	C	99	1100011	c
4	0000100	EOT	36	0100100	$	68	1000100	D	100	1100100	d
5	0000101	ENQ	37	0100101	%	69	1000101	E	101	1100101	e
6	0000110	ACK	38	0100110	&	70	1000110	F	102	1100110	f
7	0000111	BEL	39	0100111	‘	71	1000111	G	103	1100111	g
8	0001000	BS	40	0101000	(	72	1001000	H	104	1101000	h
9	0001001	TAB	41	0101001	)	73	1001001	I	105	1101001	i
10	0001010	LF	42	0101010	*	74	1001010	J	106	1101010	j
11	0001011	VT	43	0101011	+	75	1001011	K	107	1101011	k
12	0001100	FF	44	0101100	,	76	1001100	L	108	1101100	l
13	0001101	CR	45	0101101	-	77	1001101	M	109	1101101	m
14	0001110	SO	46	0101110	.	78	1001110	N	110	1101110	n
15	0001111	SI	47	0101111	/	79	1001111	O	111	1101111	o
16	0010000	DLE	48	0110000	0	80	1010000	P	112	1110000	p
17	0010001	DC1	49	0110001	1	81	1010001	Q	113	1110001	q
18	0010010	DC2	50	0110010	2	82	1010010	R	114	1110010	r
19	0010011	DC3	51	0110011	3	83	1010011	S	115	1110011	s
20	0010100	DC4	52	0110100	4	84	1010100	T	116	1110100	t
21	0010101	NAK	53	0110101	5	85	1010101	U	**117**	**1110101**	**u**
22	0010110	SYN	54	0110110	6	86	1010110	V	118	1110110	v
23	0010111	ETB	55	0110111	7	87	1010111	W	119	1110111	w
24	0011000	CAN	56	0111000	8	88	1011000	X	120	1111000	x
25	0011001	EM	57	0111001	9	89	1011001	Y	121	1111001	y
26	0011010	SUB	58	0111010	:	90	1011010	Z	122	1111010	z
27	0011011	ESC	59	0111011	;	91	1011011	[	123	1111011	{
28	0011100	FS	60	0111100	<	92	1011100	\	124	1111100	|
29	0011101	GS	61	0111101	=	93	1011101	]	125	1111101	}
30	0011110	RS	62	0111110	>	94	1011110	^	126	1111110	~
31	0011111	US	63	0111111	?	95	1011111	_	127	1111111	DEL

在实际应用中，由于当今数据都需要通过数据信道进行传输，创建数字消息是很有必要的。例 2.7 使用字母表 $\mathbb{Z}_{26}^{*}$ 展示了此过程。正如所观察到的，有时将整数从一个数字系统转换为另一个数字系统是必不可少的。式(2.1) 中的前 p 个非负整数的集合 $\mathbb{Z}_p$ 建立了 p 进制数系统

$$x_{(p)} = x_{n-1}x_{n-2}\cdots x_{0(p)}$$

它由 n 个数字 $x_i \in \mathbb{Z}_p$ 组成，可以用十进制数表示：

$$x_{(10)} = \sum_{i=0}^{n-1} x_i \cdot p^i = x_{n-1} \cdot p^{n-1} + x_{n-2} \cdot p^{n-2} \cdot \cdots \cdot x_0 \cdot p^0$$
$$= (((x_i \cdot p + x_{i-1}) \cdot p + x_{i-1}) \cdot p + \cdots + x_1) \cdot p + x_0 \quad (2.2)$$

如果知道该数来自 p 进制系统，我们可以只写数字。例如，十进制数 215 是

$$215 = 215_{(10)}$$

式(2.2)的最后一行描述了霍纳法则（Horner's scheme）[⊖]。要将 p 进制系统的数 $y_{(p)}$ 转换为 q 进制系统的数 $z_{(q)}$，可以使用霍纳法则来进行第一步，将 $y_{(p)}$ 表示成十进制数 $x_{(10)}$，然后从理论上以 q 为基数表示十进制数 $x_{(10)}$：

$$x_{(10)} = (((z_i \cdot q + z_{i-1}) \cdot q + z_{i-1}) \cdot q + \cdots + z_1) \cdot q + z_0$$

第二步，通过将 $x_{(10)}$ 除以 q，我们得到了余数 z_0，即所需的最后一位。通过将 $((z_i \cdot q + z_{i-1}) \cdot q + z_{i-1}) \cdot q + \cdots + z_1$ 除以 q，得到 z_1。继续以上步骤直到商变为零。因此，我们可以向后迭代获取所有数字。

例 2.9 将十六进制数 $y_{(16)} = 75_{(16)}$ 转换为二进制数。

第一步：

$$x_{(10)} = 7 \cdot 16 + 5 = 117$$

第二步：

117/2=58　余数 1

58/2=29　余数 0

29/2=14　余数 1

14/2=7　余数 0

7/2=3　余数 1

3/2=1　余数 1

1/2=0　余数 1

因此，$75_{(16)} = 117_{(10)} = 1110101_{(2)}$。

⊖ William G. Horner（1786—1837）。

例 2.10　由例2.7 可得 Σ_{lat} 中字母的二进制编码表示如下：

Σ_{lat}	$\mathbb{Z}_{26}$	$p=10 \to q=2$	$z_{(2)}$
u	$20_{(10)}$	$(1\cdot 2^4+0\cdot 2^3+1\cdot 2^2+0\cdot 2^1+0.2^0)_{(10)}$	$10100_{(2)}$

数字消息应根据布尔字符集以二进制编码的形式表示。编码位数取决于基础字符集 Σ 的长度，最大编码位数 l 为：

$$l=\min\{k\in\mathbb{N};2^k\geqslant|\Sigma|\}=\lceil\log_2(|\Sigma|)\rceil$$

其中 $\lceil\cdot\rceil:\mathbb{R}\to\mathbb{Z},x\mapsto\lceil x\rceil:=\min\{q\in\mathbb{Z};q\geqslant x\}$ 是上取整函数。因此，Σ_{lat} 中的字母可以用五位进行编码，例如通过单射

$$c_5:\Sigma_{lat}\to\Sigma_{bool}^5$$

$$a\mapsto 00000,b\mapsto 00001,c\mapsto 00010,\cdots,z\mapsto 11001$$

这是具有固定长度位数的编码。

例 2.11

消息

sec**u**rity ‖ is ‖ the ‖ main ‖ goal ‖ of ‖ cryptography

编码为

100100010000010**10100**1000101000100111100 ‖ 0100010010 ‖ 100110011100100 ‖ 0110000000010000110 1 ‖ 00110011100000001011 ‖ 0111000101 ‖ 0001010001110000 11111 00110111000110100010000000111100111 11000

该消息需要 5 · 35＝175 位用于编码。

然而，仅编码 26 个字母是不够的。除了前文使用的 ASCII 码（请参见例 2.8），还有其他编码表。ISO 8859-1[⊖] 标准使用 8 位，可以表示 256 个可能的符号中的 191 个（$20_{(16)}-7e_{(16)}$ 和 $a0_{(16)}-ff_{(16)}$）。互联网标准 UTF-8[⊜] 被广泛使用。每个符号都有一

⊖ http://www.iso.org/iso/cataloguedetail.htm?csnumber=28245，1998

⊜ 在 RFC 3629 中进行了定义，可参考 http://tools.ietf.org/html/rfc3629，2003。

个数字编码，每个编码都有一个二进制表示形式，其最大长度为 4 字节，即 32 位。标准字母可以用一个字节表示，但是特殊字符需要一个以上的字节。因此，它是具有可变长度位数的编码。

例 2.12　小写拉丁字母由一个字节编码而成。消息

security ‖ is ‖ the ‖ main ‖ goal ‖ of ‖ cryptography

具有以下的二进制 UTF-8 码表示形式：

0111001101100101011000110**1110101**01110010011010010111010001111001

‖ 0110100

101110011 ‖ 011101000110100001100101 ‖ 01101101011000010110100101101110 ‖

01100111011011110110000101101100 ‖ 0110111101100110 ‖ 011000110111001001111

001011100000111010001101111011001110111001001100001011100000110100001111001

UTF-8 是带一位前导零的 ASCII 码。在这里，我们需要 8 · 35＝280 位。

2.2.2　分组和可变长度编码

二进制编码需要大量的位数来对消息进行编码，这需要大量的内存并增加了传输时间。因此，二进制编码需要减少位数。减少位数的一种可能性是通过分组编码的方式。在这样做的过程中，一个用来记录符号数量的常量也被编码在一起。在有 n 位数字的 p 进制数字系统中，共有 p^n 个不同的数可用。因此，表示所有这些数所需的 q 进制数字的数目为

$$l=\min\{l\in\mathbb{N};q^l\geqslant p^n\}=\lceil \log_q(p^n)\rceil=\left\lceil n\cdot\frac{\ln(p)}{\ln(q)}\right\rceil$$

例 2.13　已知消息

security‖is ‖ the ‖ main ‖ goal ‖ of ‖ cryptography

由 35 个字母组成。如果我们决定分成 7 个分组，每个分组包含 5 个小写拉丁字母，则所有分组都必须用二十六进制数字表示。最后，这些数字必须转换为二进制码。每个分组编码都需要$\lceil \log_2(26^5)\rceil$＝24 位。

分组	用$\mathbb{Z}_{26}^5$编码 (x_4,x_3,x_2,x_1,x_0)	$x_4\cdot 26^4+$ $x_3\cdot 26^3+$ $x_2\cdot 26^2+$ $x_1\cdot 26^1+$ $x_0\cdot 26^0$	二进制表示
sec**ur**	(18, 4, 2, **20**, 17)	8297761	**0**11111101001110100100001
ityis	(8, 19, 24, 8, 18)	4006202	**00**1111010010000100111010
thema	(19, 7, 4, 12, 0)	8808592	100001100110100010010000
ingoa	(8, 13, 6, 14, 0)	3888716	**00**1110110101011001001100
lofcr	(11, 14, 5, 2, 17)	5276249	**0**10100001000001001011001
yptog	(24, 15, 19, 14, 6)	11244278	101010111001001011110110
raphy	(17, 0, 15, 7, 24)	7778938	**0**11101101011001001111010

上表中粗体的零是为了扩展短的位序列以产生相等长度的分组，否则该序列将是不明确的。通过获取此序列的没有前缀零的前 24 位，我们将获得无意义的字符串“bkifpj”：

$$111111010011101001000011 \rightarrow 16595523 \rightarrow (1,10,8,5,15,9)$$

对 $\mathbb{Z}_{26}$中的每个字母进行编码时，我们得到了 $7\cdot 24=168$ 位，而不是 175 位。通过将整个消息编码为一个分组，我们实现了只用$\lceil \log_2(26^{35})\rceil=165$ 位的最佳情况。

分组编码会建立一个不实用的编码表，如例 2.13 中的计算所示。获取数字消息的方法有很多。例如，一种有效的二进制编码方法是哈夫曼码[1]，它是一种基于香农信息论工作的无损消息压缩方案。哈夫曼码是一种可变长度码[2]。这样，我们就可以扩展图 2.1中的基本通信模型。发送方通常必须在编码过程中对消息进行数字化，如图 2.3 所示。接收方则必须逆转这个过程。

数字消息，或者说数据，可以根据需要进行多次复制而不会造成任何损失。数字世

[1] David A. Huffman (1925—1999)。

[2] 文献（Proakis，2008）中提供了有关编码的更多信息。

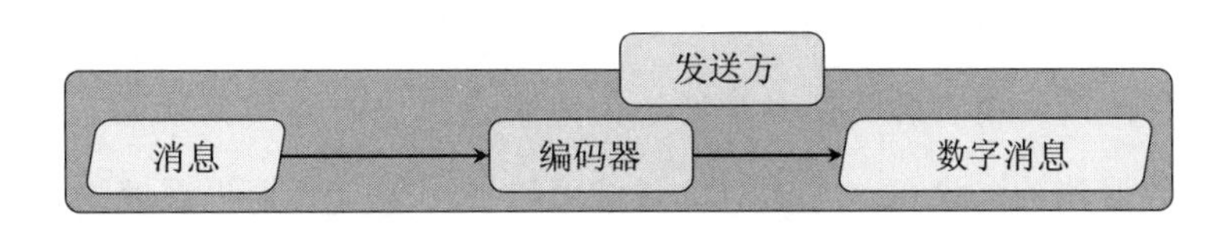

图2.3　发送方侧的扩展通信系统

界的每个参与者都必须使用一种体系结构来管理数据的生命周期。这种体系结构称为信息系统。信息系统的两个主要任务是存储和分发数据。当根据这些任务访问数据时，我们必须为每种可能的情况建立电子通信，并且必须确保并非每个人都可以访问数据。

2.3　技术信息系统的安全

数字消息是现代通信和数据保存的重要组成部分。因此，我们将研究两种类型的技术信息系统：(1) 确保至少两个称为实体的参与者之间能够交换数据的通信系统；(2) 确保工作存储和数据访问的数据保存系统。

2.3.1　安全目标

处理数据时，系统必须始终保证用户完全满意。因此，系统提供了一些出于不同目的的服务。

> **约定 2.14（服务）**　服务是系统的技术单元，在明确的预定义接口上绑定并提供相关的功能。

系统必须满足所有涉及实体的不同类型的要求。或者说，如果我们希望系统平稳运行，则要求它以应有的方式处理所有事情，就像将实际结果与目标值进行比较。同样，系统需要在操作上可靠。我们称系统在平稳运行和操作可靠这两个方面是安全的。

我们应保护所涉及的数据免受外部实体的威胁。如果两个单独的实体进行通信，它们通常不希望有外部知晓者，在涉及敏感信息的情况下更是如此，许多国家已经实施了相关法规。以上层面都与隐私有关。

保护是一种术语，用于说明使系统处于拒绝来自第三方访问的状态。在这里，访问涉及所有现有数据和系统状态。实体对设置谁可以使用现有计算机系统中的数据和系统状态感兴趣。

在本书中，最重要的术语是安全，这意味着可以保护系统免受任何损失并避免滥用。数据的安全性涉及命名系统的所有特征，且是本书的一个通用术语。在数据保存中，实体希望确保没有未经授权的访问。而在通信时，数据也应保持不受影响。但是，不仅是数据，通信本身也可能对第三方完全隐藏。人们很早就认识到保护的必要性。例如，希腊历史学家普鲁塔克[㊀]在莱山德[㊁]的传记中写道，在伯罗奔尼撒战争[㊂]中，他发布了一条用密码棒加密的警告信息，阻止了波斯人的攻击。密码棒是置换密码的一个例子，将在 4.2.2 节中进行说明。

每个数据保存系统都是一个通信系统，因为与数据访问或管理有关的一切事项都与通信有关。例如，数据的存储需要数据所有者和数据保存系统之间的机密交互，该系统还涉及通信系统。因此，我们只需要解决通信系统的安全问题。为了实现通信系统的安全，我们必须确定抽象目标。

约定 2.15（安全目标） （技术上的）安全目标是保证数据安全的技术系统的期望状态。

通常，存在一些重要的安全目标：

- 机密性：确保未经授权的实体无法查看数据。
- 数据完整性：确保无法以未经授权的方式更改数据。
- 可用性：确保服务随时正常运行。

㊀ Plutarch（46—120）。

㊁ 对于莱山德的生平知之甚少，他于公元前 395 年去世。

㊂ 公元前 431～公元前 404 年。

- 真实性：确保实体在通信会话中处于正在活动状态。
- 不可否认性：确保实体不能向第三方否认对有关数据的先前操作。
- 可追责性：确保给定实体是数据的原始来源。
- 匿名性：确保实体的身份对其他实体是隐藏的。

例 2.16（机密性） 许多人通过无线连接使用服务。无线连接中最重要的技术是通过无线局域网（Wireless Local Area Network，WLAN）进行连接，以增加便利性。但是，这种便利导致被第三方攻击的风险更高。此连接范围内的实体都可以监视和更改发送的数据。因此，这些数据应该是机密的。

如果无法从数据中获取未经授权的信息，则系统将保证机密性。因此，通信系统具有确定数量的参与者，并且没有其他人被允许访问该系统。换言之，系统必须限制数据（传输或保存）的可用性以实现机密性。正如史蒂文·布奇于2013年6月10日在《今日美国》上所写的："个人无法自行决定什么材料是机密的。如果个人故意将机密材料提供给未经授权的人员，则将严重违背信任和法律。"[1]

例 2.17（数据完整性） 我们可以通过单击下载链接从某些网站下载软件。下载之后，可以通过比较网站中的校验和与下载文件中计算出的校验和来检查下载文件是否正确传输。如果它们匹配，我们可以假定已确保数据的完整性。

2016年，德国报纸《南德意志报》公开谴责大众子公司奥迪的做法。其中写道，奥迪在美国操纵了柴油车的废气净化数据以对自己有利[2]。在汽车启动后，通过特殊程序可以使催化剂更快地达到工作温度，因此在测试阶段中记录的排放量更少。

从客户的角度来看，所传递的废气净化数据是不正确的。但是，在密码学中，如果

---

[1] https：//www.usatoday.com/story/opinion/2013/06/10/edward-snowden-heritage-foundation-editorials-debates/2410213/，10 June2013

[2] http：//www.sueddeutsche.de/wirtschaft/abgas-affaere-wie-audi-die-prueferaustrickste-1.3245094，November 11，2016

没有执行未经授权且未被注意的篡改，则系统将保持其完整性。所以必须识别对数据的无意或有意的更改。

> **例 2.18（可用性）** 在高度依赖数字技术的国家，有很大一部分人口使用智能手机。但是，智能手机必须使用其唯一的 SIM 卡拨入电信网络。如果此网络出现故障，则会完全阻塞通信，并且无法提供服务。

2016 年 11 月 29 日，由于一名英国公民成功侵入了用户路由设备，德国电信约 90 万名用户无法使用他们的因特网路由器。[⊖] 如果经过身份验证和授权的参与者在访问和使用系统允许的服务时不受影响，则该系统将保证其可用性。系统的所有服务都应该可用并且可以正常运行。

机密性、完整性和可用性这三个术语构成了系统安全的核心。

> **例 2.19（真实性）** 访问计算机上的数据通常需要身份认证。这是登录过程的一部分。实体需要一些凭据（例如，用户名和密码）才能登录。在确切的时刻，真实性是明确的，并在特定时间充当证明的形式。但是，这些凭据可以稍后由第三方重放。因此，时间方面在确定真实性上至关重要。

恶意软件 Dridex[⊜] 被用于窃听受害者的计算机以窃取个人银行信息，这些信息可能被用来窃取金钱。该恶意软件的两名策划者于 2016 年年底被伦敦法院定罪。

术语“真实性”是指可以通过唯一标识和特征属性检查一部分系统的可信度。此过程的同义词是实体认证。不幸的是，对于 Dridex 而言，认证机制很薄弱。

认证的另一方面涉及*数据源身份认证*，它既包括数据源认证，又包括数据本身的完整性。实体认证和数据认证之间的差异还涉及时间方面。成功的数据源认证并不能充分

⊖ https://www.dw.com/en/deutsche-telekom-hacker-very-sorry-for-botnet-attack-on-a-million-internet-users/a-39877386

⊜ https://en.wikipedia.org/wiki/Dridex

说明数据的时效性。但是，成功的实体认证必须是最新的信息。在实体认证过程中必须有一个时间戳或唯一的随机数，在密码学中称为一次性随机数。

例 2.20（不可否认性）　从网上商店购买商品会在买卖双方之间建立具有约束力的合法交易。卖方尽力责成购买者付款。购买者不得否认其参与合法交易。

如果实体事后无法否认其某个特定行为，则系统将确保其不可否认性。在电子商务或电子交易中，此概念对于确保交易具有法律约束力非常重要。

例 2.21（可追责性）　代表他人转发电子邮件时要求收件人证明电子邮件的来源。证明来源的要求不取决于转发的时间。

可以确定对特定事件负责的实体，称为可追责性。有时很难确定谁执行了开门动作。例如，计算机账户的拥有者不得允许其他人使用此账户，这有助于拥有者防止第三方进行有害操作。

上例表明，可追责性必须比数据完整性约束更强，因为我们不能假设数据保持不变而且不能确定数据来源。因此，可追责性包括数据完整性。此外，在电子邮件转发过程中无须认证。重要的是，它的来源是明确的。

例 2.22（匿名性）　有些人不想在因特网上公开其活动。这对于在危险国家（例如禁止自由报道的国家）工作的记者尤其重要。

很难向第三方隐藏发件人的信息。发送的数据可能是机密的，但可以回溯发送者的 IP 地址。因此，在这种情况下很难达到完美的匿名性。

2.3.2　密码系统

密码学是强调方法设计和分析以实现安全目标的主要学科之一。该领域分为两个子领域：密码编码学和密码分析学。密码编码学涉及方法的设计，而密码分析学则涉及分析此类方法的优势。

约定 2.23（安全服务） 安全服务是至少实现一个安全目标的服务。

此类服务是密码学学科提供的安全工具包中的“基本通用工具”[1]。

约定 2.24（密码系统） 一个实施系统，包括达到预定义安全目标所必需的确切过程和安全服务，称为密码系统，如图 2.4 所示。

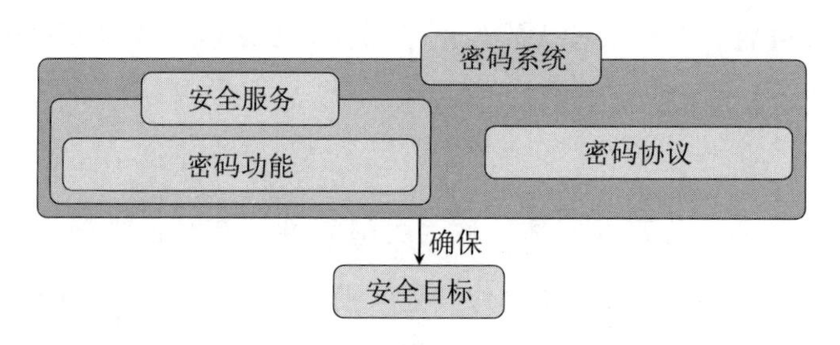

图 2.4 密码系统的组成部分

确立反映预定义目标的态势需要采取几个步骤。在通信系统中，创建一个数据序列，该数据序列形成一个过程，称为密码协议[2]，与约定 2.24 中提到的那些过程一致。密码协议具有五种不同性质。有三种涉及实体，即该过程中的任何参与者都必须：

- 了解整个过程及其步骤和数据结构；
- 接受按定义执行的过程；
- 禁止通过预期之外的行为来获取额外信息。

后两种性质涉及过程本身，即协议必须：

- 是完整的，每个可能的情况都必须提前反映出来；
- 无歧义且定义明确。

---

[1] 如文献（Martin，2017）所述，其中称为“密码原语”。

[2] 请参见约定 2.30，详见文献（Mahalingam，2014）。

2.4　古典密码体制

术语“古典密码体制”涵盖了所有的加密和解密过程，包括到 20 世纪中期使用的功能。我们选择一部分过程用于数学计算。密码学用于保护数据免遭未经授权的访问。由古希腊语翻译过来，即我们研究的是“隐藏的科学”[1]。然而，这一定义现在过于狭隘。密码学领域分为两个子领域。密码编码学[2]的本意是借助密钥将可读文本（明文）转换为不可读文本（密文），反之则相反。转换过程使用映射进行建模。为此，我们必须定义定义域、陪域和映射本身。

诗人苏埃托尼乌斯[3]在其著作《神圣的恺撒》中描述了恺撒[4]是如何对消息进行加密的：

> “Epistulae quoque eius ad senatum exstant quas primum videtur ad paginas et formam memorialis libelli convertisse. cum antea consules et duces non nisi transversa charta scriptas mitterent. Exstant et ad Ciceronem，itemad familiares domesticis de rebus，in quibus，si qua occultius perferenda erant，per notas scripsit，id est sic structo litterarum ordine ut nullum verbum efftici posset：quae si qui investigare et persequi velit，quartam elementorum litteram，id est D. pro A et perinde reliquas commutet.”

大致是说：字母“A”被“D”代替。一般来说，从头至尾的每个字母都被字母表中其后第三个位置的字母代替。反映这一过程的原理如下：

---

[1] 来源于ὁ λογος，τὸ κρύπτειν。

[2] τὸ γράφειν

[3] Gaius Suetonius Tranquillus（70—122），参见文献（Tranquillus，1918，56.6 节）。

[4] Gaius Iulius Caesar（公元前 100—公元前 44）。

$$\begin{pmatrix} \text{ABCDEFGHIJKLMNOPQRSTUVWXYZ} \\ \text{DEFGHIJKLMNOPQRSTUVWXYZABC} \end{pmatrix} \tag{2.3}$$

上面一行的符号被加密为下面一行的符号，解密则相反。恺撒在各种情况下都使用这种加密技术。在他的征战过程中，他向西塞罗[㊀]发送加密消息，这些消息还由希腊字母编码，西塞罗能够解密这些消息。如果每个字母恰好被一个字母替换，这是一个单表代换密码，原始文本有可能被还原。

例 2.25（恺撒密码） 在应用恺撒密码[㊁]时，我们使用上述字母表中所示的移位原理对大写字母进行替换，并定义加密映射

$$e_3 : \Sigma_{\text{Lat}} \to \Sigma_{\text{Lat}}, \text{A} \mapsto \text{D}, \text{B} \mapsto \text{E}, \text{C} \mapsto \text{F}, \cdots, \text{X} \mapsto \text{A}, \text{Y} \mapsto \text{B}, \text{Z} \mapsto \text{C}$$

三次移位的值是该密码的密钥。字符串“FUBSWRJUDSKB”是通过加密可读字符串“CRYPTOGRAPHY”得到的。下面给出稍微长一点的文本样例，这是《马可福音》[㊂]的开头部分。

“THE BEGINNING OF THE GOSPEL OF JESUS CHRIST THE SON OF GOD AS IT IS WRITTEN IN ISAIAH THE PROPHET BEHOLD I SEND MY MESSENGER BEFORE YOUR FACE WHO WILL PREPARE YOUR WAY THE VOICE OF ONE CRYING IN

THE WILDERNESS PREPARE THE WAY OF THE LORD MAKE HIS PATHS STRAIGHT JOHN APPEARED BAPTIZING IN THE WILDERNESS AND PROCLAIMING A BAPTISM OF REPENTANCE FOR THE FORGIVENESS OF SINS AND ALL THE COUNTRY OF JUDEA AND ALL JERUSALEM WERE GOING OUT TO HIM AND WERE BEING BAPTIZED BY HIM IN THE RIVER JORDAN CONFESSING THEIR SINS NOW JOHN WAS CLOTHED WITH CAMELS HAIR AND

㊀ Marcus Tullius Cicero（公元前 106—公元前 43）。

㊁ 大约公元前 50 年。

㊂ 圣马可，福音书作者 1，1～20 页，来源：https：//www. bibleserver. com/text/ESV/Mark1。

WORE A LEATHER BELT AROUND HIS WAIST AND ATE LOCUSTS AND WILD HONEY AND HE PREACHED SAYING AFTER ME COMES HE WHO IS MIGHTIER THAN I THE STRAP OF WHOSE SANDALS I AM NOT WORTHY TO STOOP DOWN AND UNTIE I HAVE BAPTIZED YOU WITH WATER BUT HE WILL BAPTIZE YOU WITH THE HOLY SPIRIT IN THOSE DAYS JESUS CAME FROM NAZARETH OF GALILEE AND WAS BAPTIZED BY JOHN IN THE JORDAN AND WHEN HE CAME UP OUT OF THE WATER IMMEDIATELY HE SAW THE

HEAVENS BEING TORN OPEN AND THE SPIRIT DESCENDING ON HIM LIKE A DOVE AND A VOICE CAME FROM HEAVEN YOU ARE MY BELOVED SON WITH YOU I AM WELL PLEASED THE SPIRIT IMMEDIATELY DROVE HIM

OUT INTO THE WILDERNESS AND HE WAS IN THE WILDERNESS FORTY DAYS BEING TEMPTED BY SATAN AND HE WAS WITH THE WILD ANIMALS AND THE ANGELS WERE MINISTERING TO HIM NOW AFTER JOHN WAS ARRESTED JESUS CAME INTO GALILEE PROCLAIMING

THE GOSPEL OF GOD AND SAYING THE TIME IS FULFILLED AND THE KINGDOM OF GOD IS AT HAND

REPENT AND BELIEVE IN THE GOSPEL PASSING ALONGSIDE THE SEA OF GALILEE HE SAW SIMON AND ANDREW THE BROTHER OF SIMON CASTING A NET INTO THE SEA FOR THEY WERE FISHERMEN AND JESUS SAID TO THEM FOLLOW ME AND I WILL MAKE YOU BECOME FISHERS OF MEN AND IMMEDIATELY THEY LEFT THEIR NETS AND FOLLOWED HIM AND GOING ON A

LITTLE FARTHER HE SAW JAMES THE SON OF ZEBEDEE AND JOHN HIS BROTHER WHO WERE IN THEIR BOAT MENDING THE NETS AND IMMEDIATELY HE CALLED THEM AND THEY LEFT THEIR FATHER ZEBEDEE IN THE BOAT WITH THE HIRED SERVANTS AND FOLLOWED HIM"

通过使用恺撒密码我们可得到

"WKH EHJLQQLQJ RI WKH JRVSHO RI MHVXV FKULVW WKH VRQ RI JRG DV LW LV ZULWWHQ LQ LVDLDK WKH SURSKHW EHKROG L VHQG PB PHVVHQJHU EHIRUH BRXU IDFH ZKR ZLOO SUHSDUH BRXU ZDB WKH YRLFH RI RQH FUBLQJ LQ WKH ZLOGHUQHVV SUHSDUH WKH ZDB RI WKH ORUG PDNH KLV SDWKV VWUDLJKW MRKQ DSSHDUHG EDSWLCLQJ LQ WKH ZLOGHUQHVV DQG SURFODLPLQJ D EDSWLVP RI UHSHQWDQFH IRU WKH IRUJLYHQHVV RI VLQV DQG DOO WKH FRXQWUB RI MXGHD DQG DOO MHUXVDOHP ZHUH JRLQJ RXW WR KLP DQG ZHUH EHLQJ EDSWLCHG EB KLP LQ WKH ULYHU MRUGDQ FRQIHVVLQJ WKHLU VLQV QRZ MRKQ ZDV FORWKHG ZLWK FDPHOV KDLU DQG ZRUH D OHDWKHU EHOW DURXQG KLV ZDLVW DQG DWH ORFXVWV DQG ZLOG KRQHB DQG KH SUHDFKHG VDBLQJ DIWHU PH FRPHV KH ZKR LV PLJKWLHU WKDQ L WKH VWUDS RI ZKRVH VDQGDOV L DP QRW ZRUWKB WR VWRRS GRZQ DQG XQWLH L KDYH EDSWLCHG BRX ZLWK ZDWHU EXW KH ZLOO EDSWLCH BRX ZLWK WKH KROB VSLULW LQ WKRVH GDBV MHVXV FDPH IURP QDCDUHWK RI JDOLOHH DQG ZDV EDSWLCHG EB MRKQ LQ WKH MRUGDQ DQG ZKHQ KH FDPH XS RXW RI WKH ZDWHU LPPHGLDWHOB KH VDZ WKH KHDYHQV

EHLQJ WRUQ RSHQ DQG WKH VSLULW GHVFHQGLQJ RQ KLP OLNH D GRYH DQG D YRLFH FDPH IURP KHDYHQ BRX DUH PB EHORYHG VRQ ZLWK BRX L DP ZHOO SOHDVHG WKH VSLULW LPPHGLDWHOB GURYH KLP RXW LQWR WKH ZLOGHUQHVV DQG KH ZDV LQ WKH ZLOGHUQHVV IRUWB GDBV EHLQJ WHPSWHG EB VDWDQ DQG KH ZDV ZLWK WKH ZLOG DQLPDOV DQG WKH DQJHOV ZHUH PLQLVWHULQJ WR KLP QRZ DIWHU MRKQ ZDV DUUHVWHG MHVXV FDPH LQWR JDOLOHH SUR-FODLPLQJ WKH JRVSHO RI JRG DQG VDBLQJ WKH WLPH LV IX-OILOOHG DQG WKH NLQJGRP RI JRG LV DW KDQG UHSHQW DQG EHOLHYH LQ WKH JRVSHO SDVVLQJ DORQJVLGH WKH VHD RI JDOLOHH KH VDZ VLPRQ DQG DQGUHZ WKH EURWKHU RI VL-PRQ FDVWLQJ D QHW LQWR WKH VHD IRU WKHB ZHUH ILVKH-UPHQ DQG MHVXV VDLG WR WKHP IROORZ PH DQG L ZLOO PDNH BRX EHFRPH ILVKHUV RI PHQ DQG LPPHGLDWHOB WKHB OHIW WKHLU QHWV DQG IROORZHG

KLP DQG JRLQJ RQ D OLWWOH IDUWKHU KH VDZ MDPHV WKH VRQ RI CHEHGHH DQG MRKQ KLV EURWKHU ZKR ZHUH LQ WKHLU ERDW PHQGLQJ WKH QHWV DQG LPPHGLDWHOB KH FDOOHG WKHP DQG WKHB OHIW WKHLU IDWKHU CHEH-GHH LQ WKH ERDW ZLWK WKH KLUHG VHUYDQWV DQG IRO-ORZHG KLP”

另外，术语“密码分析”[1]最初描述了在不知道秘密密钥的情况下，从加密的文本中

[1] τὸ αναλύειν。

产生可读文本的过程。我们假设生成加密文本的加密类型是已知的，但秘密密钥是未知的。

例 2.26（恺撒密码的解密） 为了从例2.25加密的福音书节选中获得可读的文本，我们假设使用一个带有字母移位的函数。一个字母移位可以被测试出的不同可能性有26种。对于足够长的文本，确定正确的密钥是很容易的。另一种可能性是根据语言中的字母频率从不可读文本中确定这种加密密钥。

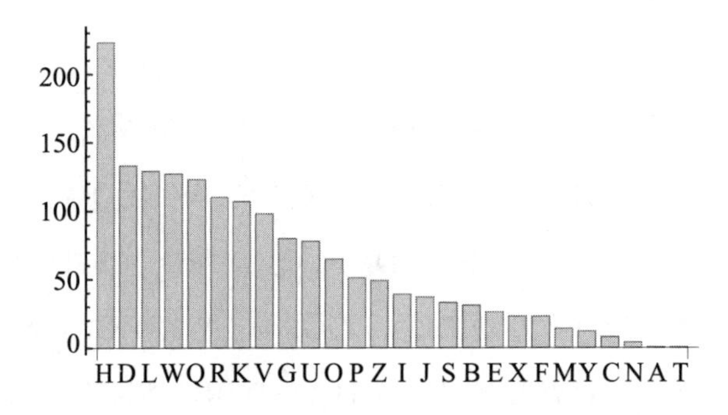

图 2.5　加密的福音书节选中的字母频率条形图

因此，字母E在英语文本中出现的频率最高，其次是T、A和O[⊖]。在上面1623个字符组成的福音书节选中，H出现223次，其次是D(133次)、L(129次)和W(127次)，如图2.5所示。我们假设E已被代换为H（移位值为3)。使用左移三个字母的映射（移位值为−3)

$$d_3: \Sigma_{\text{Lat}} \rightarrow \Sigma_{\text{Lat}},\ \text{A} \mapsto \text{X},\ \text{B} \mapsto \text{Y},\ \text{C} \mapsto \text{Z},\ \cdots,\ \text{X} \mapsto \text{U},\ \text{Y} \mapsto \text{V},\ \text{Z} \mapsto \text{W}$$

我们得到原始文本。

例2.25和例2.26的两个映射应该通过实现数据的加密和解密功能来确保其机密性。还有涉及其他安全服务的映射。所有这样的映射都有一个特殊的名称。

约定 2.27（密码映射） 密码映射是用于实现关于安全服务的加密功能的数学映射。

⊖ 例如，请参见 https://en.wikipedia.org/wiki/Letterfrequency 上的字母频率表。

因此，密码学任务的重点已经显著扩展，我们将在 2.5 节中确立相关术语。

约定 2.28（密码学，密码编码学，密码分析学） 密码学是设计（密码编码学）和分析（密码分析学）密码映射的科学。

密码学经过发展后，必须检查密码映射是否满足其确保安全目标的目的。密码学的两个子领域密不可分，不能单独讨论。

例 2.25 中的弱加密问题可以通过调整字母的频率来解决。然而，如果我们用与明文相同的字母表来创建密文，就无法达到这一目标。因此，我们必须仔细考虑。设 Σ 是明文的字母表，$p_s=\mathbb{P}(\{s\})$ 是符号 $s\in\Sigma$ 的出现概率，且 $k\geqslant 1$ 是一个固定选取的实数。此外，设 M_s 是一个包含 $\lceil p_s \cdot k \rceil$ 个不同符号的有限集，使得对任何两个不同的符号 $s, t\in\Sigma$，集合 M_s 和 M_t 是不相交的。即如果 $s\neq t$，则 $M_s\cap M_t=\emptyset$。假设每个符号 $m_s\in M_s$ 的发生概率遵循离散均匀分布，即 $\mathbb{P}(\{m_s\})=\frac{1}{|M_s|}$。则

$$M=\bigcup_{s\in\Sigma} M_s$$

中的符号 m 的概率 $\mathbb{P}(\{m\})$ 为

$$\begin{aligned}
\mathbb{P}(\{m\}) &= \sum_{s\in\Sigma} \mathbb{P}(\{m\}\cap M_s) \\
&\overset{(1.8)}{=} \sum_{s\in\Sigma} \mathbb{P}(\{m\}\,|\,M_s)\cdot\mathbb{P}(M_s) \\
&= \sum_{s\in\Sigma} 1_{M_s}(m)\cdot\frac{1}{|M_s|}\cdot p_s \\
&\overset{m\in M_t}{=} \frac{p_t}{\lceil p_t\cdot k\rceil},
\end{aligned}$$

其中 1_{M_s} 为 M_s 上的指示函数，$\mathbb{P}(\{m\}\,|\,M_s)$ 为式(1.8) 中的条件概率。因此，有可能在 M 的所有符号上产生一个几乎离散的均匀分布。这种类型的加密称为*多名代换*（homophonic substitution）。

例 2.29　图2.6 显示了使用参数 $k=100$ 的多名代换对来自例 2.25 中的福音书节选进行加密的 114 个符号的频率。较深的线条显示了代表字母“E”的符号的频率。水平线表示每个符号的期望频率。我们得到了更均匀的字母分布。

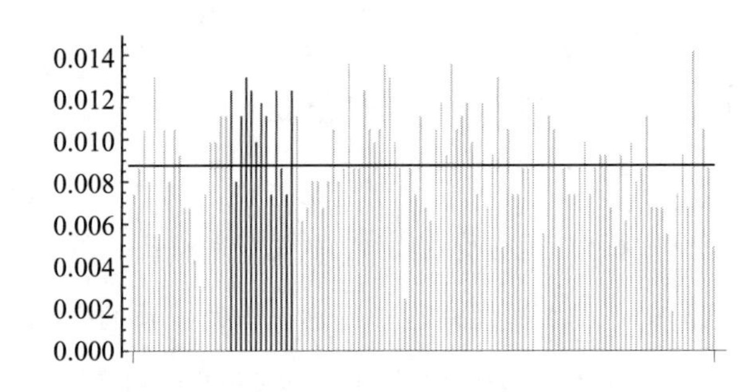

图 2.6　使用多名代换对福音书节选加密后的字母频率条形图

更高安全性的成本取决于两个方面。首先，当需要更多的字母或符号时，密钥的大小会增大。其次，密文会扩展。要理解这一点，请考虑每个大写字母的二进制表示。我们需要$\lceil \log_2(26) \rceil=5$ 位来表示。另外，我们需要$\lceil \log_2(114) \rceil=7$ 位来表示基于 114 个符号的多名代换。这称为消息扩展。因此，多名代换并不是一种强大的加密方法。不幸的是，密码分析专家已经通过检查符号组合是否存在统计异常克服了这个挑战。

2.5　密码的功能

我们将安全服务的功能表示为*密码功能*。数据处理对于所有这些功能都是通用的。数据来源于基于字母表 Σ 的一种语言 $\mathcal{P}=\mathcal{P}_\Sigma$。$\mathcal{P}$ 称为*明文空间*。我们对五种密码功能——加密、哈希生成、签名生成、密钥管理和随机数生成进行了区分，我们将在接下来的章节中研究这些功能。一些密码功能可以被更详细地进行定义。例如，我们所说的加密功能实际上包括数据的加密和解密，密钥管理需要密钥生成和密钥交换。如表 2.2[⊖] 所示，我们可

⊖　按照文献（Sorge 等，2013）中图 4.1 的方式完成。

以看到对于相应的安全服务，哪些功能是必需的（√）或支持的（～）。通信是有特定目的的。因此，密码功能作为一种规则，被嵌入在面向此目的的固定过程中。使用密码功能的通信过程要遵循专门的通信协议。

表 2.2 支持安全服务的密码功能

安全服务	密码功能				
	加密	哈希生成	签名生成	密钥管理	随机数生成
机密性	√			√	～
数据完整性	～	√	√	～	～
可访问性	～	～	～	√	～
可追责性	√	～	√	√	～
稳私性	√			√	～

约定 2.30（密码协议） 一种通信协议，其执行目的是确保至少一个安全目标，称为密码协议。

在处理密码协议时，我们需要在通信系统中附加一个称为加密器的组件来启用密码功能，参见图 2.7。它的主要组成部分是一个密码系统。

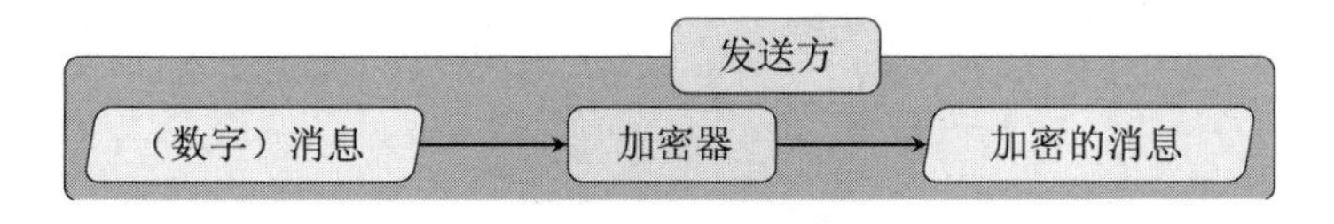

图 2.7 发送方侧通信系统中的加密器

2.5.1 加密

如果实体 A 想要与实体 B 进行安全的消息交换，他们必须加密消息。在加密过程中，A 的目的是将一个属于明文空间 $\mathcal{P}$ 的明文消息 m 使用属于密钥空间 $\mathcal{K}$ 的密钥 k_1 转换成属于密文空间 $\mathcal{C}$ 的密文消息 c。我们首先用一个函数表示加密过程：

$$e:\mathcal{K}\times\mathcal{P}\to\mathcal{C},(k_1,m)\mapsto c:=e(k_1,m) \tag{2.4}$$

然后，在传输完成后，B 需要将密文消息转换回明文消息。我们用一个函数来表示这个解密过程：

$$d:\mathcal{K}\times\mathcal{C}\rightarrow\mathcal{P},(k_2,c)\mapsto\widetilde{m}:=d(k_2,c) \tag{2.5}$$

事实上，解密过程是成功的，当且仅当有一个对应的密钥 $k_2\in\mathcal{K}$，使得

$$m=d(k_2,e(k_1,m))$$

明文空间、密钥空间和密文空间都是预定义的符号集合。每个符号都是由一串语法规范的字母表（$\Sigma,\leq$）中的字符形成的。为了方便，我们通常把密钥写成下标，例如

$$d_{k_2}(e_{k_1}(m))$$

A 和 B 应该假设每个人都知道所使用的加密方法，即函数 e 和 d。A 和 B 唯一应该注意的是隐藏密钥，因为这是唯一的保护机制。这种方法是现代密码学中最众所周知和最重要的前提，被称为柯克霍夫原则[⊖]。

定义 2.31（密码体制） 设 $\mathcal{P}$ 为一个明文空间，$\mathcal{K}$ 为一个密钥空间，$\mathcal{C}$ 为一个密文空间。加密函数族

$$\varepsilon:=\{e_k:\mathcal{P}\rightarrow\mathcal{C};k\in\mathcal{K}\} \tag{2.6}$$

和解密函数族

$$\mathcal{D}:=\{d_k:\mathcal{C}\rightarrow\mathcal{P};k\in\mathcal{K}\} \tag{2.7}$$

一样，每一族都与密钥空间 $\mathcal{K}$ 中的所有密钥相关联，如果对于所有的 $m\in\mathcal{P}$ 和 $k_1\in\mathcal{K}$，都存在一个密钥 $k_2\in\mathcal{K}$ 满足等式

$$m=d_{k_2}(e_{k_1}(m)) \tag{2.8}$$

则元组（$\mathcal{P}$，$\mathcal{C}$，$\mathcal{K}$，$\mathcal{E}$，$\mathcal{D}$）称为一个密码体制。

密码体制有三种不同的类别。在第 4、5、6 和 9 章中讨论的私钥密码体制需要两个密钥的精确匹配，即 $k_1=k_2$。k_1 以同样的方式用于加密和解密。如果 k_1 和 k_2 通常为不同的情况，即 $k_1\neq k_2$，这时可以参考第 5、7、8 和 10 章中讨论的公钥密码体制。一种

⊖ Auguste Kerckhoffs（1835—1903）。

特殊的密码体制由私钥体制和公钥体制两种体制组合产生，称为混合密码体制。对于这样的体制，我们需要同时使用私钥密码体制和公钥密码体制。

简单的密码体制

现在，我们通过应用定义 2.31 并利用可以将计算从 $\mathbb{Z}_n$ 外包给 $\mathbb{Z}$ 的事实（即可以在 $\mathbb{Z}$ 中执行计算，但必须通过模运算来完成）来考虑密码体制的两个例子。这项工作将在定理 3.50 中得到证明，它是根据定理 1.2 在最后进行模运算得出的。第一个例子展示了私钥密码体制。我们将在第 4 和 6 章中研究这种密码体制。

例 2.32（移位密码） 设 $\mathcal{P}=\mathcal{C}=\mathcal{K}:=\mathbb{Z}_{26}$，且

$$e_k:\mathcal{P}\to\mathcal{C}, m\mapsto e_k(m):=(m+k)\bmod 26$$

$$d_k:\mathcal{C}\to\mathcal{P}, c\mapsto d_k(c):=(c-k)\bmod 26$$

那么 $d_k(e_k(m))=((m+k)-k)\bmod 26=m$，这样就得到了一个私钥密码体制。加密和解密使用的是同一个密钥，即*秘密密钥*。它将例 2.25 和例 2.26 中已知的恺撒密码进行了推广，将字母按顺序编码为从 0 开始递增的数字。通过选择 $k=3$，我们得到了恺撒密码：

$$\mathrm{C}\xrightarrow{\text{编码}}2\xrightarrow[2+3 \bmod 26]{\text{加密}}5\xrightarrow{\text{解码}}\mathrm{F}$$

例 2.32 涉及两个必须提及的方面。首先，该密码体制是一种简单的单字母代换密码，即移位密码。因此，加解密过程将这些符号逐一进行加密和解密。这样的过程称为*流密码*。如果出现相同的符号序列，得到的密文序列也相同。这是一个缺陷，我们将在 4.2 节中寻找克服该缺陷的方法。其次，它提出了符号编码本身是不是代换密码的问题。答案为“是”，但是在本书中，我们将使用编码和解码这两个术语，将源消息转换为可用于加密和解密的格式[⊖]。

例 2.32 中的私钥密码体制使用了模 n 加法，这将在定义 3.47 中进行形式化的介绍。

⊖ 文献（Proakis，2008，p. 80）中的含义。

下面的例子展示了一个使用模 n 乘法的公钥密码体制，同样将在定义 3.47 中进行定义。它的设计使得 $n=26$ 是两个素数 2 和 13 的乘积。

例 2.33（轻量级 RSA） 对于这个密码体制，设 $\mathcal{P}=\mathcal{C}:=\mathbb{Z}_{26}$，$\mathcal{K}:=\{26\}\times\{1,5,7,11\}$，且 $(26,k_1),(26,k_2)\in\mathcal{K}$

$$e_{(26,k_1)}:\mathcal{P}\rightarrow\mathcal{C}, m\mapsto e_{(26,k_1)}(m):=m^{k_1} \bmod 26$$

$$d_{(26,k_2)}:\mathcal{C}\rightarrow\mathcal{P}, c\mapsto d_{(26,k_2)}(c):=c^{k_2} \bmod 26$$

我们将在 8.3 节中说明 k_1 和 k_2 组合下的如下情形：

$$d_{(26,k_2)}(e_{(26,k_1)}(m))=m^{k_1\cdot k_2} \bmod 26=m$$

由于加密过程和解密过程中的密钥不同，我们采用了公钥密码体制。密钥 $(26,k_1)$ 称为公钥。对于解密，必须使用私钥 $(26,k_2)$。这种密码体制与稍后将在 RSA 密码体制中讨论的思想一致。通过选择 $k=7$，我们得到

$$\text{C}\xrightarrow{\text{编码}}2\xrightarrow[2^7 \bmod 26]{\text{加密}}24\xrightarrow{\text{解码}}\text{Y}$$

我们将在第 7 和 8 章中研究公钥密码体制。

2.5.2 消息摘要

数据完整性是指数据的完整性和不可更改性。数据在未经许可且未经授权情况下不应被更改或删除。可以使用所谓的消息摘要来验证对象的完整性。将给定值与对象生成的值进行比较。如果两个值相等，我们就假定其具有数据完整性。

定义 2.34（消息摘要函数，消息摘要） *设 $\mathcal{P}$ 是基于字母表 Σ 的一种语言。消息摘要函数是映射 h：$\mathcal{P}\rightarrow\Sigma^n$，即将数据通过该映射指定为固定长度。产生的值称为消息摘要。*

消息摘要的长度通常小于数据的长度。数据中的微小更改，如交换两个符号或更改一个符号，都应该产生完全不同的消息摘要。

ISBN-13 码

可以使用国际标准书号（ISBN）序列：

$$z_1 z_2 z_3 z_4 z_5 z_6 z_7 z_8 z_9 z_{10} z_{11} z_{12} - z_{13}$$

来识别一本书。在这种情况下，所有的 $z_i(i \in \{1,\cdots,13\})$ 属于集合 $\mathbb{Z}_{10}$。书号由前缀、组号、出版社代码、书序码和校验码[⊖]五部分组成。

$$\underbrace{978}_{\text{前缀}} - \underbrace{0}_{\text{组号}} - \underbrace{387}_{\text{出版社代码}} - \underbrace{77993}_{\text{书序码}} - \underbrace{5}_{\text{校验码}}$$

例如，组号 0 在英语为第一语言的国家使用，校验码由消息摘要函数 $h: \mathbb{Z}_{10}^{12} \to \mathbb{Z}_{10}$ 生成，即

$$(z_1,\cdots,z_{12}) \mapsto z_{13} := 10 - \left(\sum_{i=1}^{12} z_i \cdot 3^{(i+1) \bmod 2}\right) \bmod 10$$

根据定义 2.34，我们使用 $\Sigma = \mathbb{Z}_{10}, \mathcal{P} = \mathbb{Z}_{10}^{12}, n=1$。通过应用映射 $h(z_1,\cdots,z_{12}) = z_{13}$，ISBN-13 码被定义为所有 13 元组 $(z_1,\cdots,z_{13}) \in \mathbb{Z}_{10}^{13}$ 的集合 C 的一个成员。

例 2.35 《编码和密码学》(Li 和 Niederreiter，2008) 的 ISBN-13 码为 978-981-283-223-8。我们计算 $10-(9+8+8+2+3+2+3 \cdot (7+9+1+8+2+3)) \bmod 10 = 8$，并确认消息摘要 $z_{13}=8$ 的正确性。

给定一个 ISBN-13 码 $c=(z_1,\cdots,z_{13}) \in C \subset \mathbb{Z}_{10}^{13}$ 和函数

$$\tilde{h}: \mathbb{Z}_{10}^{13} \to \mathbb{Z}_{10}, (z_1,\cdots,z_{13}) \mapsto \tilde{h}(z_1,\cdots,z_{13})$$
$$= \sum_{i=1}^{13} z_i \cdot 3^{(i+1) \bmod 2} \bmod 10$$

我们得到

$$\begin{aligned}\tilde{h}(c) &= \left(\sum_{i=1}^{12} z_i \cdot 3^{(i+1) \bmod 2} + z_{13}\right) \bmod 10 \\ &= \left(\sum_{i=1}^{12} z_i \cdot 3^{(i+1) \bmod 2} + 10 - \sum_{i=1}^{12} z_i \cdot 3^{(i+1) \bmod 2}\right) \bmod 10 \\ &= 10 \bmod 10 = 0\end{aligned}$$

如果两个数字交换或一个数字改变会产生什么问题?

⊖ ISBN 源于文献 (Hoffstein 等，2008)。

定理 2.36　设 C 是一个 ISBN-13 码，$z\in C, x, y\in \mathbb{Z}_{10}^{13}$，且 $x\neq z, y\neq z$。假设 x 由改变 z 的一个数字生成，或者 y 通过直接交换 z 的两个相邻数字生成，变换前后的数字的差值不等于5。那么，x 和 y 与等式 $\tilde{h}(x)=0$ 或 $\tilde{h}(y)=0$ 不匹配，且不是 C 的一个成员。

证明　令 x 和 z 在第 i 个位置不相同，其他位置相同。那么

$$\tilde{h}(x)=(\tilde{h}(x)-\tilde{h}(z)) \bmod 10=k\cdot(x_i-z_i) \bmod 10\neq 0$$

根据下标 i 可知，k 的值不是 1 就是 3。设 $v=x_i-z_i\neq 0$。如果 $k\neq 1$，我们得到 $1\cdot v=v\neq 0$。否则，$3\cdot v\notin\{-20,-10,0,10,20\}$。由此可知，乘积 $k\cdot v \bmod 10$ 也不等于零（模 10）。因此，x 不是一个 ISBN-13 码。

现在，令 $y_i=z_{i+1}$，$y_{i+1}=z_i$。那么

$$\tilde{h}(y)=(\tilde{h}(y)-\tilde{h}(z)) \bmod 10=\pm 2\cdot(y_i-z_i) \bmod 10$$

由于 $y_i\neq z_i$，当差值等于 5 时，该乘积等于 0（模 10）。在其他所有差值不为 5 的情况下，y 也不是一个 ISBN-13 码。□

共有 10^{12} 种不同的 ISBN-13 码。消息摘要函数 h 不是一个单射函数，因为许多 ISBN-13 码与校验码冲突。例如，某书的 ISBN-13 码为 978038727934-3，但同一本书的下一版有不同的 ISBN-13 码 978038750860-3。两个校验码相等。对于 ISBN-13 码的完整性而言，这是不可取的，因为很容易创建一个错误但带有正确校验码的有意义的 ISBN-13 码。

MD5 消息摘要

ISBN-13 码的例子展示了生成消息摘要的基本原理。虽然对 ISBN-13 码的细微更改不会产生有效的 ISBN-13 码，但其生成方式仍有严重的缺陷。一方面，校验码的生成使用了固定长度的元组。另一方面，由于输出的长度太短，很多书都有相同的校验和。免费提供的办公包 LibreOffice[⊖] 的消息摘要实例旨在说明如何减轻这些困难。为安装程序

⊖ 当前版本是 6.1.4，请参阅 https://www.libreoffice.org/。

文件生成一个消息摘要，比如，采用 MD5 哈希函数生成（在图 2.8 的黑色矩形框中）。如果一个文件被下载，MD5 哈希值可以由它的字节码生成（在图 2.8 的白色矩形框中），并与网站上的 MD5 哈希值进行比较。如果出现差异，则意味着下载过程出现了问题，文件的完整性遭到破坏。为了生成 MD5 校验和，需要一个任意长度的比特串作为输入。输出是一个 128 位的序列。

$$\text{md5}: \mathbb{Z}_2^* \to \mathbb{Z}_2^{128}$$

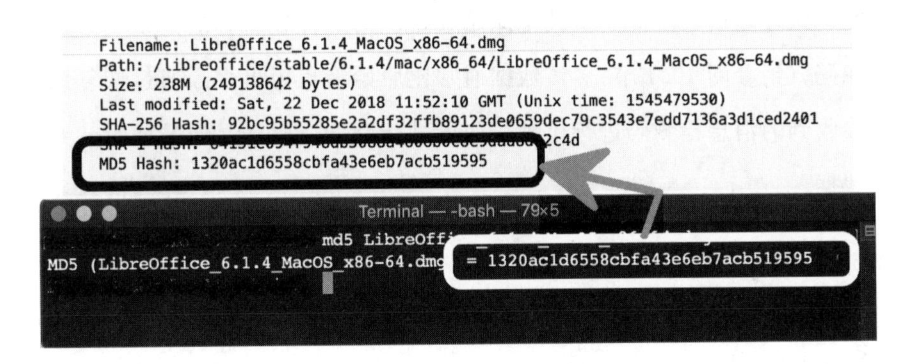

图 2.8　一个可下载文件的消息摘要

这种消息摘要生成方式也不是单射的，而且有些文件具有相同的 MD5 哈希值。虽然生成 MD5 哈希值的算法是开放和已知的，但要生成提供给定哈希值的文件要困难得多。虽然如此，MD5 哈希值的生成现已被证明是脆弱的，不应该被使用[⊖]。然而，知道这个过程是有益的。

消息摘要（例如 MD5 哈希值）被称为消息检测码（请参阅 9.1 节）。消息摘要也可以基于私钥密码系统生成。这种消息摘要称为消息认证码（请参阅 9.2 节）。这两种消息摘要类型的组合产生了一种混合形式，即基于哈希函数的消息认证码（请参阅 9.3 节）。

2.5.3　签名生成

（数字）签名是一种基于密钥的方案，用于创建可以证明数据作者身份的测试值。

⊖ 请参阅 http：//www.mscs.dal.ca/～selinger/md5collision/。

数据源使用一个只有它自己知道的密钥生成签名。然后其他人可以使用公钥来确认签名的真实性。数据可以清晰地溯源。反过来说，数据源不能否认其是数据的来源，并要对数据负责。

有两种不同的签名算法。两者都传输数据和上文所提的签名。在第一种签名算法里，一个数字签名可以和原始数据一样长。这里必须有一个恢复过程，在这个过程中接收到的数据可以直接与原始数据进行比较（请参阅 10.1 节）。在证明了接收到的数据和原始数据的一致性之后，才能承认其是原始数据。第二种签名算法是生成原始消息的签名消息检测码（请参阅 10.1 节）。该数据通常比原始消息短得多。通过恢复该消息检测码，并与接收到的消息检测码进行比较，即可进行验证。同样，通过证明一致性来承认其是原始数据。

例 2.37　通过应用例 2.33 中的公钥密码体制，我们可以使用私钥进行“加密”，而私钥只有一个实体知道。在执行“解密”过程和检查之后，我们可以假定数据来自拥有私钥的实体。数据的来源是明确的。

2.5.4　密钥管理和伪随机数生成器

大多数已命名的功能依赖于需要生成、分发、保存、恢复、失效和最终删除的密钥。密钥的生成过程不得以确定性和可重复性的简单方式进行。它似乎应该是随机的，但通常不是。伪随机密钥生成是确定性生成过程，其中所有密钥的生成概率相同。因此，通常使用称为种子的初始值来生成密钥。种子通常是从计算机系统的状态或由硬件组件生成的。生成的密钥必须分发给所有相关的实体，这是通过额外的通信来完成的。由于在私钥密码体制中要使密钥保密，因此通常必须使用额外的密钥进行通信，后一个密钥覆盖第一个密钥，并引入层次结构。有时会由一个主密钥导出从属密钥。公钥密码体制的公钥通常是公开的。我们将在 7.1 节中研究密钥管理任务。密钥生成的基础是生成真正的随机数，这是非常困难的。一种生成看似随机的数字序列的算法称为伪随机数生成器（Pseudorandom Number Generator，PRNG）。今天可用的算法模仿并简化了这项任务。私钥密码体制通常依赖于这种伪随机数。相比之下，公钥密码体制需要做更多的工作，即伪随机数是生成大素数的起点。我们将在11.4节讨论伪随机数的生成。

2.6　密码分析

密码学的第二部分与密码分析有关，其中涉及发明新的密码映射作为测试，让攻击者证明映射是安全的。证明还意味着对达到安全目标的分析。如果机密性是基本目标，则攻击者的主要任务之一就是从给定的密文中恢复明文。柯克霍夫的第二项原则[㊀]告诉我们：

“密文不需要保密，即使它落入敌人的手中，也不应该造成问题。”

这与香农定理的“敌人知道这个系统”的逻辑相同。

假设密码映射是众所周知的，能否从密文中恢复明文则取决于密钥的质量。越容易完成恢复，密码映射就越弱。针对密码体制的通用类型，攻击有不同级别。

暴力攻击

密码映射质量的第一个标准是密钥空间的基数。在所谓的*暴力攻击*中，将对所有可能的密钥进行连续测试。当今的计算能力使人们可以破解许多密码体制，并且可以立即恢复明文。参考例2.32，通过将恺撒密码扩展到移位密码，在暴力破解之后，我们会发现一个以上有意义的结果。例如，如果我们想解密密文“YPCLY”[㊁]，并且知道这是移位密码，则得到可能的明文如下：

“YPCLY”，“XOBKX”，“WNAJW”，“VMZIV”，“ULYHU”，

“TKXGT”，“SJWFS”，“**RIVER**”，“QHUDQ”，“PGTCP”，

㊀ 请参阅文献（Kerckhoffs，1883）。

㊁ 请参阅文献（Stinson，2005）。

"OFSBO", "NERAN", "MDQZM", "LCPYL", "KBOXK",
"JANWJ", "IZMVI", "HYLUH", "GXKTG", "FWJSF",
"EVIRE", "DUHQD", "CTGPC", "BSFOB", **"ARENA"**,
"ZQDMZ"

其中有两个是真正的候选明文："RIVER" 和 "ARENA"。尽管暴力攻击提供了有意义的结果，但是这两个密钥中的一个是错误的。这样的密钥称为伪密钥。

设 $\mathcal{K}$ 为有限的密钥空间。首先，我们考虑一个模拟平均试验次数的随机试验。$\mathbb{P}(\{v\})$项是指在 $v-1$ 次失败之后，恰好在第 v 次时找到正确密钥的概率。所有的 v 均应符合离散均匀分布，这意味着每个值 $v\in\{1,\cdots,|\mathcal{K}|\}$ 有相同的概率被观察到。为了理解这一点，我们描述了在 $v-1$ 次失败之后在第 v 次得到正确密钥的概率，如果在第一次试验中就找到正确密钥的概率为

$$p_1=\frac{1}{|\mathcal{K}|}=\frac{1}{|\mathcal{K}|+1-1} \tag{2.9}$$

并且该分数的分母将在每一次试验中减少 1，则意味着在第 v 次试验中找到密钥的概率为

$$p_v=\frac{1}{|\mathcal{K}|+1-v}$$

接下来，我们描述在 $v-1$ 次失败之后在第 v 次找到正确密钥的情况。完成 v 次试验后成功的概率为

$$\begin{aligned}
\mathbb{P}(\{v\}) &= (1-p_1)\cdot(1-p_2)\cdot\cdots\cdot(1-p_{v-1})\cdot p_v \\
&= \left(1-\frac{1}{|\mathcal{K}|}\right)\cdot\left(1-\frac{1}{|\mathcal{K}|-1}\right)\cdot\cdots\cdot\left(1-\frac{1}{|\mathcal{K}|+1-(v-1)}\right)\cdot\frac{1}{|\mathcal{K}|+1-v} \\
&= \left(\frac{|\mathcal{K}|-1}{|\mathcal{K}|}\right)\cdot\left(\frac{|\mathcal{K}|-2}{|\mathcal{K}|-1}\right)\cdot\cdots\cdot\left(\frac{|\mathcal{K}|+1-v}{|\mathcal{K}|+2-v}\right)\cdot\frac{1}{|\mathcal{K}|+1-v} \\
&= \frac{1}{|\mathcal{K}|}
\end{aligned} \tag{2.10}$$

我们确定范围为 $\{1,\cdots,|\mathcal{K}|\}$ 的随机变量 V 的期望 $\mathbb{E}[V]$，它表示找到正确密钥平均需要进行多少次试验。根据式(2.9) 和式(2.10) 可知

$$\mathbb{P}(\{v\})=\frac{1}{|\mathcal{K}|},v\in\{1,\cdots,|\mathcal{K}|\}$$

那么，预期的试验次数是

$$\mathbb{E}[V]=\sum_{v=1}^{|\mathcal{K}|} v \cdot \mathbb{P}(\{v\})=\frac{|\mathcal{K}|(|\mathcal{K}|+1)}{2|\mathcal{K}|}=\frac{|\mathcal{K}|+1}{2} \tag{2.11}$$

因此，基数较大的密钥空间非常有利，但不幸的是，这并不能确保其本身的安全性。

已知密文攻击

通过对不同密钥进行“智能的”反复试验和试错，可以减少寻找明文的步骤。例如，在例 2.26（恺撒密码）中，对字母频率进行分析使我们能够在一步之后找到正确的密钥，我们就可以恢复福音书内容。假定不同的明文 p_1，p_2，…用相同的密钥 k 加密成密文 $c_1=e_k(p_1), c_2=e_k(p_2)$，…。另外，假定有关明文的一些信息包含在密文中，比如字母的频率等。如果对手拥有一些密文 c_1，c_2，…，那么这种攻击称为*已知密文攻击*。我们将在 5.2.3 节中讨论成功进行此类攻击的基本可能性。

已知明文攻击

有时，敌手拥有由相同密钥生成的密文 $c_i=e_k(p_i)$，即明文密文对 $(p_1, c_1), (p_2, c_2), \cdots, (p_n, c_n)$。基于这些知识的攻击称为*已知明文攻击*。我们将在 4.2.3 节中讨论仿射线性分组密码的弱点，采用的*线性密码分析*就是这种攻击的一个例子。

选择明文攻击

发起*选择明文攻击*时，敌手提供了明文密文对 $(p_1, c_1), (p_2, c_2), \cdots, (p_n, c_n)$，类似于已知明文攻击。两种类型攻击之间的区别在于，选择明文攻击可以随意选择明文，并使用已确定的密钥 k 加密该明文。这允许人们在密码映射中寻找模式，并将其转换为明文。这种思想适用于*差分密码分析*。有针对修改消息检测码生成器 MD4 和 MD5 的成功攻击，也有针对像 FEAL[⊖] 这样的私钥密码体制的成功攻击。

选择密文攻击

与选择明文攻击相比，*选择密文攻击*的操作方式相反。选择一些密文，并通过启动

⊖ 请参阅文献（Stamp 和 Low，2007，p. 170ff.）。

解密过程来获取相应的明文。在这种情况下，将导致更多的开销。但是，其和选择明文攻击寻找映射模式的思想是相同的。

相关密钥攻击

攻击密码体制的另一种方法是利用用于加密明文的密钥的选择模式进行攻击，称为相关密钥攻击。密钥以一种特殊的方式相关联，明文已经被这些不同的密钥加密。其目标是确定其中的一个密钥。相关密钥攻击的一个常见案例涉及最近使用的 WLAN 标准协议——有线等效保密（Wired Equivalent Privacy，WEP）。在 WEP 中使用了 RC4[㊀] 这种密码映射，这种映射函数已被成功攻击。

公钥密码的密码分析

以上所有提到的攻击都与破解私钥密码体制的密码映射有关。通过发现基于数论研究的数学方法来攻击为公钥密码设计的密码映射。尽管已有的攻击只寻找一个单独的密钥，但*公钥攻击*却涉及整个体制或在不会破坏已形成的密码映射的情况下恢复私钥。这种攻击的一个例子是*边信道攻击*[㊁]。在这里，密码算法的实现或过程本身的弱点不会被攻击，但是正在执行该算法的计算机上的物理过程可能会被窃听。例如，在执行模幂运算中使用的平方乘算法[㊂]时，时序信息线性地依赖于密钥中二进制位“1”的个数。如果使用相同的密钥和其他输入数据多次重复该算法，则会产生可用于确定密钥的统计信息。

㊀ 请参阅文献（Stamp 和 Low，2007，p. 103ff.）。

㊁ 请参阅文献（Martin，2017，p. 43）。

㊂ 请参见 Algorithm 7.3。

第3章

代数基础

说明 3.1　学习本章的知识要求：

- 了解等价关系的概念；
- 能够计算模 n 的余数并掌握素数，请参阅 1.1 节。

精选文献：请参阅文献（Buchmann，2012；Durbin，2009；Hardy 等，2008；Lang，1984）。

3.1　代数结构

密码学以数论为基础。群、域、模运算和素数（以及如何生成它们）是其中至关重要的部分。

我们首先要研究代数结构，因为它们是所有其他结果的基础。让我们回顾一下众所周知的实数基本运算，如表 3.1 所示。关于实数有很多计算规则和性质。此外，数字 0，$1\in\mathbb{R}$ 具有特殊的性质。实数集连同加法和乘法一起构成一个代数结构。记住这些规则，我们可以抽象出计算规则和性质。

表 3.1 ℝ上的基本运算

	运算示例	性质
加法	$3+4=7 \quad \in \mathbb{R}$	加法封闭（A1）
	$(3+4)+5=12=3+(4+5)$	结合律（A2）
	$3+0=3$	单位元 0（A3）
	$3+4=7=4+3$	交换律（A4）
乘法	$3\cdot 4=12 \quad \in \mathbb{R}$	乘法封闭（M1）
	$(3\cdot 4)\cdot 5=60=3\cdot(4\cdot 5)$	结合律（M2）
	$3\cdot 1=3$	单位元 1（M3）
	$3\cdot 4=12=4\cdot 3$	交换律（M4）
	$3\cdot(4+5)=27=3\cdot 4+3\cdot 5$	分配律（D1）

3.1.1 群、环和域

加法和乘法都是内部映射，即只涉及一个集合的映射。每个映射都将这个集合中的一个或多个元素作为输入，并从这个集合生成一个输出。二元映射在这方面非常重要。

定义 3.2（内部二元映射） 集合 S 上的内部二元映射是映射$*$：$S\times S\rightarrow S$，并使用中缀表达式记为

$$(x,y)\mapsto x*y$$

输入	输出
$x \quad y$	$x*y$

类似地，我们可以记其他映射为

$$x\circ y, x\cdot y, x+y, x\otimes y, x\oplus y, x+_n y, x\cdot_n y\cdots$$

例 3.3（异或门） 异或是 $\Sigma_{\text{bool}}=\{0,1\}$ 上的一个映射，$\oplus:\Sigma_{\text{bool}}\times\Sigma_{\text{bool}}\rightarrow\Sigma_{\text{bool}}$。

输入 x	输入 y	输出 $x\oplus y$
0	0	0
0	1	1
1	0	1
1	1	0

备注 3.4　考虑 Σ_{bool}，我们通常可以考虑使用加号（+）把一个数加到另一个数上。但是 $1+1\notin\Sigma_{\text{bool}}$，并且这种加法不是 Σ_{bool} 上的一个内部二元映射。

例 3.5　对于集合

$$E=\{2\cdot k;k\in\mathbb{Z}\},O=\{2\cdot k+1;k\in\mathbb{Z}\},E\cap O=\emptyset$$

映射+：$E\times E\to E$ 是一个内部二元映射，因为 $2\cdot k_1+2\cdot k_2=2\cdot(k_1+k_2)\in E$。然而映射+：$O\times O\to O$ 的定义是不完善的，因为 $(2\cdot k_1+1)+(2\cdot k_2+1)=2\cdot(k_1+k_2+1)\in E$。

这样一来，我们可以将一个集合和这个集合上的 $n>0$ 个内部二元映射组合成一个结构。

定义 3.6（代数结构）　设 S 为一个非空集。由 S 和 S 上的 $n>0$ 个不同的内部二元映射组成的一个结构 $(S,*_1,\cdots,*_n)$ 称为代数结构。

备注 3.7　如果 S 中有需要强调的特殊元素，则可以将其嵌入到该结构的表示符号中。例如，$(S,*,e_*)$，$e_*\in S$，或更具体的 $(\Sigma_{\text{bool}},\oplus,0)$。

例 3.8　设 $\mathbb{R}^{n\times n}$ 为任意 $n\times n$ 实矩阵的集合，且

$$S=\{\boldsymbol{M}\in\mathbb{R}^{n\times n};\det(\boldsymbol{M})=1\}$$

为行列式为 1 的矩阵的子集。矩阵的典型运算，即加法和乘法，用 + 和 · 表示。$n\times n$ 的单位矩阵用 $\boldsymbol{I}_n$ 表示，空矩阵用 $\boldsymbol{O}_n$ 表示，那么 $(\mathbb{R}^{n\times n},+,\boldsymbol{O}_n)$，$(\mathbb{R}^{n\times n},\cdot,\boldsymbol{I}_n)$ 和 $(S,\cdot,\boldsymbol{I}_n)$ 都是代数结构。最后一个陈述基于以下事实：一个方阵乘积的行列式等于它们行列式的乘积。

在大多数情况下，代数结构的映射具有一些性质，这些性质不仅是规定好的，而且还需要深入讨论。首先，有时可以在不改变结果的情况下交换输入。如例 3.3 所示，交

换输入 x 和 y，结果并没有改变。与表 3.1 中的实数一样，异或映射满足交换律的性质。交换律适用于

$$(A1),(M1)\ x * y = y * x \tag{3.1}$$

情况下的内部二元映射 $*: S \times S \to S$，其中 x，$y \in S$，称该映射为可交换的，或者是阿贝尔的[⊖]。

备注 3.9 但是，并非所有内部二元映射都满足交换律性质。从例 3.8 中选择 $n=2$，则有

$$\begin{pmatrix}1&1\\1&2\end{pmatrix}\cdot\begin{pmatrix}2&1\\5&3\end{pmatrix}=\begin{pmatrix}7&4\\12&7\end{pmatrix}\neq\begin{pmatrix}3&4\\8&11\end{pmatrix}=\begin{pmatrix}2&1\\5&3\end{pmatrix}\cdot\begin{pmatrix}1&1\\1&2\end{pmatrix}$$

其次，一些内部二元映射 $*: S \times S \to S$ 必须连续进行多次。如果结合律执行的顺序并不重要，即

$$(A2),(M2)\ (x * y) * z = x * (y * z) \tag{3.2}$$

其中 $x,y,z \in S$，则称该内部二元映射为可结合的。

例 3.10 异或是可结合的，如下表所示。

			$(x\oplus y)\oplus z$		$x\oplus(y\oplus z)$	
x	y	z	$u=x\oplus y$	$u\oplus z$	$x\oplus v$	$v=y\oplus z$
0	0	0	0	**0**	**0**	0
0	0	1	0	**1**	**1**	1
0	1	0	1	**1**	**1**	1
0	1	1	1	**0**	**0**	0
1	0	0	1	**1**	**1**	0
1	0	1	1	**0**	**0**	1
1	1	0	0	**0**	**0**	1
1	1	1	0	**1**	**1**	0

⊖ 以挪威现代代数的先驱尼尔斯·亨利克·阿贝尔（1802—1829）的名字命名。

例 3.11　相容矩阵的乘法是可结合的。令 $\boldsymbol{A}$、$\boldsymbol{B}$ 和 $\boldsymbol{C}$ 分别为 $m\times n$、$n\times l$ 和 $l\times r$ 矩阵。考虑

$$\underbrace{(\boldsymbol{A}\cdot\boldsymbol{B})}_{S}\cdot\boldsymbol{C} \text{ 和 } \boldsymbol{A}\cdot\underbrace{(\boldsymbol{B}\cdot\boldsymbol{C})}_{T}$$

根据矩阵元素的计算规则，对于所得元素 $d_{ik}=(\boldsymbol{A}\cdot\boldsymbol{B}\cdot\boldsymbol{C})_{ik}$，以下等式成立：

$$d_{ik}=\sum_{j=1}^{l}\underbrace{\left(\sum_{v=1}^{n}a_{iv}\cdot b_{vj}\right)}_{s_{ij}}\cdot c_{jk}=\sum_{v=1}^{n}a_{iv}\cdot\underbrace{\left(\sum_{j=1}^{l}b_{vj}\cdot c_{jk}\right)}_{t_{vk}}$$

满足结合律的内部二元映射的代数结构称为*半群*。例如，$(\Sigma_{\text{bool}},\oplus,0)$ 和 $(S,\cdot,\boldsymbol{I}_n)$ 是半群。

有时，半群集合的元素具有特殊性质。它们不影响内部二元映射 $*:S\times S\to S$ 的执行，通过应用 $*$ 保留所有组合元素不变。设 $e_*\in S$ 是 S 的一个元素。如果

$$(\text{A3}),(\text{M3})\quad e_* * x=x=x * e_* \tag{3.3}$$

对所有 $x\in S$ 都适用，则称 e_* 为 S 关于 $*$ 的*单位元*。在这种情况下，如果存在与元素 $x\in S$ 相关的其他元素 $y\in S$，满足

$$(\text{A4}),(\text{M4})\quad x * y=e_*=y * x \tag{3.4}$$

则称 y 为 x 的*逆元*。假设还存在另一个逆元 $z\in S$ 满足 $x * z=e_*=z * x$，我们考虑

$$y\overset{(3.3)}{=}e_* * y\overset{(3.4)}{=}(z * x) * y\overset{(3.2)}{=}z *(x * y)\overset{(3.4)}{=}z * e_*\overset{(3.3)}{=}z \tag{3.5}$$

因此，逆元是唯一的。

例3.12　考虑集合 $\mathbb{Z}_3=\{0,1,2\}$ 以及以下针对加法映射 $+_3:\mathbb{Z}_3\times\mathbb{Z}_3\to\mathbb{Z}_3$ 的计算规则：

$+_3$	0	1	2
0	0	1	2
1	1	2	0
2	2	0	1

$x+_3 y=x+y \bmod 3$ 参考(1.1)

该内部二元映射$+_3$是模运算的一部分。想象一下，如果我们晚上10点在火车上，开始了长达6个小时的长途旅行。那么我们什么时候到达？我们可以通过计算（$10+6)=1\cdot 12+4$来确定凌晨4点是到达的时间。对于每个$x\in\mathbb{Z}_3$，该映射满足

$$x+_3 0=0+_3 x=x$$

因此，关于$+_3$，0是$\mathbb{Z}_3$的单位元。此外，由$1+_3 2=2+_3 1=0$和$0+_3 0=0$可得，0的逆元是其自身，1和2互为逆元。

同理，我们可以考虑乘法映射$\cdot_3$：$\mathbb{Z}_3\times\mathbb{Z}_3\rightarrow\mathbb{Z}_3$：

$$\begin{array}{c|ccc} \cdot_3 & 0 & 1 & 2 \\ \hline 0 & 0 & 0 & 0 \\ 1 & 0 & 1 & 2 \\ 2 & 0 & 2 & 1. \end{array} \left.\vphantom{\begin{array}{c}0\\1\\2\end{array}}\right\} x\cdot_3 y=x\cdot y \bmod 3 \text{ 参考（1.1）}$$

现在，对于每个$x\in M$，我们得到

$x\cdot_3 1=1\cdot_3 x=x$

并且1是$\mathbb{Z}_3$关于$\cdot_3$的单位元。由$1\cdot_3 1=1$和$2\cdot_3 2=1$可知，元素1和2的逆元是它们自身。但是，0在$\mathbb{Z}_3$中没有任何逆元。

因此，我们可以区分具有或不具有单位元的半群。我们称后者为一个幺半群。设$(S,*,e_*)$为一个幺半群。考虑对于所有$x\in S$都满足$e*x=x=x*e$的第二个元素$e\in S$。则可得

$$e_* \overset{(A3)}{=} e_* * e \overset{(A3)}{=} e \tag{3.6}$$

单位元是唯一的，如果幺半群集合中的每个元素都有一个逆元，那么引入一个新结构将是非常重要的。

定义 3.13（群） 一个群是一个具有额外性质的幺半群$(S,*,e_*)$，即每个$x\in S$都有一个逆元$y\in S$。如果映射$*$是可交换的，则该群是可交换的或阿贝尔的。

备注 3.14 (1) 目前，逆元用 x' 表示。由于 $x*x'=e_*$，因而可得 $(x')'=(x*x')*(x')'=x*(x'*(x')')=x$。

(2) 如果一个幺半群 $(S,*,e_*)$ 的元素 $x\in S$ 存在逆元 $x'\in S$，则称元素 x 为一个单位。我们用 $S^\times$ 表示单位的集合。

由这些单位，我们可以创建所谓的单位群。

定理 3.15 (单位群) 设 $(S,*,e_*)$ 为一个幺半群。单位的集合 $S^\times$ 连同内部二元映射 $*_{|S^\times}:S^\times\to S^\times, x*_{|S^\times}y=x*y$ 一起可构成群 $(S^\times,*,e_*)$。

证明 $e_*=e_**e_*$ 是其自身的逆元，$e_*\in S^\times$。所以，$S^\times$ 永远不可能为一个空集。设 $x\in S^\times$。由于 $x*x'=e_*=x'*x$，因此元素 x' 是 x 的逆元，且 $x'\in S^\times$。最后，该映射是封闭的，因为对于任何 x，$y\in S^\times$，有

$$(y'*x')*(x*y)=y'*(x'*x)*y=y'*e_**y=y'*y=e_*$$

因此，$x*y\in S^\times$，且 $(S^\times,*,e_*)$ 是一个群。 □

例3.16 $(\mathbb{Z}_3,\cdot_3,1)$ 是一个幺半群，$(\mathbb{Z}_3,+_3,0)$ 是一个群。$(\mathbb{Z}_3^\times,\cdot_3,1)$ 也是一个群，其中 $\mathbb{Z}_3^\times=\{1,2\}$。给定 $(\mathbb{Z}_6,\cdot_6,1)$，我们只得到 1 和 5 两个单位，因此 $\mathbb{Z}_6^\times=\{1,5\}$。这基于 Cayley 表（请参阅 1.1.1 节）

$\cdot_6$	0	1	2	3	4	5
0	0	0	0	0	0	0
1	0	1	2	3	4	5
2	0	2	4	0	2	4
3	0	3	0	3	0	3
4	0	4	2	0	4	2
5	0	5	4	3	2	1

$x\cdot_6 y=x\cdot y \bmod 6$

通过反复试验可得 $\mathbb{Z}_{26}^\times=\{1,3,5,7,9,11,15,17,19,21,23,25\}$。

尽管找到 $\mathbb{Z}_6$ 的单位非常简单，但通过例 3.16 的方式选择集合 $\mathbb{Z}_{26}$ 会引入更多问

题。我们必须确定一种便捷的方式来完成这项工作。下面我们通过一些简单易懂的例子来理解代数结构和群的更多性质。

例 3.17　加法结构$(\mathbb{N},+)$是一个半群，而不是一个幺半群。乘法结构$(\mathbb{Z},\cdot,1)$是一个幺半群，但不是一个群。$(\mathbb{Z},+,0)$是一个阿贝尔群。

设$(S,*,e_*)$为一个群，且$x,y,z\in S$。通过在左侧运用逆元z'，由$z*x=z*y$可得

$$x=(z'*z)*x=z'*(z*x)=z'*(z*y)=(z'*z)*y=y$$

同理，由$x*z=y*z$知$x=y$。此外，如果固定x和z，则

$$x*y=z\Leftrightarrow y=x'*z \text{ 和 } y*x=z\Leftrightarrow y=z*x'$$

只有一个满足特定方程的元素$y\in S$。

具有少量元素的有限集在构成群时，我们可以对其进行检查。如果S是有限集，则半群$(S,*)$是一个群，当且仅当[⊖] S的每个元素出现在映射$*$的Cayley表的每一行和每一列中。

例 3.18　设$\mathbb{Z}_5^\times=\{1,2,3,4\}$。基于Cayley表

$\cdot_5$	1	2	3	4
1	1	2	3	4
2	2	4	1	3
3	3	1	4	2
4	4	3	2	1

结构$(\mathbb{Z}_5^\times,\cdot_5,1)$是一个群。由于该表是对称的，因此该群甚至是阿贝尔的。

我们将$(\mathbb{Z},+,0)$与$(\mathbb{Z},\cdot,1)$组合，产生代数结构$(\mathbb{Z},+,\cdot,0,1)$。一般情况下，如果引入了一个结合两个内部映射的新性质，则代数结构将“占据特殊位置”，满足（加法）阿贝尔群和乘法半群的要求。我们使用符号$\oplus$表示加法，使用$\odot$表示乘法。

⊖　参考（Durbin，2009）。

(D1)　$x\odot(y\oplus z)=(x\odot y)\oplus(x\odot z),(x\oplus y)\odot z=(x\odot z)\oplus(y\odot z)$

称为$\oplus$和$\odot$的分配律。所有普通数集都可以满足此性质。对两个内部二元映射的扩展产生了一个环。

定义 3.19（环）　设 S 为一个包含标记元素 $e_{\oplus}\in S$ 的集合，并为其定义了两个内部二元映射

$$\oplus:S\times S\to S \text{ 加法}$$

$$\odot:S\times S\to S \text{ 乘法}$$

则将 $(S,\oplus,\odot,e_{\oplus})$ 称为环，如果对于所有的 x，y，$z\in S$，以下 6 个性质均有效：

(A1) $x\oplus y=y\oplus x$（交换律）

(A2) $x\oplus(y\oplus z)=(x\oplus y)\oplus z$（结合律）

(A3) 存在 $e_{\oplus}\in S:e_{\oplus}\oplus x=x$（单位元）

(A4) 存在 $-x\in S:x\oplus(-x)=e_{\oplus}$（逆元）

(M2) $x\odot(y\odot z)=(x\odot y)\odot z$（结合律）

(D1) $x\odot(y\oplus z)=(x\odot y)\oplus(x\odot z)$且$(x\oplus y)\odot z=(x\odot z)\oplus(y\odot z)$（分配律）

备注 3.20　(1) 如果乘法$\odot$的单位元（M3）$e_{\odot}$与加法$\oplus$的单位元 $e_{\oplus}$不同，则我们讨论的是一个含幺环。

(2) 如果乘法是可交换的（M1），则该环是可交换的。

(3) 定义$\ominus x:=\oplus(-x)$。

考虑一个环和任意两个元素 x，$y\in S$，其中 $x\odot y=e_{\oplus}$。如果总是可以得到 $a=e_{\oplus}$或 $b=e_{\oplus}$，则称该环为无零因子环。此外，如果该无零因子环是可交换的且具有乘法单位元，则我们得到一个整环。

-1 和 1 是与乘法有关的 $\mathbb{Z}$ 的单位。但是，它们是唯一这样的元素。相反，每个实

数（0 除外）都有一个乘法逆元，从而产生一种新的结构。

定义 3.21（域） 如果每个非零元素都有一个乘法逆元(M4)，则具有（乘法）单位元的交换环称为域。有限域是指其集合中元素数量有限的域。

环是一种比域更一般的结构。因此，每个域都是一个环，具有单位元的交换环是一个域当且仅当 $S^{\times}=S\backslash\{0\}$，因为 $x\in S^{\times}$ 当且仅当存在一个 $x'\in S$，其中 $x\odot x'=e_{\odot}$ 且 $x'\in S^{\times}$。由备注 3.20 中可以明显看出，每个域至少具有两个元素，因为乘法的单位元必须与加法的单位元不同。但是，正如我们已经证明的那样，这些元素是独一无二的，请参见等式(3.5) 和(3.6)。

现在，考虑基于有限集 S 和任意元素 $a\in S$，$a\neq e_{\oplus}$ 的一个整环。定义 f_a：$S\rightarrow S$，$x\mapsto f(x)=a\odot x$。那么 f_a 是单射。取两个元素 x，$y\in S$，其中 $f_a(x)=f_a(y)$，即 $a\odot x=a\odot y$。这意味着 $a\odot(x\ominus y)=e_{\oplus}$。由于该环无零因子且 $a\neq e_{\oplus}$，由此可得 $x\ominus y=e_{\oplus}$，因此 $x=y$。由于 S 是有限的，f_a 也必须是满射。因此，f_a 是双射，且存在一个唯一的 $b\in S$，使得 $f_a(b)=a\odot b=b\odot a=e_{\odot}$。最后，$\odot$ 是可交换的，我们得到 $a\odot b=b\odot a=e_{\odot}$。这意味着（$S,\oplus,\odot,e_{\oplus},e_{\odot}$）是一个域。反过来看，每个有限域都是一个具有单位元的交换环。任何非零元都具有唯一的逆元。考虑 x，$y\neq e_{\oplus}$ 和 $x\odot y=e_{\oplus}$。借助（A3）和（D1），可以得到 $e_{\odot}=(x'\odot x)\odot(y\odot y')=x'\odot(x\odot y)\odot y'=e_{\oplus}$。这与 $e_{\odot}\neq e_{\oplus}$ 不一致。

推论 3.22 一个环元素是一个单位，当且仅当它不是一个零因子。每个有限整环都是一个有限域，反之亦然。

现在，我们打算重复应用一个内部映射，而不是对结构进行扩展。考虑一个半群（S，$*$）。对于每个 $x_1,x_2,\cdots,x_n\in S(n\geqslant 3)$，我们通过归纳

$$x_1 * x_2 * \cdots * x_n := \mathop{\ast}_{i=1}^{n} x_i := \left(\mathop{\ast}_{i=1}^{n-1} x_i\right) * x_n \tag{3.7}$$

定义一个映射 $S^n\rightarrow S$，x：$=x_1 * x_2 * \cdots * x_n\in S$。根据结合律，对于任何满足 $1\leqslant m<n$

的 m，都可以得到

$$\mathop{\ast}_{i=1}^{n} x_i = \mathop{\ast}_{i=1}^{m} x_i * \mathop{\ast}_{i=m+1}^{n} x_i$$

如果内部二元映射的所有输入都相等，例如 $x\in S$，我们得到

$$\mathop{\ast}_{i=1}^{n} x = x * \cdots * x$$

此时，n 可以是任何正整数。为了简便，我们将上式缩写为

$$\overset{n}{\ast} x = x * \cdots * x$$

因此，指数法则成立：

$$\overset{m+n}{\ast} x = \overset{m}{\ast} x * \overset{n}{\ast} x, \overset{m}{\ast}(\overset{n}{\ast} x) = \overset{m \cdot n}{\ast} x \tag{3.8}$$

如果（$S, *, e_*$）是一个幺半群，通过定义 $\overset{0}{\ast} x := e_*$，我们允许出现 $n=0$ 的情况。如果（$S, *, e_*$）是一个群，则通过定义 $\overset{n}{\ast} x := \overset{|n|}{\ast} x'$，我们允许出现 $n<0$ 的情况。由于逆元的唯一性，且 $(x * \cdots * x) * (x' * \cdots * x') = x * \cdots * (x * x') * \cdots * x' = \cdots = e_*$，它适用于

$$(\overset{n}{\ast} x)' = \overset{n}{\ast} x' \tag{3.9}$$

现在，设（$S, \oplus, e_\oplus$）是以加法的方式构成一个群。由于（A4），我们用 $-x$ 表示逆元 x'，且

$$n \cdot x := \overset{n}{\oplus} x = \begin{cases} \underbrace{x \oplus \cdots \oplus x}_{n} & , n>0 \\ e_\oplus & , n=0 \\ \underbrace{(-x) \oplus \cdots \oplus (-x)}_{|n|} & , n<0 \end{cases}$$

类似地，如果（$S, \odot, e_\odot$）是以乘法的方式构成一个群，我们用 x^{-1} 表示逆元 x'，且

$$x^n := \overset{n}{\odot} x = \begin{cases} \underbrace{x \odot \cdots \odot x}_{n} & , n>0 \\ e_\odot & , n=0 \\ \underbrace{x^{-1} \odot \cdots \odot x^{-1}}_{|n|} & , n<0 \end{cases}$$

例 3.18 中群的集合 $\mathbb{Z}_5^*$ 包含四个元素，称为群的阶。

定义 3.23（群或元素的阶） 设$(S, *, e_*)$ 是一个群。

(1) S 中元素的个数称为群的阶。

(2) 元素 $x \in S$ 的阶是满足$\circledast^n x = e_*$ 的最小正整数 $n \in \mathbb{N}$，即结果是单位元，

$$\operatorname{ord}_S(x) := \min\{n \in \mathbb{N}; \overset{n}{\circledast} x = e_*\}$$

如果不存在这样的数 n，则我们将 $\operatorname{ord}_S(x)$ 置为∞。

备注 3.24 假设一个乘法群$(S, \odot, e_\odot)$，我们将其阶表示为

$$\operatorname{ord}_S(x) := \min\{n \in \mathbb{N}; x^n = e_\odot\}$$

相反，对于一个加法群$(S, \oplus, e_\oplus)$，则

$$\operatorname{ord}_S(x) := \min\{n \in \mathbb{N}; n \cdot x = e_\oplus\}$$

群中的某些元素可以通过 n 次自我重复计算来产生群的每个元素。

定义 3.25（循环群，群的生成元） 设$(S, *, e_*)$ 为一个群，$x \in S$。使用符号

$$\mathcal{L}(x) := \{\overset{n}{\circledast} x; n \in \mathbb{Z}\} \tag{3.10}$$

如果存在一个满足 $\mathcal{L}(x) = S$ 的 $x \in S$，则将群$(S, *, e_*)$ 称为循环群，将 x 称为 S 的生成元，S 由 x 生成。

备注 3.26 用乘法群或加法群的符号，我们记

$$\mathcal{L}(x) = \{x^n; n \in \mathbb{Z}\} \quad \text{（乘法记法）}$$

$$\mathcal{L}(x) = \{n \cdot x; n \in \mathbb{Z}\} \quad \text{（加法记法）}$$

任何循环群都是阿贝尔群，

$$\overset{m}{\circledast} x * \overset{n}{\circledast} x = \overset{m+n}{\circledast} x = \overset{n+m}{\circledast} x = \overset{n}{\circledast} x * \overset{m}{\circledast} x$$

循环群的任何元素都是一个单位，

$$\overset{m}{\circledast} x * \overset{-m}{\circledast} x = \overset{m-m}{\circledast} x = \overset{0}{\circledast} x = e_*$$

一个群的生成元通常不是唯一的。

例 3.27

(1) ($\mathbb{Z}$,+,0) 是一个具有生成元 1 的循环群，但是其 $\mathcal{L}(-1)=\mathbb{Z}$。

(2) 给定 $n\mathbb{Z}:=\{z\cdot n;z\in\mathbb{Z}\}=\mathcal{L}(n)$，$n\in\mathbb{N}_0$，结构 ($n\mathbb{Z}$,+,0) 是一个具有生成元 n 的循环群。

(3) ($\mathbb{Z}_5^\times$, $\cdot_5$,1) 是一个具有生成元 2 和 3 的循环群，$\mathcal{L}(2)=\mathcal{L}(3)=\mathbb{Z}_5^\times$。例如，$2^1=2$，$2^2=2\cdot_5 2=4$，$2^3=4\cdot_5 2=3$ 和 $2^4=3\cdot_5 2=1$。

请记住，根据定义 1.7 和定义 1.12，可知两个数 x，$y\in\mathbb{Z}$ 的最大公因子 $\mathrm{GCD}(x,y)$ 和最小公倍数 $\mathrm{LCM}(x,y)$。对于任何 $x\in S$，设 $\mathrm{ord}_S(x)=u$，$n\in\mathbb{N}$。则，

$$\overset{u/\mathrm{GCD}(u,n)}{\circledast}(\overset{n}{\circledast} x) \overset{(3.8)}{=} \overset{n/\mathrm{GCD}(u,n)}{\circledast}(\overset{u}{\circledast} x)=e_*$$

即 $u/\mathrm{GCD}(u,n)$ 是 $\mathrm{ord}_S(\circledast^n x)$ 的倍数。对于任何 $k\in\mathbb{N}$，令 $e_*=\circledast^k(\circledast^n x)=\circledast^{n\cdot k}x$。通过设 $d=\mathrm{GCD}(n,u)$，存在互素数 v，$w\in\mathbb{Z}$，其中 $u=d\cdot v,n=d\cdot w$。我们有$u|n\cdot k$，即存在 $q\in\mathbb{Z}$，使得 $n\cdot k=q\cdot u$。那么可得 $d\cdot w\cdot k=q\cdot d\cdot v$。因此，$v$ 是 $k\cdot w$ 的因子，并且由于 v 和 w 是互素数，由推论 1.10 可知 $v=u/d=u/\mathrm{GCD}(n,u)|k$。对于 $k=\mathrm{ord}_S(\circledast^n x)$ 尤其如此。因此，u/d 是 k 的倍数和因子，即 $\mathrm{ord}_S(\circledast^n x)=u/\mathrm{GCD}(n,u)$。

推论 3.28　设 $(S,*,e_*)$ 为一个群，$n\in\mathbb{Z}$，且对于任意 $x\in S$，$\mathrm{ord}_S(x)=u$。则

$$\mathrm{ord}_S(\overset{n}{\circledast} x)=u/\mathrm{GCD}(n,u)$$

在某些特殊情况下，我们可以计算一个组成阿贝尔群的元素的阶。

引理 3.29　设$(S, *, e_*)$为一个阿贝尔群，$x, y \in S, m=\mathrm{ord}_S(x), n=\mathrm{ord}_S(y)$。如果$\mathrm{GCD}(m,n)=1$，则$\mathrm{ord}_S(x \cdot y)=\mathrm{LCM}(m,n)$。

证明　因为该群是阿贝尔群，它适用于

$$\overset{m\cdot n}{\circledast}(x * y)=\overset{n}{\circledast}(\overset{m}{\circledast} x) * \overset{m}{\circledast}(\overset{n}{\circledast} y)=e_* * e_*=e_*$$

对于某些d，根据$e_*=\circledast^d(x * y)$，可得

$$\overset{d}{\circledast} x=\overset{-d}{\circledast} y \Rightarrow \overset{n\cdot d}{\circledast} x=\overset{-d}{\circledast}(\overset{n}{\circledast} y)=e_*$$

或者更确切地说是

$$\overset{-d}{\circledast} x=\overset{d}{\circledast} y \Rightarrow \overset{m\cdot d}{\circledast} y=\overset{-d}{\circledast}(\overset{m}{\circledast} x)=e_*$$

假设GCD（m，n）$=1$，则可得

$$m|n\cdot d \overset{\text{推论1.10}}{\Rightarrow} m|d, n|m\cdot d \overset{\text{推论1.10}}{\Rightarrow} n|d$$

因此，$\mathrm{LCM}(m,n)|d$。此外，$\mathrm{ord}_S(x \circledast y)|d$。由于阶数尽可能小，我们得到$\mathrm{ord}_S(x \circledast y)=\mathrm{LCM}(m,n) \overset{\text{推论1.15}}{=} m\cdot n$。□

3.1.2　子群

群集合的子集本身可以成为一个群。

定义 3.30（子群）　设$(S, *, e_*)$是一个群，$U\subseteq S$为S的一个非空子集。此外，令$*_{|U}: U\times U \to U$为$*$的诱导约束。如果

- 对于所有的u，$v\in U$有$u *_{|U} v\in U$，对于所有的$u\in U$有$u'\in U$；
- $(U, *_{|U}, e_*)$是一个群。

则称$(U, *_{|U}, e_*)$为一个子群。

备注 3.31 约束$*|_U$通常用$*$作为缩写。

如果 $(U,*,e_*)$ 是一个子群，则对于所有 u，$v\in U$，有 $u*v'\in U$。反之，对于所有 u，$v\in U$，令 $u*v'\in U$。因为 $U\neq\emptyset$，一定存在任意的 $u\in U$ 使得 $e_*=u*u'\in U$。对于每个 $u\in U$，有 $u'=e_* * u'\in U$。因此，包含 u，v 的集合 U 也必定包含 u，v'。最后，对于所有 u，$v\in U$，有 $u*v=u*(v')'\in U$。

推论 3.32 令 $(S,*,e_*)$ 是一个群，U 是 S 的一个非空子集。则 $(U,*,e_*)$ 是一个子群，当且仅当对于每个 u，$v\in U$，有 $u*v'\in U$。

每个群都有一个阶。由于子群其本身就是一个群，因此每个子群也都有一个阶。考虑基于群的阶的子群的阶，我们假设该群是有限的，即该群的阶是有限的。

定理 3.33（拉格朗日[⊖]定理） 设 $(S,*,e_*)$ 为一个有限群，$(U,*,e_*)$ 为一个子群。U 的元素个数整除 $(S,*,e_*)$ 的阶。

证明 设 $(U,*,e_*)$ 为 $(S,*,e_*)$ 的子群，a，$b\in S$。我们定义 a 等价于 b，即如果 $a*b'\in U$，则 $a\sim_U b$。因此，关系$\sim$是 $a\sim_U a$ 的等价关系，因为 $a*a'=e_*\in U$（自反性）。此外，令 $a\sim_U b$，$a*b'\in U$。因此，$(a*b')'=b*a'\in U$，由此可得 $b\sim_U a$（对称性）。最后，假设 $c\in S$，$a\sim_U b$，$b\sim_U c$，$a*b'\in U$，$b*c'\in U$。我们可以得到，$c*b'\in U$，$a*b'*b*c'=a*c'\in U,a\sim_U c$（传递性）。

令$[a]:=\{b\in S;a\sim_U b\}=\{b\in S;a*b'\in U\}$是 $a\in S$ 的等价类。由于 a 不一定是 U 的元素，因此，根据 $a*b'=a*a'*h'=h'\in U$，假设 $h\in U$，$[a]$ 的元素可以用 $b=h*a$ 来表示。因此，我们将 $[a]$ 表示为$[a]=\{h*a;h\in U\}$。

给定 a，$b\in S$，我们定义 $f_{a,b}:[a]\rightarrow[b],h*a\mapsto h*b$。此映射是双射。假设 $u\in$

⊖ J.-L. Lagrange（1736—1813）。

$[b]$，则存在满足 $u=h_1*b$ 的 $h_1\in U$。因此，$w=h_1*a\in[a]$，$f_{a,b}(w)=u$，此映射是满射。给定 $v\in[b]$，满足 $v=h_2*b$ 和 $x=h_2*a$ 的 $h_2\in U$，使得 $f_{a,b}(x)=v$。由 $f_{a,b}(w)=f_{a,b}(x)$，我们可得 $v=w$，继而可得 $h_1*b=h_2*b$。因此，$h_1=h_2$，$w=h_1*a=h_2*a=x$（单射）。

由于 $f_{a,b}$是双射，因此集合 $[a]$ 和 $[b]$ 包含所有相同个数的元素。由于$[e_*]=\{h*e_*;h\in U\}=U$，因此等价类的元素个数等于 $|U|$。由于 S 是基于$\sim_U$ 的等价类的不相交的并集，因此 $|S|$ 必定是 $|U|$ 的倍数。 □

给定 $a\in S$，结构（$\mathcal{L}(a),*,e_*$）是（$S,*,e_*$）的一个子群。最初，$\circledast^0 a=e_*\in\mathcal{L}(a)$。令 $x=\circledast^m a,y=\circledast^n a\in\mathcal{L}(a)$，可得

$$x*y'=\overset{m}{\circledast}a*(\overset{n}{\circledast}a)'\overset{(3.9)}{=}\overset{m}{\circledast}a*\overset{n}{\circledast}a'$$

$$=\overset{m}{\circledast}a*\overset{-n}{\circledast}a=\overset{\overbrace{m-n}^{\in\mathbb{Z}}}{\circledast}a\in\mathcal{L}(a)$$

因此，如果$|S|<\infty$是有限的，根据定理 3.33，$\mathcal{L}(a)$ 的基数是 S 的因子。

推论 3.34　设$(S,*,e_*)$是一个群，$a\in S$。则（$\mathcal{L}(a),*,e_*$）是一个子群。如果$|S|<\infty$，则$|\mathcal{L}(a)|\,|\,|S|$成立。

有限群（$S,*,e_*$）的一个元素 a 的阶 $n=\mathrm{ord}_S(a)$ 整除该群的阶，因为该元素生成了一个子群。所有元素$\circledast^k a,k=1,\cdots,n$ 都是不同的。根据定理 1.2，对于 $0\leqslant r<n$ 和 $q\in\mathbb{Z}$，任意 $m\in\mathbb{Z}$，都可以记为 $m=q\cdot n+r$。由此可得$\circledast^m a=\circledast^{q\cdot n+r}a=\circledast^{n\cdot q}a*\circledast^r a=\circledast^r a$。$a$ 的阶等于生成的子群的阶。给定$\circledast^n a=e_*$，我们现在可以使用事实 $n\,|\,|S|$ 即 $|S|=q\cdot n(q\in\mathbb{Z})$来计算$\circledast^{|S|}a$：

$$\overset{|S|}{\circledast}a=\overset{q\cdot n}{\circledast}a=\overset{q}{\circledast}(\overset{n}{\circledast}a)=\overset{q}{\circledast}e_*=e_*$$

推论 3.35　设$(S,*,e_*)$为一个有限群，$a\in S$。则$\overset{|S|}{\circledast}a=e_*$成立。

如果 $\mathcal{L}(a)=S$，我们得到 $\mathrm{ord}_S(a)=|S|$，并且 a 是群（$S,*,e_*$）的生成元。

例 3.36 设 $S=\{1,2\}$，$|S|=2$。由群 $(S,\cdot_3,1)$，我们得到

$\mathrm{ord}_S(1)=1$，因为 $1^1=1, 1^2=1\cdot_3 1=1,\cdots$

$\mathrm{ord}_S(2)=2$，因为 $2^1=2, 2^2=2\cdot_3 2=1, 2^3=(2\cdot_3 2)\cdot_3 2=2,\cdots$

如例 3.12 中的 Cayley 表所示。数字 2 是该群的一个生成元。

推论 3.35 的推导再次表明，存在除以 n 后具有相同余数的整数。整数之间的这种关系提供了以下定义。

定义 3.37（模 n 同余） 设 $a,b\in\mathbb{Z}$，$n\in\mathbb{N}$，满足 $a=q_1n+r_1$ 和 $b=q_2n+r_2$。那么，如果 $r_1=r_2$，则称 a 与 b 模 n 同余，即

$$a\equiv_n b \text{ 或 } a\equiv b(\bmod n)$$

关系 $\equiv_n$ 的定义是一种可能。还有其他等价项。首先，

$$a\equiv_n b\Leftrightarrow r_1=r_2\overset{(1.1)}{\Leftrightarrow}\rho_n(a)=\rho_n(b)\Leftrightarrow a \bmod n=b \bmod n$$

推论 3.38 考虑 $a,b\in\mathbb{Z}$，其中 $a=q_1n+r_1$，$b=q_2n+r_2$。则，

$$a\equiv_n b\Leftrightarrow a \bmod n=b \bmod n$$

其次，如果 n 整除 $a-b$，则将产生相同的关系。

$a\equiv_n b\Rightarrow r_1=r_2\Rightarrow a=q_1n+r, b=q_2n+r$

$\Rightarrow a-b=q_1n+r-(q_2n+r)=(q_1-q_2)n\Rightarrow n|a-b$

$n|a-b\Rightarrow a-b=qn$ 对于任意 $q\in\mathbb{Z}$

$\Rightarrow q_1n+r_1-(q_2n+r_2)=(q_1-q_2)n+(r_1-r_2)\overset{!}{=}qn$

$\Rightarrow r_1-r_2=q_3n$ 对于任意 $q_3\in\mathbb{Z}$

由 $-n<r_1-r_2<n$ 可得 $q_3=0=r_1-r_2$

$\Rightarrow r_1=r_2\Rightarrow a\equiv_n b$

推论 3.39 考虑 $a,b\in\mathbb{Z}$，其中 $a=q_1n+r_1$，$b=q_2n+r_2$。则，

$$a\equiv_n b\Leftrightarrow n\mid a-b$$

由于其性质，关系 $\equiv_n$ 对进一步的结果有深远的影响，最重要的是等价关系。

定理 3.40 $\equiv_n$ 是 $\mathbb{Z}$ 上的等价关系。

证明 我们必须证明三个性质。

自反性：$a\equiv_n a$，因为 $a \bmod n=a \bmod n$。

对称性：$a\equiv_n b\Leftrightarrow a \bmod n=b \bmod n=a \bmod n\Leftrightarrow b\equiv_n a$。

传递性：$a\equiv_n b\wedge b\equiv_n c\Rightarrow a \bmod n=b \bmod n=c \bmod n\Rightarrow a\equiv_n c$。 □

集合 $[r]_n:=\{a\in\mathbb{Z}:a\equiv_n r\}$ 分别称为一个 n-等价类。每个 r 都是 $[r]_n$ 的代表，但每个 $a\in[r]_n$ 都满足 $a=q\cdot n+r$，其中 $q\in\mathbb{Z}$。

定理 3.41 $\mathbb{Z}$ 恰好有 n 个不同的 n-等价类。

证明 对于每个 $r\in\{0,\cdots,n-1\}$，集合 $[r]_n$ 是一个 n-等价类。为了证明这一点，令 r_1，$r_2\in\{0,\cdots,n-1\}$，其中 $r_1\neq r_2$。假设 $[r_1]_n=[r_2]_n$，那么 $r_1\equiv_n r_2$，因此 $r_1 \bmod n=r_2 \bmod n$。但是，这与 $r_1\neq r_2$ 的假设相矛盾。因此，至少存在 n 个这样的 n-等价类。此外，对于 $r\in\{0,\cdots,n-1\}$，假设存在任意一个 $b\in\mathbb{Z}$，而 $b\notin[r]_n$。则 $b=q_2n+r_2\Rightarrow r_2\notin\{0,\cdots,n-1\}$。但是，这与余数属于 $\{0, \cdots, n-1\}$ 的性质相矛盾。 □

由于每个 $a\in\mathbb{Z}$ 都有唯一的表示 $a=q_1n+r_1$，因此由定理 3.41 可得，$\mathbb{Z}$ 是 n-等价类的不相交并集。

$$\begin{aligned}\bigcup_{r=0}^{n-1}[r]_n&=\bigcup_{r=0}^{n-1}\{a\in\mathbb{Z};a\equiv_n,r\}=\bigcup_{r=0}^{n-1}\{qn+r;q\in\mathbb{Z}\}\\&=\{qn+r;q\in\mathbb{Z},r\in\{0,\cdots,n-1\}\}=\mathbb{Z}\end{aligned}$$

我们可以将其视为 n 个不同的数字射线，请参见图 3.1 所示的 $n=11$ 的情况。

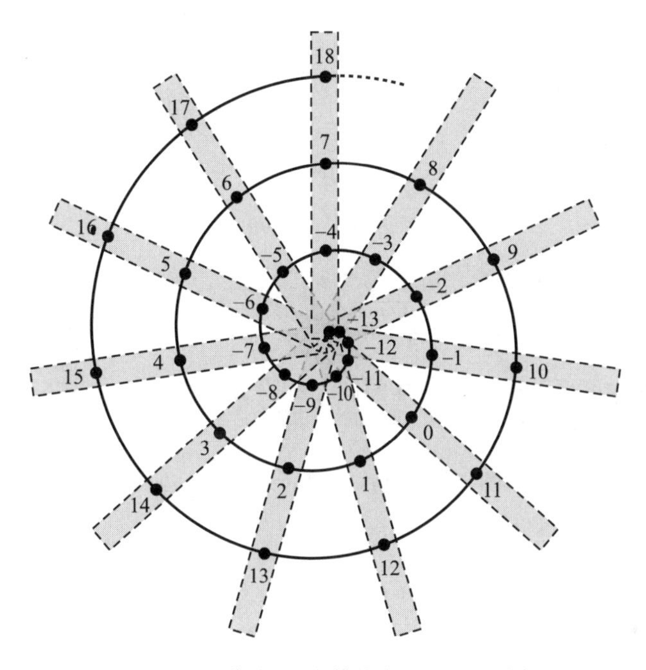

图 3.1　$\mathbb{Z}$ 作为 11 个等价类的不相交并集

3.2　互素剩余类

3.2.1　群与环同态

通常很难或不可能立即表明期望的陈述。一种思想往往是通过用一种更容易表明新陈述的方式来重新表述问题。如果两个问题之间存在满足某些性质的映射，则可以导出原始的陈述。

定义 3.42（群同态）　设 $(S, *, e_*)$ 和 $(T, \circ, e_\circ)$ 是群，如果对所有 $a, b \in S$ 都有

$$\psi(a * b) = \psi(a) \circ \psi(b)$$

成立，则称映射 ψ: $S \rightarrow T$ 是一个从 S 到 T 的群同态映射。

由定义 3.42 可知，

$$\psi(e_*)=\psi(e_* * e_*)=\psi(e_*)\circ\psi(e_*)\Rightarrow\psi(e_*)=e_\circ$$

$$e_\circ=\psi(e_*)=\psi(a*a')=\psi(a)\circ\psi(a')\Rightarrow\psi(a')=\psi(a)'$$

例 3.43　考虑群$(\mathbb{Z},+,0)$，$n\in\mathbb{N}$，则映射

$$\psi_n:\mathbb{Z}\to\mathbb{Z},z\mapsto n\cdot z$$

是一个从$\mathbb{Z}$到$\mathbb{Z}$的群同态映射。对于每个u，$v\in\mathbb{Z}$，有

$$\psi_n(u+v)=n\cdot(u+v)=n\cdot u+n\cdot v=\psi_n(u)+\psi_n(v)$$

因为同一个群在这里用了两次，这样的同态称为自同态。

如果两个群之间存在双射同态，则称这两个群是同构的。这种映射称为同构映射。同态的像

$$\operatorname{Im}(\psi):=\psi(S):=\{t\in T;存在一个\ s\in S\ 满足\ \psi(s)=t\}\subseteq T,$$

提供了一个特殊性质。考虑$u,v\in S,a=\psi(u),b=\psi(v)\in\psi(S)$。则

$$a\circ b'=\psi(u)\circ\psi(v)'=\psi(u)\circ\psi(v')=\psi\underbrace{(u*v')}_{\in S}\in\psi(S)\tag{3.11}$$

因此，由方程3.11可以明显看出，$(\psi(S),\circ,e_\circ)$本身是一个群。

例 3.44　从例3.43中，映射$\psi_n:\mathbb{Z}\to\mathbb{Z},z\mapsto n\cdot z$的像由

$$\begin{aligned}\operatorname{Im}(\psi_n)&=\{n\cdot z;z\in\mathbb{Z}\}=\{a\in\mathbb{Z};n|a\}=\{a\in\mathbb{Z};a\equiv_n 0\}\\&=[0]_n=n\mathbb{Z}\subset\mathbb{Z}\end{aligned}$$

给出。因此，$(n\mathbb{Z},+,0)$是一个群。

群之间同态的定义可以直接应用到环上。

定义 3.45（环同态）　设$(S,\oplus,\odot,0_\oplus,1_\odot)$和$(T,+,\cdot,0,1)$是环。如果对所有的$a$，$b\in S$，都有

$$\psi(a\oplus b)=\psi(a)+\psi(b)$$

$$\psi(a\odot b)=\psi(a)\cdot\psi(b)$$

成立，则称映射ψ：$S\to T$是一个从S到T的环同态映射。

等式

$$\psi(1_\odot)=\psi(1_\odot\odot 1_\odot)=\psi(1_\odot)\cdot\psi(1_\odot)$$

表明 $\psi(1)=1$ 是安全的。每个环同态都是与环的加法群有关的群同态。所有 n-等价类的集合

$$\mathbb{Z}/\equiv_n:=\{[r]_n;r\in\{0,\cdots,n-1\}\}$$

构成一个环。为此，我们可以给这个集合“配备”两个内部二元映射，

$$\oplus:\mathbb{Z}/\equiv_n\times\mathbb{Z}/\equiv_n\rightarrow\mathbb{Z}/\equiv_n,[a]_n\oplus[b]_n:=[a+b]_n$$

$$\odot:\mathbb{Z}/\equiv_n\times\mathbb{Z}/\equiv_n\rightarrow\mathbb{Z}/\equiv_n,[a]_n\odot[b]_n:=[a\cdot b]_n$$

请记住，如果存在一个数 $q\in\mathbb{Z}$ 满足 $a=q\cdot n+r$，则有 $[a]_n=[r]_n$ 成立。

定理 3.46　$(\mathbb{Z}/\equiv_n,\oplus,\odot,[0]_n,[1]_n)$ 是一个带单位元的交换环。

证明　这两个映射是封闭的和定义完善的。给定 $r_1,r_2,s,t\in\{0,\cdots,n-1\}$ 和 $q_1,q_2,q_3,q_4\in\mathbb{Z}$，我们通过

$$a=q_1\cdot n+r_1$$

$$b=q_2\cdot n+r_2$$

$$a+b=(q_1+q_2)\cdot n+\underbrace{(r_1+r_2)}_{q_3\cdot n+s}=(q_1+q_2+q_3)\cdot n+s$$

$$\begin{aligned}a\cdot b&=(q_1q_2n+q_1r_2+q_2r_1)\cdot n+\underbrace{(r_1\cdot r_2)}_{q_4\cdot n+t}\\&=(q_1q_2n+q_1r_2+q_2r_1+q_4)\cdot n+t.\end{aligned}$$

得到 4 个数。由此，$[a]_n=[r_1]_n$，$[b]_n=[r_2]_n$，$[a+b]_n=[s]_n$，$[a\cdot b]_n=[t]_n$，所以

$$[a]_n\oplus[b]_n=[r_1]_n\oplus[r_2]_n=[r_1+r_2]_n=[s]_n\in\mathbb{Z}/\equiv_n$$

$$\begin{aligned}[a]_n\odot[b]_n&=[r_1]_n\odot[r_2]_n=[r_1\cdot r_2]_n\\&=[r_2\cdot r_1]_n=[b]_n\odot[a]_n\text{（可交换的）}\\&=[t]_n\in\mathbb{Z}/\equiv_n\end{aligned}$$

结合律（A2），（M2）：

$$([a]_n\oplus[b]_n)\oplus[c]_n=[a+b]_n\oplus[c]_n=[(a+b)+c]_n$$

$$
\begin{aligned}
&=[a+(b+c)]_n=[a]_n\oplus[b+c]_n \\
&=[a]_n\oplus([b]_n\oplus[c]_n)
\end{aligned}
$$

$$
\begin{aligned}
([a]_n\odot[b]_n)\odot[c]_n &=[a\cdot b]_n\odot[c]_n=[(a\cdot b)\cdot c]_n \\
&=[a\cdot(b\cdot c)]_n=[a]_n\odot[b\cdot c]_n \\
&=[a]_n\odot([b]_n\odot[c]_n)
\end{aligned}
$$

加法交换律（A1）：

$$[a]_n\oplus[b]_n=[a+b]_n=[b+a]_n=[b]_n+[a]_n$$

单位元（A3），（M3）：

$$[0]_n\oplus[a]_n=[0+a]_n=[a]_n=[a+0]_n=[a]_n\oplus[0]_n$$

$$[1]_n\odot[a]_n=[1\cdot a]_n=[a]_n=[a\cdot 1]_n=[a]_n\odot[1]_n$$

加法逆元（A4）：设$-a:=\tilde{q}n+\tilde{r}$加法逆元为

$$[a]_n\oplus[\tilde{r}]_n=[a]_n\oplus[-a]_n=[a+(-a)]_n=[0]_n$$

分配律（D1）：

$$
\begin{aligned}
[a]_n\odot([b]_n\oplus[c]_n)&=[a]_n\odot[b+c]_n=[a\cdot(b+c)]_n \\
&=[a\cdot b+a\cdot c]_n=([a]_n\odot[b]_n)\oplus([a]_n\odot[c]_n)
\end{aligned}
$$

$$
\begin{aligned}
([a]_n\oplus[b]_n)\odot[c]_n &=[a+b]_n\odot[c]_n=[(a+b)\cdot c]_n \\
&=[a\cdot c+b\cdot c]_n=([a]_n\odot[c]_n)\oplus([b]_n\odot[c]_n)
\end{aligned}
$$

□

基于(2.1)中定义的集合$\mathbb{Z}_n=\{0,\cdots,n-1\}$，其中$\mathbb{Z}_n$称为模$n$的余数集，我们可以定义加法和乘法。为此，给定任意数$z\in\mathbb{Z}$，我们将寻找这样一个$r\in\mathbb{Z}_n$，使得$r=z \bmod n$。

定义 3.47（mod-*n*-加法和 mod-*n*-乘法） 对于任意$n\in\mathbb{N}$，令$\mathbb{Z}_n=\{0,\ \cdots,\ n-1\}$为模$n$的余数集。定义两个$\mathbb{Z}_n$上的二元运算，$+_n:\mathbb{Z}_n\times\mathbb{Z}_n\to\mathbb{Z}_n$和$\cdot_n:\mathbb{Z}_n\times\mathbb{Z}_n\to\mathbb{Z}_n$，由

$$a+_nb:=(a+b)\bmod n=\rho_n(a+b),\text{(mod-}n\text{-加法)}$$

$$a\cdot_nb:=(a\cdot b)\bmod n=\rho_n(a\cdot b),\text{(mod-}n\text{-乘法)}$$

确定

备注 3.48

(1) 我们表示 $a^2 \bmod n := a \cdot_n a$，类似地，对于任意 $k \in \mathbb{N}$，有

$$a^k \bmod n := \underbrace{a \cdot_n \cdots \cdot_n a}_{k\text{次}}$$

参见式(3.7)。

(2) 二元集 $\mathbb{Z}_2 = \{0,1\}$ 通常记为 $\mathbb{F}_2$ 或 Σ_{bool}，$\Sigma_{\text{bool}}^* = \mathbb{F}_2^*$ 包含任意长度的二进制序列。

(3) 由于 $a+b=b+a, a \cdot b = b \cdot a$，模 n 的加法和乘法都是可交换的。

例 3.49 考虑序列

$$(a_n)_{n \in \mathbb{N}_0}, \quad a_n = 3^n \bmod 17$$

$$(b_n)_{n \in \mathbb{N}_0}, \quad b_n = 4^n \bmod 17$$

每个序列有多少个不同的数？由于模 17 的乘法，不同成员的最大个数是 16。$(a_n)_{n \in \mathbb{N}_0}$ 的前 16 个成员是

1，3，9，10，13，5，15，11，16，14，8，7，4，12，2，6（全部不同）

取代 16 个都不同的成员，$(b_n)_{n \in \mathbb{N}_0}$ 的前 16 个成员是

1，4，16，13，1，4，16，13，1，4，16，13，1，4，16，13（只有四个不同）

在固定 n 之后，根据 a 的选择，有不同个数的模 n 余数。

定理 3.50 如果 $n>1$，则 $(\mathbb{Z}_n, +_n, \cdot_n, 0, 1)$ 是带单位元的交换环。

证明 映射

$$f: \mathbb{Z}/\equiv_n \to \mathbb{Z}_n, [r]_n \mapsto f([r]_n) := r \bmod n$$

是双射的，而且是与 $+_n$ 和 $\cdot_n$ 有关的同态映射。则可以将环结构从 $(\mathbb{Z}/\equiv_n, \oplus, \odot, [0]_n, [1]_n)$ 转换为 $(\mathbb{Z}_n, +_n, \cdot_n, 0, 1)$。

f 是双射的：$|\mathbb{Z}/\equiv_n| = n = |\mathbb{Z}_n|$。给定 $r \in \mathbb{Z}_n$，存在一个满足 $f([r]_n) = r$ 和

$[r]_n \in \mathbb{Z}/\equiv_n$（满射）的 $[r]_n$。给定$[r_1]_n \neq [r_2]_n$ 和r_1，$r_2 \in \mathbb{Z}_n$，可得 $f([r_1]_n)=r_1$ 和 $f([r_2]_n)=r_2$。由于 n-等价类是不相交集，我们得到 $r_1 \neq r_2$（单射）。

令 $a=q_1n+r_1, b=q_2n+r_2$，$r:=r_1+r_2 \bmod n$ 和 $\tilde{r}:=r_1 \cdot r_2 \bmod n$。则，可得

$$\begin{aligned} f([a]_n \oplus [b]_n) &= f([a+b]_n) = f([r]_n) = r = r_1 + r_2 \bmod n \\ &= r_1 +_n r_2 = f([r_1]_n) +_n f([r_2]_n) \\ &= f([a]_n) +_n f([b]_n) \\ f([a]_n \odot [b]_n) &= f([a \cdot b]_n) = f([\tilde{r}]_n) = \tilde{r} = r_1 \cdot r_2 \bmod n \\ &= r_1 \cdot_n r_2 = f([r_1]_n) \cdot_n f([r_2]_n) \\ &= f([a]_n) \cdot_n f([b]_n) \end{aligned}$$

$$f([0]_n) = 0 \bmod n = 0$$

$$f([1]_n) = 1 \bmod n = 1$$

由备注 3.48，乘法是可交换的，因此我们得到一个带单位元的交换环。□

例 3.51　$(\mathbb{Z}_5, +_5, \cdot_5, 0, 1)$ 是一个整环，由推论 3.22，该结构同时是一个域。但是，$(\mathbb{Z}_6, +_6, \cdot_6, 0, 1)$ 不是整环，因为存在零因子：$[2]_6 \odot [3]_6 = [0]_6$，特别地，$2 \cdot_6 3 = 0$。

备注 3.52　在两个代数结构之间存在同构映射的情况下，我们可以相互识别。我们可以用 $(\mathbb{Z}_n, +_n, \cdot_n, 0, 1)$ 来识别 $(\mathbb{Z}/\equiv_n, \oplus, \odot, [0]_n, [1]_n)$，并缩写为 $\mathbb{Z}/\equiv_n \cong \mathbb{Z}_n$。由于它适用于 $(Z_n, +_n, 0)$ 也是一个阿贝尔群，识别可以转移到结构的一部分。这意味着 $(\mathbb{Z}/\equiv_n, \oplus, [0]_n)$ 给出了与 $(\mathbb{Z}_n, +_n, 0)$ 相同的结构。我们使用相同的缩写 $\mathbb{Z}/\equiv_n \cong \mathbb{Z}_n$ 作为另一个含义。

给定 a，b，$c \in \mathbb{Z}$ 和 $r=a+b \bmod n$，与 $\mathbb{Z}_n$ 有关的三个数的加法（乘法以相同的方式）由

$$a +_n b +_n c := (a +_n b) +_n c$$

定义。

则，

$$
\begin{aligned}
a +_n b +_n c &= (a +_n b) +_n c = f([a+b]_n) +_n c \\
&= f([r]_n) +_n c = r +_n c \\
&= f([r+c]_n) = f([a+b+c]_n) \\
&= (a+b+c) \bmod n
\end{aligned}
$$

因此，计算可以从 $\mathbb{Z}_n$“展开”到 $\mathbb{Z}$，反之亦然。

例 3.53

- $(17+16+10) \bmod 26 = (33+10) \bmod 26 = (7+10) \bmod 26 = 17$ 或 $(17+16+10) \bmod 26 = 43 \bmod 26 = 17$
- $2^{10} \bmod 3 = (2^2 \bmod 3)^5 \bmod 3 = 1^5 \bmod 3 = 1$ 或 $2^{10} \bmod 3 = 1024 \bmod 3 = 1$.

$\mathbb{Z}_n$ 具有带单位元交换环的结构。但是它不一定构成一个域。例如，$(\mathbb{Z}_4, +_4, \cdot_4, 0, 1)$ 没有构成域，因为 2 没有乘法逆元。

3.2.2 扩展欧几里得算法

例 3.16 中的集合 $\mathbb{Z}_{26}^{\times}$ 有 15 个元素，这一点起初并不明显。现在将确定一个群的基数。

定理 3.54 $(\mathbb{Z}, +, 0)$ 的每个子群都是循环的，形如 $n\mathbb{Z}$。

证明 假设 $(\mathbb{Z}, +, 0)$ 的一个子群 $(U, +, 0)$。如果 $U=\{0\}$，则可得 $U=0\mathbb{Z}$，如果 $U \neq \{0\}$，则 n 是 U 的最小正元素，$a \in U$ 是任意元素。则 $a = q \cdot n + r$，其中 $q \in \mathbb{Z}$，$r \in \mathbb{Z}_n$。$q \cdot n$ 和 $(-q \cdot n)$ 都是 U 的成员。因此，$r = a + (-q \cdot n)$ 是 U 的成员。由于 $0 \leqslant r < n$，r 必须为零，且 $n \mid a$，即 $a \in n\mathbb{Z}$。 □

我们保留群 $(\mathbb{Z}, +, 0)$，并利用所有子群都已知的事实。子群可以建立在多个元素上。根据式(1.2)，该符号类似于推论 3.34。例如，乘法记法 $\mathcal{L}(a \cdot b) := \{a^m \odot b^n; m, n \in$

$\mathbb{Z}\}$ 产生由 a，$b\in S$ 生成的子群（$\mathcal{L}(a,b),\odot,e_{\odot}$）。我们通过假设 $c,d\in\mathcal{L}(a,b)$，$c=a^{m_1}\odot b^{n_1}$ 和 $d=a^{m_2}\odot b^{n_2}$，来证明这一点。然后，由 $d^{-1}=(a^{m_2}\odot b^{n_2})^{-1}=b^{-n_2}\odot a^{-m_2}$ 得到 $c\odot d^{-1}=a^{m_1}\odot b^{n_1}\odot b^{-n_2}\odot a^{-m_2}=a^{m_1-m_1}\odot b^{n_1-n_2}\in\mathcal{L}(a,b)$。

例 3.55　设$(\mathbb{Z},+,0)$，$a,b\in\mathbb{Z}$。那么，可得 $\mathcal{L}(a,b)=\{m\cdot a+n\cdot b;m,n\in\mathbb{Z}\}$，并且 $\mathcal{L}(a,b),+,0)$是由 a 和 b 生成的群$(\mathbb{Z},+,0)$的子群。由于（$\mathbb{Z},+,0$）的子群已知，我们可以找到满足 $\mathcal{L}(a,b)=d\mathbb{Z}$ 的 $d\in n$，其中 $d\mid a$，b，因为 a，$b\in\mathcal{L}(a,b)$，且 d 是 a 和 b 的公因子。因此，每个成员都是 d 的倍数：对于某些 z_1，$z_2\in\mathbb{Z}$ 和 m，$n\in\mathbb{Z}$，给定 $a=z_1\cdot d$ 和 $b=z_2\cdot d$，可得 $m\cdot a+n\cdot b=m\cdot z_1\cdot d+n\cdot z_2\cdot d=(m\cdot z_1+n\cdot z_2)\cdot d\in d\mathbb{Z}$。

假设 $a\in\mathbb{Z}$，$b\in\mathbb{Z}\setminus\{0\}$，$\mathcal{L}(a,b)=d\mathbb{Z}$。由例 3.55 可知，存在 x，$y\in\mathbb{Z}$ 满足 $d=x\cdot a+y\cdot b$。对于任何 $t\in\mathbb{Z}$ 且 $t\mid a$，b，即对于某些 $v_1,v_2\in\mathbb{Z}$，$a=v_1\cdot t$ 和 $b=v_2\cdot t$，由

$$d=x\cdot a+y\cdot b=x\cdot v_1\cdot t+y\cdot v_2\cdot t=(x\cdot v_1+y\cdot v_2)\cdot t$$

可得，$t\mid d$。a 和 b 的最大公因子是 d，

$$d=\mathrm{GCD}(a,b)$$

对于某些 $z_1,z_2\in\mathbb{Z}$，设 $a=z_1\cdot d$，$b=z_2\cdot d$。对于某些 $q\in\mathbb{Z}$ 和 $r\in\mathbb{Z}_b$，设 $a=q\cdot b+r$。则可得

$$r=a-q\cdot b=z_1\cdot d-q\cdot z_2\cdot d=(z_1-q\cdot z_2)\cdot d$$

即，$d|b$，r。对于 r 和 b 的任意公因子 t，即对于某些 $u_1,u_2\in\mathbb{Z}$，$r=u_1\cdot t,b=u_2\cdot t,a=q\cdot b+r=q\cdot u_2\cdot t+u_1\cdot t=(q\cdot u_2+u_1)\cdot t,t|a,b$，由于 $d=\mathrm{GCD}(a,b)$，因此 $t\leqslant d$。a 和 b 的最大公因子也是 b 和 r 的最大公因子。欧几里得算法[⊖]实现了这一点，可以计算出两个给定数的最大公因子。

⊖ Euclid of Alexandria（约公元前 365—公元前 300 年）。

定理 3.56 (欧几里得算法) 设 $a,b\in\mathbb{Z},b\neq0,r_1:=a,r_2:=b$。对于带余除法

$$r_i:=q_i\cdot r_{i+1}+r_{i+2}$$

假设$|r_{i+2}|<|r_{i+1}|$，如果 $r_{i+2}\neq0$，则该带余除法最多在 $n\leqslant|b|$ 步后结束。这意味着，存在一个整数 $n\leqslant|b|$，使得当 $i<n$ 且 $r_n=q_n\cdot r_{n+1}+0$ 时 $r_{i+1}\neq0$。然后，如果令 $d:=r_{n+1}=\mathrm{GCD}(a,b)$，则我们可以计算出具有性质 $d=x\cdot a+y\cdot b$ 的数 x，$y\in\mathbb{Z}$。

证明 我们继续采用迭代的思想。$r_1:=a$ 和 $r_2:=b$ 的最大公因子也是 r_2 和 r_3 的最大公因子，这由 $r_1=q_1\cdot r_2+r_3$ 定义，其中，$q_1\in\mathbb{Z}$ 和 $r_3\in\mathbb{Z}_{r_2}$。通过定义

$$r_i:=q_i\cdot r_{i+1}+r_{i+2},\quad r_{i+2}\in\mathbb{Z}_{r_{i+1}}$$

可知，存在一个整数 $n\leqslant|r_2|$满足 $r_n=q_n\cdot r_{n+1}+0$。
由此可得

$$\left.\begin{array}{l}r_{n+1}\mid r_n\\ r_{n-1}=q_{n-1}\cdot r_n+r_{n+1}\end{array}\right\}\Rightarrow r_{n+1}\mid r_{n-1}\Rightarrow\cdots\Rightarrow r_{n+1}\mid r_2\Rightarrow r_{n+1}\mid r_1$$

最后，$\mathrm{GCD}(q_n\cdot r_{n+1},r_{n+1})=r_{n+1}$，原因为 r_{n+1}既是两个整数的公因子，也是 $D_{r_{n+1}}$ 的最大元素。 □

该算法的步数是一个粗略估计[⊖]。我们通过一个例子来说明这个过程。

例 3.57 为得到 $d=\mathrm{GCD}(36,21)$，采用欧几里得算法计算

$$36=1\cdot21+15,15=1\cdot36+(-1)\cdot21$$

$$21=1\cdot15+6,6=(-1)\cdot36+2\cdot21$$

$$15=2\cdot6+3,3=3\cdot36+(-5)\cdot21$$

$$6=2\cdot3+0$$

因此，$3=\mathrm{GCD}(36,21)$ 和 $3=3\cdot36+(-5)\cdot21$。

⊖ 给定 $a>b>0$，迭代次数最多增加到数的位数，详见文献（Hardy 等，2008）。

例 3.57 展示了最大公因子的计算过程和任何表示形式

$$d=x\cdot a+y\cdot b$$

的处理。此外，有必要通过在每一步携带系数来扩展该算法。算法 3.1 说明了这个过程。定义 1.7 允许计算两个以上数的最大公因子，这可以通过连续应用算法 3.1 来实现。

算法 3.1：扩展欧几里得算法

要求：$a,b\in\mathbb{Z},b\neq 0$

确保：$d=\mathrm{GCD}(a,b)$ 且 $d=x[0]\cdot a+y[0]\cdot b$

1：$x[0]:=1,x[1]:=0,y[0]:=0,y[1]:=1,vz:=1$

2：**while** $b\neq 0$ **do**

3：　$r:=a\%b$

4：　$q:=a/b$

5：　$a:=b$

6：　$b:=r$

7：　$xt:=x[1],yt:=y[1]$

8：　$x[1]:=q\cdot x[1]+x[0],y[1]:=q\cdot y[1]+y[0]$

9：　$x[0]:=xt,y[0]:=yt$

10：　$vz:=-vz$

11：　**end while**

12：　$x[0]:=vz\cdot x[0]$

13：　$y[0]:=-vz\cdot y[0]$

14：　$d:=a$

15：　**return** d，$x[0]$，$y[0]$

例 3.58

$$\mathrm{GCD}(36,21,15)=\mathrm{GCD}(\mathrm{GCD}(36,21),15)=\mathrm{GCD}(3,15)=3$$

假设 $1=\mathrm{GCD}(a,b)$。则，存在 x，$y\in\mathbb{Z}$ 满足 $1=x\cdot a+y\cdot b$。相反地，设 x，$y\in\mathbb{Z}$ 且 $1=x\cdot a+y\cdot b$。如果 $t\in\mathbb{N}$ 是 a 和 b 的公因子，即 $a=v_1\cdot t$，$b=v_2\cdot t$ 则有 $1=x\cdot$

$v_1 \cdot t + y \cdot v_2 \cdot t$。因此，$d$ 是 1 的因子，由此可得 $t=1$：$1=\mathrm{GCD}(a,b)$。

现在，让我们考虑集合 $\mathbb{Z}_n$。如果 a 是 $\mathbb{Z}_n$ 的单位，则存在一个元素 a'满足 $1=a \cdot_n a'$. 这意味着 a 和 n 的最大公因子是 1。

定理 3.59 $(\mathbb{Z}_n, +_n, 0)$ 是一个循环群，每个 $a \in \mathbb{Z}_n$ 都是该群的生成元，当且仅当 $\mathrm{GCD}(a,n)=1$。

证明 $\mathcal{L}(1)=\{z \cdot_n 1; z \in \mathbb{Z}\}=\{z \cdot_n 1; z \in \mathbb{Z}_n\}=\mathbb{Z}_n$。因此，1 是该群的一个生成元，且该群是一个循环群。

"⇒" 设 $a \in \mathbb{Z}_n$ 为一个生成元，即 $\mathcal{L}(a)=\mathbb{Z}_n$。则存在一个匹配的 $a' \in \mathbb{Z}$ 满足 $a' \cdot_n a=1$。由于 $a' \cdot a \equiv_n 1$，存在一个满足 $a' \cdot a=-z' \cdot n+1$ 的 $z' \in \mathbb{Z}$。我们通过重新排序得到 $1=a' \cdot a+z' \cdot n$，因此 $\mathrm{GCD}(a,n)=1$。

"⇐" 假设对任意 $a \in \mathbb{Z}_n$，$\mathrm{GCD}(a, n)=1$ 成立，则存在一个数 $a' \in \mathbb{Z}$ 满足 $a' \cdot a \equiv_n 1$，因此 $a' \cdot_n a=1$。对于每个 $z \in \mathbb{Z}_n$，都有 $z=z \cdot_n 1=z \cdot_n (a' \cdot_n a)=(z \cdot_n a') \cdot_n a$。因此，对于每个 $z \in \mathbb{Z}_n$，都存在一个数 $u:=z \cdot_n a' \in \mathbb{Z}$ 满足 $u \cdot_n a=z$。由此可得，$\mathcal{L}(a)=\mathbb{Z}_n$。 □

$\mathbb{Z}_n$ 的所有单位的集合 $\mathbb{Z}_n^{\times}$ 是 $\mathbb{Z}_n$ 的一个子集，它包含了所有与 n 互素的数。我们通过两方面的分析来说明此原因。首先，由 $\mathrm{GCD}(a,n)=1$ 可得

$$
\begin{aligned}
\mathrm{GCD}(a,n)=1 &\Rightarrow 1=x \cdot a+y \cdot n \\
&\Rightarrow (1-y \cdot n) \bmod n=x \cdot a \bmod n \\
&\Rightarrow x \cdot a \equiv_n 1 \Rightarrow x \cdot_n a=(q \cdot n+r) \cdot_n a \\
&= r \cdot_n a=1, r \in \mathbb{Z}_n \\
&\Rightarrow a \in \mathbb{Z}_n^{\times}
\end{aligned}
$$

相反，如果 $a \in \mathbb{Z}_n^{\times}$，对于一些 $x \in \mathbb{Z}_n$，我们可得

$$
\begin{aligned}
x \cdot_n a=1 &\overset{q \in \mathbb{Z}}{\Rightarrow} x \cdot a=q \cdot n+1 \Rightarrow 1=x \cdot a-q \cdot n \\
&\Rightarrow \mathrm{GCD}(a,n)=1
\end{aligned}
$$

推论 3.60　等价性 $a \in \mathbb{Z}_n^{\times} \Leftrightarrow \mathrm{GCD}(a, n)=1$ 成立。

推论 3.60 表明了扩展欧几里得算法的一个非常重要的应用。如果 $a \in \mathbb{Z}_n^{\times}$ 是一个单位，则我们可以找到其逆元 a^{-1}：

$$1=x \cdot a+y \cdot n=(q \cdot n+r) \cdot a+y \cdot n \Rightarrow r \cdot_n a=1 \Rightarrow a^{-1}=r \in \mathbb{Z}_n^{\times}$$

例 3.61　(1) 我们在（$\mathbb{Z}_8^{\times}, \cdot_8, 1$）中寻找 $a=3$ 的逆元。因为 $\mathbb{Z}_8^{\times}=\{1,3,5,7\}$，$1=3 \cdot 3+(-1) \cdot 8$，所以我们得到了 $a^{-1}=3$。元素 $a=3$ 是自逆的。

(2) 下表第二行显示了在（$\mathbb{Z}_{26}^{\times}, \cdot_{26}, 1$）中，对应于第一行中的给定元素的逆元：

$x \in \mathbb{Z}_{26}^{\times}$	1	3	5	7	9	11	15	17	19	21	23	25
x^{-1} mod 26	1	9	21	15	3	19	7	23	11	5	17	25

结构（$\mathbb{Z}_n^{\times}, \cdot_n, 1$）似乎是一个已有的群结构，其每个元素都有一个逆元，即 $\mathbb{Z}_n^{\times}$ 的一个元素。我们现在证明这个陈述，并将该群称为 n 的互素剩余类群。

定理 3.62（互素剩余类群）　与 $n \in \mathbb{Z}$ 互素的数组成的集合

$$\mathbb{Z}_n^{\times}=\{a \in \mathbb{Z}_n;\ \mathrm{GCD}(a, n)=1\}$$

与 mod-n-乘法，单位元 1，共同构成一个群（$\mathbb{Z}_n^{\times}, \cdot_n, 1$）。

证明　运算的结合性由 $\mathbb{Z}_n$ 中的运算指定，因为 $\mathrm{GCD}(1, n)=1$，所以 $1 \in \mathbb{Z}_n^{\times}$。给定 $a, b \in \mathbb{Z}_n^{\times}$ 满足 $1=x \cdot a+q \cdot n$ 和 $1=y \cdot b+p \cdot n$，我们可得

$$x \cdot y \cdot a \cdot b=(1-q \cdot n)(1-p \cdot n)=1-(q \cdot p \cdot n-q-p) \cdot n$$

$$\Rightarrow \quad 1=x \cdot y \cdot a \cdot b+(q \cdot p \cdot n-q-p) \cdot n \Rightarrow \mathrm{GCD}(a \cdot b, n)=1$$

$$\overset{a \cdot b=t \cdot n+r}{\Rightarrow} \quad 1=x \cdot y \cdot r+(x \cdot y \cdot t+q \cdot p \cdot n-q-p) \cdot n$$

$$\Rightarrow \mathrm{GCD}(a \cdot_n b, n)=1$$

由于 $\mathbb{Z}_n^{\times}$ 的任何元素都有一个逆元，因此该结构是一个群。　□

由于（$\mathbb{Z}_n$，$\cdot_n$，1）是一个幺半群，由定理 3.15 可立即得到定理 3.62。如果我们寻找群（$\mathbb{Z}_8^{\times}$，$\cdot_8$，1）的生成元，我们找不到任何：$\mathcal{L}(1)=\{1\}$，$\mathcal{L}(3)=\{1,3\}$，$\mathcal{L}(5)=\{1,5\}$和$\mathcal{L}(7)=\{1,7\}$。因此，n 的一组互素剩余类不一定是循环群。然而，这样的循环群是存在的。

例 3.63　给定 $\mathbb{Z}_5^{\times}=\{1,2,3,4\}$，我们得到 $\mathrm{ord}_{\mathbb{Z}_5^{\times}}(2)=4$。$\mathbb{Z}_5^{\times}$ 的每个元素都是 2 的幂。因此 $\mathcal{L}(2)=\mathbb{Z}_5^{\times}$。

循环群（S，$*$，e_*）至少有一个生成元 $a\in S$。根据定义 3.23，$\mathrm{ord}_S(a)=|S|$。现在，我们把单位群看作一个域的组成部分。

定理 3.64　设($\mathbb{F}$，$+$，$\cdot$，e_+，$e.$）是一个域。如果（U，$\cdot$，$e.$）是单位群（$\mathbb{F}^{\times}$，$\cdot$，$e.$）的有限子群，则（U，$\cdot$，$e.$）是循环的。

证明　假设（U，$\cdot$，$e.$）不是循环的。设 $g\in U$ 为阶最大的元素，即 $m=|\mathcal{L}(g)|=\mathrm{ord}_U(g)=\max\{\mathrm{ord}_U(x);x\in U\}<|U|$。由于对于 $x\in\mathcal{L}(g)$，$x^m=e.$，我们更加仔细地研究了 $\mathbb{F}$ 中的多项式 $x^m-e.$，它最多有 m 个根（由推论 6.24 可证）。由于 $m<|U|$，存在满足 $h^m\neq e.$ 的 $h\in U$。然而，$1<n=\mathrm{ord}_U(h)\leqslant m$ 不可能是 m 的一个因子。如果 GCD$(m,n=1)$，则由引理 3.29 可得，$\mathrm{ord}_U(g\cdot h)=\mathrm{LCM}(m\cdot n)=m\cdot n>m$。相反，如果 GCD$(m, n)>1$，我们使用素因子分解

$$m=\prod_{j=1}^{k}p_j^{\alpha_j},n=\prod_{j=1}^{k}p_j^{\beta_j}$$

因此，由推论 1.31 可得

$$\underbrace{\prod_{j=1}^{k}p_j^{\min\{\alpha_j,\beta_j\}}}_{\mathrm{GCD}(m,n)}\cdot\underbrace{\prod_{j=1}^{k}p_j^{\max\{\alpha_j,\beta_j\}}}_{\mathrm{LCM}(m,n)}=m\cdot n$$

设 $\gamma_j=\max\{\alpha_j, \beta_j\}$ 并定义

$$a_{p_j}=\begin{cases}g^{m/p_j^{\gamma_j}}, & \alpha_j\geqslant\beta_j\\ h^{n/p_j^{\gamma_j}}, & \alpha_j<\beta_j\end{cases}$$

因此

$$\mathrm{ord}_U(a_{p_j}) \overset{\text{推论3.28}}{=} \left\{\begin{array}{ll} \dfrac{m}{\mathrm{GCD}(m, p_j^{\gamma_j})}, & \alpha_j \geqslant \beta_j \\ \dfrac{n}{\mathrm{GCD}(n, p_j^{\gamma_j})}, & \alpha_j < \beta_j \end{array}\right\} = p_j^{\gamma_j}$$

由于 $p_j^{\gamma_j}$ 是两两互素的，对某些 u，$v \in \mathbb{N}$ 再次利用引理 3.29，我们可以计算出 $a_{p1} \cdot \cdots \cdot a_{pk} = g^u \cdot h^v \in U$ 的阶

$$\mathrm{ord}_U\left(\prod_{j=1}^{k} a_{p_j}\right) = \prod_{j=1}^{k} p_j^{\gamma_j} = \mathrm{LCM}(m, n) > m$$

然而，这两种情况都与 g 的最大阶的假设相矛盾，所以（U，$\cdot$，$e_\cdot$）肯定是循环的。

□

从有限域来看，单位群也是有限的，是一个循环的自子群。

推论 3.65　如果域($\mathbb{F}$, +, $\cdot$, e_+, $e_\cdot$）是有限的，则（$\mathbb{F}^\times$，$\cdot$，$e_\cdot$）是循环的。特别地，（$\mathbb{Z}_p^\times$，$\cdot_p$, 1）是循环的。

例 3.66　给定有限域($\mathbb{F}$, +, $\cdot$, e_+, $e_\cdot$)，$a \in \mathbb{F}^\times$，$n = \mathrm{ord}_{\mathbb{F}^\times}(a)$。考虑两个循环群（$\mathbb{F}^\times$，$\cdot$，$e_\cdot$）和（$\mathbb{Z}_n$, $+_n$, 0)，定义映射

$$\psi_a: \mathbb{Z}_n \to \mathbb{F}^\times, \quad x \mapsto \psi_a(x) = a^x$$

则，$\psi_a(\mathbb{Z}_n) = \mathcal{L}(a)$，且由于（$\mathbb{F}^\times$，$\cdot$，$e_\cdot$）是循环的，可得

$$\psi_a(x +_n y) = a^{x +_n y} \overset{\text{循环}}{=} a^x \cdot a^y = \psi_a(x) \cdot \psi_a(y)$$

因此，根据定理 3.64，ψ 是一个群同态映射，（$\mathcal{L}(a)$，$\cdot_{|\mathcal{L}(a)}$，$e_\cdot$）是（$\mathbb{F}^\times$，$\cdot$，$e_\cdot$）的一个循环子群。

虽然该说法很笼统，但我们现在可以在简短的调查研究之后对每个循环群进行分类。通过一个众所周知的群（$\mathbb{Z}_n$, $+_n$, 0）来识别一个循环群。

定理 3.67 给定一个循环群$(S, *, e_*)$，设$a \in S$为群的生成元，$n=|S|$。则，在$\mathbb{Z}/\equiv_n$和S之间存在一个同构映射

$$\psi: \mathbb{Z}/\equiv_n \to S, [r]_n \mapsto \overset{r}{\circledast} a$$

证明 首先，我们有$|\mathbb{Z}/\equiv_n|=n=|S|$，它适用于

$$\psi([r]_n \oplus [s]_n) = \overset{r+s}{\circledast} a = \overset{r}{\circledast} a * \overset{s}{\circledast} a = \psi([r]_n) * \psi([s]_n)$$

因此，ψ是一个同态映射。因为

$$\{[r]_n ; \overset{r}{\circledast} a = e_*\} \overset{0 \leqslant r < n}{=} \{[0]_n\}$$

该映射是单射的。两个长度相同的集合之间的单射也是满射的。因此，ψ是双射的，且

$$(S, *, e_*) \cong (\mathbb{Z}/\equiv_n, \oplus, [0]_n) \cong (\mathbb{Z}_n, +_n, 0) \qquad \square$$

由定理 3.59，我们知道（$\mathbb{Z}_n, +_n, 0$）有$|\mathbb{Z}_n^\times|$个生成元。因此，任何$n=|S|$的循环群都有$|\mathbb{Z}_n^\times|$个生成元。

例 3.68 $\mathbb{Z}_6^\times=\{1, 5\}$，$(\mathbb{Z}_6^\times, \cdot_6, 1) \cong (\mathbb{Z}_2, +_2, 0)$ 和 $(\mathbb{Z}_6^\times, \cdot_6, 1)$ 有一个生成元：$|\mathbb{Z}_2^\times|=|\{1\}|=1 \Rightarrow \mathcal{L}(5)=\mathbb{Z}_6^\times$。

判定一个群（$\mathbb{Z}_n^\times, \cdot_n, 1$）是否是循环的一种可能性是确定一个元素$a \in \mathbb{Z}_n^\times$是否具有全序，即$\mathrm{ord}_{\mathbb{Z}_n^\times}(a)=|\mathbb{Z}_n^\times|$。在$n$非常大的情况下，是难做到的。首先，很难找到$n$的互素剩余类群的所有元素。该数可以记为一个依赖于$n$的映射，此映射以欧拉[⊖]命名。

定义 3.69（欧拉 ϕ 函数） $\mathbb{Z}_n^\times$的元素个数用

$$\phi(n) := |\mathbb{Z}_n^\times| = |\{a \in \mathbb{Z}_n ; \mathrm{GCD}(a, n)=1\}|$$

表示，在这种情况下，$\phi: \mathbb{N} \to \mathbb{N}, n \mapsto \phi(n)$ 称为欧拉 ϕ 函数。

⊖ Leonhard Euler（1707—1783）。

欧拉 ϕ 函数的前 150 个值如图 3.2 所示。

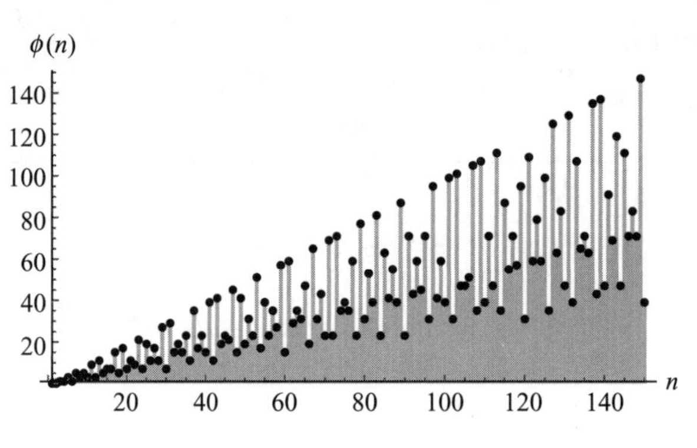

图 3.2　欧拉 ϕ 函数的前 150 个值

设 $(S, *, e_*)$ 是一个群，$a \in S$ 且 $\text{ord}_S(a) = n < \infty$，即 $\overset{n}{\circledast} a = e_*$。我们考虑集合

$$\mathcal{L}_n(a) := \{\overset{k}{\circledast} a ; k \in \mathbb{Z}_n\}$$

对于任意 $x \in \mathcal{L}_n(a)$，对某些 $k \in \mathbb{Z}_n \subset \mathbb{Z}$，$x$ 适用于 $x = \overset{k}{\circledast} a \in \mathcal{L}(a)$。或者，对于任意 $x \in \mathcal{L}(a)$，即 $x = \circledast^m a, m = q \cdot n + r \in \mathbb{Z}, r \in \mathbb{Z}_n$，我们得到

$$x = \overset{m}{\circledast} a = \overset{q \cdot n + r}{\circledast} a = \overset{n \cdot q}{\circledast} a * \overset{r}{\circledast} a = \overset{r}{\circledast} a \in \mathcal{L}_n(a)$$

综上，$\mathcal{L}(a) = \mathcal{L}_n(a)$。

推论 3.70　设 $(S, *, e_*)$ 是一个群，$a \in S$ 且 $\text{ord}_S(a) = n < \infty$。则有 $\mathcal{L}(a) = \mathcal{L}_n(a)$，且 $(\mathcal{L}(a), *, e_*)$ 具有 $\phi(n)$ 个生成元。

下一个任务是如何计算 $\phi(n)$。根据算术基本定理 1.29，将 n 分解为素因子，$n = p_1^{\alpha_1} \cdot \cdots \cdot p_k^{\alpha_k}$。因为这是一个相当复杂的任务，所以它被广泛应用于密码学中。为了确定 n 的互素剩余类群 $(\mathbb{Z}_n^\times, \cdot_n, 1)$ 的元素个数，我们使用以下定理。

定理 3.71　给定一个素数幂 p^r，其中 p 为素数且 $r \in \mathbb{N}$，有

$$\phi(p^r) = p^{r-1} \cdot (p-1)$$

证明　单位集的成员有 p^r 个候选对象。一个这样的候选对象可以是元素 $a \in \{0, \cdots,$

$p^r-1\}$。由（2.2）可知，a 可以写成 p 进制数，

$$a=a_0+a_1p+\cdots+a_{r-1}p^{r-1},\quad a_i\in\{0,\cdots,p-1\}$$
$$i=0,\cdots,r-1$$

根据推论 3.60，$\mathrm{GCD}(a,p^r)=1$ 成立。但是，当且仅当 $a_0\neq 0$ 时，我们有 $\mathrm{GCD}(a,p^r)=1$。如果 $\mathrm{GCD}(a,\ p^r)=1$，则有 $1=a\cdot x+p^r\cdot y=a_0\cdot x+a_1\cdot x\cdot p+a_2\cdot x\cdot p^2+\cdots+a_{r-1}\cdot x\cdot p^{r-1}+y\cdot p^r$ 其中 x，$y\in\mathbb{Z}$。如果 $a_0=0$ 成立，则 $p\mid 1$ 且 p 不是素数。这与假设相矛盾，且意味着 $a_0\neq 0$。相反，如果 $\mathrm{GCD}(a,\ p^r)=b>1$，其中 b 是 p 的倍数，即 $b=z\cdot p$，$b=z\cdot p|a$，因此 $p|a$，$a=k\cdot z\cdot p=a_0+a_1p+\cdots+a_{r-1}p^{r-1}$，其中 k，$z\in\mathbb{Z}$。由此可得 $a_0=0$。

因此，满足 $a_0=0$ 的所有候选元素必须排除在外。特别地，采用 p 进制表示 a 共有 p^{r-1} 个数满足 $a_0=0$。因此

$$\phi(p^r)=p^r-p^{r-1}=p^{r-1}\cdot(p-1)$$ □

对于已分解的数 n，有一种简单的方法来确定 ϕ（n）。然而，该公式的有效性是基于中国剩余定理。

3.2.3　中国剩余定理

定义 3.72（环的直积）　设 $(R_i,+_{R_i},\cdot_{R_i},0_{R_i},1_{R_i})$ 为环，其中 $i=1,\cdots,k$。然后，我们在笛卡儿积 $R:=R_1\times\cdots\times R_k$ 上定义加法和乘法

加法：

$+_R:R^2\to R$

$(u_1,\cdots,u_k)+_R(v_1,\cdots,v_k):=(u_1+_{R_1}v_1,\cdots,u_k+_{R_k}v_k)$

乘法：

$\cdot_R:R^2\to R$

$(u_1,\cdots,u_k)\cdot_R(v_1,\cdots,v_k):=(u_1\cdot_{R_1}v_1,\cdots,u_k\cdot_{R_k}v_k)$

我们称其为环 R_1，…，R_k 的直积。

环的直积构成一个环。然而，我们仍然需要计算这个环的性质，但是这很容易做到的，因为所有的性质都是按分量传递的。

定理 3.73　设$(R_i, +_{R_i}, \cdot_{R_i}, 0_{R_i}, 1_{R_i})$为环，其中$i=1,\cdots,k$且$R=R_1\times\cdots\times R_k$，$+_R$，$\cdot_R$的定义如定义3.72。设$1_R:=(1_{R_1},\cdots,1_{R_k})$和$0_R:=(0_{R_1},\cdots,0_{R_k})$，则$(R, +_r, \cdot_r, 0_R, 1_R)$是具有单位元的环。如果所有环都是可交换的，那么它们的直积也是可交换的。

证明　设a，b，$c\in R$

(A1)
$$a+_R b=(\cdots,a_i+_{R_i} b_i,\cdots)=(\cdots,b_i+_{R_i} a_i,\cdots)=b+_R a$$

(A2)
$$a+_R(b+_R c)=(\cdots,a_i+_{R_i}(b_i+_{R_i} c_i),\cdots)=(\cdots,(a_i+_{R_i} b_i)+_{R_i} c_i,\cdots)=(a+_R b)+_R c$$

(A3)
$$0_R+_R a=(\cdots,0_{R_i}+_{R_i} a_i,\cdots)=(\cdots,a_i,\cdots)=a$$

(A4)
$$-a:=(-a_1,\cdots,-a_k)$$
$$a+_R(-a)=(\cdots,a_i+_{R_i}(-a_i),\cdots)=(\cdots,0_{R_i},\cdots)=0$$

(M2)
$$a\cdot_R(b\cdot_R c)=(\cdots,a_i\cdot_{R_i}(b_i\cdot_{R_i} c_i),\cdots)=(\cdots,(a_i\cdot_{R_i} b_i)\cdot_{R_i} c_i,\cdots)=(a\cdot_R b)\cdot_R c$$

(M3)
$$1_R\cdot_R a=(\cdots,1_{R_i}\cdot_{R_i} a_i,\cdots)=(\cdots,a_i,\cdots)=a$$

(D1)
$$\begin{aligned}a\cdot_R(b+_R c)&=(\cdots,a_i\cdot_{R_i}(b_i+_{R_i} c_i),\cdots)\\&=(\cdots,(a_i\cdot_{R_i} b_i)+_{R_i}(a_i\cdot_{R_r} c_i),\cdots)\\&=(\cdots,a_i\cdot_{R_i} b_i,\cdots,)+_R(\cdots,a_i\cdot_{R_i} c_i,\cdots)\\&=(a\cdot_R b)+_R(a\cdot_R c)\end{aligned}$$

$$\begin{aligned}(a+_R b)\cdot_R c&=(\cdots,(a_i+_{R_i} b_i)\cdot_{R_i} c_i,\cdots)\\&=(\cdots,a_i\cdot_{R_i} c_i,\cdots)+_R(\cdots,b_i\cdot_{R_i} c_i,\cdots)\\&=(a\cdot_R c)+_R(b\cdot_R c)\end{aligned}$$

(M1)
$$a\cdot_R b=(\cdots,a_i\cdot_{R_i} b_i,\cdots)=(\cdots,b_i\cdot_{R_i} a_i,\cdots)=b\cdot_R a$$

□

例 3.74 考虑集合

$$R:=\mathbb{Z}_2\times\mathbb{Z}_3=\{(0,0),(1,0),(0,1),(1,1),(0,2),(1,2)\},|R|=6$$

利用定义 3.72 中的运算，我们得到一个环结构。

$+R/\cdot R$	(0,0)	(1,0)	(0,1)	(1,1)	(0,2)	(1,2)
(0,0)	(0,0)/(0,0)	(1,0)/(0,0)	(0,1)/(0,0)	(1,1)/(0,0)	(0,2)/(0,0)	(1,2)/(0,0)
(1,0)	(1,0)/(0,0)	(0,0)/(1,0)	(1,1)/(0,0)	(0,1)/(1,0)	(1,2)/(0,0)	(0,2)/(1,0)
(0,1)	(0,1)/(0,0)	(1,1)/(0,0)	(0,2)/(0,1)	(1,2)/(0,1)	(0,0)/(0,2)	(1,0)/(0,2)
(1,1)	(1,1)/(0,0)	(0,1)/(1,0)	(1,2)/(0,1)	(0,2)/(1,1)	(1,0)/(0,2)	(0,0)/(1,2)
(0,2)	(0,2)/(0,0)	(1,2)/(0,0)	(0,0)/(0,2)	(1,0)/(0,2)	(0,1)/(0,1)	(1,1)/(0,1)
(1,2)	(1,2)/(0,0)	(0,2)/(1,0)	(1,0)/(0,2)	(0,0)/(1,2)	(1,1)/(0,1)	(0,1)/(1,1)

将例 3.74 中的 $\mathbb{Z}_2\times\mathbb{Z}_3$ 与 $\mathbb{Z}_6$ 的环形结构进行比较，由于有六个元素，显示出一些相似之处。我们可以通过双射

$$\mathbb{Z}_6\to\mathbb{Z}_2\times\mathbb{Z}_3,z\mapsto(z \bmod 2,z \bmod 3)$$

$$0\mapsto(0,0),1\mapsto(1,1),2\mapsto(0,2)$$

$$3\mapsto(1,0),4\mapsto(0,1),5\mapsto(1,2)$$

来识别 $\mathbb{Z}_2\times\mathbb{Z}_3$ 的每个元素。因此，即使是运算也是有意义的。例如，$(1,0)+_{\mathbb{Z}_2\times\mathbb{Z}_3}(1,2)=(0,2)$。对应于 $3+_6 5=2$。这两个环似乎是同构的（事实上它们就是同构的），

$$(\mathbb{Z}_2\times\mathbb{Z}_3,+_{\mathbb{Z}_2\times\mathbb{Z}_3},\cdot_{\mathbb{Z}_2\times\mathbb{Z}_3},(0,0),(1,1))\cong(\mathbb{Z}_6,+_6,\cdot_6,0,1)$$

定理 3.75 设 n_1，…，$n_k\in\mathbb{N}$ 是两两互素的数，且 $n=n_1$，…，n_k。则存在一个同构映射

$$f:\mathbb{Z}_n\to\mathbb{Z}_{n_1}\times\cdots\times\mathbb{Z}_{n_k},z\mapsto(z \bmod n_1,\cdots,z \bmod n_k)$$

证明 首先，$|\mathbb{Z}_n|=n=n_1\cdot\cdots\cdot n_k=|\mathbb{Z}_{n_1}|\cdot\cdots\cdot|\mathbb{Z}_{n_k}|$。接下来，我们证明 f 是一个环同态映射。考虑

$$n=n_i\cdot\underbrace{n_1\cdot\cdots\cdot n_{i-1}\cdot n_{i+1}\cdot\cdots\cdot n_k}_{M_i}=:n_i\cdot M_i$$

$$\begin{aligned}(a+b)\bmod n_i&=(q\cdot n+r)\bmod n_i,q\in\mathbb{Z},r\in\mathbb{Z}_n\\&=((q_i\cdot M_i)\cdot n_i+r)\bmod n_i\end{aligned}$$

$$
\begin{aligned}
&= r \bmod n_i \\
&= (a +_n b) \bmod n_i
\end{aligned}
$$

$$
\begin{aligned}
(a \cdot b) \bmod n_i &= (q_a \cdot n + r_a)(q_b \cdot n + r_b) \bmod n_i, q_a, q_b \in \mathbb{Z}, r_a, r_b \in \mathbb{Z}_n \\
&= ((q_a M_i) \cdot n_i + r_a)((q_b M_i) \cdot n_i + r_b) \bmod n_i \\
&= \underbrace{r_a \cdot r_b}_{q_{ab} M_i \cdot n_i + r_{ab}, r_{ab} = a \cdot_n b} \bmod n_i \\
&= (a \cdot_n b) \bmod n_i
\end{aligned}
$$

由此可得

$$
\begin{aligned}
f(a +_n b) &= ((a +_n b) \bmod n_1, \cdots, (a +_n b) \bmod n_k) \\
&= ((a + b) \bmod n_1, \cdots, (a + b) \bmod n_k) \\
&= (a \bmod n_1 +_{n_1} b \bmod n_1, \cdots, a \bmod n_k +_{n_k} b \bmod n_k) \\
&= (a \bmod n_1, \cdots, a \bmod n_k) +_{\mathbb{Z}_1 \times \cdots \times \mathbb{Z}_k} (b \bmod n_1, \cdots, b \bmod n_k) \\
&= f(a) +_{\mathbb{Z}_1 \times \cdots \times \mathbb{Z}_k} f(b)
\end{aligned}
$$

以及

$$
\begin{aligned}
f(a \cdot_n b) &= ((a \cdot_n b) \bmod n_1, \cdots, (a \cdot_n b) \bmod n_k) \\
&= ((a \cdot b) \bmod n_1, \cdots, (a \cdot b) \bmod n_k) \\
&= (a \bmod n_1 \cdot_{n_1} b \bmod n_1, \cdots, a \bmod n_k \cdot_{n_k} b \bmod n_k) \\
&= (a \bmod n_1, \cdots, a \bmod n_k) \cdot_{\mathbb{Z}_1 \times \cdots \times \mathbb{Z}_k} \times (b \bmod n_1, \cdots, b \bmod n_k) \\
&= f(a) \cdot_{\mathbb{Z}_1 \times \cdots \times \mathbb{Z}_k} f(b)
\end{aligned}
$$

$$
\begin{aligned}
f(0) &= (0, \cdots, 0) \\
f(1) &= (1, \cdots, 1)
\end{aligned}
$$

如果映射是单射的，那么总的来说它是满射和双射的。当且仅当 $f^{-1}(\{(0,\cdots,0)\})=\{0\}$ 时同态映射 f 是单射的。设 $a \in \{z \in \mathbb{Z}_n; f(z)=(0,\cdots,0)\}$，则对于所有 $i=1,\cdots,n$，$x \bmod n_i=0$，即 a 是所有 n_i 的倍数。因此，a 是 $\mathrm{LCM}(n_1,\cdots,n_k)$ 的倍数，并且由于所有 n_i 都是两两互素的数，因此 $n=\mathrm{LCM}(n_1,\cdots,n_k)$。这意味着 $a \bmod n=0$，即 $a=0$。

□

映射 f 的逆映射并不难计算。因此，我们希望求解一个同余方程组，

$$x \equiv_{n_1} a_1,\quad x \equiv_{n_2} a_2, \cdots, x \equiv_{n_k} a_k \tag{3.12}$$

其中所有 n_i 都是两两互素的数。

定理 3.76　设 $n_1, \cdots, n_k \in \mathbb{N}$ 是两两互素的数，$n := n_1 \cdot \cdots \cdot n_k$，且 $M_i := \prod_{j \neq i} n_j = n/n_i$。则我们有 $\mathrm{GCD}(n_i, M_i) = 1$。

证明　由于 $n_1, \cdots, n_k$ 是两两互素的数，因此存在数 $x_j, y_j \in \mathbb{Z}, j \neq i$，使得

$$1 = x_j \cdot n_i + y_j \cdot n_j \Leftrightarrow y_j \cdot n_j = 1 - x_j \cdot n_i$$

由此可知

$$\begin{aligned}\prod_{j \neq i} y_j \cdot n_j = M_i \cdot \prod_{j \neq i} y_j &= \prod_{j \neq i} (1 - x_j \cdot n_i) \\ &= 1 + n_i \cdot f(n_i, x_1, \cdots, x_{i-1}, x_{i+1}, \cdots, x_k)\end{aligned}$$

其中 f 是一个未指定的映射。通过重新排列方程，我们得到

$$1 = \underbrace{-f(n_i, x_1, \cdots, x_{i-1}, x_{i+1}, \cdots, x_k)}_{\widetilde{x}_i} \cdot n_i + \underbrace{\prod_{j \neq i} y_j}_{\widetilde{y}_i} \cdot M_i$$

因此 $\mathrm{GCD}(n_i, M_i) = 1$　□

定理 3.77（中国剩余定理）　设 $n_1, \cdots, n_k \in \mathbb{N}$ 是两两互素的数，$n := n_1 \cdot \cdots \cdot n_k$，且 $a_1, \cdots, a_k \in \mathbb{Z}$。那么，同余方程组（3.12）有一个唯一解 $x \in \mathbb{Z}_n$。

证明　存在性：对于所有 $i = 1, \cdots, k$，设 $M_i := n/n_i$。首先，由定理 3.76 可知 $\mathrm{GCD}(n_i, M_i) = 1$。通过应用扩展欧几里得算法，我们可以计算出 $\widetilde{y}_i$，满足

$$\widetilde{y}_i \cdot M_i \equiv_{n_i} 1, \text{其中 } i = 1, \cdots, k$$

通过令

$$x := \left(\sum_{i=1}^{k} a_i \cdot \widetilde{y}_i \cdot M_i \right) \bmod n \tag{3.13}$$

我们得到

$$a_i \cdot \tilde{y}_i \cdot M_i = a_i \cdot (1 - \tilde{x}_i \cdot n_i) = a_i - a_i \cdot \tilde{x}_i \cdot n_i \equiv_{n_i} a_i, \quad \forall i = 1, \cdots, k$$

任意 $n_i, i \neq j$ 都是 M_j 的因子，因此，

$$a_j \cdot \tilde{y}_j \cdot M_j \equiv_{n_i} 0, i \neq j$$

综上，可得

$$x \equiv_{n_i} a_i \cdot \tilde{y}_i \cdot M_i + \sum_{j \neq i} a_j \cdot \tilde{y}_j \cdot M_j \equiv_{n_i} a_i, \quad i = 1, \cdots, k$$

唯一性：设 x 和 $\hat{x}$ 是两个不同的解。通过令 $x = q \cdot n_i \cdot M_i + r$，$\hat{x} = \hat{q} \cdot n_i \cdot M_i + \hat{r}$，我们得到

$$x - \hat{x} = (q - \hat{q}) \cdot n_i \cdot M_i + (r - \hat{r})$$

或者，设 $x = \hat{x} = t \cdot n_i$，对于每个 $i = 1$，…，k，有 $r - \hat{r} = u_i \cdot n_i$。由于 n_i 是两两互素的数，因此 LCM(n_1，…，n_k) $= n$，且 $r - \hat{r}$ 一定是 n 的倍数。因为它们是模 n 的剩余，我们得到 $r - \hat{r} = 0 \bmod n$，所以 $x - \hat{x} = 0 \bmod n$。 □

备注 3.78　本节中的陈述将是适用的，特别是当素数 n_i 可以表示为素数幂 $p_i^{\alpha_i}$ 时。此外，当且仅当 GCD$(a, n) = 1$ 时，我们可以通过解同余方程组

$$x \equiv_{p_j^{\alpha_j}} b \cdot (a^{-1} \bmod p_j^{\alpha_j}) \tag{3.14}$$

来求解

$$a \cdot x \bmod n = b, \quad n = p_1^{\alpha_1} \cdot \cdots \cdot p_k^{\alpha_k}$$

这是因为对于所有 j，$a \cdot x - b \bmod n = 0 \Leftrightarrow a \cdot x - b \bmod p_j^{\alpha_j} = 0$。

例 3.79　考虑以下同余方程组：

$$x \equiv_{11} 5, \quad x \equiv_{13} 7$$

GCD(11，13)=1，我们得到一个满足这两个方程的唯一 x(mod 11 · 13)。我们计算

$$1 = 6 \cdot 13 - 7 \cdot 11$$

得出 $x = 5 \cdot 6 \cdot 13 - 7 \cdot 7 \cdot 11 \bmod 143 = 137$ 等同于求解问题 $47 \cdot x \bmod 143 = 4$。

最后，根据定理 3.77，我们编写了一个求解同余方程组的算法 3.2。

算法 3.2：中国剩余定理算法

要求：$n=p_1^{q_1}\cdot\cdots\cdot p_k^{q_k}, p_i\neq p_j, i\neq j$ 且 $a_1,\cdots,a_k\in\mathbb{Z}$

确保：$x\in\mathbb{Z}_n$ 且 $x\equiv_{p_i^{q_i}} a_i, i=1,\cdots,k$

1：**for** $i=1$ **to** k **do**

2：　$M_i:=n/p_i^{q_i}$

3：　$\tilde{y}_i:=M_i^{-1} \bmod p_i^{q_i}$

4：　**end for**

5：　$x:=0$

6：　**for** $i=1$ **to** k **do**

7：　　$x:=x+a_i\cdot\tilde{y}_i\cdot M_i \bmod n$

8：**end for**

9：**return** x

如果 $a\in\mathbb{Z}_n^{\times}$，即 $\mathrm{GCD}(a,n)=1$。由 $1=x\cdot a+y\cdot n=x\cdot a+y\cdot M_i\cdot n_i$ 和 $a \bmod n_i\in\mathbb{Z}_{n_i}^{\times}$ 可得 $\mathrm{GCD}(a,n_i)=1$。或者，如果 $(a_1,\cdots,a_k)\in\bigtimes_{i=1}^{k}\mathbb{Z}_{n_i}^{\times}$，根据定理 3.77，对于所有 $i=1,\cdots,k$，存在唯一的 $x\in\mathbb{Z}_n$ 且 $x\equiv_{n_i} a_i$。因此，$x-a_i=q_i\cdot n_i$ 或 $a_i=x-q_i\cdot n_i$。由于 $\mathrm{GCD}(a_i, n_i)=1$，因此存在 u_i，v_i 满足 $1=u_i\cdot a_i+v_i\cdot n_i=u_i\cdot(x-q_i\cdot n_i)+v_i\cdot n_i=u_i\cdot x+(v_i-u_i\cdot q_i)\cdot n_i$。令 $w_i=v_i-u_i\cdot q_i$，则有

$$\prod_{i=1}^{n} v_i\cdot n_i=\prod_{i=1}^{k}(1-u_i\cdot x)\Leftrightarrow n\cdot\prod_{i=1}^{k} v_i=1-x\cdot g(u_1,\cdots,u_k,x)$$

其中 g 是一个未指定的映射。因此，$\mathrm{GCD}(x,m)=1, x\in\mathbb{Z}_n^{\times}$。参考定理 3.75，我们通过

$$f_{|\mathbb{Z}_n^{\times}}:\mathbb{Z}_n^{\times}\to\bigtimes_{i=1}^{k}\mathbb{Z}_{n_i}^{\times},\quad a\mapsto f_{|\mathbb{Z}_n^{\times}}(a):=(a \bmod n_1,\cdots,a \bmod n_k)\tag{3.15}$$

得到了一个群同构，即 $(\bigtimes_{i=1}^{k}\mathbb{Z}_{n_i}^{\times}, \odot, (1, \cdots, 1))$ 是一个群。

推论 3.80　$|\mathbb{Z}_n^\times| = |\bigtimes_{i=1}^{k} \mathbb{Z}_{n_1}^\times| = |\mathbb{Z}_{n_i}^\times| \cdot \cdots \cdot |\mathbb{Z}_{n_k}^\times|$

定理 3.81　设 $n = n_1 \cdot \cdots \cdot n_k$，且 $\mathrm{GCD}(n_i, n_j) = 1$，其中 $i \neq j$。则 $\phi(n) = \phi(n_1) \cdot \cdots \cdot \phi(n_k)$成立。

证明　参考推论3.80，$\mathbb{Z}_n^\times$ 的元素个数等于$\bigtimes_{i=1}^{n} \mathbb{Z}_{m_i}^\times$的元素个数。□

推论 3.82　如果 $n = p_1^{\alpha_1} \cdot \cdots \cdot p_k^{\alpha_k}$ 是 n 分解出的素因子，则 $\phi(n) = \prod_{i=1}^{k} \phi(p_i^{\alpha_1}) = \prod_{i=1}^{k} p_i^{\alpha_i - 1}(p_i - 1)$。

假设 $n = p_1 \cdot p_2, p_1, p_2$ 为素数，则 $\phi(n) = (p_1 - 1) \cdot (p_2 - 1)$。

例 3.83

- $\mathbb{Z}_{23}^\times = \{1,2,\cdots,22\}: \phi(23) = 23 - 1 = 22$
- $n = 21 = 3 \cdot 7: \phi(21) = (3-1) \cdot (7-1) = 12$. 可得 $\mathbb{Z}_{21}^\times = \{1,2,4,5,8,10,11,13,16,17,19,20\}$
- $n = 9 = 3 \cdot 3: \phi(9) = 3^1 \cdot (3-1) = 6 \neq 4 = (3-1) \cdot (3-1)$

可得 $\mathbb{Z}_9^\times = \{1, 2, 4, 5, 7, 8\}$

在剩余类群（$\mathbb{Z}_n^\times, \cdot_n, 1$）中，取 $\phi(n)$ 的幂，与 n 互素的数是推论 3.35 的特例。

定理 3.84（欧拉定理）　设 $n \in \mathbb{N}, n > 1$ 且 $a \in \mathbb{Z}$ 满足 $\mathrm{GCD}(a, n) = 1$。则，$a^{\phi(n)} \equiv_n 1$。

证明　我们知道$|\mathbb{Z}_n^\times| = \phi(n)$，并用 $r = a \bmod n$ 作为 $\mathbb{Z}_n^\times$ 的元素。从推论 3.35 可以得出

$$a^{|\mathbb{Z}_n^\times|}=a^{\phi(n)}=r^{\phi(n)}\equiv_n 1$$ □

例 3.85　考虑 $n=21$，$k=11$ 和 $x=5$。由于 $5^5 \bmod 21=17$ 且 $5^6 \bmod 21=1$，我们得到 $x^k \bmod n=5^{11} \bmod 21=17$。我们需要通过计算 $k \bmod \phi(n)$ 的逆元，由 17 恢复到 5。所以 $\phi(21)=2\cdot 6=12$，$\mathrm{GCD}(11,12)=1$。且由扩展欧几里得算法可知 $11\cdot 11-12\cdot 10=1$，因此 $k'=11$。最后，$17^{11} \bmod 21=5^{11\cdot 11} \bmod 21=5^{12\cdot 10+1} \bmod 21=5$。

如果 p 是素数，则 $\phi(p)=p-1$。因此，定理 3.84 适用于费马[1]小定理。

推论 3.86（费马小定理）　设 $p\in\mathbb{N}$ 为素数，$a\in\mathbb{Z}$ 且 $\mathrm{GCD}(a,p)=1$，则有 $a^{p-1}\equiv_p 1$。

在计算完一个群的所有元素之后，我们必须在第二步中检查每个元素的阶。由例 3.51 可以看出，n 与 $\mathbb{Z}_n$ 是否构成域有关。这与 $\mathbb{Z}_n$ 的每个元素是否都存在一个逆元有关。然而，这可以通过选择一个素数来实现。若令 p 是一个素数，得到 $\phi(p)=p-1$。$\mathbb{Z}_p^\times$ 的每个成员都有一个唯一的逆元。这符合定义 3.21，即，$(\mathbb{Z}_p,+_p,\cdot_p,0,1)$ 是一个域。相反，如果 p 不是素数，那么就存在 a，$b\in\mathbb{Z}_p\backslash\{0\}$，满足 $a\cdot b=p$。而 $a\cdot b\equiv_p 0$ 且 a，$b\not\equiv_p 0$。所以 $(\mathbb{Z}_p,+_p,\cdot_p,0,1)$ 是一个具有零因子的环，而不可能是一个域。

推论 3.87　$(\mathbb{Z}_p, +_p, \cdot_p, 0, 1)$ 是一个域，当且仅当 p 是一个素数。

素数 p 的集合 $\mathbb{Z}_p$ 通常用 $\mathrm{GF}(p)$ 表示，其中 GF 是伽罗瓦[2]域（Galois field）的缩写。由定理 3.65 可知，$(\mathbb{Z}_p^\times,\cdot_p,1)$ 是一个循环群。根据定理 3.67，该群可以用 $(\mathbb{Z}_{p-1},+_{p-1},0)$ 来识别，并且它具有 $\phi(p-1)$ 个生成元。

---

[1] Pierre de Fermat（1607—1665）。

[2] Évariste Galois（1811—1832）。

推论 3.88 设 p 为一个素数。则 $(\mathbb{Z}_p^\times, \cdot_p, 1)$ 是循环的，并且有 $\phi(p-1)$ 个生成元。

由推论 3.87 可知，不存在基于集合 $\mathbb{Z}_8$ 的域。但是，存在含有 8 个元素的域。为此，我们首先定义了域的特征。设 $(\mathbb{F},+,\cdot,0,1)$ 是一个域。则该域的特征 n 是满足

$$\overset{n}{+}1=1+\cdots+1=0, \quad n\in\mathbb{N}$$

的最小值，即 n 是 $\mathbb{F}$ 中 1 的加法阶，$n=\mathrm{ord}_{\mathbb{F}}(1)$。如果不存在这样的数，则 n 被置为零。这意味着不存在数 $n\in\mathbb{N}$，使得$\overset{n}{+}1=0$。假设存在任意两个数 m，$n\in\mathbb{N}$，使得

$$\overset{m}{+}1=\overset{n}{+}1$$

由于 $(\mathbb{F}, +, \cdot, 0, 1)$ 是一个域，因此

$$\overset{m-n}{+}1=\overset{m}{+}1+\overset{-n}{+}1=\overset{n}{+}1+\overset{n}{+}(-1)=0\Rightarrow m=n$$

所有的值$\overset{n}{+}1$ 都是不同的，所以$|\mathbb{F}|=\infty$。相反，如果 $n<\infty$，考虑 $n=p\cdot q$ 是由任意 $n>p$，$q>1$ 组成的。则有

$$0=\overset{n}{+}1=\overset{p\cdot q}{+}1=\overset{p}{+}(\overset{q}{+}1)=\overset{p}{+}(1\cdot\overset{q}{+}1)=\overset{p}{+}1\cdot\overset{q}{+}1$$

由于 $(\mathbb{F},+,\cdot,0,1)$ 是一个域，因此$\overset{p}{+}1=0$ 或$\overset{q}{+}1=0$。然而，这与 n 是该域的特征相矛盾。因此，n 必须是一个素数。例如，$(\mathbb{Z}_p, +_p, \cdot_p, 0, 1)$ 的特征是 p。如果 $(\mathbb{F},+,\cdot,0,1)$ 具有特征 $p<\infty$，定义映射

$$\psi: \mathbb{Z}_p\to\mathbb{F}, r\to r\cdot 1:=\overset{r}{+}1$$

映射 ψ 是一个同态映射，因为

$$\psi(r+s)=\overset{r+s}{+}1=\overset{r}{+}1+\overset{s}{+}1=\psi(r)+\psi(s)$$

$$\begin{aligned}\psi(r\cdot s)=(r\cdot s)\cdot 1&=\overset{r\cdot s}{+}1=\overset{r}{+}(\overset{s}{+}1)\cdot 1=\overset{r}{+}1\cdot\overset{s}{+}1\\&=\psi(r)\cdot\psi(s)\end{aligned}$$

此外，ψ 是单射的，因为

$$\psi(r)=0\Leftrightarrow\overset{r}{+}1=0\Leftrightarrow r=k\cdot p\Leftrightarrow r=0$$

相同长度的有限集之间的单同态是双射的，因此 ψ 是 $\mathbb{Z}_p$ 和 $\psi(\mathbb{Z}_p)$ 之间的同构映射。这意味着 $U=\psi(\mathbb{Z}_p)$ 也是一个域。我们只需要限制 U 上的映射：$(U,+_U,\cdot_U,0,1)$ 是一个包含 $|U|=p$ 个元素的域。一般而言，一个域 $(\mathbb{F},+,\cdot,0,1)$ 的子域是一个基于子集 $F\subseteq\mathbb{F}$ 的域，其域运算是从 $\mathbb{F}$ 继承的，$\mathbb{F}$ 被称为扩张。因为每个子域都包含 1，所以它也包含 $r\cdot 1$，$r\in\mathbb{Z}_n$。因此，$U=\psi(\mathbb{Z}_p)$ 是 $(\mathbb{F},+,\cdot,0,1)$ 的每个子域的一部分，$(U,+_U,\cdot_U,0,1)$ 是 $(\mathbb{F},+,\cdot,0,1)$ 的最小子域，$U=\bigcap F$，$F\subseteq\mathbb{F}$，且 $(F,+_U,\cdot_U,0,1)$ 是一个子域，并被称为一个素域。映射 ψ 是唯一的，因为如果存在另一个这样的映射 ψ'，我们有 $\psi'(1)=1$ 且

$$\begin{aligned}\psi'(r)&=\psi'(1+\cdots+1)=\psi'(1)+\cdots+\psi'(1)\\&=1+\cdots+1=r\cdot 1=\psi(r)\end{aligned}$$

因此，有限域的素域总是包含 p 个 $r\cdot 1(r\in\mathbb{Z}_p)$ 元素，且适用于

$$(U,+_U,\cdot_U,0,1)\cong(\mathbb{Z}_p,+_p,\cdot_p,0,1)$$

但是 $\mathbb{F}$ 的基数是什么呢？为了解决这个问题，我们需要回顾一下线性代数中的另一种被称为向量空间的结构类型。线性代数的结论简述如下。[⊖]

定义 3.89（$\mathbb{F}$ 上的向量空间） 域 $(\mathbb{F},+,\cdot,0,1)$ 上的向量空间是一个具有以下两种运算的集合 V，

$$\oplus: V\times V\to V,(x,y)\mapsto x\oplus y$$

$$\star: \mathbb{F}\times V\to V,(\lambda,x)\mapsto\lambda\star x$$

对于所有 $x,y\in V$ 和 $\lambda,\mu\in\mathbb{F}$，运算需要满足下列性质：

(V1—V4)存在一个向量 $\vec{0}$ 称为零向量，使得 $(V,\oplus,\vec{0})$ 是一个阿贝尔群。

(V5) $\lambda\star(\mu\star x)=(\lambda\cdot\mu)\star x$

⊖ 有关详细信息，请参阅文献（Lang，1987）。

(V6) $1\star x=x$

(V7) $\lambda\star(x\oplus y)=(\lambda\star x)\oplus(\lambda\star y)$

(V8) $(\lambda+\mu)\star x=\lambda\star x\oplus\mu\star x$

V 的每个元素被称为向量空间 $(V,\oplus,\star,\vec{0})$ 的一个向量。如果对于所有 x，$y\in V$和所有 $\lambda\in\mathbb{F}$，$x\oplus_{|U}y=x\oplus y\in U$ 和 $\lambda\star_{|U}x=\lambda\star x\in U$ 成立，则具有限制映射$\oplus_{|U}$和$\star_{|U}$的子集 $U\subseteq V$ 构成 $(V,\oplus,\star,\vec{0})$ 的一个向量子空间 $(U,\oplus_{|U},\star_{|U},0)$。

备注 3.90　如果基本结构是具有单位元的一个交换环，则满足（V1）到（V8）性质的每个代数结构都称为模。每个向量空间都是一个模。每个向量子空间本身就是一个向量空间。

张成集合 V 的线性无关向量的集合称为向量空间的基，通常用 $\mathcal{B}$ 表示。每个向量 $\boldsymbol{v}\in V$可以用基元素的线性组合来表示。在有限的情况下，基可以为 $\mathcal{B}=\{b_1,\cdots,b_n\}$，我们得到一个唯一的表示

$$v=\lambda_1\star b_1\oplus\cdots\oplus\lambda_n\star b_n,\lambda_1,\cdots,\lambda_n\in\mathbb{F} \tag{3.16}$$

向量空间的维数是向量空间基的基数，即 $\dim(V)=|\mathcal{B}|$。虽然基不是唯一的，但维数始终保持不变。向量空间的一个简单例子是基于集合 U^n 的向量空间：U^n，它在域 $(U,+_U,\cdot_U,0,1)$ 上生成规范向量空间。

定理 3.91　设$(\mathbb{F},+,\cdot,0,1)$ 是一个有限域，$(U,+_U,\cdot_U,0,1)$ 是其特征为 p 的素域，定义

$$\oplus:\mathbb{F}\times\mathbb{F}\to\mathbb{F},(x,y)\mapsto x\oplus y:=x+y$$

$$\star:U\times\mathbb{F}\to\mathbb{F},(u,x)\mapsto u\star x:=u\cdot x$$

则 $(\mathbb{F},\oplus,\star,0)=(\mathbb{F},+,\cdot,0)$ 是 $(U,+_U,\cdot_U,0,1)$ 上的向量空间。

证明　(V1-4) 由于 $(\mathbb{F},+,\cdot,0,1)$ 是一个域，因此 $(\mathbb{F},\oplus,0)$ 是一个阿贝尔群

$$(V5)\lambda\star(\mu\star x)=\lambda\cdot(\mu\cdot x)=(\lambda\cdot\mu)\cdot x=(\lambda\cdot_U\mu)\star x$$

(V6) $1\star x=1\cdot x=x$

(V7) $\lambda\star(x\oplus y)=\lambda\cdot(x+y)=\lambda\cdot x+\lambda\cdot y=\lambda\star x\oplus\lambda\star y$

(V8) $(\lambda+_U\mu)\star x=(\lambda+\mu)\cdot x=\lambda\cdot x+\mu\cdot x=\lambda\star x\oplus\mu\star x$ □

向量空间（$\mathbb{F},+,\cdot,0$）的维数称为域的扩张次数，用［$\mathbb{F}$：U］$=\dim(\mathbb{F})$表示。如果 $|\mathbb{F}|<\infty$，则 $\mathbb{F}$ 的线性无关向量的个数一定是有限的，设［$\mathbb{F}$：U］$=n$，则存在（$\mathbb{F},+,\cdot,0$）的一个基 $\mathcal{B}=\{b_1,\cdots,b_n\}$。因为根据（3.16）我们有一个唯一的表示，所以我们可以使用映射

$$\psi_{\mathcal{B}}:U^n\to\mathbb{F},(\lambda_1,\cdots,\lambda_n)\mapsto\bigoplus_{i=1}^{n}\lambda_i\star b_i \tag{3.17}$$

这是一个同构映射。由此可得

$$|\mathbb{F}|=|U^n|=|U|^n=p^n$$

推论 3.92 如果域的扩张次数为$[\mathbb{F}:U]=n$，则在特征为 p 的素域（$U,+_U,\cdot_U,0,1$）上的有限向量空间（$\mathbb{F},+,\cdot,0$）具有 p^n 个元素。

我们用 GF（p^n）表示这样一个有限域。

第 4 章

古典私钥密码

说明 4.1　学习本章的知识要求：

- 能够计算模 n 的剩余，请参阅 1.1 节；
- 能够应用异或门，并了解群和环的基本知识，请参阅 3.1 节；
- 了解线性结构和映射，请参阅 3.2 节；
- 了解密码系统的结构，请参阅 2.5 节。

精选文献：请参阅文献（Dworkin，2016b；Hoffstein 等，2008；Martin，2017；Stinson，2005）。

私钥密码体制由于速度快且功能强大而得到了广泛应用。私钥密码体制（$\mathcal{P}$，$\mathcal{C}$，$\mathcal{K}_S$，$\mathcal{E}_S$，$\mathcal{D}_S$）的典型流程，如图 4.1 所示。实体 A 的明文 $m\in\mathcal{P}$ 和私钥 $k\in\mathcal{K}_S$ 共同输入到加密函数 $e_k\in\mathcal{E}_S$ 中。经过加密过程，产生密文 $c\in\mathcal{C}$。在通过安全信道完成密钥交换后，实体 B 可以使用解密函数 $d_k\in\mathcal{D}_S$ 对传输的密文 c 进行解密。因为两边对称使用的是相同的密钥，所以相关集合都被提供一个相同的索引 S。如果在解密过程中没有出错，则得到的文本还是明文 m。明文不是一次加密，而是分成相同长度的分组分别加密。通过这种方式，可以强制使用特定长度的单一密钥，来自动加密大量不同的明文。否则，我们可能不得不根据明文的长度重复创建加密函数。

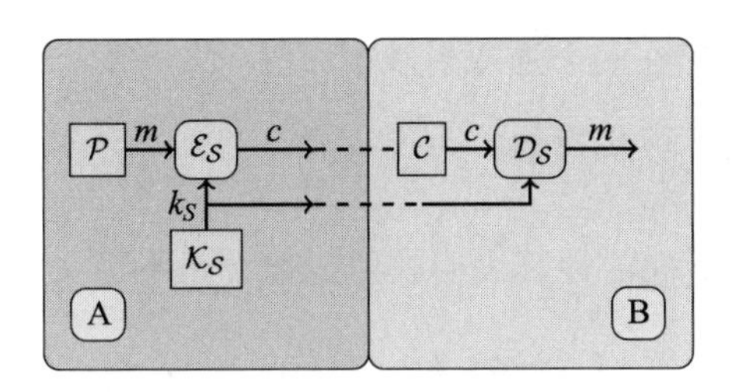

图 4.1　私钥密码体制方案

4.1　置换

设 X 是一个有限集合。如果一个映射 f：$X \to X$ 是双射的，则它被称为 X 上的一个置换。X 上的所有置换组成一个集合 $S(X)$，

$$S(X) = \{f: X \to X; f \text{ 是双射}\}$$

由于包含 $n = |X|$ 个元素的有限集合 X 与集合 $\{1, \cdots, n\}$ 是等价的，所以我们考虑置换

$$\pi: \{1, 2, \cdots, n\} \to \{1, 2, \cdots, n\}, i \mapsto \pi(i)$$

我们可以通过把 i 和 $\pi(i)$ 记在一起，并用圆括号括起来，就如（2.3）中表示恺撒密码一样来记录这种置换。

例 4.2　设 $n=3$。则在 $\{1,2,3\}$ 上可能有

$$\begin{pmatrix}1&2&3\\1&2&3\end{pmatrix}, \begin{pmatrix}1&2&3\\1&3&2\end{pmatrix}, \begin{pmatrix}1&2&3\\2&1&3\end{pmatrix}, \begin{pmatrix}1&2&3\\2&3&1\end{pmatrix}, \begin{pmatrix}1&2&3\\3&1&2\end{pmatrix}, \begin{pmatrix}1&2&3\\3&2&1\end{pmatrix}$$

六种置换。

设$\circ$是两种置换在 X 上的连续应用，

$$\circ: S(X) \times S(X) \to S(X), (f, g) \mapsto f \circ g$$

X 上的置换 id_X：$X \to X$，$x \mapsto x$，充当了连续应用的单位元，因为对于所有 $f \in S(X)$ 和 $x \in X$，我们有

$$(f \circ \mathrm{id}_X)(x) = f(\mathrm{id}_X(x)) = f(x) = \mathrm{id}_X(f(x)) = (\mathrm{id}_X \circ f)(x)$$

因为 f 是双射，所以总是存在一个逆双射映射 f^{-1}：$X\to X$。因此，$(S(X), \circ, \mathrm{id}_X)$ 构成一个群，但该群一般是不可交换的。

例 4.3　设 $n=3$，则下面的计算表明映射。通常是不可交换的。

$$\begin{pmatrix}1&2&3\\1&3&2\end{pmatrix}\circ\begin{pmatrix}1&2&3\\3&1&2\end{pmatrix}=\begin{pmatrix}1&2&3\\2&1&3\end{pmatrix}$$

$$\begin{pmatrix}1&2&3\\3&1&2\end{pmatrix}\circ\begin{pmatrix}1&2&3\\1&3&2\end{pmatrix}=\begin{pmatrix}1&2&3\\3&2&1\end{pmatrix}$$

我们用 $S_n=S(\{1,2,\cdots,n\})$来表示 $\{1,2,\cdots,n\}$ 的置换。当创建任意 $\pi\in S_n$ 时，我们先为 1 分配一个值，1 的值有 n 种可能。那么，余下的 2 有 $n-1$ 种可能，以此类推。我们估计总共有 $n!$ 种可能性。

定理 4.4　$\{1,2,\cdots,n\}$ 的所有置换的集合 S_n 有 $n!$ 个元素，即 $|S_n|=n!$。

证明　我们在 n 上使用归纳法来证明：

基础：$|S_1|=1$　√

归纳假设：$|S_n|=n!$ 是正确的。

归纳步骤：我们选择任意的 $x\in\{1,2,\cdots,n+1\}$。为了不失一般性，我们假设$x=1$。对于任意 $y\in\{1,2,\cdots,n+1\}$，我们固定映射 $1\mapsto y$，该映射产生 $n+1$ 种可能性。之后，我们必须对其余部分进行映射。我们需要一个从集合 $\{2,3,\cdots,n+1\}$ 到集合 $\{1,2,\cdots,y-1,y+1,\cdots,n+1\}$ 的双射。根据归纳假设，我们有 $n!$ 种可能性。因此，共有$(n+1)\cdot n!=(n+1)!$ 种可能性。□

例 4.5

- $|S(\Sigma_{\mathrm{Lat}})|=26!=403\ 291\ 461\ 126\ 605\ 635\ 584\ 000\ 000\approx 2^{89}$
- $|S(\Sigma_{\mathrm{Lat}}^3)|=(26^3)!=17\ 576!=1.2\cdot 10^{66\ 979}\approx 2^{222\ 497}$
- $|S(\Sigma_{\mathrm{bool}}^3)|=(2^3)!=40\ 320\approx 2^{16}$
- $|S(\mathbb{Z}_n^t)|=(n^t)!$

即使元素很少的集合也会有大量的置换。由长度为 n 的字母表的符号组成的长度为 t 的字符串 Σ^t 有（n^t）! 种不同的置换。仅仅改变字符串中符号的位置，就可产生一个这么多置换的子集。设 $\pi\in S_t$，一个符号置换就是映射

$$\Sigma^t\rightarrow\Sigma^t,(m_1,\cdots,m_t)\mapsto(m_{\pi(1)},\cdots,m_{\pi(t)})$$

如果 Σ_{bool} 是基本字母表，则该符号置换称为*位置换*。所有符号置换的集合有 m! 个元素。

例 4.6 设

$$\pi=\begin{pmatrix}1&2&3\\3&1&2\end{pmatrix}$$

则（$S,E,C)\in\Sigma_{\text{Lat}}^3$ 映射到（$C,S,E),(0,0,1)\in\Sigma_{\text{bool}}^3$ 映射到（1,0,0）。

两种特殊的符号置换是循环左移 k 个位置，

$$\pi(i)=((i-1+k)\bmod t)+1$$

和循环右移 k 个位置，

$$\pi(i)=((i-1-k)\bmod t)+1$$

设 π 是 S_t 的一个置换，如果对于所有 $i=0,\cdots,k-1$，有 $c_{(i+1)\bmod k}=\pi(c_i)$，则 S_t 的一个非空子集 $C=\{c_0,\cdots,c_{k-1}\}$ 称为长度为 k 的轨道。长度为 1 的轨道是不动点。因此，对于所有 $i\in N_0$，立即可得 $c_{i\bmod k}=\pi^i(c_0)$。因为 $c_0=\pi^k(c_0)$，所以当 $i=0,\cdots,k-1$ 时，$c_i=\pi^k(c_i)$。

最多有一个长度为 $k>1$ 的轨道的置换称为*循环置换*。循环左移或右移是具有长度为 t 的轨道的特殊的循环置换。我们通过对相应的置换进行升序索引来声明循环置换：$\pi_{c_0,\cdots,c_{k-1}}$。没有出现在这里的索引旨在不被 $\pi_{c_0,\cdots,c_{k-1}}$ 所改变。另一种常用的符号是循环符号（$c_0\ c_1\cdots\ c_{k-1}$）。

例 4.7 我们假设

$$\pi=\begin{pmatrix}1&2&3\\3&1&2\end{pmatrix},\psi=\begin{pmatrix}1&2&3&4\\3&4&1&2\end{pmatrix}$$

则有循环置换 $\pi_{1,3,2}$ 和类似 $\psi_{1,3}$，$\psi_{2,4}$ 的循环置换。这里的 $\pi_{1,2,3}$ 也可以记为 $\pi_{3,2,1}$ 或 $\pi_{2,1,3}$。置换 $\psi_{2,4}$ 表示为

$$\psi_{2,4}=\begin{pmatrix}1 & 2 & 3 & 4\\ 1 & 4 & 3 & 2\end{pmatrix}$$

π 置换的循环符号可以记为（1 3 2）。

任意一个置换都可以表示为循环置换的连续应用，并且除了不相交循环置换的顺序和每个循环置换的第一个元素的选择之外，都是唯一的。

例 4.8

$$\pi=\begin{pmatrix}1 & 2 & 3 & 4\\ 3 & 4 & 1 & 2\end{pmatrix}=\pi_{1,3}\circ\pi_{2,4}=\pi_{2,4}\circ\pi_{1,3}$$

由于不相交索引集｛1，3｝和｛2，4｝执行顺序是任意的，所以循环符号组合记为 $\pi=(1\ 3)(2\ 4)$。

通过字母表 Σ_{Lat}，我们可以创建以下置换：

(AELTPHQX RU)(BKNW)(CMOY)(DFG)(IV)(JZ)(S)

该置换被用作每个字母的恩尼格玛（Enigma）变换的一部分（即 1930 年出现的"转子"），可以在数学上将"转子"表示为置换的乘积[1]。

由 k 个不相交循环置换生成的置换 $\pi_n\in S_n$ 的个数由第一类斯特林（Stirling）数 $s_{n,k}$ 给出。我们使用这些结果和来自文献（Mariconda，2016）的递归公式。

$$s_{n,k}=\begin{cases}1, & n=k=0\\ 0, & n\in\mathbb{N},k=0\ \text{或}\ n=0,k\in\mathbb{N}\\ s_{n-1,k-1}+(n-1)s_{n-1,k}, & n,k\in\mathbb{N}\end{cases}$$

---

[1] 详见文献（Rejewski，1981）。

例 4.9 $s_{2,0}=0, s_{2,1}=s_{2,2}=1$

$s_{4,2}=s_{3,1}+3\cdot s_{3,2}=s_{2,0}+2\cdot s_{2,1}+3\cdot s_{2,1}+6\cdot s_{2,2}=0+5+6=11$

$s_{8,4}=6769$

$s_{26,7}=13\ 746\ 468\ 217\ 967\ 926\ 978\ 680\ 000$

4.2 分组密码

一个长度为 t 的字符串也称为一个分组。分组密码对任何固定长度为 t 的分组进行加密，并产生相同长度的输出。

定义 4.10（分组密码） 设 $t\in\mathbb{N}$ 是固定不变的，Σ 是一个字母表。则满足 $\mathcal{P}=\mathcal{C}=\Sigma^t$ 的密码体制

$$(\mathcal{P},\mathcal{C},\mathcal{K}_S,\mathcal{E}_S,\mathcal{D}_S)$$

被称为分组大小为 t 的分组密码。

对于某些 $l\in\mathbb{N}$，设任意 $m\in\Sigma^q(t\cdot(l-1)<q\leqslant t\cdot l)$被分为 l 个长度为 t 的分组，

$$m=m_1\parallel m_2\parallel\cdots\parallel m_l$$

则存在一个 $c\in\Sigma^{t\cdot l}$

$$c=c_1\parallel c_2\parallel\cdots\parallel c_l$$

满足 $c_i=e_{k_i}(m_i)\ \forall i\in\{1,\cdots,l\}$。如果 $q<t\cdot l$，最后一个分组必须被填充到正确的长度，以获得分组的大小，即分组大小的倍数。一个可能的填充方法是 1－0 填充[⊖]。其思想是在 m_l 的末尾添加一个“1”，然后添加足够多的“0”来填充这个分组。这种方法保证了底层明文的完全重构。

⊖ ISO/IEC 9797—1，填充方法 2。

定理 4.11 分组密码的任何加密函数都是一种置换。

证明 存在一个与加密函数相对应的解密函数：$d_k(e_k(m))=m$。因此，加密函数是单射。然而，单射加密函数 $e_k:\Sigma^t\rightarrow\Sigma^t$ 也是满射。由此可得，e_k 是一种置换。 □

用这种方法，我们可以记录最通用的分组密码

$$\mathcal{P}=\mathcal{C}=\Sigma^t,\mathcal{K}_s=S(\Sigma^t)$$

$$\mathcal{E}_s=\mathcal{D}_s=\mathcal{K}_s,d_k(e_k(m))=k^{-1}(k(m))=m$$

假设$|\Sigma|=n$，我们有$|\mathcal{K}_s|=(n^t)!$ 个不同的密钥。如果选择此密码体制，那么我们必须为所有的密钥都保存 n^t 个值。

例 4.12 考虑 UTF-8字母表，设 $t=4$。那么，根据所选择的每一个密钥，都有 $1114112^4=1.5\cdot10^{24}$个不同的值需要记录。另一个实例是 Σ_{bool}，$t=128$，需要记录 $2^{128}=3.4\cdot10^{38}$个值。

4.2.1 线性映射与矩阵

给定环（$\mathbb{Z}_n,+_n,\cdot_n,0,1$），定义 $\mathbb{Z}_n^k$ 为

$$\mathbb{Z}_n^k:=\{\underbrace{(z_1,\cdots,z_k)}_{\vec{z}},z_i\in\mathbb{Z}_n\}$$

$\mathbb{Z}_n^k$ 的加法操作可以使用逐分量相加

$$\oplus_n^k:\mathbb{Z}_n^k\times\mathbb{Z}_n^k\rightarrow\mathbb{Z}_n^k,(u_1,\cdots,u_k)\oplus_n^k(v_1,\cdots,v_k)$$
$$:=(u_1+_n v_1,\cdots,u_k+_n v_k)$$

乘法操作可以使用逐分量相乘

$$\odot_n^k:\mathbb{Z}_n^k\times\mathbb{Z}_n^k\rightarrow\mathbb{Z}_n^k,(u_1,\cdots,u_k)\odot_n^k(v_1,\cdots,v_k)$$
$$:=(u_1\cdot_n v_1,\cdots,u_k\cdot_n v_k)$$

元组 $\vec{0}=(0,\cdots,0)$ 和 $\vec{1}=(1,\cdots,1)$ 是关于加法和乘法的单位元。结构（$\mathbb{Z}_n^k$，$\oplus_n$，$\odot_n$，$\vec{0}$，$\vec{1}$）是一个环。原因是，一个环的所有性质都可以通过将操作追溯到逐分

量计算来表明，每个计算都基于环 $\mathbb{Z}_n$。例如，我们考虑加法的交换性：

$$\begin{aligned}(u_1,\cdots,u_k)\oplus_n^k(v_1,\cdots,v_k)&=(u_1+_n v_1,\cdots,u_k+_n v_k)\\&=(v_1+_n u_1,\cdots,v_k+_n u_k)\\&=(v_1,\cdots,v_k)\oplus_n^k(u_1,\cdots,u_k)\end{aligned}$$

现在我们通过

$\star_n^k:\mathbb{Z}_n\times\mathbb{Z}_n^k\to\mathbb{Z}_n^k,\lambda\star_n^k(u_1,\cdots,u_k):=(\lambda\ \cdot_n u_1,\cdots,\lambda\ \cdot_n u_k)$

引入一个标量乘法。元组 $\vec{e}_i\in\mathbb{Z}_n^k$，其第 i 个分量为 1，其他为 0，其性质为 $\mathbb{Z}_n^k$ 的每个元素都可以记为一个线性组合，

$$(z_1,\cdots,z_k)=z_1\star_n^k\vec{e}_1+\cdots+z_k\star_n^k\vec{e}_k$$

给定任意 u，$v\in\mathbb{Z}_n^l$，$\lambda\in\mathbb{Z}_n$，注 3.90 中关于两个典范模的映射 f：$\mathbb{Z}_n^l\to\mathbb{Z}_n^k$，如果满足下列性质，则称为 $\mathbb{Z}_n$-线性映射：

$$f(\vec{u}\oplus_n^l\vec{v})=f(\vec{u})\oplus_n^k f(\vec{v})$$

$$f(\lambda *_n^l\vec{u})=\lambda *_n^k f(\vec{u})$$

例 4.13　映射

$$f:\mathbb{Z}_5^3\to\mathbb{Z}_5^2,f(z_1,z_2,z_3)=(2\cdot_5 z_1+_5 z_2,4\cdot_5 z_3+_5 z_1)$$

是 $\mathbb{Z}_5$-线性映射。如果把 $f=(f_1,f_2)$ 记为两个标量函数的复合

$$f_1(z_1,z_2,z_3)=2\cdot_5 z_1+_5 1\cdot_5 z_2+_5 0\cdot_5 z_3$$

$$f_2(z_1,z_2,z_3)=1\cdot_5 z_1+_5 0\cdot_5 z_2+_5 4\cdot_5 z_3$$

则存在一个明显的方案。同样，我们逐分量检验第一个性质。

$$\begin{aligned}f_1(\vec{u}\oplus_n^l\vec{v})&=2\cdot_5(u_1+_5v_1)+_5 1\cdot_5(u_2+_5v_2)+_5 0\cdot_5(u_3+_5v_3)\\&=2\cdot_5u_1+_5 2\cdot_5v_1+_5 1\cdot_5u_2+_5 1\cdot_5v_2+_5 0\cdot_5u_3+_5 0\cdot_5v_3\\&=(2\cdot_5u_1+_5 1\cdot_5u_2+_5 0\cdot_5u_3)+_5(2\cdot_5v_1+_5 1\cdot_5v_2+_5 0\cdot_5v_3)\\&=f_1(\vec{u})+_5 f_1(\vec{v})\end{aligned}$$

$$\begin{aligned}f_2(\vec{u}\oplus_n^l\vec{v})&=1\cdot_5(u_1+_5v_1)+_5 0\cdot_5(u_2+_5v_2)+_5 4\cdot_5(u_3+_5v_3)\\&=1\cdot_5u_1+_5 1\cdot_5v_1+_5 0\cdot_5u_2+_5 0\cdot_5v_2+_5 4\cdot_5u_3+_5 4\cdot_5v_3\\&=(1\cdot_5u_1+_5 0\cdot_5u_2+_5 4\cdot_5u_3)+_5(1\cdot_5v_1+_5 0\cdot_5v_2+_5 4\cdot_5v_3)\end{aligned}$$

$$=f_2(\vec{u})+_5 f_2(\vec{v})$$

同理，第二个性质也可以被证明。

例 4.13 表明 $\mathbb{Z}_n$-线性映射的系数是必不可少的。这六个系数应该一起考虑。

定义 4.14（$\mathbb{Z}_n$ 上的矩阵） $\mathbb{Z}_n$ 上的一个(k,l)-矩阵或缩写形式矩阵 $\mathbf{A}$ 是一个映射

$$\mathbf{A}:\{1,\cdots,k\}\times\{1,\cdots,l\}\to\mathbb{Z}_n, a_{ij}:=\mathbf{A}(i,j)$$

我们用 $\mathbf{A}=(a_{ij})\in\mathbb{Z}_n^{k,l}$ 表示一个矩阵。

我们记矩阵为具有 k 行和 l 列的矩形形式，

$$\mathbf{A}=(a_{ij})=\begin{pmatrix} a_{11} & \cdots & a_{1l} \\ \vdots & & \vdots \\ a_{k1} & \cdots & a_{kl} \end{pmatrix}\in\mathbb{Z}_n^{k,l}$$

矩阵 $\mathbf{A}\in\mathbb{Z}_n^{k,1}$ 称为列向量，而 $\mathbf{A}\in\mathbb{Z}_n^{1,l}$ 称为行向量。类似地，每个元素 $\vec{z}\in\mathbb{Z}_n^k$ 既可以看作是一个行向量，也可以看作是一个列向量。例如，

$$(1,4,3)\cong(1\quad 4\quad 3)\cong\begin{pmatrix}1\\4\\3\end{pmatrix}$$

这是因为 $\mathbb{Z}_n^k$ 与 $\mathbb{Z}_n^{k,1}$ 或 $\mathbb{Z}_n^k$ 与 $\mathbb{Z}_n^{1,k}$ 之间具有同构关系。因此，我们必须为 $\mathbb{Z}_n$ 上的矩阵引入加法和标量乘法。这和 $\mathbb{R}$ 上的矩阵是一样的。设 $A=(a_{ij})$，$B=(b_{ij})$是在 $\mathbb{Z}_n$ 上的(k,l)-矩阵且 $\lambda\in\mathbb{Z}_n$。我们定义

$$A+_n B:=(a_{ij}+_n b_{ij})$$

$$\lambda\cdot_n A:=(\lambda\cdot_n a_{ij})$$

加法运算满足交换律和结合律。此外，我们可以定义相容矩阵 $A\in\mathbb{Z}_n^{k,l}$ 和 $B\in\mathbb{Z}_n^{l,m}$ 之间的一个乘法运算

$$\mathbb{Z}_n^{k,m}\ni C=(c_{ij})=A\cdot_n B\Leftrightarrow c_{ij}=\left(\sum_{q=1}^{l}a_{iq}\cdot b_{qj}\right)\bmod n$$

A 的列数必须与 B 的行数相等。此运算满足结合律。为此，我们必须考虑乘积 $F=A\cdot_n B$，$G=B\cdot_n C$ 和 $D=A\cdot_n(B\cdot_n C)$。那么，我们可得

$$\begin{aligned} d_{ij} &= \left(\sum_{q=1}^{l} a_{iq}\cdot g_{qj}\right) \bmod n = \left(\sum_{q=1}^{l} a_{iq}\cdot\left(\sum_{r=1}^{m} b_{qr}\cdot c_{rj}\right)\right) \bmod n \\ &= \left(\sum_{q=1}^{l}\sum_{r=1}^{m} a_{iq}\cdot b_{qr}\cdot c_{rj}\right) \bmod n = \left(\sum_{r=1}^{m}\sum_{q=1}^{l} a_{iq}\cdot b_{qr}\cdot c_{rj}\right) \bmod n \\ &= \left(\sum_{r=1}^{m}\left(\sum_{q=1}^{l} a_{iq}\cdot b_{qr}\right)\cdot c_{rj}\right) \bmod n = \left(\sum_{r=1}^{m} f_{ir}\cdot c_{rj}\right) \bmod n \end{aligned}$$

因此，$D=(A\cdot_n B)\cdot_n C$。

例 4.15

$$A=\begin{pmatrix}2&1&0\\1&0&4\end{pmatrix},B=\begin{pmatrix}4&3&3\\0&1&2\end{pmatrix},\vec{z}=(1,4,2)\cong\begin{bmatrix}1\\4\\2\end{bmatrix},\lambda=2.$$

$$A+_5 B=\begin{pmatrix}1&4&3\\1&1&1\end{pmatrix},\lambda\cdot_5 A=\begin{pmatrix}4&2&0\\2&0&3\end{pmatrix},A\cdot_5\vec{z}=\begin{pmatrix}1\\4\end{pmatrix}.$$

例 4.15 表明，通过比较

$$f(1,4,2)=(1,4)$$

一个 $\mathbb{Z}_n$-线性映射可以用一个矩阵来表示，就像在 $\mathbb{R}$-线性映射的情况下一样。最简单的 $\mathbb{Z}_n$-线性映射是零矩阵 $\mathbf{Z}=(z_{ij})\in\mathbb{Z}_n^{k,l}$，$z_{ij}=0$。它是矩阵加法的单位元。在这种情况下，因为$(a_{ij}-a_{ij}) \bmod n=0$，所以矩阵$-\mathbf{A}=(-a_{ij})$是矩阵 $\mathbf{A}$ 的加法逆元。$(\mathbb{Z}_n^{k,l},+_n,Z)$是一个交换群。乘法运算更加困难。只有当 $k=l$ 时，该运算才是封闭的。那么，我们得到了方阵 $\mathbf{A}\in\mathbb{Z}_n^{k,k}$ 的特殊类。在方阵的集合中，矩阵

$$\boldsymbol{E}_k=(e_{ij}),e_{ij}=\begin{cases}1,i=j\\0,i\neq j\end{cases}$$

是一个关于矩阵乘法的单位元，因为

$$c_{ij}=\left(\sum_{q=1}^{l} a_{iq}\cdot e_{qj}\right) \bmod n = a_{ij}$$

（$\mathbb{Z}_n^{k,k}$，$\cdot_n$，E_k）是一个具有单位元的幺半群。可以像证明结合律一样证明分配律。综上，（$\mathbb{Z}_n^{k,k}$，$+_n$，$\cdot_n$，Z，E_k）是一个具有单位元的环，然而乘法一般不满足交换律。一个非常简单的反例是

$$\begin{pmatrix}1 & 0\\0 & 0\end{pmatrix}\cdot_n\begin{pmatrix}0 & 1\\0 & 0\end{pmatrix}=\begin{pmatrix}0 & 1\\0 & 0\end{pmatrix}\neq\begin{pmatrix}0 & 0\\0 & 0\end{pmatrix}=\begin{pmatrix}0 & 1\\0 & 0\end{pmatrix}\cdot_n\begin{pmatrix}1 & 0\\0 & 0\end{pmatrix}$$

在任何情况下，一个矩阵并不总是有一个逆元。例如，

$$\begin{pmatrix}0 & 1\\0 & 0\end{pmatrix}\cdot_n\begin{pmatrix}a_{11} & a_{12}\\a_{21} & a_{22}\end{pmatrix}=\begin{pmatrix}a_{21} & a_{22}\\0 & 0\end{pmatrix}$$

不是单位元矩阵。设

$$\mathrm{GL}(k,\mathbb{Z}_n):=(\mathbb{Z}_n^{k,k})^{\times}=\{A\in\mathbb{Z}_n^{k,k};A\text{ 是可逆的}\}$$

是 $\mathbb{Z}_n$ 上所有可逆（k，k）-矩阵的集合。那么，（$\mathrm{GL}(k,\mathbb{Z}_n)$，$\cdot_n$，$E_k$）是一个群（详见定理 3.15），且是一个**一般线性群**。$\mathrm{GL}(k,\mathbb{Z}_n)$ 上的每个矩阵 $\mathbf{A}$ 都是一个单位。我们利用行列式来确定一个矩阵是否可逆。设 $\mathbf{A}_{i,j}$ 为消去矩阵 $\mathbf{A}=(a_{ij})\in\mathbb{Z}_n^{k,k}$ 的第 i 行和第 j 列所产生的矩阵，设 $i\in\{1,\cdots,k\}$ 是不变的。则 $\mathbf{A}$ 的行列式等于以下映射的值

$$\det:\mathbb{Z}_n^{k,k}\to\mathbb{Z},\det(\mathbf{A})=\begin{cases}\sum_{j=1}^{k}(-1)^{i+j}a_{ij}\det(\mathbf{A}_{i,j}), & k>1\\ a_{11}, & k=1\end{cases}$$

同样，可以使用列来计算该值（i 和 j 的总和不变）。根据文献（Lang，1984），$\mathbf{A}\in\mathrm{GL}(k,\mathbb{Z}_n)$ 当且仅当 $\det(\mathbf{A})$ 和 n 是互素数，其中 $\det(\mathbf{A})\in\mathbb{Z}_n^{\times}$。矩阵

$$\mathrm{adj}(\mathbf{A})=\begin{cases}(\tilde{a}_{ij})\text{ 且 }\tilde{a}_{ij}=((-1)^{i+j}\det(\mathbf{A}_{j,i}))\bmod n, & k>1\\ 1, & k=1\end{cases}$$

是 i 和 j 遍历 $1,\cdots,k$ 时 $\mathbf{A}$ 的伴随矩阵。逆矩阵可以通过

$$\mathbf{A}^{-1}=(\det(\mathbf{A}))^{-1}\cdot\mathrm{adj}(\mathbf{A})\bmod n$$

来计算，其中矩阵的每个分量最后都要进行模 n。

例 4.16　设 $\mathbf{A} \in \mathbb{Z}_{13}^{3,3}$，且

$$\mathbf{A} := \begin{pmatrix} 1 & 2 & 3 \\ 2 & 3 & 1 \\ 3 & 2 & 1 \end{pmatrix}$$

则行列式为 $\det(\mathbf{A}) = -12 \equiv_{13} 1$，伴随矩阵

$$\operatorname{adj}(\mathbf{A}) = \begin{pmatrix} 1 & 4 & 6 \\ 1 & 5 & 5 \\ 8 & 4 & 12 \end{pmatrix}$$

这里，逆矩阵等于伴随矩阵：$\mathbf{A}^{-1} = 1 \cdot \operatorname{adj}(\mathbf{A})$。

最后，我们定义一个仿射变换。因此，我们用不带箭头的 z 来进行缩写，$z = \vec{z} \in \mathbb{Z}_n^l$，如果最后一个运算是模 n，则省略乘法符号。

定义 4.17（模 n 仿射变换）　设 $\mathbf{A} \in \mathbb{Z}_n^{k,l}$，$b \in \mathbb{Z}_n^l$。任意映射 f：$\mathbb{Z}_n^l \to \mathbb{Z}_n^k$，

$$z \mapsto f(z) := (\mathbf{A}z + b) \bmod n$$

称为模 n 仿射变换。

由于 $f(0) = b$，因此映射 $f(z) - f(0) = (\mathbf{A}z + b - b) \bmod n = \mathbf{A}z \bmod n$ 是 $\mathbb{Z}_n$-线性映射。

4.2.2　仿射分组密码

任何分组密码都是一种置换。一种特殊的置换是双射仿射变换。许多古典密码体制都使用模 n 仿射变换进行加密或解密。

定义 4.18（仿射分组密码）　给定 $\mathcal{P} = \mathcal{C} = \mathbb{Z}_n^t$，设选取 $\mathcal{K}_s \subseteq \mathbb{Z}_n^{t,t} \times \mathbb{Z}_n^t$ 使得对于每个 $\mathbf{A} \in \mathbb{Z}_n^{t,t}$ 都存在一个逆矩阵 $\mathbf{A}^{-1} \in \mathbb{Z}_n^{t,t}$，且 $(\mathbf{A}, b) \in \mathcal{K}_s$，$(\mathbf{A}^{-1}, b) \in \mathcal{K}_s$。则提供下述

$$e_{(\mathbf{A},b)} : \mathbb{Z}_n^t \to \mathbb{Z}_n^t, m \mapsto (\mathbf{A}m + b) \bmod n$$

$$d_{(\mathbf{A},b)} : \mathbb{Z}_n^t \to \mathbb{Z}_n^t, c \mapsto \mathbf{A}^{-1}(c - b) \bmod n$$

加解密功能的 $(\mathcal{P}, \mathcal{C}, \mathcal{K}_s, \mathcal{E}_s, \mathcal{D}_s)$ 称为分组大小为 $t\in\mathbb{N}$ 的仿射分组密码。

备注 4.19　$t=1$ 的情况是一种特殊的单表密码，它可以记为一种置换。

例 4.20　给定 $n=26, t=1, a=3, b=7$。根据例 4.8，加密函数 $e_{(3,7)}(m)=3m+7 \bmod 26$ 可以采用循环符号方式记为

(AHCNUP)(BKLOXY)(DQ)(ETM RGZ)(FWVSJI)

为了确定解密函数，我们需要计算 $a^{-1}=9$ 和 $b'=15\equiv_{26}-9\cdot 7$。图 4.2 给出了加密函数的线性结构。

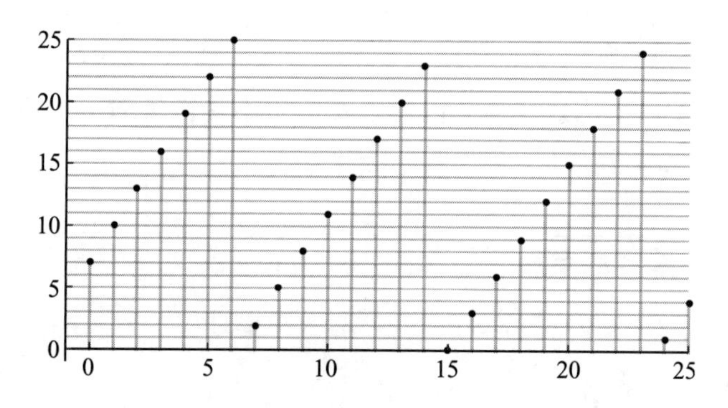

图 4.2　仿射线性加密中的线性结构

例 4.21 (ATBASH)　ATBASH 密码是一种分组密码，分组大小为 $t=1$ 且 $\mathcal{P}=\mathcal{C}=\mathbb{Z}_{26}$。加密函数使用 $a=b=25$，

$$m\mapsto e_{(25,25)}(m)=(25m+25)\bmod 26$$

对应的字母置换为

$$\begin{pmatrix} A & B & C & D & E & F & G & H & I & J & K & L & M & N & O & P & Q & R & S & T & U & V & W & X & Y & Z \\ Z & Y & X & W & V & U & T & S & R & Q & P & O & N & M & L & K & J & I & H & G & F & E & D & C & B & A \end{pmatrix}$$

这些字母是倒序的。明文

SECURITYISTHEMAINGOALOFCRYPTOGRAPHY

被加密成

HVXFIRGBRHGSVNZRMTLZOLUXIBKGLTIZKSB

通过执行相同的函数，原始文本被恢复。由于 $-1 \equiv_{26} 25$，且 $-25 \equiv_{26} 1$，则得到

$$25(25m+25)+25 \bmod 26=(-1)(-1)m-25+25 \bmod 26=m$$

因此，ATBASH 密码是所谓的对合变换。

此外，仿射分组密码的示例取决于 t 的选择以及 a 和 $\boldsymbol{A}$ 适合的可能性。下面将介绍众所周知的基于 Σ_{Lat} 的密码。

- 分组大小 $t=1$（单表密码）：
  - 移位密码，密钥 $(1,b)$。
  - 乘法密码，密钥 $(a,0)$。
  - 单表代换密码，密钥 (a,b)。
- 分组大小 $t>1$（多表密码）：
  - 维吉尼亚密码[1]，密钥 $(\boldsymbol{E}_t,\vec{b})$。
  - 希尔密码[2]（线性），密钥 $(\boldsymbol{A},\vec{0})$。
  - 换位密码，密钥 $(\widetilde{\boldsymbol{E}}_t,\vec{0})$ 且 $\widetilde{\boldsymbol{E}}_t \in \mathbb{Z}_2^{t,t}$，其中每一行和每一列只有一个 1，其他全为 0。这是希尔密码的一个特例。

例 4.22　一个无效的单表代换密码的例子是选择 $a=4$。如果 $t=1$，$b=1$，则加密函数

$$e_{(4,1)}:\mathbb{Z}_{26} \to \mathbb{Z}_{26}, m \mapsto e_{(4,1)}(m)=(4m+1) \bmod 26$$

将字母 E 和 R 加密为同一个字母 R，

$$4 \cdot 4+1=17 \equiv_{26} 69=4 \cdot 17+1$$

---

[1] Blaise de Vigenère（1523—1596）。

[2] Lester S. Hill（1890—1961）。

明文

SECURITYISTHEMAINGOALOFCRYPTOGRAPHY

被加密成

VRJDRHZTHVZDRXBHBZFBTFVJRTJZFZRBJDT

由于 GCD(4,26)=2≠1，原始的明文无法被恢复。

例 4.23（ROT13 密码和代换密码） 设 $m=1$，明文同样为

SECURITYISTHEMAINGOALOFCRYPTOGRAPHY

- $a=1$ 且 $b=13$（ROT13）：

FRPHEVGLVFGURZNVATBNYBSPELCGBTENCUL

- $a=3$ 且 $b=7$（详见例 4.20）：

JTNPGFMBFJMCTRHFUZXHOXWNGBAMXZGHACB

例 4.24（维吉尼亚密码和希尔密码） 设 $t=5$，明文仍为

SECURITYISTHEMAINGOALOFCRYPTOGRAPHY

- 维吉尼亚密钥：MATHS

EEVBJUTRPKFHXTSUNZVSXOYJJKPMVYDAIOQ

因此，我们计算 $18+_{26}12=4$，$4+_{26}0=4$，$2+_{26}19=21$，$20+_{26}7=1$，以此类推。

- 希尔密钥：AFFINEBLOCKCIPHERSCANDOIT

$$\boldsymbol{A}=\begin{pmatrix} 0 & 5 & 5 & 8 & 13 \\ 4 & 1 & 11 & 14 & 2 \\ 10 & 2 & 8 & 15 & 7 \\ 4 & 17 & 18 & 2 & 0 \\ 13 & 3 & 14 & 8 & 19 \end{pmatrix}$$

VWZIDTVKXTVJAFEZVAZBUTPMWWIYTRBPROH

例如，密文的第一个字母通过 $18\cdot 0+4\cdot 5+2\cdot 5+20\cdot 8+17\cdot 13=411\equiv_{26}21$ 计算得到，编码为 V。要恢复明文，我们需要对矩阵 $\mathbf{A}$ 进行求逆，得到

$$\mathbf{A}^{-1}=\begin{pmatrix}25 & 5 & 16 & 17 & 23\\ 4 & 14 & 16 & 11 & 20\\ 18 & 13 & 18 & 7 & 18\\ 1 & 1 & 21 & 18 & 12\\ 11 & 9 & 0 & 4 & 8\end{pmatrix}$$

如果列是单位向量的置换，我们就得到希尔密码的一种特殊情况。为了理解这一点，我们考虑任意符号置换 f：$\Sigma^t\to\Sigma^t$。由于长度为 n 的字母表等价于 $\mathbb{Z}_n$，故称 $\Sigma=\mathbb{Z}_n$。对于

$$f(s_1,\cdots,s_t)=(s_{\pi(1)},\cdots,s_{\pi(t)})$$

存在一个 $\mathbb{Z}_n$-线性函数，因为

$$\begin{aligned}f(s)\oplus_n^t f(u)&=f(s_1,\cdots,s_t)\oplus_n^t f(u_1,\cdots,u_t)\\&=(s_{\pi(1)},\cdots,s_{\pi(t)})\oplus_n^t(u_{\pi(1)},\cdots,u_{\pi(t)})\\&=(s_{\pi(1)}+_n u_{\pi(1)},\cdots,s_{\pi(t)}+_n u_{\pi(t)})\\&=((s\oplus_n^t u)_{\pi(1)},\cdots,(s\oplus_n^t u)_{\pi(t)})\\&=f(s\oplus_n^t u)\\ \lambda\star_n^t f(s)&=\lambda\star_n^t(s_{\pi(1)},\cdots,s_{\pi(t)})\\&=(\lambda\star_n^t s_{\pi(1)},\cdots,\lambda\star_n^t s_{\pi(t)})\\&=((\lambda\star_n^t s)_{\pi(1)},\cdots,(\lambda\star_n^t s)_{\pi(t)})\\&=f(\lambda\star_n^t s_1,\cdots,\lambda\star_n^t s_t)=f(\lambda\star_n^t s)\end{aligned}$$

因此，我们寻找一个表示 f 的矩阵 $\mathbf{A}_f$。特别地，如果 $\mathbf{s}=\mathbf{e}_i$ 是一个单位向量，则

$$\mathbf{A}\mathbf{s}=\mathbf{A}\mathbf{e}_i=a_{\cdot i}$$

此外，第 i 个单位向量被再次映射到一个单位向量。在 π 置换下，我们必须找到映射到 i 的索引，因此，

$$f(\boldsymbol{e}_i)=\boldsymbol{e}_{\pi^{-1}(i)}$$

且 $\boldsymbol{A}_f$ 的第 i 列是 $a_{\cdot i}=\boldsymbol{e}_{\pi^{-1}(i)}$。我们用 $\boldsymbol{E}_\pi$ 表示单位矩阵的这个置换矩阵。

例 4.25（换位密码） 设 $t>1$，明文仍为

SECURITYISTHEMAINGOALOFCRYPTOGRAPHY

$$\boldsymbol{\pi}=\begin{pmatrix}1&2&3&4&5\\2&4&3&5&1\end{pmatrix}=(3)(1245),\quad \boldsymbol{\pi}^{-1}=\begin{pmatrix}1&2&3&4&5\\5&1&3&2&4\end{pmatrix}$$

该置换可以由加密矩阵

$$\boldsymbol{E}_\pi=\begin{pmatrix}0&1&0&0&0\\0&0&0&1&0\\0&0&1&0&0\\0&0&0&0&1\\1&0&0&0&0\end{pmatrix}$$

来表示。明文被加密为

EUCRSTIYSIHMEATNOGAIOCFRLPOTGYAHPYR

要解密密文，我们必须对 $\boldsymbol{E}_\pi$ 进行转置。

历史上的一个换位密码的例子是使用一根由一个木制圆柱体组成的密码棒，圆柱体上缠绕着一条羊皮纸，在上面书写着信息。在我们的表示法中，分组大小与明文的大小相匹配。例如，单词“SECURITY”可以通过使用排列 $\begin{matrix}S&E&C\\U&R&I\\T&Y&\end{matrix}$ 进行加密。结果是“SUTERYCI”。相应的置换为：

$$\boldsymbol{\pi}=\begin{pmatrix}1&2&3&4&5&6&7&8\\1&4&7&2&5&8&3&6\end{pmatrix}=(1)(5)(24)(37)(68)$$

4.2.3 仿射分组密码的分析

基于大写拉丁字母的单表代换密码可以提供 $\phi(26)\cdot 26=312$ 个不同密钥的选择，

但这不足以避免暴力搜索。另一种方法是使用贝叶斯定理（1.10）。一个已知明文攻击产生最可能的密钥组合通常有 26！$\approx 2^{88}$ 个不同的密钥，从而使这样的暴力搜索不可能实现。然而，解密密文并不困难。如例 2.25 所示，只需要搜索字母或字母组合的频率即可。

使用多表代换密码（$t>1$），必须首先找到分组大小。例如，例 4.24 中维吉尼亚密码的分组大小为 $t=5$。但是明文太短。让我们再次使用密钥“MATHS”来执行一遍加密操作，并使用如例 2.25 中的福音书（Gospel）节选的开始部分作为明文，所得密文如下所示。

“FHXIW SIGUA ZGHML TEZVK BEEVX VELBK OHKPK F**TAL**K ANHMY ADTZA FILDJ UTMLF UNBZS UAAAZ QPKVH TEMIW TOEKA EEGKE KMXZK QNZLJ NEYVJ QYHBJ RAVLO TOPPD XPKLH MRXFG GRPHQ FHXCG UCXVX ANXJJ KIGNA Z**TAL**O ULWLJ ZELZH DEIHJ Q**TAL**O MYHML TEEVJ PMTRW TILWS FHLZL DABNZ FJHOF MPILS DEWIS BTBGA ZGBUL TEPPD PEKUW ES-TUV BRHJD MIFPF SAUHH FILTG RRXWW ZTTUU QFHYL TEYVJ SIOLF QS-LVX EIGZS ZDTSD FHXJG GNMYQ AFCBV QATUV MLEQW DULHD QMPLJ QGHPF SONAL AHBTS ZDPLJ QBXPF SBTWL UZXKT KHBTA Z**TAL**J UVXYB ARWHF OOGMW ESBUY FHXPJ EIGZF AWCVZ ZWTZU XOMOW PWBAZ OAF-LD EHTPJ MNWDG DETSW M**TAL**J NEEAS DONUV TILDS USMHF PAMLD AC-NZL EAGKO ULWOG ZERHF PHXWJ QAVOW PSTFA ZGTML QRFLU AMXZZ QWAVA EMBNZ FIXYL TAGPL TELAJ MPHMO TOLLK MNWHD EITTF ATPVJ FHRAG ETHVH POPUS ZDNUL UEBOS HEUHH FISLV KONDA FHPHL QRUBL TEPPD XBTWL UZXFG GWBAZ FHXOG XYLWA DIMPF FHHZW PARZB QSNZU MMXMJ AMGHR MRXAZ AFZHD ULXLS ZDPHK NAIAA LEWIQ VOAUA Z**TAL**B ARWHF MNWDZ QNALU MMXBH AUMVX FHXDS FEKPE YEWPS FEEFZ QST-DL TEALS HEGZT QIGNL ARGVH QNTUV FHXZH URBAV QSVLF PIGNG ZH-BTD UKXHV AVXHF PAOVA OEVHE QFKVE TETCW ZYHBS DEFFT QLHCW

PSHUO UTAFG GITTO QLEWD QALLV FHXZH URBAA YMXKA MTXSQ PRH-CW TIFVM FIGAG FHXDA XDXYF QSLHF PHXDS EIGAZ QWBSV QRGLK EF-HYL KDTFK NEBUY FEFWL QDUFK MTTUS ZDALO MSPPL T**TAL**O ULWHF UMTSK MNWAZ QAGNW XSPLJ QMBUA ETXYA ZGMVZ UMGVO MFMLJ VO-AUO MSTYJ QSMLV VELBK OAFLA ZTHNS XIELW BRHJD MIFPF S**TAL**Y ASILD AFZVV MNWZS KIGNL TEMPE QILMM XFBSD QDTUV FHXRA ZGWVE AFZVV USTAZ MNWYW BEGAS ZDULD UEOLA Z**TAL**Y ASILD BALZA ZGTSG ZGLPV Q**TAL**K QAHMY MLBSW QHXZS ISBTG ZAGKS ZDKLO FHXIJ A**TAL**J AFLPE ANVHK FIGNS ZEMPF FOMOW EETMG D**TAL**Q IEKLX USALJ YEGHF PJXZM ESTPV FOMOW YFHSD AWFLS ZDBDA XLFHC QYHBT QCHTW RILOW DSHME QNTUV UMFLV UAMLD K**TAL**Q XEYAL TEBYF QTLHF PFHSD AWXKZ UMTUV SOBUY ANTSA FTELX MRMOW DHXZS IJTTW E**TAL**K AN-HMR QBXKW QAGKB AHGOA EBKVL TEKDZ AWXYW UNMOW URUVS FMX-UV UNZAZ QNXAK MNWPE YEWPS FEEFZ QCTSD QDMOW YAGKL TERSW RTMOW URYHL TEKGW NEWLW UNMOW NOTAO UTAAZ QHBYW PSXYN MNMZS ZDYVD XOPLV”

如果分组大小未知，可以利用卡西斯基测试[⊖]。为此，我们考虑相同分组位置上的相同明文序列被加密为同一密文。如果我们发现一个相同的字母序列，它们在文本中的距离可能是分组大小的倍数。这样的距离发现得越多，就越能更好地确定出真实的分组大小。在上述密文中，三字母序列的众数是“TAL”（出现 14 次）。连续出现该序列的距离非常有趣：120、20、210、75、275、285、100、85、25、40、35、90 和 65。这些数的最大公因子是 5。这是分组大小的候选项，我们知道它就是分组大小。接下来，我们可以对文本的五个部分分别进行频率分析，如例 2.26 所示。由于字母 Q 是每组第一

⊖ Friedrich Wilhelm Kasiski（1805—1881）。

个字母的众数（46 次），且 E 到 Q 之间有 12 个字母的距离，因此密钥的第一个字母几乎可以肯定是 M。

另一种方法是利用语言特征去寻找周期。在一种语言中，文本 $w=(w_1,\cdots,w_n)$ 具有某些周期性特征，这意味着在这种情况下，音节可能有相似的长度，字母序列经常重复。这可以通过测试字母序列和被精确移动了 d 个字母位置的字母序列之间的平均匹配总数来研究，

$$\mathcal{K}(d,w)=\frac{1}{n-d}\left|\{0<i<n-d;\ w_i=w_{i+d}\}\right|$$

图 4.3 给出了 $\mathcal{K}$ 表示周期可能由五个字母组成的结果。

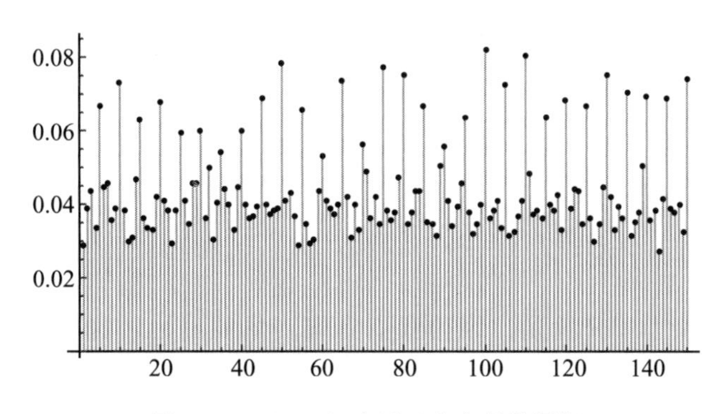

图 4.3　$\mathcal{K}(d,w)$ 表示五个字母的周期

还有另一种安全的方法可以找到仿射分组密码的密钥。在可能成功的卡西斯基测试之后，可以尝试一种攻击模型。为此，我们开始进行已知明文攻击。我们需要 $t+1$ 个不同的明文 $m_0,\cdots,m_t$，和对应的用同一个密钥加密的密文 $c_0,\cdots,c_t$。则可得

$$\begin{aligned}(c_j-c_i)\bmod 26&=((\boldsymbol{A}m_j+b)-(\boldsymbol{A}m_i+b))\bmod 26\\&=\boldsymbol{A}(m_j-m_i)\bmod 26\end{aligned}$$

归纳为

$$\underbrace{(c_1-c_0\cdots\ c_t-c_{t-1})}_{\boldsymbol{C}}=\boldsymbol{A}\cdot\underbrace{(m_1-m_0\cdots\ m_t-m_{t-1})}_{\boldsymbol{P}}$$

如果 $\boldsymbol{P}$ 在 $\mathbb{Z}_{26}$ 中是可逆的，则有 $\boldsymbol{A}=\boldsymbol{C}\cdot\boldsymbol{P}^{-1}\bmod 26$。基于一个适当选择的明文，我们可以找到这样一个矩阵 $\boldsymbol{P}$。最后，可以由

$$b=(c_0-\boldsymbol{A}m_0)\bmod 26$$

找到移位 b。

例 4.26　如果明文是福音书节选的开始部分，密文如之前所示，我们尝试在卡西斯基测试之后将分组大小设置为 $t=5$。则前两个分组产生

m_1	m_0	c_1	c_0
GINNI	THEBE	SIGUA	FHXIW
(6,8,13,13,8)	(19,7,4,1,4)	(18,8,6,20,0)	(5,7,23,8,22)
(13,1,9,12,4)		(13,1,9,12,4)	

综上可得，

$$\begin{pmatrix} 13 & 7 & 20 & 8 & 20 \\ 1 & 24 & 24 & 0 & 0 \\ 9 & 1 & 18 & 5 & 7 \\ 12 & 18 & 9 & 0 & 6 \\ 4 & 11 & 25 & 13 & 13 \end{pmatrix} = \boldsymbol{A} \cdot \begin{pmatrix} 13 & 7 & 20 & 8 & 20 \\ 1 & 24 & 24 & 0 & 0 \\ 9 & 1 & 18 & 5 & 7 \\ 12 & 18 & 9 & 0 & 6 \\ 4 & 11 & 25 & 13 & 13 \end{pmatrix} \bmod 26$$

这可以通过选择 $\boldsymbol{A}=\boldsymbol{E}_5$ 来满足。因为我们有维吉尼亚密码，这就不足为奇了。最后我们计算出

$$b=(c_0-\boldsymbol{A}m_0) \bmod 26=(12,0,19,7,18)$$

符合密钥“MATHS”。

4.3　分组密码的工作模式

如果分组的加密过程不依赖于先前分组的加密，则该分组密码是上下文不敏感的。到目前为止，我们使用的就是这种方法。下一步是生成分组和先前分组之间的依赖关系。这种分组密码称为上下文敏感的分组密码。

美国国家标准与技术研究所（National Institute of Standards and Technology，NIST）建议采用以下五种标准之一来提供数据机密性。

4.3.1 ECB 工作模式

到目前为止，我们已经将明文分组 m_i 依次加密为密文 c_i。鉴于此，如果能够使用

$$c_i = e_k(m_i)$$

表示加密过程，就产生了最简单的情况，即每一个分组都被单独加密。这种模式称为电码本模式（Electronic Codebook Mode，ECB）。当使用相同的密钥时，相同的明文映射为相同的密文。这将导致消息不安全，因为明文的信息可以保留在密文中。图 4.4 表明了这种情况。在左侧，有一个使用 ECB 模式和称为 DES（请参阅 6.2 节）的加密函数加密的监视测试图，从而产生了右侧的黑白图。左图的许多结构信息和图案在右图中被识别出来。因此，我们可以推断出原始图像。

图 4.4 ECB 模式原始图像的图案是可以识别的

如果密钥相同，任何给定的明文分组都被加密为相同的密文分组，这是非常令人不满意的结果。下一个例子是此加密模式的具体实例。现在我们将重点放在按位加密技术上，并考虑解决此问题的方案。此处的解决方案也可以在文献（Martin，2017）中找到。为了具体描述，我们选择置换 $\boldsymbol{\pi}$：$\Sigma_{\text{bool}}^5 \to \Sigma_{\text{bool}}^5$，

$$\boldsymbol{\pi} = \begin{pmatrix} 1 & 2 & 3 & 4 & 5 \\ 3 & 5 & 2 & 4 & 1 \end{pmatrix} = (1325)(4) \tag{4.1}$$

例 4.27（ECB） 来自 $\Sigma_{\text{Latext}}^{7}$ 的字符串"SCIENCE"由一个 5 位编码表示。在 ECB 模式下，我们得到

$$c_i = e_\pi(b_1, b_2, b_3, b_4, b_5) = (b_{\pi(1)}, b_{\pi(2)}, b_{\pi(3)}, b_{\pi(4)}, b_{\pi(5)})$$
$$= (b_3, b_5, b_2, b_4, b_1)$$

由下面可知，明文加密为"DCEQ? CQ"。

i	符号	位编码，m_i	整数值	$c_i = e_\pi(m_i)$	符号	整数值
1	S	10010	18	00011	D	3
2	C	00010	2	00010	C	2
3	I	01000	8	00100	E	4
4	E	00100	4	10000	Q	16
5	N	01101	13	11100	?	28
6	C	00010	2	00010	C	2
7	E	00100	4	10000	Q	16

为了解密，我们必须使用逆置换

$$\pi^{-1} = \begin{pmatrix} 1 & 2 & 3 & 4 & 5 \\ 5 & 3 & 1 & 4 & 2 \end{pmatrix} = (1523)(4) \tag{4.2}$$

4.3.2 CBC 工作模式

利用前一个加密步骤生成的密文，可以解决信息保留的问题。密文被用作一个额外的输入，并通过按位异或门链接。

$$\oplus: \Sigma_{\text{bool}} \times \Sigma_{\text{bool}} \to \Sigma_{\text{bool}}, (u, v) \mapsto u \oplus v := u +_2 v$$

$$\oplus: \Sigma_{\text{bool}}^n \times \Sigma_{\text{bool}}^n \to \Sigma_{\text{bool}}^n$$

$$(u_{n-1} \cdots u_0, v_{n-1} \cdots v_0) \mapsto u \oplus v := (u_{n-1} \oplus v_{n-1}, \cdots, u_0 \oplus v_0)$$

如果上一个密文分组通过异或门与当前的明文分组进行链接以达到加密的目的，则使用的是密码分组链接模式（Cipher Block Chaining，CBC）。加密步骤如下：

$$c_i = e_k(m_i \oplus c_{i-1})$$

在第一步中，没有上一个密文分组。因此，必须有一个初始分组 c_0，称为初始化向量（IV）。IV 是一个任意且公开的参数。异或门是其自身的逆元。对于解密过程，我们再

次使用异或门和上一个密文分组，

$$m_i = d_k(c_i) \oplus c_{i-1}$$

查看图 4.5 中生成的监视测试图，我们无法识别任何图案。

图 4.5　CBC 模式图像中没有保留任何结构信息

让我们在与例 4.27 相同的条件下完成这样的加密过程。

例 4.28（CBC）　我们再次从 Σ_{Latext}^7 中选择字符串“SCIENCE”。假设

$$m_i = (u_1, u_2, u_3, u_4, u_5), c_{i-1} = (v_1, v_2, v_3, v_4, v_5)$$

$$(b_1, b_2, b_3, b_4, b_5) = (u_1 \oplus v_1, u_2 \oplus v_2, u_3 \oplus v_3, u_4 \oplus v_4, u_5 \oplus v_5)$$

我们得到 CBC 模式中的密文

$$\begin{aligned} c_i &= e_\pi(b_1, b_2, b_3, b_4, b_5) = (b_{\pi(1)}, b_{\pi(2)}, b_{\pi(3)}, b_{\pi(4)}, b_{\pi(5)}) \\ &= (b_3, b_5, b_2, b_4, b_1) \end{aligned}$$

通过使用初始值 IV=11001，明文加密为“OUVJQD”。

i	符号	位编码，m_i	$m_i \oplus c_{i-1}$	$c_i = e_\pi\ (m_i \oplus c_{i-1})$	符号	整数值
0				11001		
1	S	10010	01011	01110	O	14
2	C	00010	01100	10100	U	20
3	I	01000	11100	10101	V	21
4	E	00100	10001	01001	J	9
5	N	01101	00100	10000	Q	16
6	C	00010	10010	00011	D	3
7	E	00100	00111	11010	•	26

对于解密过程，我们再次使用逆置换。

4.3.3 CFB工作模式

明文和密文的分组大小与需要加密的分组大小一致。设需要加密的分组大小固定为m，明文和密文的分组大小为$1 \leqslant j \leqslant t$。那么，我们将使用另一种分组密码工作模式。第一种可能是使用密码反馈模式（Cipher Feedback Mode，CFB）。我们需要一个寄存器$r_i \in \Sigma_{\text{bool}}^t$。给出一个初始的$r_1$并公开（IV）。明文和密文的分组大小由$j$确定，其中$j$满足$1 \leqslant j \leqslant t$，$m_i$，$c_i \in \Sigma_{\text{bool}}^j$。设$e_k$：$\Sigma_{\text{bool}}^t \to \Sigma_{\text{bool}}^t$是分组大小为$t$的加密函数（任意分组密码）。我们先用$e_k(r_i)$对寄存器进行加密，然后从结果中取$j$位最高值，

$$s_{j,t}: \Sigma_{\text{bool}}^t \to \Sigma_{\text{bool}}^j, x \mapsto s_{j,t}(x) = x \cdot 2^{-(t-j)}$$

下一步，我们通过异或门将结果与明文链接，得到密文，

$$c_i = m_i \oplus s_{j,t}(e_k(r_i))$$

最后，我们必须通过

$$r_i = (r_{i-1} \cdot 2^j \bmod 2^t) + c_{i-1}, i > 1$$

更新寄存器。左移约j位后，通过模运算将寄存器调整为t位。最后j位是0。这些位被上一个密文分组填充。由于存在异或门，解密过程根据相同的规则运行。唯一的修改是互换p_i和c_i的角色

$$m_i = c_i \oplus s_{j,t}(e_k(r_i))$$

例 4.29（CFB） 我们再次加密Σ_{Latext}^7中的字符串“SCIENCE”。假设$j=5$，$t=8$，我们需要一个新的加密函数，例如，

$$\boldsymbol{\pi} = \begin{pmatrix} 1 & 2 & 3 & 4 & 5 & 6 & 7 & 8 \\ 3 & 5 & 2 & 7 & 1 & 4 & 8 & 6 \end{pmatrix} = (1325)(4786) \tag{4.3}$$

一个初始寄存器，

$$\text{IV} = r_1 = 00101101 \tag{4.4}$$

最后，我们得到密文“KZEUMLP”。我们使用三个表来研究这个过程：一个表用于加密寄存器，一个表用于创建密文，一个表用于更新寄存器。我们必须同时读取这三个表。

i	r_i	$e_\pi(r_i)$	$s_{5,8}(e_\pi(r_i))$
1	00101101	11000|011	11000
2	10101010	11011|000	11011
3	01011001	01100|110	01100
4	00100100	10000|001	10000
5	10010100	00001|101	00001
6	10001100	01001|001	01001
7	10001011	01011|010	01011

i	符号	位编码,m_i	$s_{5,8}(e_\pi(r_i))$	$c_i=m_i\oplus s_{5,8}(e_\pi(r_i))$	符号	整数值
1	S	10010	11000	01010	K	10
2	C	00010	11011	11001	Z	25
3	I	01000	01100	00100	E	4
4	E	00100	10000	10100	U	20
5	N	01101	00001	01100	M	12
6	C	00010	01001	01011	L	11
7	E	00100	01011	01111	P	15

i	r_{i-1}	$r_{i-1}\cdot 2^5 \bmod 2^8$	c_{i-1}	$r_i=(r_{i-1}\cdot 2^5 \bmod 2^8)+c_{i-1}$
1				00101101
2	00101|101	101|00000	01010	10101010
3	10101|010	010|00000	11001	01011001
4	01011|001	001|00000	00100	00100100
5	00100|100	100|00000	10100	10010100
6	10010|100	100|00000	01100	10001100
7	10001|100	011|00000	01011	10001011

对于解密,我们使用逆置换

$$\boldsymbol{\pi}=\begin{pmatrix}1&2&3&4&5&6&7&8\\5&3&1&6&2&8&4&7\end{pmatrix}=(1523)(4687) \tag{4.5}$$

4.3.4 OFB 工作模式

输出反馈模式（Output Feedback Mode，OFB）描述了 CFB 的一个小变化。在寄存

器更新过程中不使用 c_{i-1}，而是使用来自上一个分组的加密寄存器的最高 j 位，即

$$r_i=(r_{i-1}\cdot 2^j \bmod 2^t)+s_{j,t}(e_k(r_{i-1})), i>1$$

其余保持不变。OFB 模式的一个优点是我们可以在不等待实际加密操作的情况下提前准备寄存器。

例 4.30（OFB） 我们再次加密 Σ_{Latext}^7 中的字符串“SCIENCE”。假设 $j=5$ 和 $t=8$，我们需要一个加密函数，假设，与 CFB 模式中的相同

$$\boldsymbol{\pi}=\begin{pmatrix}1&2&3&4&5&6&7&8\\3&5&2&7&1&4&8&6\end{pmatrix}=(1325)(4786) \tag{4.6}$$

初始寄存器也与 CFB 模式相同

$$\text{IV}=r_1=00101101 \tag{4.7}$$

最后得到密文“KCAQFKM”。我们再次使用三个表来研究这个过程：一个表用于加密寄存器，一个表用于创建密文，一个表用于更新寄存器。我们必须同时观察这三个表。

i	r_{i-1}	$r_{i-1}\cdot 2^5 \bmod 2^8$	$e_\pi(r_{i-1})$	$s_{5,8}(e_\pi(r_{i-1}))$	$r_i=(r_{i-1}\cdot 2^5 \bmod 2^8)+s_{5,8}(e_\pi(r_{i-1}))$
1					00101101
2	00101|101	10100000	11000|011	11000	10111000
3	10111|000	00000000	11001|100	11001	00011001
4	00011|001	00100000	01000|110	01000	00101000
5	00101|000	00000000	11000|000	11000	00011000
6	00011|000	00000000	01000|100	01000	00001000
7	00001|000	00000000	01000|000	01000	00001000
8	00001|000	00000000	01000|000	01000	00001000

i	符号	位编码, m_i	$s_{5,8}(e_\pi(r_i))$	$c_i=m_i\oplus s_{5,8}(e_\pi(r_i))$	符号	整数值
1	S	10010	11000	01010	K	10
2	C	00010	11001	00010	C	2
3	I	01000	01000	00000	A	0
4	E	00100	11000	10000	Q	16
5	N	01101	01000	00101	F	5
6	C	00010	01000	01010	K	10
7	E	00100	01000	01100	M	12

解密过程可以再次以同样的方式进行。

4.3.5 CTR 工作模式

还有 CFB 和 OFB 的另一种变体。计数器模式（Counter Mode，CTR）在寄存器更新过程中既不添加 c_{i-1}（CFB 工作模式）也不添加 $s_{j,t}(e_k(r_{i-1}))$（OFB 工作模式），而是在每一步之后都必须更新一个计数器值。这可以通过增加从 0 开始的上一个值来实现。提前准备寄存器也是可能的。

例 4.31（CTR） 我们通过假定与 CFB 模式相同的参数 $j=5$ 和 $t=8$ 和相同的置换对 Σ_{Latext}^7 中的字符串“SCIENCE”进行加密。初始寄存器与 CFB 模式相同，

$$IV=r_1=00101101 \tag{4.8}$$

加密结果是密文“KTIWLWF”。可以从密文创建过程中单独计算寄存器。

i	r_{i-1}	$r_{i-1}\cdot 2^5 \bmod 2^8$	$e_\pi(r_{i-1})$	$s_{5,8}(e_\pi(r_{i-1}))$	z_i	$r_i=(r_{i-1}\cdot 2^5 \bmod 2^8)+z_i$
1						00101101
2	00101|101	10100000	11000|011	11000	000	10100000
3	10100|000	00000000	10001|000	10001	001	00000001
4	00000|001	00100000	00000|010	00000	010	00100010
5	00100|010	01000000	10010|000	10010	011	01000011
6	01000|011	01100000	00110|010	00110	100	01100100
7	01100|100	10000000	10100|001	10100	101	10000101
8	10000|101	10100000	00001|011	00001	110	10100110

i	符号	位编码，m_i	$s_{5,8}(e_\pi(r_i))$	$c_i=m_i\oplus s_{5,8}(e_\pi(r_i))$	符号	整数值
1	S	10010	11000	01010	K	10
2	C	00010	10001	10011	T	19
3	I	01000	00000	01000	I	8
4	E	00100	10010	10110	W	22
5	N	01101	00110	01011	L	11
6	C	00010	10100	10110	W	22
7	E	00100	00001	00101	F	5

解密过程也可以通过交换明文和密文的角色来完成。

在文献(Dworkin，2001)中，假设 $j=t$ 时使用 OFB 和 CTR 模式。还有其他分组密码工作模式。例如，在文献(Dworkin，2016b)中描述了 FF1 和 FF3 模式。在这两种模式中，除了处理基于位的字符串外，还可以处理基于数字的字符串。此外，FF1 和 FF3 基于 Feistel 密码，将在第 6.1 节中详细讨论。

除了 ECB 模式外，所有的工作模式都模糊了通过加密相同分组而产生的结果信息。这提高了安全性。

第5章

安全加密的理论边界

> **说明 5.1　学习本章的知识要求：**
>
> - 熟悉概率论的基础知识，请参阅 1.2 节；
> - 了解仿射分组密码，请参阅 4.2 节。
>
> 精选文献：请参阅文献（Cover 和 Thomas，2006；Massey，1988；Shannon，1949；Webster 和 Tavares，1986）。

我们考虑一种结果不确定的实验。例如，我们正在等待三个连续的二进制消息 X、Y 和 Z，每个消息的分组大小为 2。我们还知道它们所有可能组合的联合概率，如表 5.1 所示。

表 5.1　三个 2 位消息的联合概率

X		00				01				10				11				
Z		00	01	10	11	00	01	10	11	00	01	10	11	00	01	10	11	$\mathbb{P}_Y$
Y	00	$\frac{10}{861}$	$\frac{11}{861}$	$\frac{4}{861}$	$\frac{1}{861}$	$\frac{4}{861}$	$\frac{2}{861}$	$\frac{1}{287}$	$\frac{1}{287}$	$\frac{1}{287}$	$\frac{1}{287}$	$\frac{1}{287}$	$\frac{1}{861}$	$\frac{1}{287}$	$\frac{4}{123}$	$\frac{20}{861}$	$\frac{10}{861}$	$\frac{109}{861}$
	01	$\frac{2}{287}$	$\frac{10}{861}$	$\frac{1}{123}$	$\frac{1}{123}$	$\frac{10}{861}$	$\frac{1}{123}$	$\frac{2}{123}$	$\frac{1}{123}$	$\frac{6}{287}$	$\frac{29}{861}$	$\frac{22}{861}$	$\frac{26}{861}$	$\frac{16}{861}$	$\frac{1}{41}$	$\frac{8}{287}$	$\frac{19}{861}$	$\frac{81}{287}$
	10	$\frac{2}{123}$	$\frac{3}{287}$	$\frac{13}{861}$	$\frac{3}{287}$	$\frac{4}{861}$	$\frac{1}{287}$	$\frac{4}{287}$	$\frac{8}{861}$	$\frac{9}{287}$	$\frac{19}{861}$	$\frac{26}{861}$	$\frac{32}{861}$	$\frac{2}{123}$	$\frac{5}{287}$	$\frac{19}{861}$	$\frac{6}{287}$	$\frac{242}{861}$
	11	$\frac{5}{861}$	$\frac{2}{123}$	$\frac{2}{287}$	$\frac{8}{861}$	$\frac{4}{287}$	$\frac{4}{287}$	$\frac{4}{861}$	$\frac{1}{123}$	$\frac{31}{861}$	$\frac{4}{123}$	$\frac{4}{123}$	$\frac{13}{287}$	$\frac{6}{287}$	$\frac{29}{861}$	$\frac{4}{287}$	$\frac{2}{123}$	$\frac{89}{287}$
$\mathbb{P}_Z$		$\frac{65}{287}$					$\frac{80}{287}$					$\frac{31}{123}$					$\frac{209}{861}$	1
$\mathbb{P}_X$			$\frac{134}{861}$					$\frac{16}{123}$			$\frac{335}{861}$					$\frac{40}{123}$		

由于概率 $p_{Y|X}(00|10)=\dfrac{10/861}{335/861}=\dfrac{2}{67}=0.03$ 非常小，因此，如果产生序列 1000，我们可能会感到非常地意外。然而，如果结果序列中 X 的第一位是 1，我们则不会感到

太意外，因为 $p_X(10)+p_X(11)=\frac{5}{7}=0.714$。某种结果出现的概率越高，它的不确定性就越小。特别地，如果某个结果出现的概率等于 1，那么这个结果就是确定的，不会存在其他的意外情况。我们想要对这种不确定性进行度量，这就是*不确定量*（amount of uncertainty）的概念（Shannon，1949）。假设 $A=\{10,11\}$和 $B=\{01,11\}$ 是来自幂集 $\mathcal{P}(X)$ 的两个事件，由于 $\mathbb{P}_X(A\cap B)=\mathbb{P}_X(\{11\})=\frac{40}{123}=\frac{5}{7}\cdot\frac{56}{123}=\mathbb{P}_X(A)\cdot\mathbb{P}_X(B)$，因此 A、B 是相互独立的。每个事件都会产生一定的不确定量。从事件独立性的角度来看，交集部分的不确定量应为每个不确定量之和。基于这些考虑，建议通过基于概率的映射来度量不确定量，而不管实际结果如何。这种合理的连续映射

$$U:[0,1]\to[0,\infty],U(1)=0,\lim_{p\to 0}U(p)=\infty,U(p\cdot q)=U(p)+U(q)$$

应当采取负对数来进行定义。通过引入[⊖]归一化条件 $U\left(\frac{1}{2}\right)=1$，我们得到 $U(p)=-\log_2(p)$。在我们开始对所有分布的不确定量进行评估之前，必须先给出概率论中的另外一些结果。

5.1　条件期望

设 $(\Omega,\mathcal{F},\mathbb{P})$ 为概率空间，$A\in\mathcal{F}$为事件，$\mathbb{P}(A)>0$。随机变量

$$X\cdot 1_A:\Omega\to X(A)\cup\{0\}$$

$$X\cdot 1_A(\omega):=X(\omega)\cdot 1_A(\omega):=\begin{cases}X(\omega), & \omega\in A\\ 0, & \omega\notin A\end{cases}$$

具有概率质量函数（对于 $x\neq 0$）

$$p_{X\cdot 1_A}(x)=\mathbb{P}((X\cdot 1_A)^{-1}(\{x\}))$$

⊖　二进制计算源自文献（Shannon，1949，P. 42）。信息单位称为比特或者位（二进制数字），正如 John W. Tukey（1915—2000）所建议的那样。

$$
\begin{aligned}
&=\mathbb{P}(\{\omega\in\Omega;\omega\in A\wedge X(\omega)=x\}) \\
&=\mathbb{P}(\{\omega\in A;X(\omega)=x\}) \qquad (5.1)
\end{aligned}
$$

当事件 A 发生时，定义 X 的条件期望为

$$
\begin{aligned}
\mathbb{E}[X\mid A]:&=\frac{\mathbb{E}[X\cdot 1_A]}{\mathbb{P}(A)} \\
&=\frac{1}{\mathbb{P}(A)}\cdot\sum_{x\in X(A)}x\cdot p_{X\cdot 1_A}(x) \\
&=\frac{1}{\mathbb{P}(A)}\cdot\sum_{\omega\in A}X(\omega)\cdot\mathbb{P}(\{\omega\}) \qquad (5.2)
\end{aligned}
$$

设 Y：$\Omega\to\Phi\subseteq\mathbb{R}$ 为另一离散随机变量。在 $A=\{Y=y_0\}:=\{\omega\in\Omega;Y(\omega)=y_0\}$ 的特殊情况下，我们可以得到

$$
\begin{aligned}
p_{X\cdot 1_{\{Y=y_0\}}}(x)&=\mathbb{P}(\{\omega\in\Omega;Y(\omega)=y_0\wedge X(\omega)=x\}) \\
&=p_{X,Y}(x,y_0) \qquad (5.3)
\end{aligned}
$$

则 X 和 Y 在 (x,y_0) 处的联合概率分布满足

$$
\begin{aligned}
\mathbb{E}[X|\{Y=y_0\}]&=\frac{\mathbb{E}[X\cdot 1_{\{Y=y_0\}}]}{\mathbb{P}(\{Y=y_0\})} \\
&=\frac{1}{p_Y(y_0)}\cdot\sum_{x\in X(A)}x\cdot p_{X\cdot 1_{\{Y=y_0\}}}(x) \\
&=\frac{1}{p_Y(y_0)}\cdot\sum_{x\in X(A)}x\cdot p_{X,Y}(x,y_0) \\
&=\sum_{x\in X(A)}x\cdot p_{X|Y}(x|y_0) \qquad (5.4)
\end{aligned}
$$

同样，考虑实值函数 $f:X(\Omega)\to\mathbb{R}$。给定事件 A，随机变量所对应 $F:\Omega\to\mathbb{R},F=f(X)$ 的条件期望为

$$
\mathbb{E}[F|A]=\mathbb{E}[f(X)|A]=\frac{1}{\mathbb{P}(A)}\cdot\sum_{x\in X(A)}f(x)\cdot p_{X\cdot 1_A}(x)
$$

假设 $A=\{Y=y_0\}$，则

$$
\mathbb{E}[f(X)|\{Y=y_0\}]=\sum_{x\in X(A)}f(x)\cdot p_{X|Y}(x|y_0) \qquad (5.5)
$$

分别将实值函数 $f:X(\Omega)\times Y(\Omega)\to\mathbb{R}$ 和随机变量 $F=f(X,Y)$ 代入，可得

$$\mathbb{E}[f(X,Y)|A]=\frac{1}{\mathbb{P}(A)}\cdot\sum_{x\in X(A)}\sum_{y\in Y(A)}f(x,y)\cdot p_{(X,Y)\cdot 1_A}(x,y)$$

和

$$\begin{aligned}&\mathbb{E}[f(X,Y)|\{Y=y_0\}]\\&=\frac{1}{p_Y(y_0)}\cdot\sum_{x\in X(A)}\sum_{y\in Y(A)}f(x,y)\cdot p_{(X,Y)\cdot 1_{\{Y=y_0\}}}(x,y)\\&=\frac{1}{p_Y(y_0)}\cdot\sum_{x\in X(A)}f(x,y_0)\cdot p_{X,Y}(x,y_0) \quad (5.6)\\&=\sum_{x\in X(A)}f(x,y_0)\cdot p_{X|Y}(x|y_0) \quad (5.7)\end{aligned}$$

将式(5.6)乘以 $p_Y(y_0)$，并对所有 y_0 求和，可得

$$\begin{aligned}&\sum_{y_0\in Y(\Omega)}p_Y(y_0)\cdot\mathbb{E}[f(X,Y)|\{Y=y_0\}]\\&=\sum_{y_0\in Y(\Omega)}\sum_{x\in X(A)}f(x,y_0)\cdot p_{X,Y}(x,y_0)\\&=\mathbb{E}[f(X,Y)] \quad (5.8)\end{aligned}$$

考虑事件 $B=\{Y=y_0\}\cap A$，其中 $\mathbb{P}(B)=p_Y(y_0|A)\cdot\mathbb{P}(A)$。那么，它同样可以利用上述方式进行计算，得到

$$\begin{aligned}&\mathbb{E}[f(X,Y)|\{Y=y_0\}\cap A]\\&=\frac{1}{p_Y(y_0|A)\cdot\mathbb{P}(A)}\cdot\sum_{x\in X(B)}f(x,y_0)\cdot p_{(X,Y)\cdot 1_A}(x,y_0) \quad (5.9)\\&\Rightarrow\mathbb{E}[f(X,Y)|A]=\sum_{y_0\in Y(\Omega)}p_Y(y_0|A)\cdot\mathbb{E}[f(X,Y)|\{Y=y_0\}\cap A] \quad (5.10)\end{aligned}$$

式(5.8)和式(5.7)被称为关于全期望定理的陈述[⊖]。给定三个离散随机变量 X、Y 和 Z 以及事件 $B=\{Y=y_0\}\cap\{Z=z_0\}$，可得

$$\begin{aligned}&\mathbb{E}[f(X,Y,Z)|\{Y=y_0\}\cap\{Z=z_0\}]\\&=\frac{1}{p_Z(z_0)\cdot p_{Y|Z}(y_0|z_0)}\cdot\sum_{x\in X(B)}f(x,y_0,z_0)\cdot p_{X,Y,Z}(x,y_0,z_0) \quad (5.11)\end{aligned}$$

⊖ James Lee Massey (1934—2013)，请参阅文献（Massey，1988）和 http：//www.isiweb.ee.ethz.ch/archive/massey-scr/。

$$\Rightarrow \mathbb{E}[f(X,Y,Z) \mid \{Z=z_0\}]$$

$$= \sum_{x \in X(B)} \sum_{y_0 \in Y(\Omega)} f(x,y_0,z_0) \cdot p_{X,Y|Z}(x,y_0 \mid z_0) \tag{5.12}$$

$$= \sum_{y_0 \in Y(\Omega)} p_{Y|Z}(y_0 \mid z_0) \cdot \mathbb{E}[f(X,Y,Z) \mid \{Y=y_0\} \cap \{Z=z_0\}] \tag{5.13}$$

5.2 信息论

基于离散随机变量 $X:\Omega \to \Psi$，映射 U 可以用于度量一个特定结果的不确定量，Fano[⊖] 称之为自信息，同样也可以将其看作一个随机变量 $U:\Psi \to [0,\infty]$，$U(x) = -\log_2(\mathbb{P}_X(\{x\}))$。假定任一不确定性结果出现的概率为 $\mathbb{P}_X(\{x\})$，我们可以使用 U 的期望值对所有不确定量进行度量。方便起见，我们忽略了所有零概率的情况。为了实现这一点，我们使用函数 $f:D \to \mathbb{R}$ 的支撑集（简称支集）$\mathrm{supp}(f) := \{x \in D; f(x) \neq 0\}$。这里，我们考虑 $\mathrm{supp}(\mathbb{P}_X) := \mathrm{supp}(p_X)$ 并利用

$$\lim_{p \to 0} p\log(p) \overset{\text{L'Hospital}}{=} 0$$

定义 5.2（香农熵）　离散随机变量 $X:\Omega \to \Psi$ 的不确定性（或香农熵）定义为

$$H(X) := \mathbb{E}[-\log_2(\mathbb{P}_X(X))] = -\sum_{x \in \mathrm{supp}(\mathbb{P}_X)} \mathbb{P}_X(\{x\}) \cdot \log_2(\mathbb{P}_X(\{x\})) \tag{5.14}$$

对于每个 $x \in \mathrm{supp}(\mathbb{P}_X)$，$0 < \mathbb{P}_X \leqslant 1$，可得

$$-\mathbb{P}_X(\{x\}) \cdot \log_2(\mathbb{P}_X(\{x\})) \begin{cases} =0, & \mathbb{P}_X(\{x\})=1 \\ >0, & \mathbb{P}_X(\{x\})<1 \end{cases} \tag{5.15}$$

结合表 5.1 中的样例数据，可得 $H(X) = 1.857$。

⊖ Robert M. Fano（1917—2016），请参阅文献（Fano，1961）。

例 5.3 设 $X:\Omega\to\{0,1\}$为二元随机变量，$\mathbb{P}_X(\{1\})=p\in(0,1]$。

如图 5.1 所示，其香农熵为

$$H(X)=-p\cdot\log_2(p)-(1-p)\log_2(1-p)$$

$$p=\frac{1}{2}\Rightarrow H(X)=1$$

$$p=\frac{5}{6}\text{或 }p=\frac{1}{6}\Rightarrow H(X)=0.65$$

IT 不等式[⊖]是一个有用的结果，它可以帮助证明下面的一些结果。

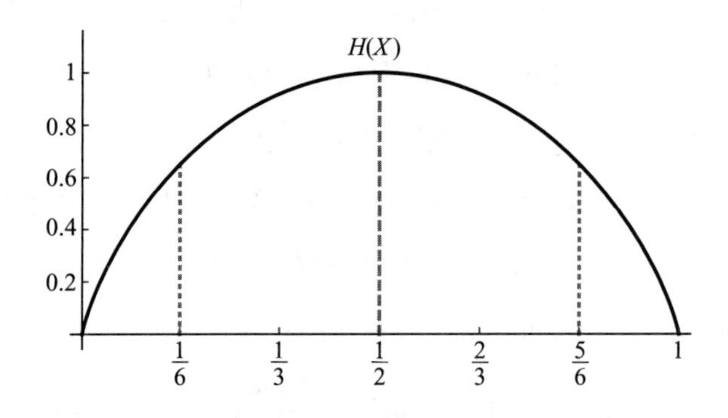

图 5.1　二元随机变量的熵

定理 5.4 (IT 不等式)　对于一个正数 $a\in\mathbb{R}^+$，满足

$$\log(a)\leqslant(a-1)\log(\mathrm{e}) \tag{5.16}$$

当且仅当 $a=1$ 时等号成立。

证明　考虑 $a\in\mathbb{R}^+$。若 $a=1$，则 $\ln(a)=0=a-1$。

若 $a\neq1$，则$\frac{d\ln(a)}{da}=\frac{1}{a}\begin{cases}>1,a<1\\<1,a>1\end{cases}$

但是，

$$\frac{d(a-1)\ln(\mathrm{e})}{da}=1$$

⊖ 由 Massey 命名，详情请参阅文献（Massey，1988）。

因此，上述两个函数没有其他交点。因此，$\ln(a)\leqslant(a-1)$，当且仅当 $a=1$ 时等号成立，对符号两边同乘以 $\log(e)$，即可得到式(5.16)。 □

式 (5.15) 给出了 $H(X)$ 的下界。同样，$H(X)$ 也具有一个上界。

定理 5.5 如果 $X:\Omega\to\Psi$ 是一个离散随机变量，X 的象有 l 个元素，即$l=|X(\Omega)|$，则

$$0\leqslant H(X)\leqslant\log_2(l) \tag{5.17}$$

其中，对于所有的 $x\in\operatorname{supp}(\mathbb{P}_X)$，当且仅当 $\mathbb{P}_X(\{x\})=\frac{1}{l}$ 时右侧等号成立；对于一个确切的值 $x\in\operatorname{supp}(\mathbb{P}_X)$，即$|\operatorname{supp}(\mathbb{P}_X)|=1$，当且仅当 $\mathbb{P}_X(\{x\})=1$ 时，左侧等号成立。

证明 由式(5.15) 可知，对于任一 $x\in\operatorname{supp}(\mathbb{P}_X)$，$H(X)=0$ 当且仅当 $\mathbb{P}_X(\{x\})=1$，对于一个这样的 x 是正确的。

$$\begin{aligned}
H(X)-\log_2(l) &= -\sum_{x\in\operatorname{supp}(\mathbb{P}_X)}\mathbb{P}_X(\{x\})\cdot\log_2(\mathbb{P}_X(\{x\}))-\log_2(l)\\
&= \sum_{x\in\operatorname{supp}(\mathbb{P}_X)}\mathbb{P}_X(\{x\})\left(\log_2\left(\frac{1}{\mathbb{P}_X(\{x\})}\right)-\log_2(l)\right)\\
&= \sum_{x\in\operatorname{supp}(\mathbb{P}_X)}\mathbb{P}_X(\{x\})\cdot\log_2\left(\frac{1}{l\cdot\mathbb{P}_X(\{x\})}\right)\\
&\overset{(5.16)}{\leqslant} \sum_{x\in\operatorname{supp}(\mathbb{P}_X)}\mathbb{P}_X(\{x\})\left(\frac{1}{l\cdot\mathbb{P}_X(\{x\})}-1\right)\cdot\log_2(e)\\
&= \left(\sum_{x\in\operatorname{supp}(\mathbb{P}_X)}\frac{1}{l}-\sum_{x\in\operatorname{supp}(\mathbb{P}_X)}\mathbb{P}_X(\{x\})\right)\cdot\log_2(e)\\
&\leqslant (1-1)\cdot\log_2(e)\\
&= 0
\end{aligned}$$

对于所有的 $x\in\operatorname{supp}(\mathbb{P}_X)$，应用 IT 不等式，当且仅当 $l\cdot\mathbb{P}_X(\{x\})=1$ 时等号成立。但是，x 可以取到 l 个符合条件的值。在这种情况下，上式中第二个不等式的等号同样也是成立的。 □

我们在式(5.2) 中定义了随机变量的条件期望。同样，定义条件不确定性也具有很大的作用。试想如果把密文看作一个随机变量，它的不确定性依赖于源变量（即明文和密

钥)。我们必须要考虑到，在已知任何一个源变量的情况下，将会对密文造成何种影响。

定义 5.6　设 X、Y、Z 为离散随机变量。如果出现事件 $\{Y=y_0\}$ 或 $\{Y=y_0\}\cap\{Z=z_0\}$，则 X 的条件不确定性分别为

$$H(X|\{Y=y_0\})=-\sum_{x\in\operatorname{supp}(\mathbb{P}_{X|Y}(.|y_0))} p_{X|Y}(x|y_0)\cdot\log_2(p_{X|Y}(x|y_0)) \tag{5.18}$$

$$H(X|\{Y=y_0\}\cap\{Z=z_0\})=$$
$$-\sum_{x\in\operatorname{supp}(\mathbb{P}_{X|Y,Z}(.|y_0,z_0))} p_{X|Y,Z}(x|y_0,z_0)\cdot\log_2(p_{X|Y,Z}(x|y_0,z_0)) \tag{5.19}$$

试想，将不确定性看作期望值，设 $F(X,Y)=-\log_2(p_{X|Y}(X|Y))$，则

$$\begin{aligned}H(X|\{Y=y_0\})&\overset{(5.18)}{=}-\sum_{x\in\operatorname{supp}(\mathbb{P}_{X|Y}(.|y_0))}\log_2(p_{X|Y}(x|y_0))\cdot p_{X|Y}(x|y_0)\\&=\sum_{x\in\operatorname{supp}(\mathbb{P}_{X|Y}(.|y_0))}F(x,y_0)\cdot p_{X|Y}(x|y_0)\\&\overset{(5.7)}{=}\mathbb{E}[F(X,Y)|\{Y=y_0\}]\\&=\mathbb{E}[-\log_2(p_{X|Y}(X|Y))|\{Y=y_0\}]\end{aligned}$$

如式(5.6)后续的考虑一样，我们对所有的 y_0 进行求和，可得

$$\begin{aligned}&\sum_{y_0\in\operatorname{supp}(\mathbb{P}_Y)}p_Y(y_0)H(X|\{Y=y_0\})=\sum_{y_0\in\operatorname{supp}(\mathbb{P}_Y)}p_Y(y_0)\mathbb{E}[F(X,Y)|\{Y=y_0\}]\\&\overset{(5.8)}{=}\mathbb{E}[F(X,Y)]=\mathbb{E}[-\log_2(p_{X|Y}(X|Y))]\\&=-\sum_{(x,y)\in\operatorname{supp}(\mathbb{P}_{X,Y})}p_{X,Y}(x,y)\cdot\log_2(p_{X|Y}(x|y))\\&\overset{(5.14)}{=}:H(X|Y)\end{aligned}$$

定义 5.7　设 X、Y 为离散随机变量。在给定 Y 的情况下，X 的条件不确定性（疑义度）为

$$H(X|Y)=\sum_{y_0\in\operatorname{supp}(\mathbb{P}_Y)}p_Y(y_0)H(X|\{Y=y_0\}) \tag{5.20}$$

备注 5.8　将定理5.5应用于 $H(X|\{Y=y_0\})$ 和 $H(X|Y)$ 的定义，类似地可得

$$0\leqslant H(X|\{Y=y_0\}),H(X|Y)\leqslant\log_2(l)$$

通过应用将式(5.19)中 $\mathrm{supp}(\mathbb{P}_{Y|Z}(.,z_0))$ 的所有 y_0 相加的思想，可得

$$H(X|Y,\{Z=z_0\})=\mathbb{E}[-\log_2(p_{X|Y,Z}(X|Y,Z))|\{Z=z_0\}]$$

$$\overset{(5.11)}{=}\sum_{y_0\in\mathrm{supp}(\mathbb{P}_{Y|Z}(.,z_0))}p_{Y|Z}(y_0|z_0)\cdot\underbrace{\mathbb{E}[-\log_2(p_{X|Y,Z}(X|Y,Z))|\{Y=y_0\}\cap\{Z=z_0\}]}_{H(X|\{Y=y_0\}\cap\{Z=z_0\})}$$

例 5.9(代入表5.1中的数据计算)

$$H(X)=1.857,H(Y)=1.931,H(Z)=1.996$$

$$\left.\begin{array}{l}H(X|\{Y=00\})=1.629\\H(X|\{Y=01\})=1.849\\H(X|\{Y=10\})=1.839\\H(X|\{Y=11\})=1.780\end{array}\right\}\Rightarrow H(X|Y)=1.797\leqslant H(X)$$

$$\left.\begin{array}{l}H(X|Y\cap\{Z=00\})=1.794\\H(X|Y\cap\{Z=01\})=1.750\\H(X|Y\cap\{Z=10\})=1.773\\H(X|Y\cap\{Z=11\})=1.706\end{array}\right\}\Rightarrow H(X|Y,Z)=1.755$$

5.2.1　信息增益

我们可以通过计算两个概率分布之间的定向差分[⊖]，来计算在用一个分布替换另一个分布的过程中会损失多少信息。

定义 5.10（信息增益）　设 X、Y 为离散随机变量，$X(\Omega)=Y(\Omega)$。信息增益定义为

⊖ 请参阅文献（Kullback，1997）。

$$D(\mathbb{P}_X \parallel \mathbb{P}_Y)=\begin{cases}\sum\limits_{x\in \mathrm{supp}(\mathbb{P}_X)} p_X(x)\log_2\left(\dfrac{p_X(x)}{p_Y(x)}\right), & p_Y(x)>0，对于所有\ x \\ \infty, & p_Y(x)=0，对于任意\ x\end{cases}$$

例 5.11(代入表 5.1 中的数据计算)

$$D(\mathbb{P}_X \parallel \mathbb{P}_Y)=0.106 \qquad D(\mathbb{P}_Y \parallel \mathbb{P}_X)=0.124$$

$$D(\mathbb{P}_X \parallel \mathbb{P}_Z)=0.154 \qquad D(\mathbb{P}_Z \parallel \mathbb{P}_X)=0.169$$

$$D(\mathbb{P}_Y \parallel \mathbb{P}_Z)=0.053 \qquad D(\mathbb{P}_Z \parallel \mathbb{P}_Y)=0.060$$

例 5.11 表明，信息增益不是对称的。如果所有的 $p_Y(x)>0$，我们可以基于 X 的概率分布将有关期望差的项转换为

$$\begin{aligned}D(\mathbb{P}_X \parallel \mathbb{P}_Y)&=\sum_{x\in \mathrm{supp}(\mathbb{P}_X)} p_X(x)\log_2\left(\frac{p_X(x)}{p_Y(x)}\right)\\&=\sum_{x\in \mathrm{supp}(\mathbb{P}_X)} p_X(x)\cdot\log_2(p_X(x))-\sum_{x\in \mathrm{supp}(\mathbb{P}_X)} p_X(x)\cdot\log_2(p_Y(x))\\&=\mathbb{E}[\log_2(p_X(X))]-\mathbb{E}[\log_2(p_Y(X))]\end{aligned}$$

定理 5.12　对于 $x\in \mathrm{supp}(\mathbb{P}_X)$，以下不等式成立

$$D(\mathbb{P}_X \parallel \mathbb{P}_Y)\geqslant 0 \tag{5.21}$$

当且仅当 $p_X(x)=p_Y(y)$ 时等号成立。

证明　如果对于任意 $x\in \mathrm{supp}(\mathbb{P}_X)$，$p_Y(x)=0$，则 $D(\mathbb{P}_X \parallel \mathbb{P}_Y)=\infty$。对于所有的 x，令 $p_Y(x)\geqslant 0$，可得

$$\begin{aligned}-D(\mathbb{P}_X \parallel \mathbb{P}_Y)&=\sum_{x\in \mathrm{supp}(\mathbb{P}_X)} p_X(x)\log_2\left(\frac{p_Y(x)}{p_X(x)}\right)\\&\overset{(5.16)}{\leqslant}\sum_{x\in \mathrm{supp}(\mathbb{P}_X)} p_X(x)\left(\frac{p_Y(x)}{p_X(x)}-1\right)\cdot\log_2(\mathrm{e})\\&=\left[\sum_{x\in \mathrm{supp}(\mathbb{P}_X)} p_Y(x)-\sum_{x\in \mathrm{supp}(\mathbb{P}_X)} p_X(x)\right]\log_2(\mathrm{e})\end{aligned}$$

$$\leqslant (1-1)\log_2(\mathrm{e})=0$$

当且仅当（根据定理 5.4）$\dfrac{p_Y(x)}{p_X(y)}=1$，即 $p_Y(x)=p_X(x)$，上式中两个不等式的等号成立。 □

如果 X 和 Y 是离散随机变量，X 和 Y 的象具有 l 个相同的元素，且对于所有的 x，Y 具有均匀概率分布 $p_Y(x)=\dfrac{1}{l}$，则

$$\begin{aligned}0 &\leqslant D(\mathbb{P}_X \parallel \mathbb{P}_Y)=\mathbb{E}[\log_2(p_X(X))]-\mathbb{E}[\log_2(p_Y(X))]\\ &=\mathbb{E}[\log_2(p_X(X))]-\mathbb{E}[\log_2(l^{-1})]=\mathbb{E}[\log_2(l)]-\mathbb{E}[-\log_2(p_X(X))]\\ &=\log_2(l)-H(X)\end{aligned}$$

上式证实了式(5.17) 右侧估值的正确性。定理 5.12 的一个基本应用涉及不确定性和条件不确定性之间的估计，该估计表明不确定性永远不会因条件而增加。

定理 5.13　对于任意两个离散随机变量 X 和 Y，总有

$$H(X|Y)\leqslant H(X) \tag{5.22}$$

当且仅当 X 和 Y 是独立的随机变量时等号成立。

证明

$$\begin{aligned}H(X)-H(X|Y) &=\mathbb{E}[-\log_2(\mathbb{P}_X(X))]-\mathbb{E}[-\log_2(\mathbb{P}_{X|Y}(X|Y))]\\ &=\mathbb{E}\left[\log_2\left(\frac{\mathbb{P}_{X|Y}(X|Y)}{\mathbb{P}_X(X)}\right)\right]\\ &=\mathbb{E}\left[\log_2\left(\frac{\mathbb{P}_{X|Y}(X|Y)\mathbb{P}_Y(Y)}{\mathbb{P}_X(X)\mathbb{P}_Y(Y)}\right)\right]\\ &=\mathbb{E}\left[\log_2\left(\frac{\mathbb{P}_{X,Y}(X,Y)}{\mathbb{P}_X(X)\mathbb{P}_Y(Y)}\right)\right]\\ &=D(\mathbb{P}_{X,Y} \parallel \mathbb{P}_X\mathbb{P}_Y)\\ &\geqslant 0\end{aligned}$$

对于任意的 x、y（根据式（1.7）可知，随机变量 X、Y 是独立的），我们有

$H(X)=H(X|Y)$，当且仅当 $p_{X,Y}(x,y)=p_X(x)\cdot p_Y(y)$时，上述推导成立。 □

由于

$$\frac{p_{X|Y,Z}(x|y,z)}{p_{X|Z}(x|z)}=\frac{p_{X,Y|Z}(x,y|z)}{p_{Y|Z}(y|z)\cdot p_{X|Z}(x|z)}$$

我们从式(5.22) 可得

$$\begin{aligned}&H(X|\{Z=z_0\})-H(X|Y,\{Z=z_0\})\\&=\mathbb{E}\left[\log_2\left(\frac{p_{X|Y,Z}(X|Y,Z)}{p_{X|Z}(X|Z)}\right)|\{Z=z_0\}\right]\\&=\mathbb{E}\left[\log_2\left(\frac{p_{X|Y,Z}(X|Y,\{Z=z_0\})}{p_{X|Z}(X|\{Z=z_0\})}\right)\right]\\&=\mathbb{E}\left[\log_2\left(\frac{p_{X,Y|Z}(X,Y|\{Z=z_0\})}{p_{X|Z}(X|\{Z=z_0\})\cdot p_{Y|Z}(Y|\{Z=z_0\})}\right)\right]\\&=D(\mathbb{P}_{X,Y|\{Z=z_0\}}\parallel\mathbb{P}_{X|\{Z=z_0\}}\cdot\mathbb{P}_{Y|\{Z=z_0\}})\geqslant 0\end{aligned}$$

对于任意的 x、y，当且仅当 $p_{Y,Y|Z}(x,y|z_0)=p_{X|Z}(x|z_0)\cdot p_{Y|Z}(y|z_0)$时等号成立，因此

$$H(X|Y,\{Z=z_0\})\leqslant H(X|\{Z=z_0\}) \tag{5.23}$$

与式(5.23) 相似，利用式(5.6)，我们可以计算

$$H(X|Y,Z)\leqslant H(X|Z)$$

对于任意的 x、y、z，当且仅当 $p_{X,Y|Z}(x,y|z)=p_{X|Z}(x|z)\cdot p_{Y|Z}(y|z)$时等号成立。因为离散随机变量 X、Y、Z 的联合概率分布可以表示为

$$\begin{aligned}\mathbb{P}_{X,Y,Z}(\{x,y,z\})&=\mathbb{P}(\{X=x\}\cap\{Y=y\}\cap\{Z=z\})\\&\overset{(1.11)}{=}p_{Z|X,Y}(z|x,y)\cdot\cdots\cdot p_{Y|X}(y|x)\cdot p_X(x)\end{aligned}$$

因此，我们可以记

$$\begin{aligned}H(X,Y,Z)&=\mathbb{E}[-\log_2(\mathbb{P}_{X,Y,Z}(X,Y,Z))]\\&=\mathbb{E}[-\log_2(\mathbb{P}_{Z|X,Y}(Z|X,Y)\cdot\mathbb{P}_{Y|X}(Y|X)\cdot\mathbb{P}_X(X))]\\&=\mathbb{E}[-\log_2(\mathbb{P}_{Z|X,Y}(Z|X,Y))]\\&\quad+\mathbb{E}[-\log_2(\mathbb{P}_{Y|X}(Y|X))]+\mathbb{E}[-\log_2(\mathbb{P}_X(X))]\end{aligned}$$

$$=H(X)+H(Y|X)+H(Z|X,Y) \tag{5.24}$$

在此过程中，随机变量的顺序是任意的。式(5.24) 称为不确定性链式法则。条件不确定性链式法则可以通过下面的方法多处理一行来获得。

$$H(X,Y|\{Z=z_0\})=\mathbb{E}[-\log_2(p_{X,Y|Z})(X,Y|Z)|\{Z=z_0\}]$$

$$=-\frac{1}{p_Z(z_0)}\sum_{(x,y)\in \mathrm{supp}(\mathbb{P}_{X,Y|Z(\cdot,\cdot|z_0)})}\log_2(p_{X,Y|Z}(x,y|z_0))\cdot p_{X,Y,Z}(x,y,z_0)$$

$$=-\sum_{(x,y)\in \mathrm{supp}(\mathbb{P}_{X,Y|Z(\cdot,\cdot|z_0)})}\log_2(p_{X,Y|Z}(x,y|z_0))\cdot p_{X,Y|Z}(x,y|z_0)$$

$$H(X,Y|Z)$$

$$=\mathbb{E}[-\log_2(\mathbb{P}_{X,Y|Z}(X,Y|Z))]$$

$$=\mathbb{E}\left[-\log_2\left(\frac{1}{\mathbb{P}_Z(Z)}\mathbb{P}_{X,Y,Z}(X,Y,Z)\right)\right]$$

$$=\mathbb{E}\left[-\log_2\left(\frac{1}{\mathbb{P}_Z(Z)}\cdot\mathbb{P}_Z(Z)\cdot\mathbb{P}_{X|Z}(X|Z)\cdot\mathbb{P}_{Y|X,Z}(Y|X,Z)\right)\right]$$

$$=H(X|Z)+H(Y|X,Z)$$

5.2.2 交互信息量

香农㊀将信息视为因不确定性而产生的差异，将信息量视为由随机变量 Y 到随机变量 X 的转换。Fano㊁称之为互信息。

定义 5.14 (交互信息量) 两个离散随机变量 X 和 Y 之间的交互信息量(互信息) 为

$$I(X;Y):=H(X)-H(X|Y) \tag{5.25}$$

㊀ 请参阅文献 (Shannon，1949)。

㊁ 请参阅文献 (Fano，1961)。

由链式法则(5.24)可知

$$H(X,Y)=H(X)+H(Y|X)=H(Y)+H(X|Y)$$

则

$$I(X;Y)=H(X)-H(X|Y)=H(Y)-H(Y|X)=I(Y;X)$$
$$=H(X)+H(Y)-H(X,Y) \tag{5.26}$$

由于互信息是对称的，并且 $I(X;Y)\overset{(5.22)}{\geqslant}0$，可知

$$H(X,Y)\leqslant H(X)+H(Y)$$

X 转化为 Y 和 Y 转化为 X 的信息量相同。类似地，我们可以给出条件互信息的定义

$$I(X;Y|Z)=H(X|Z)-H(X|Y,Z)=H(Y|Z)-H(Y|X,Z) \tag{5.27}$$

例 5.15（代入表 5.1 中的数据计算）

$$H(X,Y)=H(Y)+H(X|Y)=3.728$$
$$I(X;Y)=H(X)+H(Y)-H(X,Y)=0.061$$

5.2.3 完善保密性和唯一解距离

在非概率密码体制中，至少具有以下信息类型之一：

- （明文）消息 $m=(m_1,\cdots,m_n)\in\mathcal{P}^n$；
- 密文 $c=(c_1,\cdots,c_n)\in\mathcal{C}^n$；
- 密钥 $k\in\mathcal{K}$，用于对消息进行加密、哈希或签名。

设 $M^n:\Omega\to\mathcal{P}^n$、$C^n:\Omega\to\mathcal{C}^n$ 和 $K:\Omega\to\mathcal{K}$ 为相应的随机变量。我们现在对术语 $\mathrm{supp}(\mathbb{P}_{M^n})$ 进行解释。令 $n=5$，存在这种长度且有意义的字符串，例如 Σ_{Lat}^5 中的“ARENA”。当然，也有类似于“FQLKD”的无意义字符串，因为在字母“Q”之后通常会出现“U”，所以第二个字符串出现的概率应为零，而第一个字符串出现的概率是大于零的。同样，其他支持集也是可以解释的。在出现任何其他信息之前，密钥不确定性由

$$H(K)=-\sum_{k\in\mathcal{K}}\log_2(p_K(k))\cdot p_K(k)\overset{(5.17)}{\leqslant}\log_2|\mathcal{K}|$$

给出，消息不确定性由

$$H(M^n) = -\sum_{m \in \mathcal{P}^n} \log_2(p_{M^n}(m)) \cdot p_{M^n}(m) \overset{(5.17)}{\leqslant} n \cdot \log_2|\mathcal{P}|$$

以相同方式给出。

现在，通过观察传输的消息来考虑已知密文攻击，则密钥的疑义度为

$$H(K|C^n) = -\sum_{c \in \mathrm{supp}(\mathbb{P}_{C^n})} p_{C^n}(c) H(K|\{C^n = c\}) \overset{(5.22)}{\leqslant} H(K) \tag{5.28}$$

消息的疑义度为

$$H(M^n|C^n) = -\sum_{c \in \mathrm{supp}(\mathbb{P}_{C^n})} p_{C^n}(c) H(M^n|\{C^n = c\}) \overset{(5.22)}{\leqslant} H(M^n)$$

在密文和密钥已知的情况下，明文必定可以恢复，所以其不确定性为零，即

$$H(M^n|C^n, K) = 0 \tag{5.29}$$

同样，如果明文和密钥已知，则可以唯一地计算出密文，即

$$H(C^n|M^n, K) = 0 \tag{5.30}$$

在给定密文的情况下，明文和密钥的不确定性可以记为

$$\begin{aligned} H(K, M^n|C^n) &= H(K|C^n) + H(M^n|K, C^n) \overset{(5.29)}{=} H(K|C^n) \\ &= H(M^n|C^n) + H(K|M^n, C^n) \end{aligned}$$

由于 $H(K|M^n, C^n) \geqslant 0$，我们可以得到 $H(M^n|C^n)$的一个重要估计范围。

命题 5.16

$$H(M^n|C^n) \leqslant H(K|C^n) \tag{5.31}$$

如果利用密文无法得到关于原始明文的任何信息，那么这个密码体制通常是可以接受的。从香农的角度来看，我们可以用交互信息量来定义这个概念。

定义 5.17　一个密码体制被称为具有完善保密性，如果

$$I(M^n; C^n) = 0 \tag{5.32}$$

此定义意味着

$$H(M^n)-H(M^n|C^n)=H(C^n)-H(C^n|M^n)=0$$
$$\Leftrightarrow H(M^n)=H(M^n|C^n),\ H(C^n)=H(C^n|M^n) \tag{5.33}$$

然而，正如定理5.13中所提及的，上述公式等价于 M^n 和 C^n 相互独立。完善保密性的一个有趣的结果是对获得完善保密性所需密钥的数量进行估计。

定理 5.18 一个完善保密性的密码体制必须满足不等式

$$H(M^n)\leqslant H(K) \tag{5.34}$$

证明

$$H(M^n)\overset{(5.33)}{=}H(M^n|C^n)\overset{(5.31)}{\leqslant}H(K|C^n)\overset{(5.22)}{\leqslant}H(K)$$ □

假设密钥是等概率的，若想保证完善保密性，则需要满足 $H(M^n)\leqslant H(K)=\log_2(|\mathcal{K}|)$。由于

$$I(M^n;C^n)=H(M^n)-H(M^n|C^n)\geqslant H(M^n)-H(K|C^n)$$
$$\geqslant H(M^n)-H(K)=H(M^n)-\log_2(|\mathcal{K}|)$$

因此，长度较短的密钥会增加 M^n 和 C^n 之间的互信息。也就是说，可以获得有关明文的更多信息。

例 5.19 设$(G,\star,e_\star)$是阶为 $l=|G|$ 的有限群，$M^n,C^n,K:\Omega\to G^n$ 为随机变量。分量 K_i 被认为是独立的，并且可能服从均匀分布。根据文献（Massey，1988），满足

$$C_i=M_i * K_i, i=1,\cdots,n$$

的密码体制称为*群-运算密码*。此外，密钥应当独立于明文的选择，即

$$p_K(k)=p_{K|M}(k|m)$$

因为$(G,\star,e_\star)$是一个群，所以每个元素都拥有唯一的逆元。首先，让我们考虑结果 c 的概率，

$$p_{C^n}(c)=p_{M^n*K}(c)=\sum_{m*k=c}p_{M^n,K}(m,k)$$

$$= \sum_{m * k = c} p_{K|M^n}(k|m) \cdot p_{M^n}(m)$$

$$= \sum_{m * k = c} p_K(k) \cdot p_{M^n}(m) = \frac{1}{l^n} \sum_k \sum_{m = c * k^{-1}} p_{M^n}(m)$$

$$= \frac{1}{l^n} \sum_m p_{M^n}(m) = \frac{1}{l^n}$$

或者，

$$p_{C^n|M^n}(c|m) = p_{M^n * K|M^n}(c|m) = \sum_{m * k = c} p_K(k) = \sum_{k = m^{-1} * c} p_K(k)$$

$$= p_K(m^{-1} * c) = \frac{1}{l^n}$$

综上，$p_{C^n|M^n}(c|m) = p_{C^n}(c)$，故 C^n 和 M^n 是独立的。利用定理 5.13，可得 $H(M^n) = H(M^n|C^n)$，因此 $I(M^n;C^n)=0$，群-运算密码具有完善保密性。

具有完善保密性的密码体制被称为一次一密（one-time pad）密码体制。1882 年，首次由 Miller[1]提出，并在 1917 年由 Vernam[2]完善。

完善保密性是唯密文场景的一种性质，而已知明文攻击将会破坏这种保密性。另外，此体制要求密钥不可被重复使用。给定示例 5.19 的密码体制，考虑使用密钥 k 两次：

$$c_1 = m_1 * k, c_2 = m_2 * k$$

现在，我们可以计算

$$c_2 * c_1^{-1} = (m_2 * k) * (m_1 * k)^{-1} = (m_2 * k) * (k^{-1} * m_1^{-1}) = m_2 * m_1^{-1}$$

已知密文，就可以推导出一些关于明文的信息，从而违反了定义 5.17 中提到的“无信息”思想。在 8.4 节讨论公钥 El Gamal 密码体制时，将重新介绍这一思想。

---

[1] Frank Miller (1842—1925)。

[2] Gilbert S. Vernam (1890—1960)。

我们应该仔细考虑式(5.28)中的密钥疑义度。利用链式法则(5.24)，我们可以得到

$$
\begin{aligned}
H(K,M^n,C^n) &\overset{(5.24)}{=} H(K)+H(M^n|K)+H(C^n|K,M^n) \\
&\overset{(5.24)}{=} H(K,M^n)+H(C^n|K,M^n)
\end{aligned}
$$

利用式(5.30)，$H(C^n|K,M^n)=0$，并假设密钥和明文独立，可得

$$
H(K,M^n,C^n) \overset{(5.30)}{=} H(K,M^n)=H(K)+H(M^n) \tag{5.35}
$$

交换 C^n 和 M^n，可推得

$$
H(K,M^n,C^n) \overset{(5.24)}{=} H(K,C^n)+H(M^n|K,C^n) \overset{(5.29)}{=} H(K,C^n) \tag{5.36}
$$

综上，密钥疑义度为

$$
\begin{aligned}
H(K|C^n) &\overset{(5.24)}{=} H(K,C^n)-H(C^n) \\
&\overset{(5.36)}{=} H(K,M^n,C^n)-H(C^n) \\
&\overset{(5.35)}{=} H(K)+H(M^n)-H(C^n)
\end{aligned}
$$

命题 5.20 确保密钥和明文独立性的密码体制满足

$$
H(K|C^n)=H(K)+H(M^n)-H(C^n) \tag{5.37}
$$

利用 2.6 节中的暴力攻击，我们可以引入一个伪密钥。这意味着除了正确的密钥之外，至少还有一个密钥可以对密文进行有意义的解密。设 c 是一个长度为 n 的字符串，即 $c\in\mathcal{C}^n$。集合

$$
K(c):=\{k\in\mathcal{K};x\in\operatorname{supp}(\mathbb{P}_{P^n}):e_k(x)=c\}
$$

是可以将 c 映射到有意义的明文的所有可能密钥的集合。此集合中至少包含一个密钥，即正确的密钥。$K(c)$的所有其他$|K(c)|-1$个密钥都是伪密钥。因此，我们可以将$K(c)$解释为 K 的条件概率的支撑集。给定 $C^n=c$，

$$
K(c)=\operatorname{supp}(\mathbb{P}_{K|C^n}(\cdot|c)) \tag{5.38}
$$

考虑随机变量 $S:\mathcal{C}^n \to \mathbb{N}, S(c)=|K(c)|-1$，我们可以计算出伪密钥的平均个数为

$$\bar{s}_n := \mathbb{E}[S] = \sum_{y\in\mathcal{C}^n} p_{C^n}(c)\cdot(|K(c)|-1)$$

$$= \sum_{c\in\mathcal{C}^n} p_{C^n}(c)\cdot|K(c)| - \sum_{c\in\mathcal{C}^n} p_{C^n}(c) \tag{5.39}$$

$$= \sum_{c\in\mathcal{C}^n} p_{C^n}(c)\cdot|K(c)|-1 \tag{5.40}$$

利用定理 5.4 中的 IT 不等式，我们可以通过下式优化密钥疑义度，

$$H(K|C^n) \overset{(5.20)}{=} \sum_{c\in \mathrm{supp}(\mathbb{P}_{C^n})} p_{C^n}(c)H(K|\{C^n=c\})$$

$$\leqslant \sum_{c\in \mathrm{supp}(\mathbb{P}_{C^n})} p_{C^n}(c)\cdot\log_2(|\mathrm{supp}(\mathbb{P}_{K|C^n}(\cdot|c))|)$$

$$\overset{(5.38)}{=} \sum_{c\in \mathrm{supp}(\mathbb{P}_{C^n})} p_{C^n}(c)\cdot\log_2(|K(c)|)$$

$$\overset{(5.16)}{\leqslant} \sum_{c\in \mathrm{supp}(\mathbb{P}_{C^n})} p_{C^n}(c)(|K(c)|-1)\cdot\log_2(e)$$

$$\overset{(5.40)}{=} \bar{s}_n\cdot\log_2(e) \tag{5.41}$$

接下来，考虑字母表 $\mathcal{P}$ 上的语言 $\mathcal{L}$。根据文献（Hellman，1977）和（Stinson，2005），来自 $\mathcal{P}^n$ 的字符串的信息率是每个字符的 n-平均熵，

$$H_{\mathcal{L},n} := \frac{H(M^n)}{n}$$

如果 n 增大，则每个字符的熵减小，这是因为长度为 n 的有意义的消息的数量除以 n，结果会减小。$\mathcal{L}$ 中每个符号的熵是由 Cover 定义的无限长字符串中每个符号的信息量[1]。由于 Takahira[2] 的工作，我们可以利用编码率来估计此信息率。一个大小为 n 的序列可以通过通用的压缩算法来进行压缩，比如局部匹配预测[3]（Prediction by Partial Match，

---

[1] 详见文献（Cover 和 Thomas，2006）。

[2] 详见文献（Takahira 等，2016）。

[3] 详见文献（Cleary 和 Witten，1984）。

PPM）。这样的压缩结果再除以 n，永远都达不到信息率，但它是一个上限。通过考虑一个庞大的文本语料库（我们从后续提及的 Wikipedia 的链接中选取不同的样本，从一篇单独的文章开始，每篇文章都有不同的文本顺序），我们可以以每个符号的位数来估计其熵率。图 5.2 显示了来自 Wikipedia 的两个不同语料库的熵率估计。

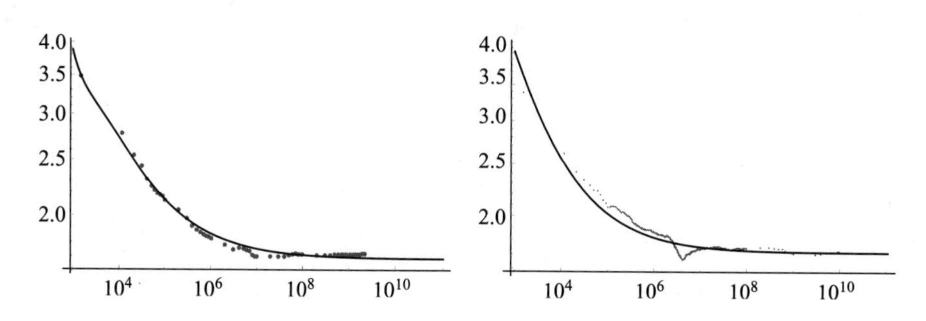

图 5.2 外推（Extrapolation）英语口语熵

（以每个符号的二进制位数为单位，外加一次单独运行的原始数据）

因此，对英语口语的熵估计为

$$H_{\mathcal{L}} := \lim_{n\to\infty} H_{\mathcal{L},n} = 1.7 \in (1,2)$$

如果所有字符出现的可能性相等，那么最大信息位数称为绝对信息率，并由字母表的最大熵给出，

$$G := \log_2(|\mathcal{P}|), \text{i. e. } \log_2(|\Sigma_{\text{Lat}}|) = 4.7$$

总共具有 $2^{G\cdot n}$个可能的字符串。语言的冗余度定义为

$$R := G - H_{\mathcal{L}}$$

如果 $H_{\mathcal{L}}=1.5$，$\mathcal{P}=\Sigma_{\text{Lat}}$，可得 $R=4.7-1.7=3.0$。因此，相对冗余度为

$$R_{\mathcal{L}} := \frac{R}{G} = 1 - \frac{H_{\mathcal{L}}}{\log_2(|\mathcal{P}|)}$$

其结果大约是 0.64。理论上，我们应考虑恢复密钥需要多少密文，对于一个大整数 n，可以估算出

$$H(M^n) \approx n \cdot H_{\mathcal{L}} = n(1-R_{\mathcal{L}})\log_2(|\mathcal{P}|)$$

在我们的方法中，假设明文和密文的字符串长度都是 n。再扩展一下，我们采用 $|\mathcal{P}^n| =$

$|\mathcal{C}^n|$。因此，

$$H(C^n) \leqslant n \cdot \log_2(|\mathcal{C}|) = n \cdot \log_2(|\mathcal{P}|) \tag{5.42}$$

接下来，我们通过下式估算密钥疑义度的最小值，

$$\begin{aligned} H(K|\mathcal{C}^n) &\overset{(5.37)}{=} H(K)+H(M^n)-H(C^n) \\ &\overset{(5.42)}{\geqslant} H(K)+n(1-R_{\mathcal{L}})\log_2(|\mathcal{P}|)-n\log_2(|\mathcal{P}|) \\ &= H(K)-n \cdot R_{\mathcal{L}}\log_2(|\mathcal{P}|) \end{aligned} \tag{5.43}$$

利用式（5.41）和式（5.43）以及 $H(K)=\log_2(|K|)$可以估算出

$$\begin{aligned} \overline{s}_n \cdot \log_2(e) &\overset{(5.41)}{\geqslant} H(K|C^n) \overset{(5.43)}{\geqslant} \log_2(|K|)-n \cdot R_{\mathcal{L}}\log_2(|\mathcal{P}|) \\ &\Leftrightarrow \overline{s}_n \geqslant \log_2(|K|)-n \cdot R_{\mathcal{L}}\log_2(|\mathcal{P}|) \end{aligned} \tag{5.44}$$

如果伪密钥的平均个数为零，则可以唯一地确定所使用的密钥。然而，这并不意味着我们具有破解密码体制的算法。它只能表明破解此体制至少需要多少密文符号。因此，我们求解式(5.44) 中的 n，假设 $\overline{s}_n=0, |\mathcal{P}|>1, R_{\mathcal{L}}\neq 0$，则

$$n \geqslant \frac{\log_2(|K|)}{R_{\mathcal{L}}\log_2(|\mathcal{P}|)} = \frac{\log_2(|K|)}{R}$$

例 5.21　设 $\mathcal{P}=\Sigma_{\text{Lat}}$，则分组大小 $t=1$ 的置换密码具有 $|S(\Sigma_{\text{Lat}})|=26!$ 个不同密钥。因此，我们必须至少获得

$$n_0 = \left\lceil \frac{\log(26!)}{0.64 \cdot \log(26)} \right\rceil = 30$$

个密文字母。

如果分组大小 $t=2$，则需要获得的密文字母个数增加到

$$n_0 = \left\lceil \frac{\log((26^2)!)}{0.64 \cdot \log(26)} \right\rceil = 1791$$

我们可以得到与式(5.44) 相关的结论，即伪密钥的平均个数随 n 的增加而线性减少。

5.3 严格雪崩准则

扩散是指明文的统计结构被分散到密文的长程统计中。这是通过由每个明文数字影响尽可能多的密文数字的值来实现的，这相当于每个密文数字受到许多明文数字的影响。

例 5.22（维吉尼亚和希尔密码） 让我们再次考虑例4.24。使用密钥 MATHS，明文

SECURITYISTHEMAINGOALOFCRYPTOGRAPHY

经维吉尼亚密码加密后得到

EEVBJUTRPKFHXTSUNZVSXOYJJKPMVYDAIOQ

如果我们改变明文中的某个字符，例如 U→I，可以得到密文

EEV [P] JUTRPKFHXTSUNZVSXOYJJKPMVYDAIOQ

这只引起了密文中单个字符的变化，没有提供扩散性。而希尔密码则可以引起更大的变化。在这里，使用的密钥 AFFINEBLOCKCIPHERSCANDOIT 把明文转换为

VWZIDTVKXTVJAFEZVAZBUTPMWWIYTRBPROH

对明文进行相同的改变将会使密文变为

[DKBKL] TVKXTVJAFEZVAZBUTPMWWIYTRBPROH

这样，整个第一个分组的密文均发生了改变。

混淆旨在使密文的统计信息和加密密钥之间的关系尽可能复杂，以抵抗发现密钥的尝试。这意味着，密文的每个字符都应该依赖于尽可能多的密钥字符。

例 5.23 例5.22 表明在使用维吉尼亚和希尔密码时，更改明文中的字符对密文造成的影响。下面我们来看当一个密钥字母发生改变时，密文将产生何种变化。同样，明文为

SECURITYISTHEMAINGOALOFCRYPTOGRAPHY

使用密钥 MATHS 加密后，密文为

EEVBJUTRPKFHXTSUNZVSXOYJJKPMVYDAIOQ

如果我们改变密钥中的某个字符，例如 A→O，将得到

E [S] VBJU [H] RPKF [V] XTSU [B] ZVSX [C] YJJK [D] MVYD [O] IOQ

在每个密文分组中，均会发生单个字符的改变，并提供了一些弱混淆。

如果使用希尔密码，明文将被转换为

VWZIDTVKXTVJAFEZVAZBUTPMWWIYTRBPROH

将其密钥更改为 AFFINEBLACKCIPHERSCANDOIT（O→A）会使密文变为

V [C] ZIDT [N] KXTV [X] AFEZ [H] AZBU [R] PMWW [U] YTRB [V] ROH

参照维吉尼亚密码，可以观察到它们二者的最终效果非常相似。

由于希尔密码中的一个密文字符依赖于密钥的 m 个字符，而整个分组则依赖于单个明文字符，因此尝试将分组字符扩散到整个密文上是一件很有意思的事情。这可以通过对整个分组大小的后续换位来完成，以此做到将一个分组的每个字符分布在所有其他分组上。在这之后，可以重新应用希尔密码，并以此类推。

例 5.24　分组大小 $t=35$，移位如下，

$\pi=(1\ 34\ 15\ 24\ 27\ 3\ 18\ 33\ 23\ 35\ 7\ 20\ 17\ 8\ 12\ 14\ 32\ 31\ 5\ 2\ 26\ 11\ 22)$

$(4\ 10\ 30\ 13\ 6\ 28\ 29\ 21\ 9)\ (19\ 25)$

其工作原理如下：在每个括号内，字母的位置改为其后继位置，即位置 1 处的“V”移到位置 34 处，位置 34 处的“O”移到位置 15 处，依此类推，直到循环结束。将这个换位应用于密文，然后再次应用于更改后的密文，

[VWZID] TVKXTVJAFEZVAZBUTPMWWIYTRBPROH 和

[DKBKL] TVKXTVJAFEZVAZBUTPMWWIYTRBPROH

根据例 5.22，得出

T D IXBAHVU I WKRJOZB Z WVTVREZ W MTYTPFA V P 和

T L IXBAHVU K WKRJOZB B WVTVREZ K MTYTPFA D P

再应用希尔密码可得

SXOFZOOSRDZXLKIHYTNFBAFTPWHFGXYZIFN 和

GFELXOSGRP ZXLKI RUJXH BAFTP WLPKXKHYVZ

可以看出，几乎整个密文都会受到影响。

香农[⊖]提出了上述思想，他称之为*乘积密码*。代换-置换网络正是一种乘积密码，由多轮组成，每一轮都涉及代换和置换。由于仿射分组密码的安全性较弱（如 4.2.3 节所示），所以当今用以替代它的是非线性变换。如果在每轮都使用了一个内部不变的函数，则该函数称为*轮函数*。

依据 Webster 和 Tavares（1986）的思想，基于二进制字母表，密码映射 f 被认为能够达到扩散或混淆的效果。设 $m_r \in \mathbb{Z}_2^n$ 为任意消息，$k \in \mathbb{Z}_2^u$ 为任意密钥。定义 $q_i = m_r \oplus 2^i$，$i=1$，…，n 是基于 m_r 的消息。我们仅对 m_r 的 1 位的位置进行改变。接下来，我们考虑 $d_i^r = f(m_r, k) \oplus f(q_i, k) \in \mathbb{Z}_2^v$，它表示 f 的两个输出的按位差分。令 d_{ij}^r 为 d_i^r 的第 j 位，$j=1,\cdots,v, i=1,\cdots,n$。数 $v_j^r = \frac{1}{n}\sum_{i=1}^{n} d_{ij}^r$ 表示第 j 位在翻转位上的平均变化。通过不断改变输入信息重复这个过程 R 次，可以计算出第 j 位在翻转位上的总体平均变化为 $v_j = \frac{1}{R}\sum_{r=1}^{R} v_j^r$。同样，我们还可以固定输入消息，并遍历不同的密钥及其位扰动。

定义 5.25（SMAC 和 SKAC） 设 $f: \mathbb{Z}_2^n \times \mathbb{Z}_2^u \to \mathbb{Z}_2^v$ 为一个密码映射。对于索引 $i=1$，…，n 的所有消息的翻转位和索引 $j=1$，…，v 的所有位，如果 $d_{ij}^r \neq 0$，则称 f

⊖ 详见文献（Shannon，1949）。

是消息完全的；并且对于索引 $j=1, \cdots, v$ 的所有位，如果 $v_j=\frac{1}{2}$，则称 f 符合严格消息雪崩准则（Strict Message Avalanche Criterion，SMAC）。同样，对于索引 $i=1, \cdots, u$ 的所有密钥的翻转位和索引 $j=1, \cdots, v$ 的所有位，如果 $d_{ij}^{r} \neq 0$，则称 f 是密钥完全的；并且对于索引 $j=1, \cdots, v$ 的所有位，如果 $v_j=\frac{1}{2}$，则称 f 满足严格密钥雪崩准则（Strict Key Avalanche Criterion，SKAC）。

在下面的章节中，我们将研究定义 5.25 提到的准则。

第 6 章

现代私钥密码

说明 6.1　学习本章的知识要求：

- 了解完善保密性的概念，请参阅 5.2 节；
- 熟悉基础数论知识，请参阅 1.1 节；
- 熟悉扩展的代数基础知识，请参阅 3.1 节和 3.2 节。

精选文献：请参阅文献（Dworkin 等，2001；Hoffstein 等，2008；Holden，2017；Lidl 和 Niederreiter，1996）。

现代数字密码学总是试图模糊输入分组和输出分组之间的关系。否则，将出现无条件解密的情况，如例 2.26 所示。因此，我们需要给出安全的形式化定义。对于一个密码体制（$\mathcal{P},\mathcal{C},\mathcal{K},\mathcal{E},\mathcal{D}$），如果除了加密密钥 $k\in\mathcal{K}$ 之外所有信息都已知并且存在从任何密文重构相应明文的可能性，那么该密码体制就会被破解。如果密码体制的密钥空间 $\mathcal{K}$ 不够大，则可以对密钥进行穷举搜索。事实上，攻击者通过无限的计算能力对现代密码体制实施暴力攻击（请参阅本书 2.6 节）是有可能的，但代价太高。我们想要讨论安全密码体制的机密性，这是约定 2.15 给出的通信系统的安全目标之一。在私钥体制中，发送者传输的任何明文 $m\in\mathcal{P}$ 都是在使用密钥 $k_s\in\mathcal{K}_s$ 加密后通过一个可能不安全信道进行传输的。为了防止被窃听者攻击，密钥需要通过安全信道传输。

作为对图 4.1 的扩展，并利用多名代换（Homophonic Substitution）能使对密码体制的攻击更加复杂化这一事实，我们在私钥密码体制方案中引入了一个额外的模块。正如文献（Massey，1988）所提到的，一个随机数生成器可以生成一个随机序列来掩饰统计特性，这类似于 2.4 节中例 2.29 所示的多名代换。图 6.1 显示了此过程。随机数生成器也可以直接集成到通信系统的加密过程中。加密函数使用密钥和随机序列将明文映射到密文中，

$$c=e_{k,r}(m)$$

相反，解密只依赖密钥而不需要随机数生成器，

$$m=d_k(c)$$

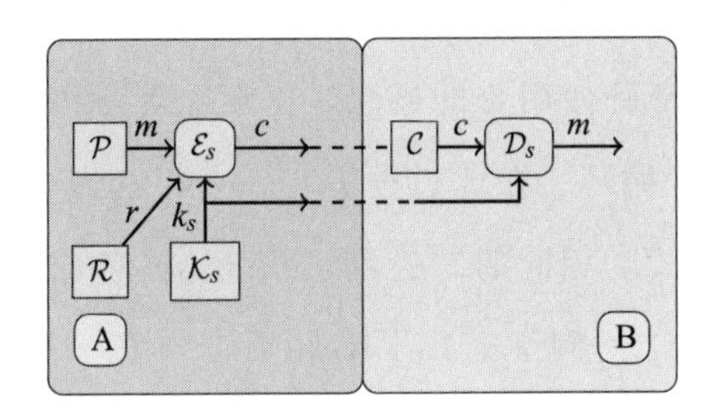

图 6.1 带随机数生成器的私钥密码体制

我们将随机密码体制记为（$\mathcal{P},\mathcal{C},\mathcal{K},\mathcal{R},\mathcal{E},\mathcal{D}$）。1949 年，香农针对密文中保存了多少明文信息的问题发表了《保密系统的通信理论》[⊖]（Communication Theory of Secrecy Systems），该问题我们已经在第 5 章中进行了详细研究。为了上述目的，香农使用概率的概念来形式化表述该问题。接下来，我们将 p,r,k_s,c 分别看作图 6.1 中随机独立随机变量 P,C,K,R 的具体实现。

例 6.2（一次一密） 考虑随机密码体制（$\mathbb{Z}_n,\mathbb{Z}_n,\mathbb{Z}_n,\mathbb{Z}_n,\mathcal{E}_s,\mathcal{D}_s$），其中

$\mathcal{E}_s=\{e_{k,r}:\mathbb{Z}_n\to\mathbb{Z}_n;e_{k,r}(m)=m+_n(k+_n r)\}$ 且

$\mathcal{D}_s=\{d_{k,r}:\mathbb{Z}_n\to\mathbb{Z}_n;d_{k,r}(c)=c+_n((-k)+_n(-r))\}$

假设 r 取自于均匀分布的 $\mathbb{Z}_n$ 且 $k\in\mathbb{Z}_n$ 是一个固定密钥。由于

⊖ 请参阅文献（Shannon，1949）。

$$d_{k,r}(e_{k,r}(m))=m+_n(k+_n r)+_n((-k)+_n(-r))=m$$

我们得到了一个密码体制。根据例 5.19，该体制的相关运算在有限群（$\mathbb{Z}_n,+_n,0$）上并且实现了完善保密性。

6.1 Feistel 密码

Feistel 密码是一类常见的满足加密功能的对称分组密码，由 IBM 的霍斯特·费斯妥[⊖]（Horst Feistel）发明，加密和解密过程几乎相同。正如香农在乘积密码中所建议的那样（详见 5.3 节），该密码使用轮的概念，这意味着一个被称为轮函数的内部函数将被多次使用，类似于迭代循环。在此过程中，一个长度为 $2q$ 编号为偶数的二进制位流 m 在 n 轮内将被映射成长度相同的二进制位流 c。m 首先被分成长度相同的两部分 $m=L_0 \| R_0$。在第 i 轮中，二进制位流 $L_i \| R_i$ 由 $L_{i-1} \| R_{i-1}$ 按以下规则构成：

$$L_i=R_{i-1} \text{ 且}$$

$$R_i=f_{k_i}(R_{i-1})\oplus L_{i-1} \tag{6.1}$$

其中，轮函数 f_{k_i} 是一个映射 f_{k_i}：$\mathbb{F}_2^q \rightarrow \mathbb{F}_2^q$。每轮中的密钥通常都会改变。由此，我们得到了一个密钥流。我们在每轮还得到一个轮密钥。为了由 c 恢复出 m，需要对轮函数求逆。这意味着

$$R_{i-1}=L_i \text{ 且}$$

$$L_{i-1}=f_{k_i}(R_{i-1})\oplus R_i=f_{k_i}(L_i)\oplus R_i \tag{6.2}$$

加密和解密过程使用相同的函数，只需要互换输入和输出。因此，轮函数不能是单射。轮函数自身包含一个代换-置换部分。

⊖ Horst Feistel（1915—1990）。

例 6.3　考虑对二进制位流1010011 ‖ 1001001 执行 Feistel 密码。为此，我们确定分组长度 $t=2q=14$ 和轮数 $n=6$。设轮函数为 $f_{k_i}(x):=x\oplus k_i$，且 $k_{i+1}:=k_i\oplus(k_i+1_2)$，$k_0=0$ 是密钥流。

i	k_i	L_i	R_i
0	$0000000_{(2)}$	$1010011_{(2)}$	$1001001_{(2)}$
1	$0000001_{(2)}$	$1001001_{(2)}$	$0011011_{(2)}$
2	$0000011_{(2)}$	$0011011_{(2)}$	$1010001_{(2)}$
3	$0000111_{(2)}$	$1010001_{(2)}$	$1001101_{(2)}$
4	$0001111_{(2)}$	$1001101_{(2)}$	$0010011_{(2)}$
5	$0011111_{(2)}$	$0010011_{(2)}$	$1000001_{(2)}$
6	$0111111_{(2)}$	$1000001_{(2)}$	$1101101_{(2)}$

6.2　数据加密标准

自 1977 年以来，数据加密标准（DES）是最著名和最常用的密码之一。它使用 56 位的二进制密钥位流 $\mathcal{K}=\mathbb{F}_2^{56}$，64 位的分组长度。这样一个 64 位的二进制位流

$$m=b_1b_2b_3b_4b_5\cdots b_{63}b_{64}$$

被加密成 64 位的二进制位流 $\mathcal{P}=\mathcal{C}=\mathbb{F}_2^{64}$。下文描述了 DES 算法流程。DES 算法从输入分组的初始置换开始。

$$\mathrm{IP}:\mathbb{F}_2^{64}\to\mathbb{F}_2^{64}$$

$$\mathrm{IP}(b_1b_2b_3b_4b_5\cdots b_{63}b_{64})=b_{58}b_{50}b_{42}b_{34}b_{26}\cdots b_{15}b_7=:\widetilde{m}$$

我们用一个类似于方框的 4 行 16 列的表来描述这种置换。

表6.1　IP

58	50	42	34	26	18	10	2	60	52	44	36	28	20	12	4
62	54	46	38	30	22	14	6	64	56	48	40	32	24	16	8
57	49	41	33	25	17	9	1	59	51	43	35	27	19	11	3
61	53	45	37	29	21	13	5	63	55	47	39	31	23	15	7

表6.2　IP^{-1}

40	8	48	16	56	24	64	32	39	7	47	15	55	23	63	31
38	6	46	14	54	22	62	30	37	5	45	13	53	21	61	29
36	4	44	12	52	20	60	28	35	3	43	11	51	19	59	27
34	2	42	10	50	18	58	26	33	1	41	9	49	17	57	25

接下来，它按照表 6.1 中的 16 轮 Feistel 密码进行操作。二进制位流 $\widetilde{m}$ 被分为两个长度为 32 位的二进制位流 $\widetilde{m}=L_0\parallel R_0$，$L_0,R_0\in\mathbb{F}_2^{32}$。每轮都需要一个轮密钥 $k_i\in\mathbb{F}_2^{48}$，$i=1,\cdots,16$，轮密钥从 $k\in\mathbb{F}_2^{56}$ 开始依次被调用。执行过程中，密钥 k 通过校验位进行扩展，

$$\mathrm{Par}:\mathbb{F}_2^{56}\to\mathbb{F}_2^{64}$$

其中每 7 个位之后包含 1 个单独位，这可以通过偶校验模式实现。如果二进制位为 1 的个数是偶数，那么偶校验位为 0，否则为 1。但是这样做只是为了控制，并不影响进一步的加密过程。之后，执行映射

$$\mathrm{PC}_1:\mathbb{F}_2^{64}\to\mathbb{F}_2^{56}$$

这表示二进制位的位置发生了变化，如表 6.3～表 6.5 所示。

表6.3　PC_1

57	49	41	33	25	17	9	1	58	50	42	34	26	18
10	2	59	51	43	35	27	19	11	3	60	52	44	36
63	55	47	39	31	23	15	7	62	54	46	38	30	22
14	6	61	53	45	37	29	21	13	5	28	20	12	4

表6.4　PC_2

14	17	11	24	1	5	3	28	15	6	21	10
23	19	12	4	26	8	16	7	27	20	13	2
41	52	31	37	47	55	30	40	51	45	33	48
44	49	39	56	34	53	46	42	50	36	29	32

表6.5　LS_i

1	1	2	2	2	2	2	2	1	2	2	2	2	2	2	1

这是一个包含 56 个密钥位的置换。其中 8 个校验位被丢弃，56 个密钥位被分为两部分，每部分包含 28 位。它们中的每一部分都按照下面的循环左移进行映射，

$$\mathrm{LS}_i:\mathbb{F}_2^{28}\to\mathbb{F}_2^{28},i=1,\cdots,16$$

移位长度取决于轮数。在前两轮中使用 1 位循环左移，然后使用 6 次 2 位循环左移，依此类推。在第 i 轮循环左移之后，通过将两个部分连接并执行由位置变化组成的映射

$$\mathrm{PC}_2:\mathbb{F}_2^{56}\to\mathbb{F}_2^{48}$$

生成轮密钥 k_i。丢弃编号为 9、18、22、25、35、38、43、54 的位。同时，密钥 k_i 由算法 6.1 中的映射生成。DES 的主要算法是轮函数 f_{k_i}：$\mathbb{F}_2^{32}\to\mathbb{F}_2^{32}$。首先根据

$$E:\mathbb{F}_2^{32}\to\mathbb{F}_2^{48}$$

将 32 位的输入二进制位流 R_{i-1} 扩展为 48 位，请参见表 6.6。

算法 6.1：DES 的密钥生成

要求：$k\in\mathbb{Z}_2^{56}$

确保：轮密钥 $k_i\in\mathbb{Z}_2^{48}$

1：k_i：$\left(\mathrm{PC}_2\circ\begin{pmatrix}\mathrm{LS}_i\\\mathrm{LS}_i\end{pmatrix}\circ\begin{pmatrix}\mathrm{LS}_{i-1}\\\mathrm{LS}_{i-1}\end{pmatrix}\circ\cdots\circ\begin{pmatrix}\mathrm{LS}_1\\\mathrm{LS}_1\end{pmatrix}\circ\mathrm{PC}_1\circ\mathrm{Par}\right)$（$k$）

2：**return**　k_i

表6.6　E

32	1	2	3	4	5	4	5	6	7	8	9
8	9	10	11	12	13	12	13	14	15	16	17
16	17	18	19	20	21	20	21	22	23	24	25
24	25	26	27	28	29	28	29	30	31	32	1

表6.7　P

16	7	20	21	29	12	28	17	1	15	23	26	5	18	31	10
2	8	24	14	32	27	3	9	19	13	30	6	22	11	4	25

由于第一列和最后一列中的一些位编号是成倍的，这不是一个置换。位置为 $4k$ 的二进制位映射到位置 $6k-1 \bmod 32$ 和 $6k+1 \bmod 32$。类似地，位置为 $4k+1$ 的二进制位映射到位置 $6k \bmod 32$ 和 $6k+2 \bmod 32$。通过异或运算

$$\oplus_{f_{k_i}}: \mathbb{F}_2^{48} \times \mathbb{F}_2^{48} \to \mathbb{F}_2^{48}, (a, k_i) \mapsto u = a \oplus k_i$$

该结果与轮密钥相关联。然后该二进制位流被分为 8 个部分，$u = u_1 \parallel u_2 \parallel \cdots \parallel u_8$，每个部分包含 6 位。每个部分执行一次 S 盒代换。这些 S 盒代换如表 6.8～6.15 所示，S_i：$\mathbb{F}_2^6 \to \mathbb{F}_2^4$，$i=1$，…，8，

表6.8　S_1

14	4	13	1	2	15	11	8	3	10	6	12	5	9	0	7
0	15	7	4	14	2	13	1	10	6	12	11	9	5	3	8
4	1	14	8	13	6	2	11	15	12	9	7	3	10	5	0
15	12	8	2	4	9	1	7	5	11	3	14	10	0	6	13

表6.9　S_2

15	1	8	14	6	11	3	4	9	7	2	13	12	0	5	10
3	13	4	7	15	2	8	14	12	0	1	10	6	9	11	5
0	14	7	11	10	4	13	1	5	8	12	6	9	3	2	15
13	8	10	1	3	15	4	2	11	6	7	12	0	5	14	9

表6.10　S_3

10	0	9	14	6	3	15	5	1	13	12	7	11	4	2	8
13	7	0	9	3	4	6	10	2	8	5	14	12	11	15	1
13	6	4	9	8	15	3	0	11	1	2	12	5	10	14	7
1	10	13	0	6	9	8	7	4	15	14	3	11	5	2	12

表6.11　S_4

7	13	14	3	0	6	9	10	1	2	8	5	11	12	4	15
13	8	11	5	6	15	0	3	4	7	2	12	1	10	14	9
10	6	9	0	12	11	7	13	15	1	3	14	5	2	8	4
3	15	0	6	10	1	13	8	9	4	5	11	12	7	2	14

表6.12　S_5

2	12	4	1	7	10	11	6	8	5	3	15	13	0	14	9
14	11	2	12	4	7	13	1	5	0	15	10	3	9	8	6
4	2	1	11	10	13	7	8	15	9	12	5	6	3	0	14
11	8	12	7	1	14	2	13	6	15	0	9	10	4	5	3

表6.13　S_6

12	1	10	15	9	2	6	8	0	13	3	4	14	7	5	11
10	15	4	2	7	12	9	5	6	1	13	14	0	11	3	8
9	14	15	5	2	8	12	3	7	0	4	10	1	13	11	6
4	3	2	12	9	5	15	10	11	14	1	7	6	0	8	13

表6.14　S_7

4	11	2	14	15	0	8	13	3	12	9	7	5	10	6	1
13	0	11	7	4	9	1	10	14	3	5	12	2	15	8	6
1	4	11	13	12	3	7	14	10	15	6	8	0	5	9	2
6	11	13	8	1	4	10	7	9	5	0	15	14	2	3	12

表6.15　S_8

13	2	8	4	6	15	11	1	10	9	3	14	5	0	12	7
1	15	13	8	10	3	7	4	12	5	6	11	0	14	9	2
7	11	4	1	9	12	14	2	0	6	10	13	15	3	5	8
2	1	14	7	4	10	8	13	15	12	9	0	3	5	6	11

必须按照以下方式读取：$S_i(b_1b_2b_3b_4b_5b_6)$ 是取自于 S 盒的 $b_1b_6 \in \{0,1,2,3\}$ 行和 $b_2b_3b_4b_5 \in \{0, 1, \cdots, 15\}$ 列的二进制串。我们必须从零开始计数。例如，二进制位流 $u_7=110010$ 经过 S 盒代换后得到 $S_7(u_7)=1111$，因为 S_7 的第 3 行（$10_{(2)}=2$）和第 10 列（$1001_{(2)}=9$）是数字 15。总而言之，映射是

$$S:\mathbb{F}_2^{48}\to\mathbb{F}_2^{32},u\mapsto S(u)=\begin{pmatrix}S_1(u_1)\\S_2(u_2)\\S_3(u_3)\\S_4(u_4)\\S_5(u_5)\\S_6(u_6)\\S_7(u_7)\\S_8(u_8)\end{pmatrix}$$

接下来进行下述置换

$$P:\mathbb{F}_2^{32}\to\mathbb{F}_2^{32}$$

该置换由表 6.7 所示的位置变化组成。综上，我们得到 Feistel 方案，

$$L_i=R_{i-1}\text{ 且 }R_i=(P\circ S\circ\oplus_{f_{k_i}}\circ E)(R_{i-1})\oplus L_{i-1}$$

在 16 轮之后，L_{16}和 R_{16}两个部分被连接起来，并通过置换 T：$F_2^{64}\to\mathbb{F}_2^{64}$ 进行交换，如表 6.16 所示。

表6.16　*T*

33	34	35	36	37	38	39	40	41	42	43	44	45	46	47	48
49	50	51	52	53	54	55	56	57	58	59	60	61	62	63	64
1	2	3	4	5	6	7	8	9	10	11	12	13	14	15	16
17	18	19	20	21	22	23	24	25	26	27	28	29	30	31	32

DES 算法的操作以表 6.2 中的置换 IP^{-1}（即 IP 的逆置换）结束。

算法 6.2：DES 的 Feistel 轮函数

要求：密钥 $k\in\mathbb{Z}_2^{56}$，明文 $m\in\mathbb{Z}_2^{64}$

确保：加密明文，$c=e_k(m)$

1：$L_0\parallel R_0:=\mathrm{IP}(m)$

2：16 Feistel rounds：

$L_i:=R_{i-1},R_i:=L_{i-1}\oplus((\mathrm{P}\circ\mathrm{S}\circ\oplus_{f_{k_i}}\circ\mathrm{E})(R_{i-1}))$

3：$c:=(\mathrm{IP}^{-1}\circ\mathrm{T})(L_{16}\parallel R_{16})$

4：**return**　c

DES 的安全性

DES 同时满足定义 5.25 中的严格消息雪崩准则和严格密钥雪崩准则。

例 6.4　基于64 位的分组，产生的二进制序列显示了 50%的变化概率。这在下述两种情况下都会发生：在消息中带有位翻转的固定密钥或在密钥中带有位翻转的固定消息。图 6.2 显示的数据是基于 2^{15} 条随机选择的消息和密钥的经验获得的。

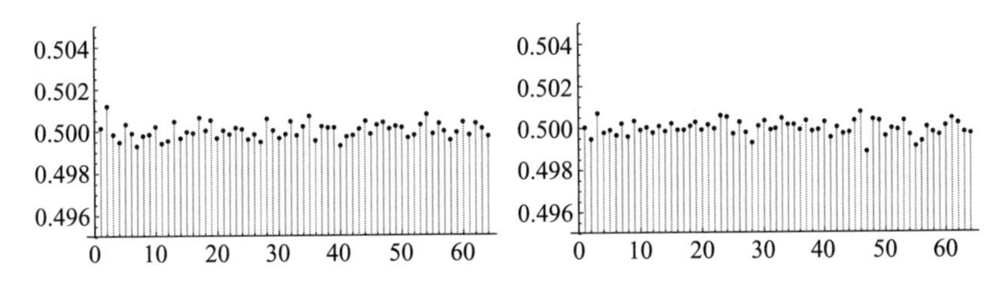

图 6.2　DES 的严格雪崩准则：在带有固定密钥的消息（左）或带有固定消息的密钥（右）中，由位翻转引起 64 个输出位的位变化的经验概率

根据 Holden[⊖]所述，一个组织在 90 年代末已经建造了一个可扩展的机器，该机器破解一个 56 位密钥的 DES 大约需要 56 个小时。可扩展意味着 u 个这样的机器可以将破解时间减少为原来的$\frac{1}{u}$。在此事件后，作者声明 DES 不再安全。但是，有可能通过多次使用 DES 来保留 DES 的概念。每次使用 DES，都改变密钥。两次连续执行 DES 是不合适的。如果攻击者在知道一对（m,c）的情况下发起已知明文攻击，加密

$$c=e_{k_2}(e_{k_1}(m))$$

可以被中间相遇攻击破解。首先，

$$e_{k_1}(m)=x:=d_{k_2}(c)$$

接下来，为了完成破解必须建立一个包含密钥 k_1 和 k_2 所有可能组合的表。如果 $e_{k_1}(p)$ 和 $d_{k_2}(c)$ 的值一致，则可以找到一个长度为 112 位的密钥对的候选密钥。因为分组的长度，有 2^{64} 个不同的密钥和 2^{64} 个不同的可能结果 x。这导致平均 2^{48} 次的碰撞。然后利用

⊖　请参阅文献（Holden，2017）。

第二对（$\widetilde{m},\widetilde{c}$）几乎肯定会找到想要得到的密钥。实用 DES 的另一个版本是 3-DES

$$c=e_{k_3}(d_{k_2}(e_{k_1}(m)))$$

在加密 m 之后，其结果被第二个密钥解密。然后以再次加密结束。这种加密的缺点是需要三倍的计算量。然而，正如 Hoffstein 等人断言的那样，该版本仍然被认为是安全的。

6.3 AES：代换-置换网络

由于 DES 不再被认为是安全的，1997 年美国国家标准与技术研究院（National Institute of Standards and Technology，NIST）发起了一场竞赛来寻找一个 DES 的后继者。由 Vincent Rijmen 和 Joan Daemen[1]提出的一种特殊算法 Rijndal 密码获胜并成为高级加密标准[2]（AES）。其关键思想基于在某些轮中采用代换和置换的基本概念。它的数学基础是特殊的有限域。

6.3.1 有限域的构造

有限域中的元素可以看作域（$\mathbb{Z}_p,+_p,\cdot_p,0,1$）上的多项式，根据推论 3.87，其中 p 必须是素数。虽然对该结果的证明超出了本书的范围，但是我们将探讨它的基本思想。首先，我们定义一个多项式。

定义 6.5　设($\mathbb{F},+,\cdot,0,1$) 是一个域。关于 X 系数为 $a_i\in\mathbb{F}(i=1,\cdots,n$ 且 $n<\infty$) 的多项式表示为

$$P(X)=a_0+a_1\cdot X+\cdots+a_{n-1}\cdot X^{n-1}+a_n\cdot X^n$$

非零多项式的次数是 X 最高次幂的指数。相应的系数称为首项系数。如果对于所有 $i\in\mathbb{N}$，$a_i=0$，则次数设为$-\infty$。$\mathbb{F}$ 上关于 X 的所有多项式的集合表示为 $\mathbb{F}[X]$。

[1] Vincent Rijmen 生于 1970 年，Joan Daemen 生于 1965 年。

[2] 原始说明详见文献（Dworkn 等，2001）。

X 可以被任意 $x\in\mathbb{F}$ 代换。然后，我们对多项式 $P(X)$ 进行求值计算，且 $P(x)\in\mathbb{F}$，$P(x)$ 是 $P(X)$ 在 x 处的值：

$$\psi_x:\mathbb{F}[X]\to\mathbb{F},P(x):=\psi_x(P(X)):=a_0+a_1\cdot x+\cdots+a_{n-1}\cdot x^{n-1}+a_n\cdot x^n$$

如果 $P(x)=0$，那么 x 是 $P(X)$ 的一个零点。

例 6.6

• $\mathbb{F}=\mathbb{R}$，$P(X)=X^8+X^4+X-1\in\mathbb{R}(X)$，$x=-1$。我们将 $P(X)$ 的次数缩写为 $\deg(P)=8$，并计算 $P(x)=1+1-1-1=0$，$x=-1$ 是一个零点。

• 令 p 为素数。由定理 3.50 可知 $(\mathbb{Z}_p,+_p,\cdot_p,0,1)$ 是一个域。$P(X)=X^8+X^4+X^3+X+1 \bmod p\in\mathbb{Z}_p[X],P(1)=5 \bmod p$。

• 对于所有的 $x\in\mathbb{F}$，$x^{\mathbb{F}}:=x+0\cdot X+0\cdot X^2+\cdots\in\mathbb{F}$ 是一个常数多项式，$x^{\mathbb{F}}\in\mathbb{F}[X]$。

给定 $n\geqslant m$ 和 $\mathbb{F}$ 上的两个多项式 P 和 Q，我们可以定义 $\mathbb{F}[X]$ 上的加法、标量乘法和乘法。Q 中缺失的系数必须以 0 补充，

$$P(X)=a_n\cdot X^n+\cdots+a_1\cdot X+a_0$$

$$Q(X)=b_n\cdot X^n+\cdots+b_1\cdot X+b_0,b_{m+1}=\cdots=b_n=0$$

然后，我们定义

$$+^{\mathbb{F}}:\mathbb{F}[X]\times\mathbb{F}[X]\to\mathbb{F}[X]$$

$$(P+^{\mathbb{F}}Q)(X):=(a_n+b_n)\cdot X^n+\cdots+(a_1+b_1)\cdot X+(a_0+b_0) \tag{6.3}$$

$$*^{\mathbb{F}}:\mathbb{F}\times\mathbb{F}[X]\to\mathbb{F}[X]$$

$$(\lambda *^{\mathbb{F}}P)(X):=(\lambda\cdot a_n)\cdot X^n+\cdots+(\lambda\cdot a_1)\cdot X+(\lambda\cdot a_0) \tag{6.4}$$

$$\cdot^{\mathbb{F}}:\mathbb{F}[X]\times\mathbb{F}[X]\to\mathbb{F}[X]$$

$$P(X)\cdot^{\mathbb{F}}Q(X):=(P\cdot^{\mathbb{F}}Q)(X):=c_{n+m}\cdot x^{n+m}+\cdots+c_1\cdot x+c_0 \tag{6.5}$$

其中

$$c_k := \sum_{i=0}^{k} a_i \cdot b_{k-i} = \sum_{i+j=k} a_i \cdot b_j, 0 \leqslant k \leqslant n+m$$

例 6.7 它适用于 $X^m \cdot^{\mathbb{F}} X^n = X^{m+n}$，因为

$$c_k = \sum_{i+j=k} a_i \cdot b_j = \begin{cases} 1, & k=m+n,\ i=m,\ j=n \\ 0, & \text{其余情况} \end{cases}$$

设 $P(X)=X^3+X^2+1, Q(X)=2X^2+1 \in \mathbb{R}[X]$

$(P+^{\mathbb{R}}Q)(X)=X^3+(1+2)X^2+(1+1)=X^3+3X^2+2$ 和

$(P \cdot^{\mathbb{R}} Q)(X)=2X^5+2X^4+2X^2+X^3+X^2+1$

$=2X^5+2X^4+X^3+3X^2+1$

$c_2 = \sum_{i=0}^{2} a_i b_{k-i} = a_0 b_2 + a_1 b_1 + a_2 b_0 = 1 \cdot 2 + 0 \cdot 0 + 1 \cdot 1 = 3$

记住求值函数 ψ_x，它适用于

$$\psi_x(P(X)+^{\mathbb{F}}Q(X)) \overset{(6.3)}{=} \psi_x(P(X))+\psi_x(Q(X))$$

$$\begin{aligned} \psi_x(P(X) \cdot^{\mathbb{F}} Q(X)) &\overset{(6.5)}{=} \sum_{k=0}^{n+m} c_k \cdot x^k = \sum_{k=0}^{n+m} \left(\sum_{i+j=k} a_i \cdot b_j \right) \cdot x^k \\ &= \sum_{k=0}^{n+m} \sum_{i+j=k} a_i \cdot x^i \cdot b_j \cdot x^j \\ &= \sum_{i=0}^{n} a_i \cdot x^i \cdot \sum_{j=0}^{m} b_j \cdot x^j \\ &= \psi_x(P(X)) \cdot \psi_x(Q(X)) \end{aligned}$$

推论 6.8 求值函数 ψ_x 是一个同态映射。

我们简要地探讨某些情况下多项式的次数。如果 $\lambda \neq 0$，对于标量乘法的次数没有变化

$$\deg(P)=n, \lambda \neq 0 \Rightarrow \deg(\lambda *^{\mathbb{F}} P)=n \tag{6.6}$$

同样地，如果首项系数 a_n 不等于 $-b_n$，则加法的次数保持不变

$$\deg(P)=n=\deg(Q), a_n \neq -b_n \Rightarrow \deg(P+^{\mathbb{F}}Q)=n \tag{6.7}$$

备注 6.9 到目前为止，可以不受限制地根据具有单位元的交换环定义多项式。但是，以下结果非常依赖于域结构。

如果 $P(X)\neq 0^{\mathbb{F}}\neq Q(X)$，$\deg(P)=m$ 且 $\deg(Q)=n$，那么 $(P\cdot^{\mathbb{F}}Q)(X)$ 的次数为

$$m,n\geqslant 0\Rightarrow \deg(P\cdot^{\mathbb{F}}Q)=\deg(P)+\deg(Q)=m+n \tag{6.8}$$

因为

$$\begin{aligned}c_{m+n}=&a_0\cdot\underbrace{b_{m+n}}_{0}+\cdots+a_{m-1}\cdot\underbrace{b_{n+1}}_{0}+\underbrace{a_m\cdot b_n}_{\neq 0}+\underbrace{a_{m+1}}_{0}\\&\cdot b_{n-1}+\cdots+\underbrace{a_{m+n}}_{0}\cdot b_0\end{aligned}$$

由于 $P(X)\neq 0^{\mathbb{F}}\Leftrightarrow\deg(P)\geqslant 0$，从而可知

$$\begin{aligned}(P\cdot^{\mathbb{F}}Q)(X)=0^{\mathbb{F}}&\overset{(6.8)}{\Rightarrow}\deg(P)=-\infty\text{或}\deg(Q)=-\infty\\&\Rightarrow P(X)=0^{\mathbb{F}}\text{ 或 }Q(X)=0^{\mathbb{F}}\end{aligned}$$

因此，$P(X)$ 和 $Q(X)$ 无零因子。如果 $Q(X)=0^{\mathbb{F}}$，因为 $a_k+b_k=a_k$，则 $(P+^{\mathbb{F}}Q)(X)=P(X)$。同理，如果 $Q(X)=1^{\mathbb{F}}$，因为 $c_k=1^{\mathbb{F}}\cdot b_k=b_k$，我们得到 $(P\cdot^{\mathbb{F}}Q)(X)=P(X)$。两个多项式对于它们的每一个运算都是单位元。通过定义

$$-P(X):=\sum_{i=1}^{n}(-a_i)X^i=((-1)^{\mathbb{F}}\cdot^{\mathbb{F}}P)(X)$$

我们注意到通过耗时费力地重新计算可以得出以下结果[⊖]：

- $(\mathbb{F}[X],+^{\mathbb{F}},*^{\mathbb{F}},0^{\mathbb{F}})$ 是 $\mathbb{F}$ 上的一个向量空间。
- $(\mathbb{F}[X],+^{\mathbb{F}},\cdot^{\mathbb{F}},0^{\mathbb{F}},1^{\mathbb{F}})$ 是一个整环。
- 域元素可以被视为常数多项式，请参见例 6.6。

备注 6.10

- $\mathbb{F}[X]$ 的一些元素是单位，例如 $P(X)$，$Q(X)$。假设 $P(X)\cdot^{\mathbb{F}}Q(X)=1^{\mathbb{F}}$，我们得到

⊖ 请参阅（Lidl 和 Niederreiter，1996）或（Buchman，2004）。

$$0=\deg(1^{\mathbb{F}})=\deg(P(X)\cdot^{\mathbb{F}}Q(X))$$

$$\overset{(6.8)}{=}\deg(P(X))+\deg(Q(X))$$

$$\Rightarrow\deg(P(X))=\deg(Q(X))=0\Rightarrow P(X),Q(X)\in\mathbb{F} \tag{6.9}$$

• 由于 $(\mathbb{F}[X],+^{\mathbb{F}},\cdot^{\mathbb{F}},0^{\mathbb{F}},1^{\mathbb{F}})$ 是一个整环，我们可以通过多项式进行归约

$$U(X)\cdot^{\mathbb{F}}P(X)=V(X)\cdot^{\mathbb{F}}P(X)$$

$$\overset{(D1)}{\Rightarrow}(U(X)-^{\mathbb{F}}V(X))\cdot^{\mathbb{F}}P(X)=0^{\mathbb{F}}\Rightarrow U(X)=V(X) \tag{6.10}$$

• 由于 $(\mathbb{F}[X], +^{\mathbb{F}}, \star^{\mathbb{F}}, 0^{\mathbb{F}})$ 是 $\mathbb{F}$ 上的一个向量空间，所以一定存在一个基 $\mathcal{B}$。然而，每个多项式都是多项式 X^i 的一个线性组合。因此，

$$\mathcal{B}=\{1,X,X^2,\cdots\}$$

令 $\mathbb{F}[X]_n$ 为所有次数小于 n 的多项式的集合

$$\mathbb{F}[X]_n:=\{P(X);\deg(P)<n\}$$

$$=\{a_0+a_1\cdot X+\cdots+a_{n-1}\cdot X^{n-1};a_i\in\mathbb{F}\}$$

考虑$(\mathbb{F},+,\cdot,0,1)$是有限的，$|\mathbb{F}|=p<\infty$。任何系数可以取 p 个不同的值。由于存在 n 个系数，所以有 p^n 个不同的多项式，$|\mathbb{F}[X]_n|=p^n$。

推论 6.11　如果$(\mathbb{F},+,\cdot,0,1)$ 是一个有限域，$|\mathbb{F}|=p<\infty$，则得到$|\mathbb{F}[X]_n|=p^n$。

例 6.12　$\mathbb{Z}_3[X]_3=\{0,1,2,X,X+_3 1,X+_3 2,2\cdot_3 X,2\cdot_3 X+_3 1,2\cdot_3 X+_3 2,X^2,X^2+_3 1,X^2+_3 2,X^2+_3 X,X^2+_3 X+_3 1,X^2+_3 X+_3 2,X^2+_3 2\cdot_3 X,X^2+_3 2\cdot_3 X+_3 1,X^2+_3 2\cdot X+_3 2,2\cdot_3 X^2,2\cdot_3 X^2+_3 1,2\cdot_3 X^2+_3 2,2\cdot_3 X^2+_3 X,2\cdot_3 X^2+_3 X+_3 1,2\cdot_3 X^2+_3 X+_3 2,2\cdot_3 X^2+_3 2\cdot_3 X,2\cdot_3 X^2+_3 2\cdot_3 X+_3 1,2\cdot_3 X^2+_3 2\cdot_3 X+_3 2\}$

多项式次数规则(6.6)和(6.7)表明受限的映射$\star^{\mathbb{F}}_{|\mathbb{F}[X]_n}$和$+^{\mathbb{F}}_{|\mathbb{F}[X]_n}$都是封闭的。由此可见，$(\mathbb{F}[X]_n, +^{\mathbb{F}}_{|\mathbb{F}[X]_n}, \star^{\mathbb{F}}_{|\mathbb{F}[X]_n}, 0^{\mathbb{F}})$是$(\mathbb{F}[X], +^{\mathbb{F}}, \star^{\mathbb{F}}, 0^{\mathbb{F}})$的向量子空间。该向量空间有一个基向量$\mathcal{B}_{\mathbb{F}[X]_n}=\{1, X, \cdots, X^{n-1}\}$。定义映射

$$\psi: \mathbb{F}[X]_n \to \mathbb{F}^n, a_0 + a_1 \cdot X + \cdots a_{n-1} \cdot X^{n-1} \mapsto (a_0, a_1, \cdots, a_{n-1})$$

该映射是双射且同态的，双射从映射规则和$|\mathbb{F}[X]_n| = p^n = |\mathbb{F}^n|$可以清楚地知道。为了明白同态，我们计算

$$\begin{aligned}\psi(P(X)+^{\mathbb{F}}Q(X)) &= \psi((a_0+b_0)+\cdots+(a_{n-1}+b_{n-1})\cdot X^{n-1}) \\ &= (a_0+b_0, a_1+b_1, \cdots, a_{n-1}+b_{n-1}) \\ &= (a_0, a_1, \cdots, a_{n-1}) + (b_0, b_1, \cdots, b_{n-1}) \\ &= \psi(P(X)) + \psi(Q(X))\end{aligned}$$

$$\begin{aligned}\psi(\lambda *^{\mathbb{F}} P(X)) &= \psi((\lambda \cdot a_0)+(\lambda \cdot a_1)\cdot X+\cdots+(\lambda \cdot a_{n-1})\cdot X^{n-1}) \\ &= (\lambda \cdot a_0, \lambda \cdot a_1, \cdots, \lambda \cdot a_{n-1}) \\ &= \lambda \cdot (a_0, a_1, \cdots, a_{n-1}) \\ &= \lambda \cdot \psi(P(X))\end{aligned}$$

由于$\mathbb{F}^n$生成了$\mathbb{F}$上的正则向量空间，ψ是一个向量空间同构。由(3.17)中的映射可知，$\mathbb{F}^n$可以被视为一个同构向量空间，该空间是包含p^n个元素的$\mathbb{F}$的扩张。我们可以通过域同构区分$\mathbb{F}[X]_n$和$\mathbb{F}^n$。然而，由于(6.8)中的声明$\cdot^{\mathbb{F}}_{|\mathbb{F}[X]_n}$还不是封闭的，就这点而言，$\mathbb{F}[X]_n$不是一个域。

这种情况与集合$\mathbb{Z}$和$\mathbb{Z}_n$类似。$\mathbb{Z}$不能生成域，只有使用模运算来限制乘法和加法，$\mathbb{Z}$才形成域结构。然而，对$\mathbb{Z}_n$的域结构并不是每一个$n \in \mathbb{N}$都满足。我们猜想，为了得到域结构，n必须是素数次幂。顺便而言，多项式的加法并没有问题。首先，我们讨论带余除法。

定理 6.13　设$N(X)$，$P(X) \in \mathbb{F}[X]$且$n=\deg(N) \geqslant 0$。则，存在唯一的多项式$Q(X) \in \mathbb{F}[X]$和$R(X) \in \mathbb{F}[X]_n$满足

$$P(X) = Q(X) \cdot^{\mathbb{F}} N(X) +^{\mathbb{F}} R(X)$$

证明　存在性：如果 $P(X)=0^{\mathbb{F}}$，取 $Q(X)=R(X)=0^{\mathbb{F}}$。

令 $k=\deg(P)-\deg(N)$。

如果 $k<0$，取 $Q(X)=0^{\mathbb{F}}$ 和 $R(X)=P(X)$。

如果 $k\geqslant 0$，我们通过 k 上的归纳法证明。

基础：$k=0$ 且 $n=\deg(P)=\deg(N)$。给定 $P(X)=\sum_{i=0}^{n} a_i \cdot X^i (a_n\neq 0)$ 和 $N(X)=\sum_{i=0}^{n} b_i \cdot X^i (b_n\neq 0)$，取 $Q(X)=a_n \cdot b_n^{-1}$。可得

$$R(X)=P(X)-^{\mathbb{F}}Q(X)\cdot^{\mathbb{F}}N(X)=\sum_{i=0}^{n}(a_i-a_n\cdot b_n^{-1}\cdot b_i)\cdot X^i$$

$$=\sum_{i=0}^{n-1}(a_i-a_n\cdot b_n^{-1}\cdot b_i)\cdot X^i$$

因此，$\deg(R)\leqslant n-1<\deg(N)$。

归纳假设：$k-1\rightarrow k$。

归纳步骤：考虑 $n=\deg(N)$，$P(X)=\sum_{i=0}^{n+k} a_i \cdot X^i, a_{n+k}\neq 0$ 和 $N(X)=\sum_{i=0}^{n} b_i \cdot X^i, b_n\neq 0$。选择 $\widetilde{S}(X)=a_{n+k}\cdot b_n^{-1}\cdot X^k$，可得

$$\begin{aligned}\widetilde{R}(X)&=P(X)-^{\mathbb{F}}Q(X)\cdot^{\mathbb{F}}N(X)\\&=\sum_{i=0}^{n+k} a_i\cdot X^i-^{\mathbb{F}}\sum_{i=0}^{n} a_{n+k}\cdot b_n^{-1}\cdot b_i\cdot X^i\cdot X^k\\&=\sum_{i=0}^{n+k} a_i\cdot X^i-^{\mathbb{F}}\sum_{i=k}^{n+k} a_{n+k}\cdot b_n^{-1}\cdot b_{i-k}\cdot X^i\\&=\sum_{i=k}^{n+k}(a_i-a_{n+k}\cdot b_n^{-1}\cdot b_{i-k})\cdot X^i+^{\mathbb{F}}\sum_{i=0}^{k-1} a_i\cdot X^i\end{aligned}$$

因此，$\deg(\widetilde{R})\leqslant n+k-1$。利用归纳假设，存在多项式 $\widetilde{Q}(X)$ 和 $\hat{R}(X)$，使得 $\deg(R)<\deg(N)$ 且

$$\widetilde{R}(X)=\hat{Q}(X)\cdot^{\mathbb{F}}N(X)+^{\mathbb{F}}\hat{R}(X)$$

综上，得到

$$P(X)=\widetilde{Q}(X)\cdot^{\mathbb{F}}N(X)+\widetilde{R}(X)$$

$$=\widetilde{Q}(X)\cdot^{\mathbb{F}} N(X)+^{\mathbb{F}}\hat{Q}(X)\cdot^{\mathbb{F}} N(X)+^{\mathbb{F}}\hat{R}(X)$$

$$=(\underbrace{\widetilde{Q}(X)+^{\mathbb{F}}\hat{Q}(X)}_{Q(X)})\cdot^{\mathbb{F}} N(X)\ +^{\mathbb{F}}\ \underbrace{\hat{R}(X)}_{R(X)},\deg(\hat{R})<n$$

唯一性：假设存在另一种表示 $P(X)=Q'(X)\cdot^{\mathbb{F}} N(X)+^{\mathbb{F}}R'(X)$，$\deg(R')<n$。则可得

$$0^{\mathbb{F}}=P(X)-^{\mathbb{F}}P(X)$$
$$=(Q(X)\cdot N(X)+^{\mathbb{F}}R(X))-^{\mathbb{F}}(Q'(X)\cdot^{\mathbb{F}} N(X)+^{\mathbb{F}}R'(X))$$
$$=(Q(X)-^{\mathbb{F}}Q'(X))\cdot^{\mathbb{F}} N(X)+^{\mathbb{F}}(R(X)-^{\mathbb{F}}R'(X))$$

因此，$(Q(X)-^{\mathbb{F}}Q'(X))\cdot^{\mathbb{F}} N(X)=-(R(X)-^{\mathbb{F}}R'(X))\in\mathbb{F}[X]_n$。如果 $Q(X)-^{\mathbb{F}}Q'(X)\neq 0^{\mathbb{F}}$，这与 $\deg((Q(X)-^{\mathbb{F}}Q'(X))\cdot N(X))\geqslant n$ 矛盾。因此,$Q(X)=Q'(X)$，由此可得 $R(X)=R'(X)$。 □

例 6.14

- $\mathbb{R}[X]:X^3+X^2+1=\left(\frac{1}{2}\cdot X+\frac{1}{2}\right)\cdot(2\cdot X^2+1)+\left(-\frac{1}{2}\cdot X+\frac{1}{2}\right)$
- $\mathbb{Z}_3[X]:X^3+_3X^2+_31=(2\cdot_3X+_32)\cdot_3(2\cdot_3X^2+_31)+_3(X+_32)$
- $\mathbb{Z}_3[X]:2\cdot_3X^6+_3X^4+_32\cdot X^3+_32\cdot X+_32$
  $=(X^4+_3X)\cdot_3(2\cdot_3X^2+_31)+_3(X+_32)$
- $\mathbb{Z}_3[X]:2\cdot_3X^3+_32\cdot X^2+_3X+_31=(X+_31)\cdot_3(2\cdot_3X^2+_31)$
- $\mathbb{Z}_2[X]:X^2+_21=(X+_21)\cdot_2(X+_21)$

用式(1.1) 中的方式定义映射

$$\rho_{N(X)}:\mathbb{F}[X]\to\mathbb{F}[X]_n,P(X)=Q(X)\cdot^{\mathbb{F}} N(X)+^{\mathbb{F}}R(X)\mapsto R(X)。$$

则可以得到一个等价关系，记为

$$P(X)\equiv_{N(X)}Q(X)\Leftrightarrow\rho_{N(X)}(P(X))=\rho_{N(X)}(Q(X))$$
$$\Leftrightarrow P(X)=Q(X)(\bmod N(X))$$

$N(X)$ 等价类$[R(X)]_{N(X)}$的代表是 $\mathbb{F}[X]_n$ 的多项式 。使用加法$+^{\mathbb{F}}_{\mathbb{F}[X]_n}$，并定义乘法

$$\cdot^{\mathbb{F}}_{N(X)}:\mathbb{F}[X]_n\times\mathbb{F}[X]_n\to\mathbb{F}[X]_n,P(X)\cdot^{\mathbb{F}}_{N(X)}Q(X)$$
$$:=\rho_{N(X)}(P(X)\cdot^{\mathbb{F}}Q(X))$$

我们得到一个环结构。$(\mathbb{F}[X]_n, +^{\mathbb{F}}_{\mathbb{F}[X]_n}, 0^{\mathbb{F}})$ 是一个阿贝尔群，对于每个 $P(X)$，$Q(X)$，$T(X) \in \mathbb{F}[X]_n$ 和 $1^{\mathbb{F}} \in \mathbb{F}[X]_n$，(M2)、(D1)、(M1)可由下式得到，

$$
\begin{aligned}
P(X) \cdot^{\mathbb{F}}_{N(X)} (Q(X) \cdot^{\mathbb{F}}_{N(X)} T(X)) &= \rho_{N(X)}(P(X) \cdot^{\mathbb{F}} (Q(X) \cdot^{\mathbb{F}} T(X))) \\
&= \rho_{N(X)}((P(X) \cdot^{\mathbb{F}} Q(X)) \cdot^{\mathbb{F}} T(X)) \\
&= (P(X) \cdot^{\mathbb{F}}_{N(X)} Q(X)) \cdot^{\mathbb{F}}_{N(X)} T(X)
\end{aligned}
$$

$$
\begin{aligned}
P(X) \cdot^{\mathbb{F}}_{\mathbb{F}[X]_n} & (Q(X) +^{\mathbb{F}}_{N(X)} T(X)) \\
&= \rho_{N(X)}(P(X) \cdot^{\mathbb{F}} (Q(X) +^{\mathbb{F}} T(X))) \\
&= \rho_{N(X)}(P(X) \cdot^{\mathbb{F}} Q(X) +^{\mathbb{F}} P(X) \cdot^{\mathbb{F}} T(X)) \\
&= P(X) \cdot^{\mathbb{F}}_{\mathbb{F}[X]_n} Q(X) +^{\mathbb{F}}_{N(X)} P(X) \cdot^{\mathbb{F}}_{\mathbb{F}[X]_n} T(X))
\end{aligned}
$$

$$
\begin{aligned}
(P(X) +^{\mathbb{F}}_{\mathbb{F}[X]_n} Q(X)) \cdot^{\mathbb{F}}_{N(X)} T(X) &= \rho_{N(X)}((P(X) +^{\mathbb{F}} Q(X)) \cdot^{\mathbb{F}} T(X)) \\
&= \rho_{N(X)}(P(X) \cdot^{\mathbb{F}} T(X) +^{\mathbb{F}} Q(X) \cdot^{\mathbb{F}} T(X)) \\
&= P(X) \cdot^{\mathbb{F}}_{\mathbb{F}[X]_n} T(X) +^{\mathbb{F}}_{N(X)} Q(X) \cdot^{\mathbb{F}}_{\mathbb{F}[X]_n} T(X)
\end{aligned}
$$

$$
\begin{aligned}
P(X) \cdot^{\mathbb{F}}_{N(X)} Q(X) &= \rho_{N(X)}(P(X) \cdot^{\mathbb{F}} Q(X)) \\
&= \rho_{N(X)}(Q(X) \cdot^{\mathbb{F}} R(X)) \\
&= Q(X) \cdot^{\mathbb{F}}_{N(X)} P(X)
\end{aligned}
$$

$$
\begin{aligned}
1^{\mathbb{F}} \cdot^{\mathbb{F}}_{N(X)} P(X) &= \rho_{N(X)}(1^{\mathbb{F}} \cdot^{\mathbb{F}} P(X)) \\
&= \rho_{N(X)}(P(X)), 1^{\mathbb{F}} \neq 0^{\mathbb{F}}
\end{aligned}
$$

推论 6.15 $(\mathbb{F}[X]_n, +^{\mathbb{F}}_{\mathbb{F}[X]_n}, \cdot^{\mathbb{F}}_{N(X)}, 0^{\mathbb{F}}, 1^{\mathbb{F}})$ 是一个具有单位元的交换环。

例 6.16 考虑环$(\mathbb{Z}_3[X]_3, +^{\mathbb{Z}_3}_{\mathbb{Z}_3[X]_3}, \cdot^{\mathbb{Z}_3}_{X^3 +_3 X^2 +_3 1}, 0^{\mathbb{F}}, 1^{\mathbb{F}})$

- $(X^2 +_3 2) +^{\mathbb{Z}_3}_{\mathbb{Z}_3[X]} (2 \cdot_3 X^2 +_3 1) = 0^{\mathbb{Z}_3} \in \mathbb{Z}_3[X]_3$
- $(2 \cdot_3 X +_3 2) +^{\mathbb{Z}_3}_{\mathbb{Z}_3[X]} (2 \cdot_3 X^2 +_3 1) = 2 \cdot_3 X^2 +_3 2 \cdot_3 X +_3 3 = 2 \cdot_3 X^2 + 2 \cdot_3 X \in \mathbb{Z}_3[X]_3$

• $(2\cdot_3 X+_3 2)\cdot^{\mathbb{Z}_3}_{X^3+_3X^2+_31}(2\cdot X^2+1)=4\cdot_3 X^3+_3 4\cdot X^2+_3 2\cdot X+_3 2(\bmod X^3+_3 X^2+_3 1)=X^3+_3 X^2+_3 2\cdot_3 X+_3 2(\bmod X^3+_3 X^2+_3 1)=2\cdot_3 X+_3 1\in\mathbb{Z}_3[X]_3$

如果 $\mathbb{F}[X]_n$ 中所有元素都是模 $N(X)$ 的单位，$(\mathbb{F}[X]_n,+^{\mathbb{F}}_{\mathbb{F}[X]_n},\cdot^{\mathbb{F}}_{N(X)},0^{\mathbb{F}},1^{\mathbb{F}})$ 是一个域。根据例 6.14，因为 $(X+_2 1)\cdot^{\mathbb{Z}_2}(X+_2 1)(\bmod X^2+1)=0^{\mathbb{Z}_2}$，我们知道 $(X+_2 1)\in\mathbb{Z}_2[X]$ 不是模 $X^2+_2 1$ 的单位。$X+_2 1$ 是一个零因子。因此，我们必须考虑使这样的有限环成为有限域的规则。根据推论 3.22，我们必须确保环是一个整环。这可以通过证明某些 $P(X)\in\mathbb{F}[X]_n$ 与 $N(X)$ 是"互素"的来实现。我们必须把该术语转化成多项式的情况。

如果存在一个多项式 $Q(X)\in\mathbb{F}[X]$ 满足 $N(X)=Q(X)\cdot^{\mathbb{F}}P(X)$，多项式 $P(X)\in\mathbb{F}[X]$称为 $N(X)\in\mathbb{F}[X]$ 的因子。$N(X)$ 称为 $P(X)$ 的倍数。在例 6.14 中，$X+_2 1\in\mathbb{Z}_2[X]$ 是 $X^2+_2 1\in\mathbb{Z}_2[X]$ 的因子。一个平凡因子 $P(X)$ 是使得 $\deg(P)=0$ 或 $\deg(P)=\deg(N)$ 的因子。如果 $N(X)$ 只有平凡因子，则称 $N(X)$ 是不可约的。

例 6.17

$\mathbb{Z}_2[X]_3=\{0,1,X,X+_2 1,X^2,X^2+_2 1,X^2+_2 X,X^2+_2 X+_2 1\}$

• $N(X)=X^3+_2 1$：由于$(X^2+_2 X+_2 1)\cdot^{\mathbb{Z}_2}(X+_2 1)=X^3+_2 2\cdot_2 X^2+_2 2\cdot_2 X+_2 1=X^3+_2 1$，$N(X)$是不可约的。

• $N(X)=X^3+_2 X+_2 1$ 是不可约的。

因此，"互素"一词是指两个多项式没有次数大于零的公因子。例如多项式 $X^3+_2 1$ 和 $X^2+_2 1$ 有公因子 $X^2+_2 1$，则它们不互素。现在，选择 $P(X),N(X)\in\mathbb{F}[X]\backslash\{0^{\mathbb{F}}\}$。设具有公因子 $P(X)$ 和 $N(X)$ 的多项式集合为：

$$\mathcal{S}_{P,N}=\{Q(X);Q(X)\text{是 }P(X)\text{和 }N(X)\text{的倍数}\}$$

由于 $P(X)\cdot^{\mathbb{F}}N(X)\in\mathcal{S}_{P,N},\mathcal{S}_{P,N}\neq\emptyset$，对所有 $S(X)\in\mathcal{S}_{P,N}$，都有 $\deg(S)\geqslant\max\{\deg(P),$

$\deg(N)\}$。存在一个最小次数大于或等于 0，$\deg(A)\leqslant\deg(S)(S(X)\in\mathcal{S}_{P,N},)$ 的多项式 $A(X)\in\mathcal{S}_{P,N}$。这样的多项式称为 $P(X)$ 和 $N(X)$ 的最小公倍数，记为 $A(X)=\mathrm{LCM}(P,N)$。对任意 $S(X)\in\mathcal{S}_{P,N}$，某些 $Q(X),R(X)\in\mathbb{F}[X]$ 且 $\deg(R)<\deg(A)$，我们可以记为

$$S(X)=Q(X)\cdot^{\mathbb{F}}A(X)+^{\mathbb{F}}R(X)$$

因为 $P(X)$ 和 $N(X)$ 都是 $A(X)$ 和 $S(X)$ 的因子，所以它们也一定是 $R(X)$ 的因子。然而，$\deg(R)<\deg(A)$。因此，$R(X)=0^{\mathbb{F}}$。如果 $A(X)$ 和 $B(X)$ 是两个不同的最小公倍数，它们彼此互为因子，则

$$\begin{aligned}A(X)&=U(X)\cdot^{\mathbb{F}}B(X)=U(X)\cdot^{\mathbb{F}}V(X)\cdot^{\mathbb{F}}A(X)\\&\Rightarrow U(X)\cdot^{\mathbb{F}}V(X)=1^{\mathbb{F}}\overset{(6.9)}{\Rightarrow}U(X),V(X)\in\mathbb{F}\end{aligned}$$

推论 6.18　最小公倍数 $\mathrm{LCM}(P,N)$ 是 $P(X)$ 和 $N(X)$ 的任何倍数的因子，且除标量因子外它是确定的。

设 $A(X)=\mathrm{LCM}(P,N)$ 且 $A(X)/P(X):=Q(X)$，即 $A(X)=Q(X)\cdot^{\mathbb{F}}P(X)$。如果 $A(X)/P(X)$ 和 $A(X)/N(X)$ 有一个公因子 $T(X)$，即

$$A(X)/P(X)=T(X)\cdot^{\mathbb{F}}V(X)\text{和}A(X)/N(X)=T(X)\cdot^{\mathbb{F}}W(X)$$

则我们得到 $P(X)$ 和 $N(X)$ 的公倍数

$$\begin{aligned}P(X)\cdot^{\mathbb{F}}T(X)\cdot^{\mathbb{F}}V(X)&=N(X)\cdot^{\mathbb{F}}T(X)\cdot^{\mathbb{F}}W(X)\\&\Rightarrow P(X)\cdot^{\mathbb{F}}V(X)=N(X)\cdot^{\mathbb{F}}W(X)\end{aligned}$$

由于 $T(X)\cdot^{\mathbb{F}}P(X)\cdot^{\mathbb{F}}V(X)=A(X)=\mathrm{LCM}(P,N)$，故根据推论 6.18，多项式 $T(X)$ 是常数。由此可见，$A(X)/P(X)$ 和 $A(X)/N(X)$ 互素。此外，如果 $V(X)/P(X)$ 和 $V(X)/N(X)$ 互素，那么只存在一个常数多项式 $F(X)$ 使得 $V(X)/P(X)=F(X)\cdot^{\mathbb{F}}Q_1(X)$和 $V(X)/N(X)=F(X)\cdot^{\mathbb{F}}Q_2(X)$。然而，存在一个多项式 $U(X)$ 满足

$$\begin{aligned}V(X)&=U(X)\cdot^{\mathbb{F}}A(X)=U(X)\cdot^{\mathbb{F}}A(X)/P(X)\cdot^{\mathbb{F}}P(X)\\&=U(X)\cdot^{\mathbb{F}}A(X)=U(X)\cdot^{\mathbb{F}}A(X)/N(X)\cdot^{\mathbb{F}}N(X)\end{aligned}$$

用 $P(X)$ 或 $N(X)$ 化简得到

$$V(X)/P(X)=U(X)\cdot^{\mathbb{F}}A(X)/P(X),V(X)/N(X)=U(X)\cdot^{\mathbb{F}}A(X)/N(X)$$

因此，$U(X)$ 是一个公因子且是一个常数多项式。由此可得 $V(X)=\mathrm{LCM}(P,N)$。如果 $P(X)$ 和 $N(X)$ 互素，因为 $V(X)/P(X)=N(X)$ 和 $V(X)/P(X)=P(X)$，则 $V(X)=P(X)\cdot^{\mathbb{F}}N(X)$是它们的最小公倍数。

推论 6.19　令 $A(X)$ 是 $P(X)$ 和 $N(X)$ 的一个倍数。$A(X)=\mathrm{LCM}(P,N)$当且仅当 $A(X)/P(X)$和 $A(X)/N(X)$ 互素。如果 $P(X)$ 和 $N(X)$ 互素，则 $P(X)\cdot^{\mathbb{F}}N(X)=\mathrm{LCM}(P,N)$。

设 $V(X)=F(X)\cdot^{\mathbb{F}}N(X)=Q(X)\cdot^{\mathbb{F}}P(X)$是 $P(X)$ 和 $N(X)$ 的倍数。如果 $P(X)$ 和 $N(X)$ 互素可得

$$\begin{aligned}Q(X)\cdot^{\mathbb{F}}P(X)=V(X)&=U(X)\cdot^{\mathbb{F}}\mathrm{LCM}(P,N)\\&=U(X)\cdot^{\mathbb{F}}P(X)\cdot^{\mathbb{F}}N(X)\\&=Q(X)=U(X)\cdot^{\mathbb{F}}N(X)\\&\Rightarrow N(X)\text{是 }Q(X)\text{的一个因子}\end{aligned}$$

推论 6.20　如果 $P(X)$ 和 $N(X)$ 互素且 $N(X)$ 是 $P(X)\cdot^{\mathbb{F}}Q(X)$ 的一个因子，则 $N(X)$ 是 $Q(X)$ 的一个因子。

现在，所有的预备工作都是用来证明一个重要的命题。

定理 6.21　$(\mathbb{F}[X]_n,\ +^{\mathbb{F}}_{\mathbb{F}[X]_n},\ \cdot^{\mathbb{F}}_{N(X)},\ 0^{\mathbb{F}},\ 1^{\mathbb{F}})$ 是一个域当且仅当满足 $0<\deg(P)<\deg(N)$ 的每个多项式 $P(X)\in\mathbb{F}[X]_n$ 不含 $N(X)$ 的因子。

证明　“⇒”：设 $(\mathbb{F}[X]_n,+^{\mathbb{F}}_{\mathbb{F}[X]_n},\cdot^{\mathbb{F}}_{N(X)},0^{\mathbb{F}},1^{\mathbb{F}})$ 为一个无零因子的域。令 $P(X)\in\mathbb{F}[X]_n$ 的次数 $0<\deg(P)<\deg(N)$，且 $F(X)\in\mathbb{F}[X]_n$ 是 $N(X)$ 和 $P(X)$ 的公因子，

即 $N(X)=Q(X)\cdot^{\mathbb{F}} F(X)$ 且 $P(X)=T(X)\cdot^{\mathbb{F}} F(X)$。由此可得

$$N(X)\cdot^{\mathbb{F}} T(X)=Q(X)\cdot^{\mathbb{F}} F(X)\cdot^{\mathbb{F}} T(X)$$
$$=Q(X)\cdot^{\mathbb{F}} T(X)\cdot^{\mathbb{F}} F(X)=Q(X)\cdot^{\mathbb{F}} P(X)$$

这意味着 $Q(X)\cdot^{\mathbb{F}}_{N(X)} P(X)=0^{\mathbb{F}}$ 且 $P(X)$ 是 $N(X)$ 的零因子。然而，这与无零因子的假设矛盾。

"$\Leftarrow$"：设次数为 $0<\deg(P)<\deg(n)$ 的 $P(X)\in\mathbb{F}[X]_n$ 是 $N(X)$ 的零因子。则存在 $Q(X)\in\mathbb{F}[X]_n, Q(X)\neq 0^{\mathbb{F}}$，满足 $Q(X)\cdot^{\mathbb{F}}_{N(X)} P(X)=0^{\mathbb{F}}$，由此可得，对于一些 $F(X)\in\mathbb{F}[X]$ 有 $Q(X)\cdot^{\mathbb{F}} P(X)=F(X)\cdot^{\mathbb{F}} N(X)$。这意味着 $N(X)$ 是 $Q(X)\cdot^{\mathbb{F}} P(X)$ 的因子。假设 $P(X)$ 和 $N(X)$ 是互素多项式，由推论 6.20 可知 $N(X)$ 是 $Q(X)$ 的因子，即 $Q(X)=U(X)\cdot^{\mathbb{F}} N(X)$ 且 $\deg(Q)=\deg(U\cdot^{\mathbb{F}} N)=\deg(U)+\deg(N)\geqslant\deg(N)$。然而，这与 $Q(X)\in\mathbb{F}[X]_n$ 矛盾。因此，$P(X)$ 和 $N(X)$ 不可能互素。 □

备注 6.22

- 为构造一个域，$N[X]$ 必须是不可约的。
- 可以证明，除了同构外，每个有限域都可以用一个适当的 $(\mathbb{F}[X]_n, +^{\mathbb{F}}_{\mathbb{F}[X]_n}, \cdot^{\mathbb{F}}_{N(X)}, 0^{\mathbb{F}}, 1^{\mathbb{F}})$ 来表示[⊖]。
- 我们用 $\mathbb{F}[X]/N(X)$ 表示这样的域。

我们想弄清楚一个多项式不可约的条件以及它可以有多少个零点。

定理 6.23 设 $P(X)\in\mathbb{F}[X]$ 为一个多项式且 $z\in\mathbb{F}$ 满足 $\psi_z(P(X))=P(z)=0^{\mathbb{F}}$（$z$ 为零点）。则存在一个 $Q(X)\in\mathbb{F}[X]$，使得 $P(X)=Q(X)\cdot^{\mathbb{F}}(X-z)$。

证明 如果 $\deg(P)\leqslant 0$ 即 $P(X)=x^{\mathbb{F}}$，则 $P(X)=0^{\mathbb{F}}$。例如，$\deg(P)\geqslant 1$。根据定理

⊖ 请参阅文献（Lidl 和 Niederreiter，1996）。这超出了本书的范围。

6.13，则存在多项式 $Q(X)$ 和 $R(X)$ 使得

$$P(X)=Q(X)\cdot^{\mathbb{F}}(X-^{\mathbb{F}}z)+^{\mathbb{F}}R(X),\deg(R)<1$$

利用求值同态映射 ψ_z，得到

$$\begin{aligned}0^{\mathbb{F}}&=\psi_z(P(X))\\&=\psi_z(Q(X))\cdot\psi_z(X-^{\mathbb{F}}z)+\psi_z(R(X))\\&=\psi_z(R(X))\\&\Rightarrow R(X)=0^{\mathbb{F}}\end{aligned}$$

□

我们现在讨论一个多项式最多能有多少个零点。假设 $P(X)\in\mathbb{F}[X]$，$P(X)\neq 0^{\mathbb{F}}$ 且 $n=\deg(P)$。如果 $n=0$，由于 $P(X)\neq 0^{\mathbb{F}}$，则不存在零点。考虑 $n>0$，我们做出陈述：$P(X)$ 最多有 $\deg(P)$ 个零点并且具有一个归纳方案。现在，令归纳假设为真，即如果 $\deg(P)=n-1$，则 $P(X)$ 最多有 $n-1$ 个零点。归纳步骤：如果 $P(X)$ 没有零点，则断言为真。相反，如果 $P(X)$ 有一个零点 z，我们运用定理 6.23，记

$$P(X)=Q(X)\cdot^{\mathbb{F}}(X-z)$$

且 $\deg(Q)=n-1$。但是，根据归纳假设，$Q(X)$ 最多有 $n-1$ 个零点。因此，$P(X)$ 最多有 $n=\deg(P)$ 个零点。

推论 6.24　设 $P(X)\in\mathbb{F}[X]$ 是一个多项式，$P(X)\neq 0^{\mathbb{F}}$，$n=\deg(P)$。则 $P(X)$ 最多有 n 个零点。

此外，由定理 6.23 可以直接得出，如果次数 $\geqslant 2$ 的多项式存在一个零点，那么它是可约的。反之则适用于次数 2 和 3。为了明白这一点，考虑 $P(X)$ 是可约的。则存在 $P(X)$ 和 $Q(X)$ 的一个因子 $Q(X)$，或者说 $P(X)/Q(X)$ 次数为 1。所以没有零点。但是，$X^4+_2 1=(X^2+_2 1)\cdot^{\mathbb{Z}_2}(X^2+_2 1)$ 在 $\mathbb{Z}_2[X]$ 中不是不可约的。

例 6.25　考虑一个有限域 $GF(2^3):=\mathbb{Z}_2[X]/(X^3+_2 X^2+_2 1)$。相应的素数域应为 $(\mathbb{Z}_2,+_2,\cdot_2,0,1)$。我们比较集合 $\mathbb{Z}_2^3$ 和 $\mathbb{Z}_2[X]_3$，并通过 $\mathbb{Z}_{2^3}$ 中的元素来识别 $\mathbb{Z}_2[X]_3$ 的元素。

表 6.17　$\mathbb{Z}_2^3$ 上的基本运算

$\mathbb{Z}_2^3$	$\mathbb{Z}_2[X]_3$	$\mathbb{Z}_{2^3}$
(0, 0, 0)	0	0
(0, 0, 1)	1	1
(0, 1, 0)	X	2
(0, 1, 1)	$X+_2 1$	3
(1, 0, 0)	X^2	4
(1, 0, 1)	$X^2+_2 1$	5
(1, 1, 0)	$X^2+_2 X$	6
(1, 1, 1)	$X^2+_2 X+_2 1$	7
$\mathcal{B}_{\mathbb{Z}_2^3}=\{(0,0,1),(0,1,0),(1,0,0)\}$	$\mathcal{B}_{\mathbb{Z}_2[X]_3}=\{1,X,X^2\}$	$\mathcal{B}_{\mathbb{Z}_8}=\{1,2,4\}$

加法是对应分量模 2 的计算。例如：

$$(0,1,0)+_2(0,1,1)=(0,0,1)$$

$$X+^{\mathbb{Z}_2}X+_2 1=1$$

$$2\oplus 3=1(\text{XOR})$$

由于 $\psi_0(X^3+_2X^2+_2 1)=\psi_1(X^3+_2X^2+_2 1)=1\neq 0$ 且 $\psi_0(X^3+_2X+_2 1)=\psi_1(X^3+_2X+_2 1)=1\neq 0$，两个多项式都是不可约的。

设 $N(X)=X^3+_2X^2+_2 1$。我们想要计算 $(X^2+_2X+_2 1)\cdot^{\mathbb{Z}_2}X^2+_2 1(\text{mod }X^3+_2X^2+_2 1)$：

$$(X^2+_2X+_2 1)\cdot^{\mathbb{Z}_2}(X^2+_2 1)=X^4+_2X^3+_2X+_2 1$$

之后，我们通过多项式除法得到

$$X^4+_2X^3+_2X+_2 1=X\cdot^{\mathbb{Z}_2}(X^3+_2X^2+_2 1)+1$$

综上，得到了上述乘法运算的结果，

$$(X^2+_2X+_2 1)\cdot^{\mathbb{Z}_2}(X^2+_2 1)(\text{mod}X^3+_2X^2+_2 1)=1$$

这意味着 $7\odot 5=1$。

我们可以根据域 $\mathbb{Z}_2[X]/(X^3+_2X^2+_2 1)$ 记下域（$\mathbb{Z}_8,\oplus,\odot,0,1$）的 Cayley 表。在加法表中每一个数必须出现在每行每列；在乘法表中，除了第一个行和第一列，数 1 到 7 应该出现在每行每列。

⊕	0	1	2	3	4	5	6	7
0	0	1	2	3	4	5	6	7
1	1	0	3	2	5	4	7	6
2	2	3	0	1	6	7	4	5
3	3	2	1	0	7	6	5	4
4	4	5	6	7	0	1	2	3
5	5	4	7	6	1	0	3	2
6	6	7	4	5	2	3	0	1
7	7	6	5	4	3	2	1	0

⊙	0	1	2	3	4	5	6	7
0	0	0	0	0	0	0	0	0
1	0	1	2	3	4	5	6	7
2	0	2	4	6	5	7	1	3
3	0	3	6	5	1	2	7	4
4	0	4	5	1	7	3	2	6
5	0	5	7	2	3	6	4	1
6	0	6	1	7	2	4	3	5
7	0	7	3	4	6	1	5	2

然而，还存在一个3次不可约多项式：$X^3 +_2 X +_2 1$。加法保持不变。相反，$\mathbb{Z}_2[X]/(X^3 +_2 X +_2 1)$中的乘法变化为

⊙	0	1	2	3	4	5	6	7
0	0	0	0	0	0	0	0	0
1	0	1	2	3	4	5	6	7
2	0	2	4	6	3	1	7	5
3	0	3	6	5	7	4	1	2
4	0	4	3	7	6	2	5	1
5	0	5	1	4	2	7	3	6
6	0	6	7	1	5	3	2	4
7	0	7	5	2	1	6	4	3

如果（$\mathbb{F}[X]_n, +^{\mathbb{F}}_{\mathbb{F}[X]_n}, \cdot^{\mathbb{F}}_{N(X)}, 0^{\mathbb{F}}, 1^{\mathbb{F}}$）是一个域，每个 $0^{\mathbb{F}} \neq P(X) \in \mathbb{F}[X]_n$ 都有一个逆元。我们可以将扩展欧几里得算法3.1运用到多项式来找到这样的逆元。为了明白这一点，用一个整环（$\mathbb{F}[X], +^{\mathbb{F}}, \cdot^{\mathbb{F}}, 0^{\mathbb{F}}, 1^{\mathbb{F}}$）和两个多项式 $P(X)$，$S(X) \in \mathbb{F}[X]$ 来进行研究。首先，存在一个表达式

$$P(X) = Q(X) \cdot^{\mathbb{F}} S(X) +^{\mathbb{F}} R(X)$$

$$\deg(R) < \deg(S) =: n$$

如果 $T(X)$ 是 $P(X)$ 和 $S(X)$ 的公因子，即

$$P(X) = Q_1(X) \cdot^{\mathbb{F}} T(X), S(X) = Q_2(X) \cdot^{\mathbb{F}} T(X)$$

我们得到

$$R(X)=P(X)-^{\mathbb{F}}Q(X)\cdot^{\mathbb{F}}S(X)$$
$$=(Q_1(X)-^{\mathbb{F}}Q(X)\cdot^{\mathbb{F}}Q_2(X))\cdot^{\mathbb{F}}T(X)$$

且 $T(X)$ 也是 $R(X)$ 的因子。或者，如果 $T(X)$ 是 $S(X)$ 和 $R(X)$ 的公因子，

$$S(X)=Q_1(X)\cdot^{\mathbb{F}}T(X), R(X)=Q_2(X)\cdot^{\mathbb{F}}T(X)$$

我们得到

$$P(X)=Q(X)\cdot^{\mathbb{F}}S(X)+^{\mathbb{F}}R(X)$$
$$=(Q(X)\cdot^{\mathbb{F}}Q_1(X)+^{\mathbb{F}}Q_2(X))\cdot^{\mathbb{F}}T(X)$$

$T(X)$ 也是 $P(X)$ 的因子。

推论 6.26 设 $P(X)=Q(X)\cdot^{\mathbb{F}}S(X)+^{\mathbb{F}}R(X)$。则 $T(X)$ 是 $P(X)$ 和 $S(X)$ 的公因子当且仅当 $T(X)$ 是 $S(X)$ 和 $R(X)$ 的公因子。

该过程最多执行 $n-1$ 步。如果在任意步 $R(X)=0^{\mathbb{F}}$，则存在 $P(X)$ 和 $S(X)$ 的一个次数大于 0 的公因子。否则，存在一个余式 $R(X)=1^{\mathbb{F}}$，不存在次数大于 0 的因子，且多项式互素。

例 6.27 设 $\mathbb{F}=\mathbb{Z}_3[X]$，$P(X)=X^3+_3X^2+_31$，$S_1(X)=2\cdot_3X^2+_31$ 且 $S_2(X)=X^2+_31$

$$X^3+_3X^2+_31=(2\cdot_3X+_32)\cdot^{\mathbb{Z}_3}(2\cdot_3X^2+_31)+^{\mathbb{Z}_3}(X+_32)$$
$$2\cdot_3X^2+_31=(2\cdot_3X+_32)\cdot^{\mathbb{Z}_3}(X+_32)$$
$$\Rightarrow X+_32\text{ 是 }P(X)\text{和 }S_1(X)\text{的公因子}$$
$$X^3+_3X^2+_31=(X+_31)\cdot^{\mathbb{Z}_3}(X^2+_31)+^{\mathbb{Z}_3}2\cdot_3X$$
$$X^2+_31=2\cdot_3X\cdot^{\mathbb{Z}_3}2\cdot_3X+^{\mathbb{Z}_3}1^{\mathbb{Z}_3}$$
$$\Rightarrow\text{只有 }1^{\mathbb{Z}_3}\text{是 }P(X)\text{和 }S_2(X)\text{的公因子}$$
$$1^{\mathbb{Z}_3}=(X^2+_31)-^{\mathbb{Z}_3}2\cdot_3X\cdot^{\mathbb{Z}_3}2\cdot_3X$$
$$=(X^2+_31)-^{\mathbb{Z}_3}2\cdot_3X\cdot^{\mathbb{Z}_3}((X^3+_3X^2+_31)-^{\mathbb{Z}_3}(X+_31)\cdot^{\mathbb{Z}_3}(X^2+_31))$$
$$=X\cdot^{\mathbb{Z}_3}(X^3+_3X^2+_31)+(2\cdot_3X^2+_32\cdot_3X+_31)\cdot^{\mathbb{Z}_3}(X^2+_31)$$

6.3.2　AES 的组成

AES 以字节为基本处理单位。每个字节可以表示为 8 位的序列或两个十六进制数的序列，即

$$45_{(10)}=\underbrace{0010}_{2_{(10)}}\underbrace{1101}_{13_{(10)}}{}_{(2)}$$
$$=2d_{(16)}$$

一个字节是域 GF(2^8) 的一个元素。两个字节的乘法是根据模不可约多项式

$$N(X)=X^8+_2 X^4+_2 X^3+_2 X+_2 1\in \mathbb{Z}_2[X]$$

的多项式乘法来实现的。

例 6.28

$$45\odot 45\cong(X^5+_2 X^3+_2 X^2+_2 1)\cdot_{\mathbb{Z}_2}(X^5+_2 X^3+_2 X^2+_2 1)$$
$$(\bmod X^8+_2 X^4+_2 X^3+_2 X+_2 1)$$
$$=X^{10}+_2 X^6+_2 X^4+_2 1(\bmod X^8+_2 X^4+_2 X^3+_2 X+_2 1)$$
$$=X^5+_2 X^4+_2 X^3+_2 X^2+_2 1$$
$$\cong 61$$

Rijndael 域是基于次数小于 8 的多项式集合 $\mathbb{Z}_2[X]/(X^8+_2X^4+_2X^3+_2X+_21)$。该集合的势为 $|\mathbb{Z}_2[X]/(X^8+_2 X^4+_2 X^3+_2 X+_2 1)|=2^8=256$。给定一个多项式 $P(X)\in\mathbb{Z}_2[X]/(X^8+_2 X^4+_2 X^3+_2 X+_2 1)$，我们将找到它的逆多项式 $P^{-1}(X)\in\mathbb{Z}_2[X]/(X^8+_2 X^4+_2 X^3+_2 X+_2 1)$，使得

$$P(X)\cdot^{\mathbb{F}}_{N(X)} P^{-1}(X)=1^{\mathbb{F}}$$

以推论 6.26 为指导，并使用例 6.27 求解此问题。我们必须通过使用扩展欧几里得算法的逆计算去找到 $1^{\mathbb{F}}$ 的表达式。

例 6.29 $P(X)=X^5+_2 X^3+_2 X^2+_2 1$

$N(X)=P(X)\cdot_{\mathbb{Z}_2}(X^3+_2 X+_2 1)+_{\mathbb{Z}_2} X^2$

$P(X)=X^2\cdot_{\mathbb{Z}_2}(X^3+_2 X+_2 1)+_{\mathbb{Z}_2} 1_{\mathbb{Z}_2}$

$1_{\mathbb{Z}_2}=P(X)-_{\mathbb{Z}_2} X^2\cdot_{\mathbb{Z}_2}(X^3+_2 X+_2 1)$

$=P(X)-_{\mathbb{Z}_2}(N(X)-_{\mathbb{Z}_2}P(X)\cdot_{\mathbb{Z}_2}(X^3+_2 X+_2 1))\cdot_{\mathbb{Z}_2}(X^3+_2 X+_2 1)$

$=P(X)\cdot_{\mathbb{Z}_2}\underbrace{(X^6+_2 X^2)}_{P^{-1}(X)}+_{\mathbb{Z}_2}N(X)\cdot_{\mathbb{Z}_2}(X^3+_2 X+_2 1)$

我们得到用十进制数表示的 45⊙68＝1。下表列出了所有互逆元素对：

1↔1 2↔141 3↔246 4↔203 5↔82 6↔123 7↔209

8↔232 9↔79 10↔41 11↔192 12↔176 13↔225 14↔229 15↔199

16↔116 17↔180 18↔170 19↔75 20↔153 21↔43 22↔96 23↔95

24↔88 25↔63 26↔253 27↔204 28↔255 29↔64 30↔238 31↔178

32↔58 33↔110 34↔90 35↔241 36↔85 37↔77 38↔168 39↔201

40↔193 42↔152 44↔48 45↔68 46↔162 47↔194 49↔69 50↔146

51↔108 52↔243 53↔57 54↔102 55↔66 56↔242 59↔111 60↔119

61↔187 62↔89 65↔254 67↔103 70↔245 71↔105 72↔167 73↔100

74↔171 76↔84 78↔233 80↔237 81↔92 83↔202 86↔135 87↔191

91↔240 93↔236 94↔97 98↔175 99↔211 101↔166 104↔244

106↔145 107↔223 109↔147 112↔121 113↔183 114↔151 115↔133 117↔181

118↔186 120↔182 122↔208 124↔161 125↔250 126↔129 127↔130 128↔131

132↔150 134↔190 136↔155 137↔158 138↔149 139↔217 140↔247 142↔185

143↔164 144↔222 148↔216 154↔159 156↔249 157↔220 160↔251 163↔195

165↔184 169↔200 172↔206 173↔231 174↔210 177↔224 179↔239 188↔189

196↔218 197↔212 198↔228 205↔252 207↔230 213↔219 214↔226 215↔234

221↔248 227↔235

对乘法的通用研究得出了一个易于实现的过程。考虑$\mathbb{Z}_2[X]_8$中的任意多项式，

$$P(X)=a_7 \cdot_2 X^7 +_2 \cdots +_2 a_1 \cdot_2 X +_2 a_0$$

如果$P(X)$乘以X，我们得到

$$a_7 \cdot_2 X^8 +_2 \cdots +_2 a_1 \cdot_2 X^2 +_2 a_0 \cdot_2 X$$

我们将上面的结果模$N(X)$。如果$a_7=0$，则结果没有任何变化且结果是$a_6 \cdot_2 X^7 +_2 \cdots +_2 a_1 \cdot_2 X^2 +_2 a_0 \cdot_2 X$。然而，如果$a_7=1$，我们必须执行1次多项式除法。

$$a_7 \cdot_2 X^8 +_2 \cdots +_2 a_1 \cdot_2 X^2 +_2 a_0 \cdot_2 X = a_7 \cdot_{\mathbb{Z}_2} N(X) +_{\mathbb{Z}_2} R(X)$$

其中余式

$$R(X)=a_6 \cdot_2 X^7 +_2 a_5 \cdot_2 X^6 +_2 a_4 \cdot_2 X^5 + (a_3 +_2 a_7) \cdot_2 X^4 +_2 (a_2 +_2 a_7) \cdot_2 X^3 +_2 a_1 \cdot_2 X^2 +_2 (a_0 +_2 a_7) \cdot_2 X +_2 (0 +_2 a_7)$$

这标志着左移（<<）了一个二进制位，且如果$a_7=1$，随后是一个与二进制位序列$00011011_{(2)}$进行异或运算的操作。

例 6.30 我们再次计算$45 \odot 68$。由于

$45 \cong X^5 +_2 X^3 +_2 X^2 +_2 1$ 和 $68 \cong X^6 +_2 X^2$，

我们得到

a_7	运算	序列	进展
		$00101101_{(2)}$	$\cong 45$
0	<<	$01011010_{(2)}$	$\cdot_2 X$
0	<<	$10110100_{(2)}$	$\cdot_2 X^2$
1	<<	$01101000_{(2)}$	
	$\oplus$	$01110011_{(2)}$	$\cdot_2 X^3$
0	<<	$11100110_{(2)}$	$\cdot_2 X^4$
1	<<	$11001100_{(2)}$	
	$\oplus$	$11010111_{(2)}$	$\cdot_2 X^5$
1	<<	$10101110_{(2)}$	
	$\oplus$	$10110101_{(2)}$	$\cdot_2 X^6$

综上，我们可以计算

$$45\odot 68 = 45\odot(4\oplus 64) = 45\odot 4\oplus 45\odot 64$$
$$\cong 10110100_{(2)} +_2 10110101_{(2)} = 1_{(2)}$$
$$\cong 1$$

由于

$$(\mathbb{Z}_2[X]/(X^8 +_2 X^4 +_2 X^3 +_2 X +_2 1),$$
$$+^{\mathbb{Z}_2}_{|\mathbb{Z}_2[X]_8}, \cdot^{\mathbb{Z}_2}_{X^8+_2X^4+_2X^3+_2X+_21}, 0, 1)$$

是一个域（Rijndael 域），我们可基于 $\mathbb{Z}_2[X]/(X^8 +_2 X^4 +_2 X^3 +_2 X +_2 1)$ 上的多项式集合 $\mathbb{G}[Y] := \mathbb{Z}_2[X]/(X^8 +_2 X^4 +_2 X^3 +_2 X +_2 1)[Y]_4$ 生成一个多项式环。任意多项式

$$P(Y) = a_3 \cdot^{\mathbb{Z}_2}_{X^8+_2X^4+_2X^3+_2X+_21} Y^3 +$$
$$+^{\mathbb{Z}_2}_{|\mathbb{Z}_2[X]_8} a_2 \cdot^{\mathbb{Z}_2}_{X^8+_2X^4+_2X^3+_2X+_21} Y^2 +$$
$$+^{\mathbb{Z}_2}_{|\mathbb{Z}_2[X]_8} a_1 \cdot^{\mathbb{Z}_2}_{X^8+_2X^4+_2X^3+_2X+_21} Y +^{\mathbb{Z}_2}_{|\mathbb{Z}_2[X]_8} a_0, a_i \in \mathbb{Z}_2[X]_8$$

使用非常不方便。因此，我们在这里对其表示符号进行简化。系数是简化的关键点。由于所有的 a_i 都是可以用 $\mathbb{Z}_{256}$ 中的值表示的多项式，因此我们简记为

$$P(Y) = [a_3, a_2, a_1, a_0], a_i \in \mathbb{Z}_{256}$$

例如，我们得到一个特殊的多项式

$$A(Y) = [03_{(16)}, 01_{(16)}, 01_{(16)}, 02_{(16)}] \tag{6.11}$$

这将在后面用到。接下来，我们在该集合上定义加法。考虑简洁性，我们将加法简写为 $⊞ = +^{\mathbb{Z}_2[X]/(X^8+_2X^4+_2X^3+_2X+_21)}_{|\mathbb{G}[Y]}$

$$⊞ : \mathbb{G}[Y] \times \mathbb{G}[Y] \to \mathbb{G}[Y], [a_3, a_2, a_1, a_0] ⊞ [b_3, b_2, b_1, b_0]$$
$$:= \left[a_3 +^{\mathbb{Z}_2}_{|\mathbb{Z}_2[X]_8} b_3, a_2 +^{\mathbb{Z}_2}_{|\mathbb{Z}_2[X]_8} b_2, a_1 +^{\mathbb{Z}_2}_{|\mathbb{Z}_2[X]_8} b_1, a_0 +^{\mathbb{Z}_2}_{|\mathbb{Z}_2[X]_8} b_0\right]$$

例 6.31

$$A(Y) = [03_{(16)}, 01_{(16)}, 01_{(16)}, 02_{(16)}], B(Y)$$
$$= [54_{(16)}, 74_{(16)}, 90_{(16)}, 14_{(16)}]$$

$$A(Y) ⊞ B(Y)$$
$$= [03_{(16)}, 01_{(16)}, 01_{(16)}, 02_{(16)}] ⊞ [54_{(16)}, 74_{(16)}, 90_{(16)}, 14_{(16)}]$$

$= [00000011_{(2)}, 00000001_{(2)}, 00000001_{(2)}, 00000010_{(2)}] \boxplus [01010100_{(2)}, 01101100_{(2)}, 10010000_{(2)}, 00010100_{(2)}]$

$= [01010111_{(2)}, 01101101_{(2)}, 10010001_{(2)}, 00010110_{(2)}]$

$= [57_{(16)}, 6d_{(16)}, 91_{(16)}, 16_{(16)}]$

乘法是用普通乘法运算模 $\widetilde{N}(X) = X^4 +_2 1$ 定义的。我们简写表示为

$$\boxdot = \cdot_{\mathbb{Z}_2[X]/(X^4 +_2 1)}$$

对三次多项式做不带模运算的原始乘法后，我们得到了一个六次多项式。

$$[c_6, c_5, c_4, c_3, c_2, c_1, c_0] = [a_3, a_2, a_1, a_0] \boxdot [b_3, b_2, b_1, b_0]$$

其中

$$c_k = \sum_{i+j=k} a_i \boxdot_{N(X)} b_j$$

通过计算，可以表示任意系数：

$c_0 = a_0 \boxdot_{\widetilde{N}(X)} b_0$

$c_1 = a_0 \boxdot_{\widetilde{N}(X)} b_1 +_{|\mathbb{Z}_2[X]_8}^{\mathbb{Z}_2} a_1 \boxdot_{\widetilde{N}(X)} b_0$

$c_2 = a_0 \boxdot_{\widetilde{N}(X)} b_2 +_{|\mathbb{Z}_2[X]_8}^{\mathbb{Z}_2} a_1 \boxdot_{\widetilde{N}(X)} b_1 +_{|\mathbb{Z}_2[X]_8}^{\mathbb{Z}_2} a_2 \boxdot_{N(x)} b_0$

$c_3 = a_0 \boxdot_{\widetilde{N}(X)} b_3 +_{|\mathbb{Z}_2[X]_8}^{\mathbb{Z}_2} a_1 \boxdot_{\widetilde{N}(X)} b_2 +_{|\mathbb{Z}_2[X]_8}^{\mathbb{Z}_2} a_2 \boxdot_{\widetilde{N}(X)} b_1 +_{|\mathbb{Z}_2[X]_8}^{\mathbb{Z}_2} a_3 \boxdot_{\widetilde{N}(X)} b_0$

$c_4 = a_1 \boxdot_{\widetilde{N}(X)} b_3 +_{|\mathbb{Z}_2[X]_8}^{\mathbb{Z}_2} a_2 \boxdot_{\widetilde{N}(X)} b_2 +_{|\mathbb{Z}_2[X]_8}^{\mathbb{Z}_2} a_3 \boxdot_{\widetilde{N}(X)} b_1$

$c_5 = a_2 \boxdot_{\widetilde{N}(X)} b_3 +_{|\mathbb{Z}_2[X]_8}^{\mathbb{Z}_2} a_3 \boxdot_{\widetilde{N}(X)} b_2$

$c_6 = a_3 \boxdot_{\widetilde{N}(X)} b_3$

因为对于 $i \in \mathbb{N}$ 和 $k \in \mathbb{Z}_4$，

$$X^{4i+k} = (X^{4(i-1)+k} +_2 \cdots +_2 X^k) \cdot_2 (X^4 +_2 1) +_2 X^k$$

我们可以记为

$$X^{4i+k} \bmod (X^4 +_2 1) = X^k \Leftrightarrow X^j \bmod (X^4 +_2 1) = X^{j \bmod 4}$$

因此，由模 $\widetilde{N}(X) = (X^4 +_2 1)$ 的乘法可以得到 $\boxdot_{\widetilde{N}(X)} : \mathbb{G}[Y] \times \mathbb{G}[Y] \to \mathbb{G}[Y]$，

$[d_3, d_2, d_1, d_0] := [a_3, a_2, a_1, a_0] \boxdot_{\widetilde{N}(X)} [b_3, b_2, b_1, b_0]$

$$=\left[c_3, c_2 \underset{|\mathbb{Z}_2[X]_8}{\overset{\mathbb{Z}_2}{+}} c_6, c_1 \underset{|\mathbb{Z}_2[X]_8}{\overset{\mathbb{Z}_2}{+}} c_5, c_0 \underset{|\mathbb{Z}_2[X]_8}{\overset{\mathbb{Z}_2}{+}} c_4\right]$$

$$=\begin{bmatrix} a_0 & a_1 & a_2 & a_3 \\ a_3 & a_0 & a_1 & a_2 \\ a_2 & a_3 & a_0 & a_1 \\ a_1 & a_2 & a_3 & a_0 \end{bmatrix} \begin{bmatrix} b_3 \\ b_2 \\ b_1 \\ b_0 \end{bmatrix} \tag{6.12}$$

最后一项用类似于矩阵乘法的符号来表示。

例 6.32

$$A(Y)=[03_{(16)}, 01_{(16)}, 01_{(16)}, 02_{(16)}]$$

$$B(Y)=[0b_{(16)}, 0d_{(16)}, 09_{(16)}, 0e_{(16)}]$$

我们计算 $A(Y) \boxdot_{\widetilde{N}(X)} B(Y)$。

$c_0=Y^4+_2Y^3+_2Y^2 \bmod (Y^4+_2 1)=Y^3+_2Y^2+_2 1$

$c_4=Y^4+_2Y^3+_2Y^2+_2 1 \bmod (Y^4+_2 1)=Y^3+_2Y^2$

$c_1=Y^4+_2Y^3+_2Y^2 \bmod (Y^4+_2 1)=Y^3+_2Y^2+_2 1$

$c_5=Y^4+_2Y^3+_2Y^2 \bmod (Y^4+_2 1)=Y^3+_2Y^2+_2 1$

$c_2=Y^4+_2Y^3+_2Y^2+_2 1 \bmod (Y^4+_2 1)=Y^3+_2Y^2+_2 1$

$c_6=Y^4+_2Y^3+_2Y^2+_2 1 \bmod (Y^4+_2 1)=Y^3+_2Y^2+_2 1$

$c_3=0$

由此可得

$$\begin{bmatrix} 02_{(16)} & 01_{(16)} & 01_{(16)} & 03_{(16)} \\ 03_{(16)} & 02_{(16)} & 01_{(16)} & 01_{(16)} \\ 01_{(16)} & 03_{(16)} & 02_{(16)} & 01_{(16)} \\ 01_{(16)} & 01_{(16)} & 03_{(16)} & 02_{(16)} \end{bmatrix} \begin{bmatrix} 0b_{(16)} \\ 0d_{(16)} \\ 09_{(16)} \\ 0e_{(16)} \end{bmatrix} = \begin{bmatrix} 00_{(16)} \\ 00_{(16)} \\ 00_{(16)} \\ 01_{(16)} \end{bmatrix}$$

得到 $B(Y)=A(Y)^{-1}$。

AES 的结构

AES 是一种基于轮的密码体制且工作在 128 位长的分组上。这意味着 $P=C=\mathbb{Z}_2^{128}$，并以逐字节的方式连接

$$m=m_0 \parallel m_1 \parallel \cdots \parallel m_{15}, \quad m_i \in \mathbb{Z}_2^8$$

$$c=c_0 \parallel c_1 \parallel \cdots \parallel c_{15}, \quad c_i \in \mathbb{Z}_2^8$$

在加密或解密过程中，一个分组被称为一个状态 s 且这些二进制位以类似矩阵的形式排列。最初，在加密过程中我们设

$$s=(s_{ij}), s_{ij}=m_{i+4j}, \quad i,j \in \mathbb{Z}_4$$

最后，我们设

$$c_{i+4j}=s_{ij}, \quad i,j \in \mathbb{Z}_4$$

分组用一种分组密码工作模式进行连接。有三种可能的不同密钥长度：128、192 或 256 位。根据密钥的长度，有不同的轮数：

标记	密钥长度（ks）	轮数（nr）
AES-128	128	10
AES-192	192	12
AES-256	256	14

对于加密和解密，使用了四种不同的变换：

(逆) 字节代换 ((Inv) SubBytes) 使用 S 盒的字节代换，

(逆) 行移位 ((Inv) ShiftRows) 以不同的偏移量移动状态的行，

(逆) 列混合 ((Inv) MixColumns) 混合状态中每列的位，

轮密钥加 (AddRoundKey) 向状态添加一个轮密钥。

这些变换是按照上面提到的顺序执行的，如算法 6.3 所示，其中轮密钥生成（Generate RoundKey）由给定密钥生成各轮密钥。

算法 6.3： AES 加密基础结构

要求： $m \in \mathbb{Z}_2^{128}, k \in \mathbb{Z}_2^{ks}$

确保： $c=\mathrm{AES}_k(m) \in \mathbb{Z}_2^{128}$

1：$m := m_0 \parallel m_1 \parallel \cdots \parallel m_{15}, m_i \in \mathbb{Z}_2^8$

2：$s := (s_{ij}), s_{ij} := m_{i+4j}, i,j \in \mathbb{Z}_4$

3：$rk :=$ GenerateRoundKey(k, nr)

4：s$:=$ AddRoundKey(s, rk_0)

5：**for** $r := 1$ to nr-1 **do**

6：　　$s :=$ SubBytes(s)

7：　　$s :=$ ShiftRows(s)

8：　　$s :=$ MixColumns(s)

9：　　$s :=$ AddRoundKey(s, rk_r)

10：**end for**

11：$s :=$ SubBytes(s)

12：$s :=$ ShiftRows(s)

13：$s :=$ AddRoundKey(s, rk_{nr})

14：$c := c_0 \parallel c_1 \parallel \cdots \parallel c_{15}, c_i \in \mathbb{Z}_2^8$

15：$c_{i+4j} := s_{ij}, i,j \in \mathbb{Z}_4$

16：**return** c

字节代换和逆字节代换

我们通过算法 6.4 改变内部状态。

算法 6.4： 字节代换

要求： $s = (s_{ij}), s_{ij} \in \mathbb{Z}_2^8, i,j \in \mathbb{Z}_4$

确保： $s = (s_{ij}), s_{ij} \in \mathbb{Z}_2^8, i,j \in \mathbb{Z}_4$

1：$s_{ij} :=$ Invert$(s_{ij}), i,j \in \mathbb{Z}_4$

2：$s_{ij} :=$ AffineTrans$(s_{ij}), i,j \in \mathbb{Z}_4$

3：**return** s

子程序“Invert”（求逆元）的工作原理如下。每个字节 s_{ij} 代表一个多项式 $P(X) \in \mathbb{Z}_2[X]/(X^8 +_2 X^4 +_2 X^3 +_2 X +_2 1)$。因此，存在一个由二进制位序列表示的逆多项式 $P^{-1}(X)$，它是 $\text{Invert}(s_{ij})$ 的结果。如果输入是零多项式，我们将零多项式定义为该输入的“逆元”。求逆元是一种非线性操作，且为 AES 的安全性提供了强有力的保障。第二个子程序“AffineTrans”是一个仿射变换。同样地，输入字节代表一个多项式 $P(X)$。然而，在这种情况下，我们使用多项式 $N(X)=X^8 +_2 1$ 来进行模运算。再考虑两个多项式

$$A(X)=X^4 +_2 X^3 +_2 X^2 +_2 X +_2 1 \text{ 和 } B(X)=X^6 +_2 X^5 +_2 X +_2 1$$

并在单位元为 $\mathbb{Z}_2[X]/(X^8 +_2 1)$[⊖] 的交换环上定义变换“AffineTrans”

$$\mathbb{Z}_2[X]_8 \times \mathbb{Z}_2[X]_8 \rightarrow \mathbb{Z}_2[X]_8, S(X) \mapsto A(X) \cdot_{N(X)}^{\mathbb{Z}_2} S(X) +_{|\mathbb{Z}_2[X]_8}^{\mathbb{Z}_2} B(X)$$

例 6.33　考虑

$$P(X)=X^5 +_2 X^3 +_2 X^2 +_2 1 \cong 00101101_{(2)} \cong 45_{(10)} \cong 2d_{(16)}$$

我们可以得到，

$$A(X)=X^4 +_2 X^3 +_2 X^2 +_2 X +_2 1 \cong 00011111_{(2)} \cong 31_{(10)} \text{ 和}$$

$$B(X)=X^6 +_2 X^5 +_2 X +_2 1 \cong 01100011_{(2)} \cong 99_{(10)}$$

由例 6.29，我们知道

$$P^{-1}(X)=X^6 +_2 X^2 \cong 01000100_{(2)} \cong 68_{(10)}$$

因此，我们可以计算

$$A(X) \cdot^{\mathbb{Z}_2} P^{-1}(X)=X^{10} +_2 X^9 +_2 X^8 +_2 X^7 +_2 X^5 +_2 X^4 +_2 X^3 +_2 X^2$$

和

$$A(X) \cdot_{X^8 +_2 1}^{\mathbb{Z}_2} P^{-1}(X)=X^7 +_2 X^5 +_2 X^4 +_2 X^3 +_2 X +_2 1 \cong 10111011_{(2)}$$

在最后一步，我们必须执行按位异或 XOR 运算

$$10111011_{(2)} \oplus 01100011_{(2)} = 11011000_{(2)} \cong 216_{(10)} \cong d8_{(16)}$$

因此，我们得到字节代换 $(00101101_{(2)})=11011000_{(2)}$。

⊖ 该符号依据备注 6.22 中有限域的符号。

表 6.18 Rijndael S 盒（字节代换）

	0	1	2	3	4	5	6	7	8	9	a	b	c	d	e	f
0	63	7c	77	7b	f2	6b	6f	c5	30	01	67	2b	fe	d7	ab	76
1	ca	82	c9	7d	fa	59	47	f0	ad	d4	a2	af	9c	a4	72	c0
2	b7	fd	93	26	36	3f	f7	cc	34	a5	e5	f1	71	**d8**	31	15
3	04	c7	23	c3	18	96	05	9a	07	12	80	e2	eb	27	b2	75
4	09	83	2c	1a	1b	6e	5a	a0	52	3b	d6	b3	29	e3	2f	84
5	53	d1	00	ed	20	fc	b1	5b	6a	cb	be	39	4a	4c	58	cf
6	d0	ef	aa	fb	43	4d	33	85	45	f9	02	7f	50	3c	9f	a8
7	51	a3	40	8f	92	9d	38	f5	bc	b6	da	21	10	ff	f3	d2
8	cd	0c	13	ec	5f	97	44	17	c4	a7	7e	3d	64	5d	19	73
9	60	81	4f	dc	22	2a	90	88	46	ee	b8	14	de	5e	0b	db
a	e0	32	3a	0a	49	06	24	5c	c2	d3	ac	62	91	95	e4	79
b	e7	c8	37	6d	8d	d5	4e	a9	6c	56	f4	ea	65	7a	ae	08
c	ba	78	25	2e	1c	a6	b4	c6	e8	dd	74	1f	4b	bd	8b	8a
d	70	3e	b5	66	48	03	f6	0e	61	35	57	b9	86	c1	1d	9e
e	e1	f8	98	11	69	d9	8e	94	9b	1e	87	e9	ce	55	28	df
f	8c	a1	89	0d	bf	e6	42	68	41	99	2d	0f	b0	54	bb	16

整个“字节代换”运算可以用S盒表示。令十六进制表示输入。通过取第一个数字代表行和第二个数字代表列，我们得到运算结果。为方便起见，省略表示十六进制数的下标“$_{(16)}$”。用数学表示法，我们记为

$$\mathbb{Z}_2^8 \to \mathbb{Z}_2^8, b \mapsto \text{字节代换}(b) \tag{6.13}$$

为了对字节代换运算求逆，我们必须首先证明 $A(X)$ 模 $N(X)=X^8+_2 1$ 是可逆的。由扩展欧几里得算法得到

$$1=(1+_2 X+_2 X^2)\cdot_{X^8+_2 1}^{\mathbb{Z}_2} N(X)+\underbrace{(X+_2 X^3+_2 X^6)}_{A^{-1}(X)}\cdot_{X^8+_2 1}^{\mathbb{Z}_2} A(X)$$

因此，我们可以定义仿射变换“InvAffineTrans”

$$\mathbb{Z}_2[X]_8 \times \mathbb{Z}_2[X]_8 \to \mathbb{Z}_2[X]_8$$

$$\widetilde{S}(X) \mapsto A^{-1}(X)\cdot_{N(X)}^{Z_2}(\widetilde{S}(X)-_{\mid \mathbb{Z}_2[X]_8}^{\mathbb{Z}_2} B(X)$$

并通过求 $\widetilde{S}(X)$ 在 $\mathbb{Z}_2[X]/(X^8+_2 X^4+_2 X^3+_2 X+_2 1)$中的逆来确定 $P(X)$。同样地，这可以结合逆S盒来表示。

算法 6.5：逆字节代换

要求：$s=(s_{ij}), s_{ij}\in\mathbb{Z}_2^8, i,j\in\mathbb{Z}_4$

确保：$s=(s_{ij}), s_{ij}\in\mathbb{Z}_2^8, i,j\in\mathbb{Z}_4$

1：$s_{ij}:=\mathrm{InvAffineTrans}(s_{ij}), i,j\in\mathbb{Z}_4$

2：$s_{ij}:=\mathrm{Invert}(s_{ij}), i,j\in\mathbb{Z}_4$

3：**return** s

行移位和逆行移位

我们使用算法 6.6 修改内部状态。除第一行保持不变，状态的不同行中的字节按不同偏移量循环移动。

算法 6.6：行移位

要求：$s=(s_{ij}), s_{ij}\in\mathbb{Z}_2^8, i,j\in\mathbb{Z}_4$

确保：$\tilde{s}=(\tilde{s}_{ij}), \tilde{s}_{ij}\in\mathbb{Z}_2^8, i,j\in\mathbb{Z}_4$

1：$\tilde{s}_{ij}:=s_{i,(j+i)\bmod 4}, i\in\{1,2,3\}, j\in\mathbb{Z}_4$

2：**return** $\tilde{s}$

逆移位操作必须首先消除移位，这可以通过算法 6.7 完成，因为

$$s_{ij}=s_{i,(((j+i)\bmod 4)-i)\bmod 4}$$

算法 6.7：逆行移位

要求：$s=(s_{ij}), s_{ij}\in\mathbb{Z}_2^8, i,j\in\mathbb{Z}_4$

确保：$\tilde{s}=(\tilde{s}_{ij}), \tilde{s}_{ij}\in\mathbb{Z}_2^8, i,j\in\mathbb{Z}_4$

1：$\tilde{s}_{ij}:=s_{i,(j-i)\bmod 4}, i\in\{1,2,3\}, j\in\mathbb{Z}_4$

2：**return** $\tilde{s}$

列混合和逆列混合

设 $s=s_{ij}$ 为状态且 $s_{ij}(X)$ 为 s_{ij} 对应的多项式。根据取自 $\mathbb{Z}_2[X]/(X^8+_2X^4+_2X^3+_2X+_21)$上的多项式集合 $\mathbb{G}[Y]:=\mathbb{Z}_2[X]/(X^8+_2X^4+_2X^3+_2X+_21)[Y]_4$，使用式(6.11)，

$$A(Y)=[03_{(16)},01_{(16)},01_{(16)},02_{(16)}]$$

对于每一个 $j\in\mathbb{Z}_4$，我们根据

$$\mathbb{G}[Y]\times\mathbb{G}[Y]\to\mathbb{G}[Y]$$

$$\begin{bmatrix}s_{3,j}\\s_{2,j}\\s_{1,j}\\s_{0,j}\end{bmatrix}\mapsto\underbrace{\begin{bmatrix}02_{(16)}&01_{(16)}&01_{(16)}&03_{(16)}\\03_{(16)}&02_{(16)}&01_{(16)}&01_{(16)}\\01_{(16)}&03_{(16)}&02_{(16)}&01_{(16)}\\01_{(16)}&01_{(16)}&03_{(16)}&02_{(16)}\end{bmatrix}}_{A}\begin{bmatrix}s_{3,j}\\s_{2,j}\\s_{1,j}\\s_{0,j}\end{bmatrix}$$

来定义“列混合”。由例 6.32，我们得到 $A(Y)$ 是可逆的，即

$$A^{-1}(Y)=[0b_{(16)},0d_{(16)},09_{(16)},0e_{(16)}]$$

因此,对于每一个 $j\in\mathbb{Z}_4$,我们通过

$$\mathbb{G}[Y]\times\mathbb{G}[Y]\to\mathbb{G}[Y],$$

$$\begin{bmatrix}s_{3,j}\\s_{2,j}\\s_{1,j}\\s_{0,j}\end{bmatrix}\mapsto\begin{bmatrix}0e_{(16)}&09_{(16)}&0d_{(16)}&0b_{(16)}\\0b_{(16)}&0e_{(16)}&09_{(16)}&0d_{(16)}\\0d_{(16)}&0b_{(16)}&0e_{(16)}&09_{(16)}\\09_{(16)}&0d_{(16)}&0b_{(16)}&0e_{(16)}\end{bmatrix}\begin{bmatrix}s_{3,j}\\s_{2,j}\\s_{1,j}\\s_{0,j}\end{bmatrix}$$

得到“逆列混合”。“列混合”和“逆列混合”都是一种特殊的希尔密码。设 $[A_i]$ 为矩阵 $\boldsymbol{A}$ 的第 i 行，其下标以零作为开始。然后，通过算法 6.8 将“列混合”写成伪代码。

算法 6.8：列混合

要求：$s=(s_{ij}),s_{ij}\in\mathbb{Z}_2^8,i,j\in\mathbb{Z}_4$

确保：$\tilde{s}=(\tilde{s}_{ij}),\tilde{s}_{ij}\in\mathbb{Z}_2^8,i,j\in\mathbb{Z}_4$

1：$i:=3$

2: $j := 0$

3: **while** $j < 4$ **do**

4: **while** $i > -1$ **do**

5: $$\tilde{s}_{ij} := [A_{3-i}] \begin{bmatrix} s_{3j} \\ s_{2j} \\ s_{1j} \\ s_{0j} \end{bmatrix}$$

6: $i := i - 1$

7: $j := j + 1$

8: **end while**

9: **end while**

10: **return** $\tilde{s}$

轮密钥生成

必须扩展给定的密钥，使得每一轮都有一个不同密钥，算法 6.9 说明了该过程。该过程包括三个内部函数。“字轮换”(RotWord) 是函数

$$(\mathbb{Z}_2^8)^4 \to (\mathbb{Z}_2^8)^4, \begin{bmatrix} a \\ b \\ c \\ d \end{bmatrix} \mapsto \begin{bmatrix} b \\ c \\ d \\ a \end{bmatrix}$$

“字代换”(SubWord) 接受一个四字节的输入，并将表 6.18 的 Rijndael S 盒应用于每个字节。“轮常数”(Rcon) 是一个始终保持不变的四字节字。令“hex”计算一个十六进制表示的多项式且 $h(16) = \text{hex}(X^{i-1} \bmod (X^8 +_2 X^4 +_2 X^3 +_2 X +_2 1))$。我们注意到

$$\mathbb{Z} \to \mathbb{Z}_2^{32}, i \mapsto \text{Rcon}(i) := h_{(16)} \parallel 00_{(16)} \parallel 00_{(16)} \parallel 00_{(16)}$$

算法 6.9：轮密钥生成

要求： $k \in \mathbb{Z}_2^{ks}$，nr

确保： $rk \in \mathbb{Z}_2^{nr+1,128}$

1：$nk := ks/32$

2：$t \in \mathbb{Z}_2^{32}$

3：$key \in \mathbb{Z}_2^{4 \cdot nk, 8}$

4：$rk \in \mathbb{Z}_2^{nr+1,128}$

5：$w \in \mathbb{Z}_2^{4 \cdot (nr+1),32}$

6：$i := 0$

7：**while** $i < 4 \cdot nk$ **do**

8：　$key_i := k_{8 \cdot i} \| k_{8 \cdot i+1} \| k_{8 \cdot i+2} \| k_{8 \cdot i+3} \| k_{8 \cdot i+4} \| k_{8 \cdot i+5} \| k_{8 \cdot i+6} \| k_{8 \cdot i+7}$

9：　$i := i+1$

10：**end while**

11：$i := 0$

12：**while** $i < nk$ **do**

13：　$w_i := key_0 \| key_1 \| key_2 \| key_3$

14：　$i := i+1$

15：**end while**

16：$i := nk$

17：**while** $i < 4 \cdot (nr+1)$ **do**

18：　$t := w_{i-1}$

19：　**if** $i \bmod nk = 0$ **then**

20：　　$t := \mathrm{SubWord}(\mathrm{RotWord}(t)) \oplus \mathrm{Rcon}(i/nk)$

21：　**else if** $nk > 6$ **and** $i \bmod nk = 4$ **then**

22：　　$t := \mathrm{SubWord}(t)$

23：　**end if**

24：　$w_i := w_{i-nk} \oplus t$

25： $i:=i+1$
26：**end while**
27：$i:=0$
28：**while** $i<4\cdot \mathrm{nr}+1$ **do**
29： $\mathrm{rk}_i:=w_{4\cdot i}\parallel w_{4\cdot i+1}\parallel w_{4\cdot i+2}\parallel w_{4\cdot i+3}$
30： $i:=i+1$
31：**end while**
32：**return** rk

轮密钥加

轮密钥加是一个异或运算。轮密钥首先被放入一个 4 × 4 字节的矩阵中。然后将状态与矩阵中相应的元素异或。这可以由算法 6.10 得到。

算法 6.10：轮密钥加

要求： $s=(s_{ij}),s_{ij}\in\mathbb{Z}_2^8,i,j\in\mathbb{Z}_4,\mathrm{rk}\in\mathbb{Z}_2^{128}$

确保： $\widetilde{s}=(\widetilde{s}_{ij}),\widetilde{s}_{ij}\in\mathbb{Z}_2^8,i,j\in\mathbb{Z}_4$

1：$i:=0$
2：$j:=0$
3：**while** $i<4$ **do**
4： **while** $j<4$ **do**
5： $\widetilde{s}_{ij}:=s_{i,j}\oplus \mathrm{rk}_{8\cdot i+32\cdot j}\parallel \mathrm{rk}_{8\cdot i+32\cdot j+1}\parallel\cdots\parallel \mathrm{rk}_{8\cdot i+32\cdot j+7}$
6： $j:=j+1$
7： $i:=i+1$
8： **end while**
9：**end while**
10：**return** $\widetilde{s}$

AES 的安全性

如果研究 AES 的安全性，我们可以通过执行使两个标准都满足的实验来验证严格雪崩准则，如图 6.3 所示。

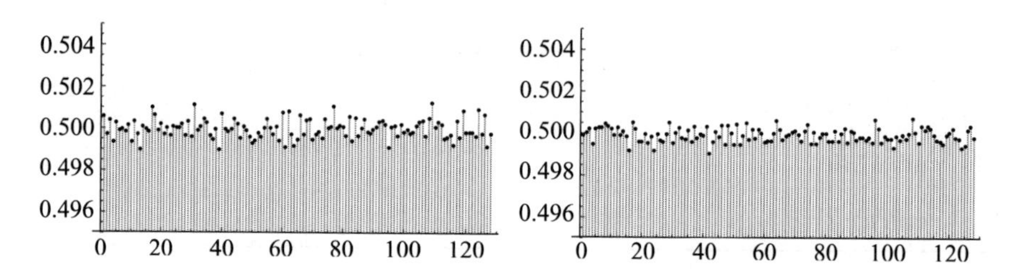

图 6.3　AES 的严格雪崩准则：在带有固定密钥的消息（左）或在带有固定消息的密钥（右）中，由位翻转引起 128 个输出位的位变化的经验概率

6.4　Pohlig-Hellman 指数密码

到目前为止，在执行加密之前，两个实体必须彼此见面以交换密钥。20 世纪 70 年代，一些密码学家尝试绕过这一步。在这一探索中产生的最早的密码之一是由 Pohlig[⊖] 和 Hellman[⊜] 发明的指数密码。虽然这并没有解决密钥交换存在的问题，但这是一个经典的私钥密码体制。设 $p \in \mathbb{N}$ 为素数。我们声明 $\mathcal{P}=\mathcal{C}=\mathbb{Z}_p$，且 $\mathcal{K}=\mathbb{Z}_p^{\times}$。通过定义

$$e_k : \mathbb{Z}_p \to \mathbb{Z}_p, m \mapsto e_k(m) := m^k \bmod p \tag{6.14}$$

给定参数 p 和 k，我们可以加密明文 m。设 $c=e_k(m)$ 为密文。我们如何恢复它的明文？如果 $m=0$，因为 $m=0 \Leftrightarrow c=0$，所以不存在问题。否则，由费马小定理 3.86 可知，对于任意的 $m \in \mathbb{Z}_p^{\times}$

$$m^{p-1} \bmod p = 1 \text{ 或者更确切地说 } m^p \bmod p = m$$

因此，我们可以找到 $k' \in \mathcal{K}$ 满足

⊖ Steven Pohlig (1952—2017)。

⊜ Martin E. Hellman，1945 年出生。

$$m = c^{k'} \bmod p = (m^k)^{k'} \bmod p = m^{k \cdot k'} \bmod p \text{ and } k \cdot k' \equiv_{p-1} 1$$

后者意味着对于某些 $z \in \mathbb{Z}$，$k \cdot k' = z \cdot (p-1) + 1$。由于不是所有的 k 都有模 $p-1$ 的逆元，我们必须将可能的密钥限制为 $\mathcal{K} = \mathbb{Z}_{p-1}^{\times}$。

定义 6.34　设 p 是一个素数，$\mathcal{P} = \mathcal{C} = \mathbb{Z}_p$，$\mathcal{K} = \mathbb{Z}_{p-1}^{\times}$，$e_k(m) = m^k \bmod p$ 和 $d_{k'}(c) = c^{k'} \bmod p$ 满足 $k \cdot k' \equiv_{p-1} 1$。则密码体制 $(\mathcal{P}, \mathcal{C}, \mathcal{K}, \mathcal{E}, \mathcal{D})$ 称为 Pohlig-Hellman 指数密码。

对于该密码算法，存在 $\phi(p-1)$ 个好的密钥。在最好的情况下，我们有 $p-1=2 \cdot q$ 个，其中 q 是素数，那么我们得到 $\phi(p-1) = q-1 = \frac{p-3}{2}$ 个好密钥。如果 p 足够大，将能够抵御暴力破解唯密文攻击。如果某人有明文-密文对（m，c），他们将必须解决找到满足

$$c^{k'} \bmod p = m$$

的任意 k' 的问题。我们通常把它记为对数问题

$$k' = \log_c(m)$$

然而，这里的挑战是找到一个整数 k'，我们称之为离散对数，且由此产生了一个大问题，我们将在第 7 章进行讨论。由于我们必须用 $\mathbb{Z}_p$ 表示明文，我们可以在实际应用中把许多字母组合在一起。这意味着 Pohlig-Hellman 指数密码是分组密码。

算法 6.11：Pohlig-Hellman 加密和解密

要求：素数 p，秘密密钥 $k \in \mathbb{Z}_{p-1}^{\times}$，明文 $m \in \mathbb{Z}_p$

确保：密文 c，解密的明文 m'

1：$c := e_k(m) = m^k \bmod p$

2：$k' := k^{-1} \bmod p-1$

3：$m' := d_{k'}(c) = c^{k'} \bmod p$

4：**return** c, m'

例 6.35　取自 Σ_{Lat}^8 的消息"SECURITY"必须使用长度为 2 的分组进行加密。根据例 2.13 的逐分组编码结果显示为整数。例如，SE→(18,4)→26 · 18+4=472。由于 $26^2=676$，我们可以选择素数 $p=677$。首先 $\phi(p-1)=\phi(2^2\cdot 13^2)=2\cdot 13\cdot 12=312$，密钥空间大小为 $|\mathcal{K}|=312$。进一步，通过选择 $k=431$ (GCD(431, 676) = 1)，得到"解密密钥"

$$k'=527,\ 1=\underbrace{-149}_{\equiv_{676}527}\cdot 431+95\cdot 676$$

消息	SE	CU	RI	TY
m_i（经过编码的）	472	72	450	518
$c_i=m_i^{431} \bmod 677$	170	3	50	599
解码的密文	GO	AD	BY	XB
$c_i^{527} \bmod 677$	472	72	450	518

指数密码的安全性

只要计算离散对数是困难的，Pohlig-Hellman 指数密码就被认为是安全的。另一个问题是，是否有满足 $a\not\equiv_p u$ 和 $a^k \bmod p=u^k \bmod p$ 的数 $a,u\in\mathbb{Z}_p$。但是，如果存在这样的数，我们将等式两边分别求 k' 次幂，得到

$$a^k \bmod p=u^k \bmod p \Leftrightarrow (a^k)^{k'} \bmod p=(u^k)^{k'} \bmod p$$
$$\Leftrightarrow a \bmod p=u \bmod p$$

这与假设相矛盾。任何 $a\in\mathbb{Z}_p$ 都产生一个不同的 $a^k \bmod p$，并且该密码体制同时满足定义 5.25 中的严格消息雪崩准则和严格密钥雪崩准则。

例 6.36　基于128 位素数，得到的（二进制）序列表明位变化的概率为 50%。这在两种情况下都会发生：在消息中带位翻转的固定密钥或在密钥中带位翻转的固定消息。这里显示的数据是根据随机选择的 2^{12} 条消息和密钥的经验数据，如图 6.4 所示。

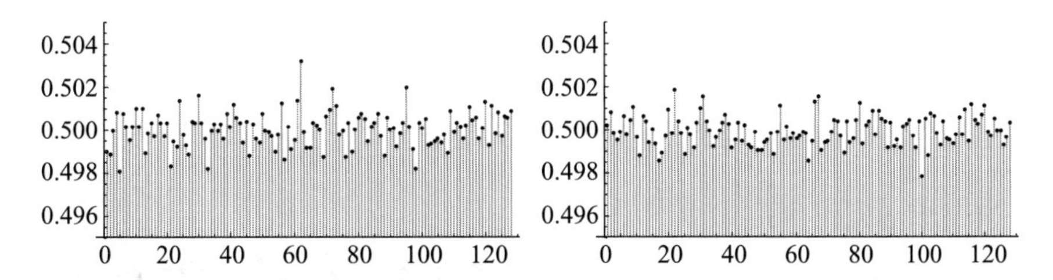

图 6.4　Pohlig-Hellman 指数密码的严格雪崩准则：在带有固定密钥消息（左）或带有固定消息密钥（右）中，由位翻转引起 128 个输出位的位变化的经验概率

如果我们多次使用同一个 k，会出现一些问题。根据 $c_1=m_1^k \bmod p$ 和 $c_2=m_2^k \bmod p$，得到 $c_1 \cdot c_2 \bmod p=(m_1 \cdot m_2)^k \bmod p$。给定任何“真实的”明文-密文对（$m_1$，$c_1$）和一个“编造的”明文-密文对（$m_2$，$p_2$），我们可以得到需要的密文 m。该问题可以通过随机化密钥 k 来防止。

第7章

公钥密码体制的组成

说明 7.1　学习本章的知识要求：

- 熟悉数论基础，请参阅 1.1 节；
- 熟悉关于群和环的基础知识，请参阅 3.1 节。

精选文献：请参阅文献（Hoffstein 等，2008；Stamp 和 Low，2007；Stinson，2005；Vaudenay，2006）。

迪菲（Diffie）[⊖]和赫尔曼（Hellman）在文献（Diffie 和 Hellman，1976，p. 644）中提到“密码学变革”。在私钥密码体制中，发送方利用加密函数 e 对消息 $m\in\mathcal{P}$ 加密时需要用到密钥 $k\in\mathcal{K}$，即 $e:\mathcal{P}\rightarrow\mathcal{C},m\mapsto c:=e_k(m)$。为了恢复原始明文，接收方使用相同的密钥处理解密函数 $d,d:\mathcal{C}\rightarrow\mathcal{P},c\mapsto m=d_k(c)$。只有当相应的随机变量相互独立时，密码体制才能达到完善保密性。唯一已知的符合完善保密性的密码体制是一次一密。然而，我们从 5.2.3 节中可知此系统效率较低，因为密钥必须提供和明文一样多的不确定性，这意味着密钥必须和明文一样长。

私钥密码有两个主要问题。首先，由于每个实体都必须拥有密钥，需要利用安全信道分发密钥，即时通信需要建立密钥交换。其次，一个实体必须能够准确地证明其真实

⊖ Whitfield Diffie，出生于 1944 年。

性或不可否认性。如果使用了共享密钥，那么至少有两个实体可以成为该知识的来源。此外，n 个实体需要有 $\binom{n}{2}=\frac{n(n-1)}{2}$ 个不同的密钥才能保证交换是安全的。为了解决这些问题，有两种可行方案：(1) 在所谓的公钥分发系统上交换秘密密钥；(2) 使用公钥密码体制。后者的特点是在发送端和接收端使用不同的密钥。接收方准备一对密钥，即一个公钥和一个相应的私钥。公钥具有开放读取权限，发送方将使用公钥进行加密。私钥位于接收方，用于解密过程。即使第三方可能知道所使用的密码体制并拥有公钥，也不能估算私钥。

7.1　公钥分发

在迪菲和赫尔曼的革命性论文发表的三年前，赫尔曼的学生 Merkle[⊖] 就已经开始关注密钥分发信道的安全性。虽然 Merkle 的想法直到 1978 年才在文献（Merkle 和 Hellman，1978）上公开，但已经影响了他的老师赫尔曼。

7.1.1　Merkle 谜题

在使用私钥密码时，通常需要在两个实体之间秘密地交换密钥。因此，如果该通信被截获，保密性将不复存在。Merkle 的想法是放弃密钥的保密性并假定被完全拦截。我们考虑两个协商使用特定私钥密码体制的实体、一个识别特征 c 和一个具有大小为 n 的密钥空间 $\mathcal{K}$ 的密钥受限密码体制。其中一个实体创建 n 个可能的密钥 $k_1,\cdots,k_n$，每个密钥都有一个唯一的 ID $i_1,\cdots,i_n$，并把每个序列 i_j,k_j,c 加密为

$$c_j=e_{f_j}(i_j,k_j,c)$$

其中所有的 $f_j\in\mathcal{K}$ 两两不相交。Merkle 称这样的序列是一个“谜题”[⊖]。通信合作方接收所有产生的密文 c_1，…，c_n 并且必须只能解密一个随机选择的密文，例如 c_q。正如预

⊖ Ralph C. Merkle，出生于 1952 年。

⊖ 请参阅文献（Merkle 和 Hellman，1978，p. 296）。

期的那样，在这种暴力攻击中平均进行 $n/2$ 次试验，可以快速完成。在检查了识别特征后，它们可以重新发送 ID i_q，并且双方实体都知道用于实际通信的密钥 k_q。攻击方可能清楚地知道所有的“谜题”和传输的 ID。为了得到相应的密钥，其唯一需要做的就是解密平均 $n/2$ 条消息，其中每次平均需要进行 $n/2$ 次尝试。这将需要做 $n/2 \cdot n/2$ 次试验。这可能已经足够了。例如，如果一台快速计算机一秒能进行 10^{13} 次加密或解密[⊖]，那么我们可以使用 6.2 节中的 DES 创建 2^{56} 个不同的“谜题”。另一个实体可以在两小时内解决该问题，但攻击方需要 2^{110} 次尝试才能破解正确的“谜题”。这意味着

$$\frac{2^{110}}{10^{13} \cdot 3600 \cdot 24 \cdot 365} = 4 \cdot 10^{12}$$

年，这是相当困难的。在这一背景下，数据的创建、存储和传输需要大量的时间、空间和容量，表明这种方法是不切实际的。然而，这作为一个必要的中间步骤，为发明重要的 Diffie-Hellman 密钥协商过程提供了灵感。

例 7.2　例如，我们使用定义 4.18 中分组大小为 $t=2$ 的仿射分组密码。令 $c=90$，$n=10$。设密钥 $k_j=(k_{j1},k_{j2},k_{j3},k_{j4})$ 由 4 个整数组成。例如，我们创建以下 10 个“谜题”$(i_j,k_{j1},k_{j2},k_{j3},k_{j4},c)$：

(5,11,20,22,7,90),(6,16,12,19,10,90),(1,4,16,6,23,90),

(7,8,7,8,13,90),(4,6,12,20,22,90),(9,23,4,4,7,90),

(2,11,12,0,14,90),(8,9,16,21,3,90),(3,8,15,9,11,90),

(0,25,3,16,1,90)

为了执行仿射分组密码，我们使用字母序列编码“谜题”，即

(5, 11, 20, 22, 7, 90)

↦FIVEELEVENTWENTYTWENTYTWOSEVENNINETY

(6, 16, 12, 19, 10, 90)

↦SIXSIXTEENTWELVENINETEENTENNINETYZZZ

⊖　用暴力攻击电脑可以在两小时内攻破 DES。

并且如果序列太短，通过引入 Z 进行填充，类似于第二行。下表第一列显示了仿射线性分组密码的密钥 (A，b)，第二列包含关于密文的明文。

DOIT,WK	FIVEELEVENTWENTYTWENTYTWOSEVENNINETY TULUGRQZIDXIIDZUXIIDZUXIEWQZIDRGNIZU
UVVX,PS	SIXSIXTEENTWELVENINETEENTENNINETYZZZ XIVFINLPELZNORZFBHVTLPELLPCSGRATGFAA
VSBX,RN	ONEFOURSIXTEENSIXTWENTYTHREENINETYZZ ZOJCVTWCBEUUXETHKFFXIVFGCVRFSCYOQMEP
ZZBK,BQ	SEVENEIGHTSEVENEIGHTTHIRTEENNINETYZZ FWCZKRNGBFFWCZKRNGBFBBCMEXKUGFKRKPDF
XAGJ,CF	FOURSIXTWELVETWENTYTWENTYTWONINETYZZ NFUSADLCORVAQSORPUIIORPUIIODPZPPXXFQ
TQDF,GX	NINETWENTYTHREEFOURFOURSEVENNINETYZZ RYFERIEWXSLLDQGIUJTVUJTICKEWRYFEXSXP
TPAZ,YN	TWOELEVENTWELVEZEROFOURTEENNINETYZZZ NRMJHJPJKUIJCSHORWBISTIUEJYAHAVUXOQO
CJPF,LL	EIGHTNINESIXTEENTWENTYONETHREENINETY NHIGKXOOZFAMHEGGNQGGFAAAIKWTDNFMVSFA
IJFS,DS	THREEEIGHTFIFTEENNINEELEVENNINETYZZZ KFTTTGRKWFLFGVTGQFCGTGXPZNQFCGYQEQMV
RAST,TC	ZEROTWENTYFIVETHREESIXTEENONENINETYZ CIWCEIJJEUAKMOEJWUJAZLEEJJXHJJZDJTLZ

现在，让另一方使用密钥 LJAZ，CN 解密第 7 个密文。两个实体传递 ID 2，并且可以一起工作。

7.1.2 Diffie-Hellman 密钥协商

受 Merkle 思想的启发，《密码学新方向》[1]对进一步发展和研究密码学产生了深远的影响。尽管在实现上仍存在一些不足，Diffie 和 Hellman 的秘密密钥交换方法目前仍在使用。但是，正如我们所论证的那样，如果 Merkle 谜题的数量适当大，是可以保证计算安全的。在 Diffie 和 Hellman 的文章发表之前，Merkle 已经分享了他的想法[2]——运用一方计算上的快速检验和另一方计算上的困难检验的思想。他们研究了模幂运算，并提出了以下（通信）协议 7.1。

协议 7.1：Diffie-Hellman 密钥协商

要求：素数 p，$\langle g\rangle=\mathbb{Z}_p^{\times}$

确保：密钥 x_{AB}

1：A 随机选择 $x_A\in\{2,\cdots,p-2\}$并计算 $y_A:=g^{x_A} \bmod p$

2：B 随机选择 $x_B\in\{2,\cdots,p-2\}$并计算 $y_B:=g^{x_B} \bmod p$

3：将 y_A转发给 B，将 y_B转发给 A

4：A 计算

$$x_{AB}:=y_B^{x_A} \bmod p=(g^{x_B} \bmod p)^{x_A} \bmod p=g^{x_B x_A} \bmod p$$

5：B 计算

$$x_{AB}:=y_A^{x_B} \bmod p=(g^{x_A} \bmod p)^{x_B} \bmod p=g^{x_A x_B} \bmod p$$

6：**return** x_{AB}是 A 和 B 的共享秘密密钥

这是第一个使用离散对数的密码方法。如果我们知道 p，g，$y_A=g^{x_A} \bmod p$ 或 $y_B=g^{x_B} \bmod p$，为了得到某个 x_A，$x_B\in\mathbb{Z}_p$，需要解方程

---

[1] 请参阅文献（Diffie 和 Hellman，1976）。

[2] 请参阅文献（Holden，2017，p.208）。

$$g^{x_A} \bmod p = y_A \text{ 或 } g^{x_B} \bmod p = y_B$$

求解该方程后，可以计算 x_{AB}，该问题被称为 Diffie-Hellman 问题，其核心任务是求解离散对数，例如，根据算法 7.4，我们很快会看到快速计算 y_A 和 y_B 是可能的，但是逆向计算离散对数是非常缓慢的。

例 7.3　给定 p=633 825 300 151 008 188 895 770 717 987 和 $g=2$，则我们可以用私钥 x_A=126 584 和 x_B=18 544 165 841 641 计算 A 与 B 的公钥和共享秘密密钥。

实体	公钥 y_A 和 y_B	共享秘密密钥 x_{AB}
A	376 929 335 322 892 368 661 007 761 494	476 180 515 590 621 878 051 279 928 148
B	132 382 496 838 821 719 107 940 371 914	476 180 515 590 621 878 051 279 928 148

在计算该例子时可能会出现溢出，这是由于大指数造成的。因此，根据算法 7.3，有必要使用一种有效的算法来进行模幂运算。

一个参数值取值较小的可以手工计算的例子：$p=17$，$g=3$，$x_A=7$ 和 $x_B=9$。我们得到

$$y_A = 3^7 \bmod 17 = 11, y_B = 3^9 \bmod 17 = 14$$

接下来，A 和 B 计算它们的共享秘密密钥

$$x_{AB} = 14^7 \bmod 17 = 6 = 11^9 \bmod 17$$

由于

$$\begin{aligned} y_A^{x_B} \bmod p &= (g^{x_A})^{x_B} \bmod p = g^{x_A \cdot x_B} \bmod p \\ &= g^{x_B \cdot x_A} \bmod p = (g^{x_B})^{x_A} \bmod p = y_B^{x_A} \bmod p \end{aligned}$$

两个实体都拥有相同的密钥，我们称 Diffie-Hellman 密钥协商确保了共同密钥的建立。然而，如何找到协议 7.1 中要求的生成元？幸运的是，根据定理 3.67 的考虑，存在 $\phi(p-1)$ 个生成元。根据定理 1.29，如果我们知道 $p-1$ 的素因子分解，也可以使用定理 7.4 得到生成元。

定理 7.4　设 p 为素数。对于 $g \in \mathbb{Z}_p^{\times}$，$p-1$ 的每个素因子 q_j 满足 $\mathcal{L}(g) = \mathbb{Z}_p^{\times} \Leftrightarrow g^{\frac{p-1}{q_j}} \bmod p \neq 1$。

证明　令 $m=\mathrm{ord}_{\mathbb{Z}_p^\times}(g)$，根据推论 3.34，$m \mid p-1$。此外，考虑定理 1.29 中提到的 $p-1$ 的每个素因子 q_i 的记法 $p-1=q_i \cdot Q_i$。可得

$$\begin{aligned}\mathcal{L}(g)\neq \mathbb{Z}_p^\times &\Leftrightarrow m<p-1 \Leftrightarrow p-1=v\cdot m, v\in\mathbb{Z}, v\neq 1\\ &\Leftrightarrow p-1=q_i\cdot Q_i=v\cdot m\\ &\Leftrightarrow \exists\, i: m|q_i \vee m|Q_i\end{aligned}$$

如果 m 整除 q_i，则存在 j 满足 $p-1=q_j \cdot Q_j$ 且 $q_i \mid Q_j$ 或 q_i 是 Q_i 的因子。在任何情况下

$$\begin{aligned}p-1=q_i\cdot Q_i=v\cdot m &\Leftrightarrow \exists\, j: p-1=q_j\cdot Q_j \wedge m|Q_j\\ &\Leftrightarrow p-1=q_j\cdot Q_j=q_j\cdot k_j\cdot m, k_j\in\mathbb{Z}\\ &\Leftrightarrow (p-1)/q_j=Q_j=k_j\cdot m\\ &\Leftrightarrow g^{\frac{p-1}{q_j}} \bmod p\\ &=g^{k_j\cdot m} \bmod p=(g^m)^{k_j} \bmod p=1\end{aligned}$$

□

如果 $p>2$ 是素数且 $\mathcal{L}(g)=\mathbb{Z}_p^\times$，则有 $g^{\frac{p-1}{2}} \bmod p\neq 1$。计算该式的平方得到

$$(g^{\frac{p-1}{2}})^2 \bmod p=g^{p-1} \bmod p=1$$

多项式 $P(X)=X^2-1\in\mathbb{Z}_p[X]$有两个零点 1 和 $p-1$，因为 $P(1)=1^2-1 \bmod p=0$ 和 $P(p-1)=p^2-2\cdot p+1-1 \bmod p=0$。因此

$$g^{\frac{p-1}{2}} \bmod p\in\{1, p-1\} \tag{7.1}$$

因为 $g^{\frac{p-1}{2}} \bmod p\neq 1$,所以 $g^{\frac{p-1}{2}} \bmod p=p-1$。这是 g 成为 $\mathbb{Z}_p^\times$ 生成元的一个必要条件。

例 7.5　在例 7.3 中,我们使用了 100 位(二进制)的素数

$$p=633\ 825\ 300\ 151\ 008\ 188\ 895\ 770\ 717\ 987$$

且 $g=2$。对 $p-1$ 进行因子分解得到

$$p-1=2\cdot 316\ 912\ 650\ 075\ 504\ 094\ 447\ 885\ 358\ 993$$

$g=2$ 真的是 $\mathbb{Z}_p^\times$ 的生成元吗？使用定理 7.4,我们计算

$$2^{316\ 912\ 650\ 075\ 504\ 094\ 447\ 885\ 358\ 993} \bmod p=p-1\neq 1$$

$$2^2 \bmod p=4\neq 1$$

这证明了 $g=2$ 是 $\mathbb{Z}_p^\times$ 的生成元,即 $\mathcal{L}(2)=\mathbb{Z}_p^\times$。

对大数进行因式分解是一个很大的挑战，例 7.5 有点特殊，但有一类素数的复合很有趣。如果 q 是素数且 $p=2\cdot q+1$ 也是素数，则 q 被称为 Sophie Germain 素数[⊖]，p 被称为安全素数。对于这样一个安全素数，测试生成元的过程相当容易。

使用 Diffie-Hellman 密钥交换存在一个主要的问题——中间人攻击。如果敌手截获了 A 和 B 之间的通信，其通信链路可能就连接在一起了。考虑一个名为 M(Mallory)的实体，它知道这种通信的公共参数，即 p 和 g。M 现在选择任意的 $x_M\in\{2,\cdots,p-2\}$，并建立两个单独的密钥协商：一个在 A 和 M 之间，另一个在 M 和 B 之间。M 对两方使用 x_M 且生成 x_{AM} 和 x_{BM}。A 和 B 不知道发生了什么，并认为彼此之间建立了联系。然而，M 现在可以拦截和操纵整个通信，这被认为是安全的。因此，不能保证 A 或 B 正在与谁交流。我们必须确保所谓的实体相互身份认证，即两个通信实体相互进行身份认证。

7.1.3 身份认证和密钥建立

由于在 Diffie-Hellman 密钥交换中，参与方不能够确定其对应方，因此需要一种相互身份认证。一种可能性是利用可信第三方，记为 TP，具体地说，就是一个 A 和 B 都信任的参与方。此外，A 和 TP 已经建立了一个长期密钥 x_{ATP}。类似地，B 和 TP 也已经建立了一个长期密钥 x_{BTP}。身份认证和密钥建立可以用 5 个步骤完成[⊜]。A 和 B 需要生成一次性随机数，即只使用一次的随机数，就像前面 2.3.1 节提到的。

协议 7.2： 类 ISO9798－2 密钥建立和实体身份认证

要求： 数 x_A 和 x_B，随机数 r_A，r'_A 和 r_B，长期密钥 x_{ATP} 和 x_{BTP}，符合密码体制约定

确保： 密钥 x_{AB} 在 A 与 B 之间相互身份认证

1：B 随机选择 r_B 并发送 $r_B \parallel x_B$ 给 A

⊖ Sophie Germain(1776—1831)。

⊜ 根据文献(ISO/IEC,1999)。

2：A 随机选择 r_A 并把 $r_A \| r_B \| x_A \| x_B$ 发送给 TP

3：TP 发送 $e_{x_{ATP}}(r_A \| x_{AB} \| x_B) \| e_{x_{BTP}}(r_B \| x_{AB} \| x_A)$ 给 A

4：A 解密并验证第一部分，随机选择 r'_A 并发送 $e_{x_{BTP}}(r_B \| x_{AB} \| x_A) \| e_{x_{AB}}(r'_A \| r_B)$ 给 B

5：B 解密并验证第一部分和发送 $e_{x_{AB}}(r_B \| r'_A \| x_A)$ 给 A

6：A 解密并验证消息

7：**return**　x_{AB}（A 和 B 的共享秘密密钥）

例 7.6　我们再次使用 100 位（二进制）的素数

$$p=633\ 825\ 300\ 151\ 008\ 188\ 895\ 770\ 717\ 987$$

以及

$$x_A=126\ 584$$

$$x_B=18\ 544\ 165\ 841\ 641$$

$$r_A=271\ 149\ 513\ 617\ 780\ 391\ 754\ 181\ 210\ 084$$

$$r_{A'}=364\ 286\ 903\ 851\ 281\ 840\ 123\ 597\ 028\ 475$$

$$r_B=72\ 361\ 362\ 081\ 674\ 317\ 512\ 537\ 004\ 353$$

$$x_{ATP}=135\ 574\ 756\ 808\ 890\ 195\ 877\ 090\ 605\ 043$$

$$x_{BTP}=1\ 401\ 114\ 742\ 177\ 227\ 865\ 757$$

为了简单起见，对所有通信，我们选择 6.4 节中带 ECB 模式的 Pohlig-Hellman 指数密码。TP 生成

$$x_{AB}=507\ 320\ 713\ 019\ 169\ 990\ 711\ 111\ 705\ 871$$

当运行协议 7.2 时，A 使用 $x_{ATP}^{-1} \bmod p-1=299\ 948\ 207\ 074\ 515\ 187\ 213\ 928\ 653\ 767$，$B$ 使用 $x_{BTP}^{-1} \bmod p-1=294\ 518\ 757\ 836\ 023\ 955\ 473\ 076\ 901\ 645$，协议执行如下

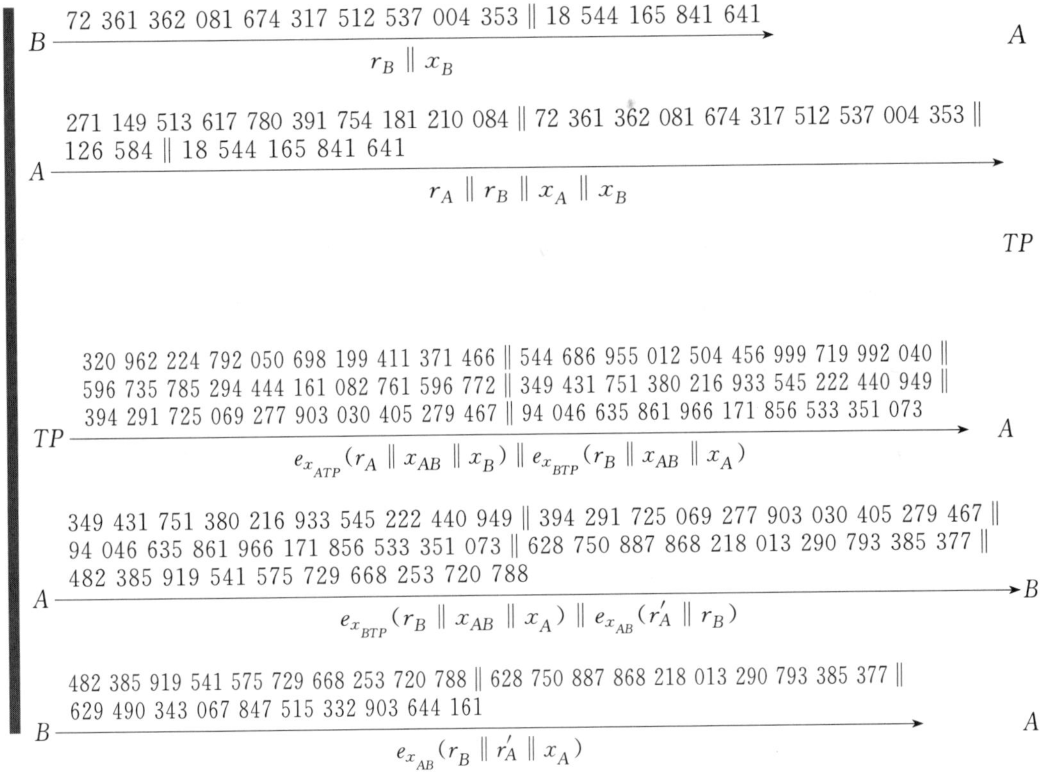

$B \xrightarrow[r_B \| x_B]{72\ 361\ 362\ 081\ 674\ 317\ 512\ 537\ 004\ 353 \| 18\ 544\ 165\ 841\ 641} A$

271 149 513 617 780 391 754 181 210 084 ‖ 72 361 362 081 674 317 512 537 004 353 ‖
126 584 ‖ 18 544 165 841 641

$A \xrightarrow[r_A \| r_B \| x_A \| x_B]{} TP$

320 962 224 792 050 698 199 411 371 466 ‖ 544 686 955 012 504 456 999 719 992 040 ‖
596 735 785 294 444 161 082 761 596 772 ‖ 349 431 751 380 216 933 545 222 440 949 ‖
394 291 725 069 277 903 030 405 279 467 ‖ 94 046 635 861 966 171 856 533 351 073

$TP \xrightarrow[e_{x_{ATP}}(r_A \| x_{AB} \| x_B) \| e_{x_{BTP}}(r_B \| x_{AB} \| x_A)]{} A$

349 431 751 380 216 933 545 222 440 949 ‖ 394 291 725 069 277 903 030 405 279 467 ‖
94 046 635 861 966 171 856 533 351 073 ‖ 628 750 887 868 218 013 290 793 385 377 ‖
482 385 919 541 575 729 668 253 720 788

$A \xrightarrow[e_{x_{BTP}}(r_B \| x_{AB} \| x_A) \| e_{x_{AB}}(r'_A \| r_B)]{} B$

482 385 919 541 575 729 668 253 720 788 ‖ 628 750 887 868 218 013 290 793 385 377 ‖
629 490 343 067 847 515 332 903 644 161

$B \xrightarrow[e_{x_{AB}}(r_B \| r'_A \| x_A)]{} A$

7.2 单向函数

Pohlig-Hellman 指数密码和 Diffie-Hellman 密钥分配这两种不同的方法使用了相同的思想。计算简单，但逆向工程要困难得多。这种方法在计算机时代开始时就已经被发现。

约定 7.7（单向函数） 单向函数 $f: X \rightarrow Y$ 是满足以下两个性质的函数：

- 对于每一个 $x \in X$，存在一个有效的方法来计算 $y=f(x)$。
- 对于几乎每一个 $y \in Y$，都不存在有效的方法计算 $x=f^{-1}(\{y\})$。

1874年，Jevons[⊖]提出了这一问题。他写道[⊖]："读者能说出哪两个数相乘可以得到8616460799吗？我想除了我自己，没有人会知道，因为它们是两个大素数，只有通过连续尝试一系列的素因子，直到找到正确的那个素数，才能重新发现它们。这项工作可能要占用一台高性能计算机好几个星期，但是将两个因子相乘却只花费了我几分钟时间。"

然而，没有证据表明存在这样的函数。另外，存在一些候选的单向函数，但没有被证明是这样的函数。

7.2.1 离散指数和对数

在许多情况下，有必要计算数 a 的大指数模其他数 n。这可以通过连续地将 a 与自身相乘并计算余数来实现：

$$a^x \bmod n=((((a\cdot_n a)\cdot_n a)\cdot_n a)\cdots)\cdot_n a,\quad x\in\mathbb{N} \tag{7.2}$$

x 的二进制表示

$$x=b_0+b_1\cdot 2+b_2\cdot 2^2+\cdots+b_l 2^l$$

$$b_1,\cdots,b_l\in\{0,1\},\quad l=\lfloor\log_2(x)\rfloor$$

可能有助于简化此过程。这样，我们可以计算

$$\begin{aligned}a^x \bmod n &=a^{b_0+b_1\cdot 2+b_2\cdot 2^2+\cdots+b_l 2^l} \bmod n\\ &=a^{b_0}\cdot_n a^{b_1\cdot 2}\cdot_n a^{b_2\cdot 2^2}\cdot_n\cdots\cdot_n a^{b_l\cdot 2^l}\\ &=a^{b_0}\cdot_n (a^{2^1})^{b_1}\cdot_n (a^{2^2})^{b_2}\cdot_n\cdots\cdot_n (a^{2^l})^{b_l}\end{aligned}$$

因子 $a^{2^i} \bmod n=(a^{2^{i-1}})^2 \bmod n$ 可以通过前面因子的平方很容易地计算出来。综上，最多只需

$$2(l+1)=2\lceil\log_2(x)\rceil \tag{7.3}$$

次乘法。

⊖ William S. Jevons (1835—1882)。

⊖ 请参阅文献（Jevons，1875，p. 12）。

算法 7.3：平方乘算法

要求：$n, x \in \mathbb{N}, a \in \mathbb{Z}$

确保：$y = a^x \bmod n$

```
1: a1 := a; x1 := x, y := 1
2: while x1 ≠ 0 do
3:   while(x1 mod 2) = 0 do
4:     x1 := x1/2
5:     a1 := (a1 · a1) mod n
6:   end while
7:     x1 := x1 − 1
8:     y := (y · a1) mod n
9: end while
10: return y
```

例 7.8　类似于例 3.53，我们计算幂 $2^{10} \bmod 3$。

a_1	x_1	y
2	10	1
2 · 2 mod 3=1	10/2=5	1
1	5−1=4	1 · 1 mod 3=1
1 · 1 mod 3=1	4/2=2	1
1 · 1 mod 3=1	2/2=1	1
1	1−1=0	1 · 1 mod 3=**1**

一个稍微复杂一点的例子是 $5^{11} \bmod 21 = (5^1 \cdot 4^1 \cdot 16^0 \cdot 4^1) \bmod 21 = 17$。

a_1	x_1	y
5	11	21
5	11−1=10	5
5 · 5 mod 21=4	10/2=5	5
4=1	5−1=4	5 · 4 mod 21=20
4 · 4 mod 21=16	4/2=2	20
16 · 16 mod 21=4	2/2=1	20
4	1−1=0	20 · 4 mod 21=**17**

最后，算法 7.3 计算 $5^{573} \bmod 587 = 216$ 需要 15 步。

为了说明可能节省的计算量，我们在此稍做偏离。通过使用每秒执行的浮点运算（flop）次数来度量，我们假设每次加法、减法或乘法需要一次 flop，每次除法需要四次 flop。模运算可以被认为是一次除法、一次乘法和一次加法，也就是六次 flop。

例 7.9　$n=574=1+2^2+2^3+3^4+2^5+2^9$。如果我们运用式(7.2)，一台计算机必须做 573 次乘法和模运算，即 $573\cdot(1+6)=4011$ 次 flop。相比之下，如果我们使用算法 7.3，计算机将需要执行 $(6+9)\cdot 7=15\cdot 7=105$ 次 flop，这显然比前者少。

请记住定义 6.34 中的 Pohlig-Hellman 指数密码，难点是在已知的明文环境中找到密钥 k。给定一个素数 p、任意的 $a\in\mathbb{Z}_p$ 和任意的密钥 $k\in\mathbb{Z}_{p-1}^{\times}$，通过算法 7.3 不难计算

$$b=a^k \bmod p$$

问题 7.10（计算 $\mathbb{Z}_p$ 中的离散对数）　给定一个素数 p，$a\in\mathbb{Z}_p$ 和 $b\in\mathbb{Z}_p$，求 $1\leqslant k\leqslant p-2$ 的唯一整数 k，使得

$$a^k \bmod p=b,\ 即\ k=:\log_a(b)$$

为了保证有唯一解，我们假设 a 是 $\mathbb{Z}_p^{\times}$ 的一个生成元。找到指数 k 的一个简单方法是从 $x=0$ 开始计算所有可能的值，参见例 7.11。

例 7.11　离散对数原象的确定如图 7.1 所示。

$$p=257,\ a=51,\ b=111,\ x=\log_{51}(111)=188$$

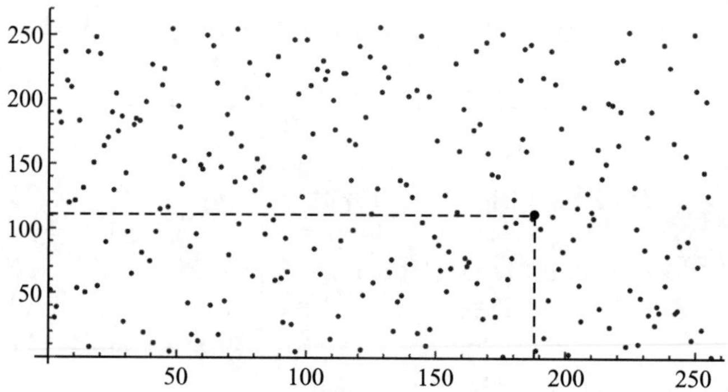

图 7.1　离散对数原象的确定

只要有匹配，我们就找到了指数。平均而言，必须执行 $p/2$ 次乘法和模运算，且需要存储 a，b，p 和 $a^x \bmod p$ 四个值。由于实际中 p 的二进制位太长，这种方法并不实用。

一种更好的计算离散对数的算法源于 Shanks㊀。通过设 $m=\lceil\sqrt{p}\rceil$ 且

$$k=q\cdot m+r,\ q,\ r\in\mathbb{Z}_m,\ 0\leqslant q\cdot m+r\leqslant m^2-1$$

即覆盖集合 $\mathbb{Z}_p$ 并且计算了所有可能的指数，我们计算

$$b=a^k \bmod p=a^{q\cdot m+r} \bmod p\Rightarrow(a^m)^q \bmod p=b\cdot a^{-r} \bmod p$$

令 $\alpha=a^m \bmod p$。比较所谓“小步”集合

$$B=\{(b\cdot a^{-r} \bmod p,r);\ r\in\mathbb{Z}_m\}$$

与“大步”集合

$$G=\{(\alpha^q \bmod p,q);\ q\in\mathbb{Z}_m\}$$

中的元素，我们将会找到匹配。这是因为 a 是 $\mathbb{Z}_p^\times$ 的生成元，且对于每个 b，根据构造都存在满足 $j\cdot m+i=\log_a(b)$ 的数 i，$j\in\mathbb{Z}_p$。令 $(y,\ i)\in B$ 和 $(y,\ j)\in G$ 是这样的匹配。那么

$$(a^m)^j \bmod p=b\cdot a^{-i} \bmod p\Leftrightarrow a^{m\cdot j+i} \bmod p=b$$

由此，对于任意的 $u\in\mathbb{Z}$，有 $a^{m\cdot j+i-k} \bmod p=1$ 和 $m\cdot j+i-k=u\cdot\phi(p)=u\cdot(p-1)$。这意味着 $j\cdot m+i\equiv_p k$。

推论 7.12（Shanks 的离散对数） 对于一个给定的素数 p、$\mathbb{Z}_p^\times$ 的生成元 a 和数 $b\in\mathbb{Z}_p^\times$，Shanks 的方法，在算法 7.4 中表示为小步-大步算法，可以计算离散对数 $\log_a(b) \bmod p$。

算法 7.4： 小步-大步算法

要求： 素数 p，生成元 $a\in\mathbb{Z}_p^\times$，即 $\mathcal{L}(a)=\mathbb{Z}_p^\times$，$b\in\mathbb{Z}_p^\times$

㊀ Daniel Shanks（1917—1996）。

确保： $k=\log_a(b)$

1：$m:=\lceil\sqrt{p-1}\,\rceil$

2：$B:=\{(b\cdot a^{-i}\bmod p,i)=(b\cdot a^{p-1-i}\bmod p,i)$

$i=0,\cdots,m-1\}$

3：$G:=\{(a^{m\cdot j}\bmod p,j);j=0,\cdots,m-1\}$

4：用相同的第一个分量找到$(y,i)\in B$ 和$(y,j)\in G$

5：$k=\log_a(b):=(m\cdot j+i)\bmod(p-1)$

6：**return** k

例 7.13　我们计算$\log_{51}(111)\bmod 257$；$m=17$，

$B=\{(111,0),(\mathbf{108,1}),(244,2),(161,3),(240,4),(171,5),(215,6),$
$(105,7),(123,8),(78,9),(62,10),(102,11),(2,12),(252,13),$
$(141,14),(33,15),(46,16)\}$

$G=\{(1,0),(151,1),(185,2),(179,3),(44,4),(219,5),(173,6),$
$(166,7),(137,8),(127,9),(159,10),(\mathbf{108,11}),(117,12),$
$(191,13),(57,14),(126,15),(8,16)\}$

在 $i=1$ 和 $j=11$ 处存在一个匹配。因此，我们得到 $k=m\cdot j+i \bmod 257=17\cdot 11+1 \bmod 257=188$。

如果 a 不是 $\mathbb{Z}_p^\times$ 的生成元，离散对数可能不存在。只有 b 是由 a 作用产生的。我们可以用算法 7.4 中的 $\mathrm{ord}_{\mathbb{Z}_p^\times}(a)$ 代替第一步和最后一步中的值 $p-1$。Shanks 方法的一个很大的缺点是需要占用更多的内存，而 Pohlig-Hellman 方法消耗的内存较少。根据定理 1.29，我们需要知道 $p-1$ 的因式分解。此时，设 p 还是素数，a 是（$\mathbb{Z}_p^\times$，$\cdot_p$，1）的生成元。给定因式分解

$$\phi(p)=p-1=\prod_{j=1}^{l}p_j^{\alpha_j}$$

我们定义

$$p_{p_j}=\frac{p-1}{p_j^{\alpha_j}},\ a_{p_j}=a^{p_{p_j}} \bmod p \text{ 和 } b_{p_j}=b^{p_{p_j}} \bmod p \tag{7.4}$$

a_{p_j} 的阶是

$$\mathrm{ord}_{\mathbb{Z}_p^\times}(a_{p_j}) \overset{\text{推论3.28}}{=} \frac{p-1}{\mathrm{GCD}(p-1,p-1/p_j^{\alpha_j})}=p_j^{\alpha_j}$$

对于

$$a_{p_j}^k \bmod p=a^{p_{p_j}\cdot k} \bmod p=(a^k)^{p_{p_j}} \bmod p$$

$$=b^{p_{p_j}} \bmod p=b_{p_j}$$

$b_{p_j}\in\mathcal{L}(a_{p_j})$。因为根据例 3.66，$(\mathcal{L}(a_{p_j}),\cdot_{p|\mathcal{L}(a_{p_j})},1)$是循环的，可得

$$k_{p_j}=k \bmod p_j^{\alpha_j}$$

由于它们的构造，所有的 p_j 是两两互素的，为了得到 k，我们可以将中国剩余定理 3.77 应用于同余系

$$k\equiv_{p_1^{\alpha_1}} k_{p1}\cdots k\equiv_{p_l^{\alpha_l}}k_{p_l}$$

这样进行计算，可以将求解离散对数化简为求素数的幂。

算法 7.5：Pohlig-Hellman 算法

要求：素数 p，生成元 $a\in\mathbb{Z}_p^\times$，即 $\mathcal{L}(a)=\mathbb{Z}_p^\times$，$b\in\mathbb{Z}_p^\times$

确保：$k=\log_a(b)$

1：$\phi(p)=p-1=\prod_{j=1}^{l}p_j^{\alpha_j}$

2：$p_{p_j}:=\dfrac{p-1}{p_j^{\alpha_j}},a_{p_j}:=a^{p_{p_j}} \bmod p,b_{p_j}:=b^{p_{p_j}} \bmod p$

3：$k_{p_j}:=\mathrm{shanks}(a_{p_j},b_{p_j},p),j=1,\cdots,l$

4：$k=\log_a(b):=$中国剩余定理$(\{(k_{p_j},p_j^{\alpha_j});\ j=1,\cdots,l\})$

5：**return** k

推论 7.14 (Pohlig-Hellman 算法) 对于一个给定的素数 p、$\mathbb{Z}_p^\times$ 的生成元 a 和数 $b\in\mathbb{Z}_p^\times$，算法 7.5 表示的 Pohlig-Hellman 方法，可以计算离散对数 $\log_a(b)\bmod p$。

例 7.15 回顾例 7.13。由于 $p-1=256=2^8$，$a_2=a$ 和 $b_2=b$。因此，使用 Pohlig-Hellman 算法没有任何改进。

计算 $k=\log_{51}(111)\bmod 271$，$270=2^1\cdot 3^3\cdot 5^1$。

$$p_2=\frac{270}{2}=135, a_2=51^{135}\bmod 271=270$$

$$b_2=111^{135}\bmod 271=270$$

$$p_3=\frac{270}{3^3}=10, a_3=51^{10}\bmod 271=83$$

$$b_3=111^{10}\bmod 271=238$$

$$p_5=\frac{270}{5}=54, a_5=51^{54}\bmod 271=10$$

$$b_5=111^{54}\bmod 271=1$$

我们必须求解 $k_2=\log_{270}(270)\bmod 271$，$k_3=\log_{83}(238)\bmod 271$，$k_5=\log_{10}(1)\bmod 271$。我们能很快得出 $k_2=1$，$k_5=0$。为了得到 k_3，我们调用 Shanks 方法：$m=\left\lceil\sqrt{\operatorname{ord}_{\mathbb{Z}_{271}^\times}(83)}\right\rceil=\left\lceil\sqrt{27}\right\rceil=6$。接下来，我们计算

$$B=(238,0),(140,1),(178,2),(25,3),(206,4),(\mathbf{169},\mathbf{5})$$

$$G=(1,0),(258,1),(\mathbf{169},\mathbf{2}),(242,3),(106,4),(248,5)$$

和 $m\cdot 2+5\bmod 27=17$。最后，应用中国剩余定理求解

$$k\equiv_2 1,\ k\equiv_{27} 17 \text{ 和 } k\equiv_5 0$$

$$\Rightarrow k=1\cdot 1\cdot 135+17\cdot(-8)\cdot 10+0\cdot(-1)\cdot 54 \bmod 270=125$$

例 7.16　图 7.2 显示了二进制位长为 p 的函数计算离散对数所需的时间。

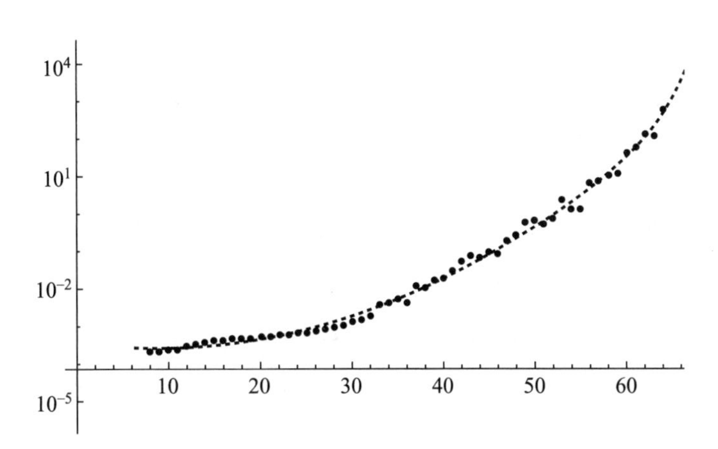

图 7.2　依赖于二进制位数的 Pohlig-Hellman 算法时间复杂度

根据文献（Buchmann，2012），虚线表示一个回归函数，该函数适用于基于时间复杂度理论估计的数据。

有一些对 Pohlig - Hellman 算法的改进和略快计算离散对数的算法，例如，请参阅文献（Stinson，2005）中的指数演算法。然而，目前还没有已知和公认的算法能够快速解决该问题，尽管这并不是指 Shor 的量子算法，该算法需要足够大型的量子计算机，而这样的计算机目前是不可用的⊖。

7.2.2　模 n 的平方和平方根

给定任意整数 $n\in\mathbb{N}$，$n\geqslant 2$ 和任意 $x\in\mathbb{N}_0$，值

$$a=x^2 \bmod n \tag{7.5}$$

可以通过一次乘法和模运算来计算。反之，考虑任意 $n\in\mathbb{N}$ 和一个整数 $\widetilde{a}\in\mathbb{Z}$。处理 $a=\widetilde{a} \bmod n\in\mathbb{Z}_n$ 有可能找到满足式(7.5) 对应的 $x\in\mathbb{N}$ 吗？如果存在这样的值 x，则值 $\widetilde{a}$

⊖ 请参阅文献（Nielsen 和 Chuang，2011）。

被称为模 n 的二次剩余，并记为 $x=\sqrt{a}$。否则，a 被称为模 n 的二次非剩余。如果 $x=q\cdot n+r$，$r\in\mathbb{Z}_n$，则

$$\begin{aligned}x^2 \bmod n &=(q\cdot n+r)^2 \bmod n=q^2\cdot n^2+2\cdot q\cdot n\cdot r+r^2 \bmod n\\&=r^2 \bmod n\end{aligned}$$

我们可以把 a 和 x 限制在 $\mathbb{Z}_n$ 中。现在，我们假设 $p=n$ 是奇素数，a，$x\in\mathbb{Z}_p$，来检验这两种情况。令 a 是模 p 的二次剩余。由于有对应的值 x，我们通过

$$\begin{aligned}(p-x)^2 \bmod p &=p^2-2\cdot p\cdot x+x^2 \bmod p\\&=x^2 \bmod p\\&=a\end{aligned}\tag{7.6}$$

得到式(7.5)的第二个解。如果 $a=0$，则 $x=0$，$p-x=p\notin\mathbb{Z}_p$。因此我们只有一个解。否则，$p-x$ 与 x 是不同的，因为根据 $p-x=x$，可得 $p=2\cdot x$。但是根据上述假设，p 是一个奇整数。此处没有更多的解，因为如果我们把式(7.5)解释为求解多项式

$$P(X)=X^2-a \bmod p\in\mathbb{Z}_p[X]$$

的根，根据推论 6.24，我们从 $\mathbb{Z}_p$ 中最多得到两个解。如果 a 是任意模 p 的二次非剩余，则无解。

推论 7.17　给定奇素数 $p>2$ 和 $a\in\mathbb{Z}_p^\times$。如果 a 是模 p 的二次剩余，那么 $x^2 \bmod p=a$ 有两个解；如果 a 是模 p 的二次非剩余，则无解。

定义

$$R_n=\{a\in\mathbb{Z}_n^\times；a \text{ 是模 } n \text{ 的二次剩余}\}$$

供我们进一步研究。由于 p 是素数，根据推论 3.88，必然存在循环群（$\mathbb{Z}_p^\times,\cdot_p,1$）的生成元 g 满足 $a=g^u \bmod p$。如果 $a\notin R_p$，那么 u 一定是奇数，$u=2\cdot k+1$，否则 $a=g^{2k} \bmod p=(g^k)^2 \bmod p\in R_p$。由于 $a\in\mathbb{Z}_p^\times$，我们可以利用式(7.1)和费马小定理 3.86 得到

$$a^{\frac{p-1}{2}} \bmod p = \begin{cases} (x^2)^{\frac{p-1}{2}} \bmod p = x^{p-1} \bmod p \overset{(3.86)}{=} 1, & a \in R_p \\ (g^{2\cdot k+1})^{\frac{p-1}{2}} \bmod p = g^{\frac{p-1}{2}} \bmod p \overset{(7.1)}{=} p-1, & a \notin R_p \end{cases}$$

对于 $1 \equiv_p a^{\frac{p-1}{2}} \equiv_p g^{\frac{u}{2}\cdot(p-1)}$，满足$\frac{u}{2} \in \mathbb{Z}$，即 $a \in R_p$。

推论 7.18 给定奇素数 $p>2$ 和 $a \in \mathbb{Z}_p^{\times}$。则有，$a \in R_p \Leftrightarrow a^{\frac{p-1}{2}} \bmod p = 1$ 和 $a \notin R_p \Leftrightarrow a^{\frac{p-1}{2}} \bmod p = p-1$。

因此对于 a，$b \in R_p$，乘积 $a \cdot b$ 也属于 R_p。类似地，如果 a，$b \notin R_p$，乘积 $a \cdot b$ 仍属于 R_p。

例 7.19 令 $a=4$ 和 $p=5$。我们尝试 $x \in \mathbb{Z}_5$，$x^{\frac{5-1}{2}} \bmod 5 = x^2 \bmod 5$ 的所有可能值：

$$0^2 \bmod 5 = 0,\ 1^2 \bmod 5 = 1\quad 2^2 \bmod 5 = 4$$

$$3^2 \bmod 5 = 4,\ 4^2 \bmod 5 = 1$$

我们得到 $R_5 = \{1, 4\}$。

假设 u 是偶数，$u = 2 \cdot k$，$k \in \{1, \cdots, \frac{p-1}{2}\}$，我们可知

$$a = g^{2\cdot k} \bmod p = (\underbrace{g^k \bmod p}_{x})^2 \bmod p = x^2 \bmod p \in R_p$$

反之，$a \in R_p$，即对于某些 $k \in \mathbb{Z}_p^{\times}$，由 $a = x^2 \bmod p$ 和 $x = g^k \bmod p$，可得

$$a = x^2 \bmod p = (g^k)^2 \bmod p = g^{2\cdot k \bmod p-1} \bmod p$$

然而，由 $2 \cdot k \equiv_{p-1} 2 \cdot \left(\frac{p-1}{2} + k\right)$可得无损约束$k \in \left\{1, \cdots, \frac{p-1}{2}\right\}$。

推论 7.20

$$a \in R_p \Leftrightarrow a = g^{2 \cdot k} \bmod p, k \in \left\{1, \cdots, \frac{p-1}{2}\right\}$$

因此，我们得到 $(p-1)/2$ 模 p 的二次剩余。

对于给定的模 p 的二次剩余，求根 $x \in \mathbb{Z}_p^{\times}$ 是一个低成本的问题。

定理 7.21（模 p 的平方根） 令 $p>2$ 是素数且 $a \in \mathbb{Z}_p^{\times}$ 是模 p 的二次剩余。那么，算法 7.6 返回满足 $x^2 \bmod p = a$ 的 $x \in \mathbb{Z}_p^{\times}$。

证明 对于给定的 $a \in R_p$，我们应用式(7.6)：$x^2 \bmod p = a$ 和 $(p-x)^2 \bmod p = a$。如果我们在算法 7.6 中随机选择任意的 $v \in \mathbb{Z}_p^{\times}$，根据推论 7.20，$v$ 以 1/2 的概率是模 p 的二次非剩余。令

$$p-1 = q \cdot 2^l \text{ 且 } 2^{l+1} \nmid p-1，其中 l，q \in \mathbb{N}_0，q 是奇数。$$

定义 $a_1 = a$。存在最小的 $k_1 \in \mathbb{N}_0$ 满足 $a_1^{q \cdot 2^{k_1}} \bmod p = 1$ 且 $k_1 \leqslant l$。最坏情况下，$k_1 = l$ 且

$$a_1^{q \cdot 2^{k_1}} \bmod p = a_1^{q \cdot 2^l} \bmod p = a_1^{p-1} \bmod p \overset{(3.86)}{=} 1$$

我们考虑序列

$$a_{n+1} = a_n \cdot v^{2^{l-k_n}} \bmod p:$$

$$\begin{aligned}
a_{n+1}^{q \cdot 2^{k_n-1}} \bmod p &= (a_n \cdot v^{2^{l-k_n}})^{q \cdot 2^{k_n-1}} \bmod p \\
&= a_n^{q \cdot 2^{k_n-1}} \cdot v^{q \cdot 2^{l-1}} \bmod p \\
&= a_n^{q \cdot 2^{k_n-1}} \cdot v^{\frac{p-1}{2}} \bmod p \\
&= a_n^{q \cdot \frac{2^{k_n}}{2}} \cdot (-1) \bmod p \\
&= (-1) \cdot (-1) \bmod p \\
&= 1
\end{aligned}$$

算法 7.6：求模 p 的平方根

要求：素数 $p>2$，模 p 的二次剩余 $a\in\mathbb{Z}_p^\times$

确保：$x\in\mathbb{Z}_p^\times$ 满足 $x^2 \bmod p=a$，即 $x=\sqrt{a}$

1：选择任意的 $v\in\mathbb{Z}_p^\times$，使得 $v^{\frac{p-1}{2}} \bmod p=p-1$，即 $v\notin R_p$
2：计算满足 $p-1=q\cdot 2^l$ 和 $2^{l+1}\nmid p-1$ 的 l，$q\in\mathbb{N}_0$
3：$a_1:=a, n:=1$
4：求出满足 $a_1^{q\cdot 2^{k_1}} \bmod p=1$ 最小的 $k_1\geqslant 0$
5：**while** $k_n\neq 0$ **do**
6：　$a_{n+1}:=a_n\cdot v^{2^{l-k_n}} \bmod p$
7：　求出满足 $a_{n+1}^{q\cdot 2^{k_{n+1}}} \bmod p=1$ 最小的 $k_{n+1}\geqslant 0$
8：　$n:=n+1$
9：**end while**
10：$r_n:=a_n^{\frac{m+1}{2}} \bmod p$
11：**for** $i:=n-1$，$i>0$ **do**
12：　$r_i:=r_{i+1}(v^{2^{l-k_i-1}})^{-1} \bmod p$
13：　$i:=i-1$
14：**end for**
15：**return** $x:=r_1$

因此，基于选择的二次非剩余 v，总能找到 $k_{n+1}\leqslant k_n-1<k_n$，使得 $l\geqslant k_1>k_2>\cdots>k_n>k_{n+1}>\cdots\geqslant 0$。因此，存在一个整数 $m\leqslant l+1$ 满足 $k_m=0$ 和

$$1=a_m^{q\cdot 2^{km}} \bmod p=a_m^q \bmod p$$

将最后一个等式乘以 a_m 可得

$$a_m\cdot a_m^q \bmod p=a_m^{q+1} \bmod p=a_m \text{ 则 } (a_m^{\frac{q+1}{2}})^2 \bmod p=a_m$$

因此，$r_m=a_m^{\frac{q+1}{2}} \bmod p$ 是二次剩余 a_m 的平方根。对于 $i=m-1$，…，1，根据定义

$$r_i = r_{i+1} (v^{2^{l-k_i-1}})^{-1} \bmod p$$

我们得到 $r_i^2 \bmod p = a_i$，这可以通过归纳法证明。如果 $i=m$，定理的陈述是正确的。现在，假设该陈述对于 $i+1<m$ 是正确的。则可得

$$\begin{aligned} r_i^2 \bmod p &= r_{i+1}^2 \cdot ((v^{2^{l-k_i-1}})^{-1})^2 \bmod p \\ &\overset{\text{i. hyp.}}{=} a_{i+1} \cdot ((v^{2^{l-k_i-1}})^2)^{-1} \bmod p \\ &= a_{i+1} \cdot (v^{2^{l-k_i}})^{-1} \bmod p \\ &= a_i \cdot v^{2^{l-k_i}} \cdot (v^{2^{l-k_i}})^{-1} \bmod p \\ &= a_i \end{aligned}$$

从而，我们证明了 $r_1^2 \bmod p = a_1 = a$。因此，$x = r_1$ 是我们要寻找的平方根之一。 □

例 7.22

由于 $8^8 \bmod 17 = 1$，$p=17$，$a=8 \in R_{17}$。

$p-1=16=1 \cdot 2^4 \Rightarrow q=1$，$l=4$。令 $v=5$，$v^8 \bmod 17=16$。

$n=1$：$a_1=8$，$8^2 \bmod 17=13$，$8^3 \bmod 17=16$，$8^4 \bmod 17=1$

　　$\Rightarrow k_1=3$

$n=2$：$a_2=8 \cdot 5^2 \bmod 17=13$，$13^2 \bmod 17=16$，$13^4 \bmod 17=1$

　　$\Rightarrow k_2=2$

$n=3$：$a_3=13 \cdot 5^4 \bmod 17=16$，$16^2 \bmod 17=1$

　　$\Rightarrow k_3=1$

$n=4$：$a_4=16 \cdot 5^8 \bmod 17=1$

　　$\Rightarrow k_4=0$

$i=4$：$r_4=1$

$i=3$：$r_3=1 \cdot (5^4)^{-1} \bmod 17=4$

$i=2$：$r_2=4 \cdot (5^2)^{-1} \bmod 17=9$

$i=1$：$r_1=9 \cdot (5^1)^{-1} \bmod 17=12$

检查：$12^2 \bmod 17=144 \bmod 17=8$，$5=17-12$ 也是一个解。

求平方根可能要容易得多。如果 $p\equiv_4 3$，我们得到

$$a^{\frac{p-1}{2}} \bmod p=1 \Rightarrow a^{\frac{p-1}{2}+1} \bmod p=a^{\frac{p+1}{2}} \bmod p=a$$

因为 $p\equiv_4 3$，所以$\frac{p+1}{2}$是偶数。因此，

$$(a^{\frac{p+1}{4}})^2 \bmod p \overset{x=a^{\frac{p+1}{4}}}{=} x^2 \bmod p=a \tag{7.7}$$

我们再执行一步，并考虑素数的幂。令 x 是模素数幂 p^n 的平方根，$p>2$。则

$$x^2\equiv_{p^n} a \Rightarrow x^2-a=q\cdot p^n \Rightarrow x^2-a=(q\cdot p^{n-1})\cdot p \Rightarrow x^2\equiv_p a$$

且 x 是 a 模 p 的平方根。反之，如果 x 是 a 模 p 的平方根，那么模 p^n 的平方根呢？首先，我们必须证明 $a\in \mathbb{Z}_{p^n}^{\times}$。由于 GCD($a$，$p$)=1，我们可以记为 $1=u\cdot a+v\cdot p$，我们得到

$$\begin{aligned} v^n\cdot p^n &= (v\cdot p)^n = (1-u\cdot a)^n = \sum_{k=0}^{n}\binom{n}{k}1^k\cdot(-u\cdot a)^{n-k} \\ &= \sum_{k=0}^{n-1}\binom{n}{k}1^k\cdot(-u\cdot a)^{n-k}+1 \\ &= a\cdot\sum_{k=0}^{n-1}\binom{n}{k}1^k\cdot(-u)^{n-k}\cdot a^{n-k-1}+1 \end{aligned}$$

因此，GCD(a，p^n)=1。

定理 7.23（计算模 p^n 的平方根）

假设任意素数的幂 p^n，其中 $p>2$，以及模 p^n 的二次剩余 $a\in \mathbb{Z}_{p^n}^{\times}$，对于某个 $x_0\in \mathbb{Z}_p^{\times}$ 满足

$$x_0^2\equiv_p a$$

则存在唯一数 $x\in \mathbb{Z}_{p^n}^{\times}$ 满足

$$x^2\equiv_{p^n} a \text{ 且 } x\equiv_p x_0$$

证明　我们通过运行关于下标 k 的归纳法来证明存在性。有趣的是，我们使用

Newton[⊖]法计算零点，并据此定义迭代

$$x_{k+1}=x_k-(x_k^2-a)\cdot((2\cdot x_k)^{-1}\bmod p^k)\bmod p^{k+1}$$
$$=x_k\cdot(2^{-1}\bmod p^k)+a\cdot((2\cdot x_k)^{-1}\bmod p^k)\bmod p^{k+1}$$

由于 $a\in\mathbb{Z}_{p^k}^{\times}$，我们得到 $x_k\cdot x_k \bmod p^k\in\mathbb{Z}_{p^k}^{\times}$，和一个合适的 $x_k\in\mathbb{Z}_{p^k}^{\times}$ 且其逆元确实存在。而且，x_k 和 x_{k+1} 与模数 p^k 相匹配。计算方程的平方得到

$$x_{k+1}^2\equiv_{p^{k+1}}x_k^2\cdot 2^{-2}+2\cdot x_k\cdot 2^{-1}\cdot a\cdot(2\cdot x_k)^{-1}+a^2\cdot(2\cdot x_k)^{-2}$$
$$\equiv_{p^{k+1}}2^{-2}\cdot(x_k^4+2\cdot a\cdot x_k^2+a^2)\cdot x_k^{-2}$$
$$\equiv_{p^{k+1}}2^{-2}\cdot(x_k^2-a)^2\cdot x_k^{-2}+a$$

其中等号右边模运算的模数是 p^k。两边同时减去 a，我们得到

$$x_{k+1}^2-a\equiv_{p^{k+1}}(x_k^2-a)^2\cdot(2^{-2}\cdot x_k^{-2}\bmod p^k)$$

归纳基础由 x_0 的假设给出。该陈述适用于 k，即对于某些 $q\in\mathbb{N}$，$x_k^2-a=q\cdot p^k$。然后，我们得到

$$x_{k+1}^2-a\equiv_{p^{k+1}}(x_k^2-a)^2\cdot(2^{-2}\cdot x_k^{-2}\bmod p^k)$$
$$\overset{\text{i. hyp.}}{\equiv}{}_{p^{k+1}}(q\cdot p^k)^2\cdot(2^{-2}\cdot x_k^{-2}\bmod p^k)$$
$$\equiv_{p^{k+1}}0\Leftrightarrow 2\cdot k\geqslant k+1\Leftrightarrow k\geqslant 1$$

接下来，考虑两个不同的解 x，y 满足 $x^2\equiv_{p^n}y^2$ 和 $(x-y)\bmod p^n=r$。可得

$$(x+y)\cdot(x-y)\equiv_{p^n}0$$

由于 $x\equiv_p x_0\equiv_p y$，可得 $x+y\equiv_p 2\cdot x_0$ 和$(x+y)\cdot(x-y)=(2x_0+qp)\cdot r\equiv_{p^n}0\equiv_p 0$，即 $2x_0 r \bmod p=0$。因为 p 是素数且 $x_0\neq 0$，所以 $r=0$。因此该解是唯一的，$x=y$。　□

与推论 7.18 相同，我们对模素数的幂 p^n 的二次剩余做一个陈述。我们回顾域 GF(p^n)，$|\mathbb{Z}_{p^n}^{\times}|=p^{n-1}\cdot(p-1)$，并运用欧拉定理 3.84。

⊖ Isaac Newton（1643—1727）。

推论 7.24　给定一个奇素数 $p>2$ 和 $a\in \mathbb{Z}_{p^n}^{\times}$。那么，我们可得

$$a\in R_{p^n} \Leftrightarrow a^{\frac{p^{n-1}\cdot(p-1)}{2}} \bmod p=1$$

$$a\notin R_{p^n} \Leftrightarrow a^{\frac{p^{n-1}\cdot(p-1)}{2}} \bmod p=p-1$$

如果 $a\in R_{p^n}$ 且 $x^2 \bmod p^n=a$，则存在第二个平方根 p^n-x。否则，如果 $a\notin R_{p^n}$，没有平方根。

由于奇数 n 不一定是素数的幂，所以我们将讨论具有单位元的交换环，即 $(\mathbb{Z}_n,+_n,\cdot,0,1)$。因此，我们必须首先分解该问题。如果已知 n 的分解

$$n=p_1^{\alpha_1}\cdot\cdots\cdot p_k^{\alpha_k}$$

我们可以考虑计算模 n 的平方根的实际问题。

问题 7.25（计算模 n 的平方根）　给定任意正奇合数 n 和整数 $a\in \mathbb{Z}_n^{\times}$，如果可能的话，找到一个整数 $x\in \mathbb{Z}_n^{\times}$，使得

$$x^2 \bmod n=a,\text{ 即 } x=\sqrt{a}$$

如果 $a\notin R_n$，则该问题无解。假设 $a\in R_n$，存在一个 $x\in \mathbb{Z}_n^{\times}$，满足 $x^2 \bmod n=a$。由于 n 的可分解，我们可以把该问题分解成子问题。由

$$x^2-a=q\cdot n=q\cdot p_1^{\alpha_1}\cdot\cdots\cdot p_k^{\alpha_k}=\left(q\cdot\prod_{i\neq j}p_i^{\alpha_i}\right)\cdot p_j^{\alpha_j}$$

可得 $x^2-(a \bmod p_j^{\alpha_j})=_{p_j^{\alpha_j}}0$。与其求解主问题,我们不如先求解子问题

$$x^2 \bmod p_j^{\alpha_j}=a \bmod p_j^{\alpha_j},\quad j\in\{1,\cdots,k\}$$

这可以分别使用算法 7.6 和定理 7.23 来实现，得到解 x_{j1} 和 $x_{j2}=p_j^{\alpha_j}-x_{j1}$。之后，我们必须找到满足所有方程的解 x

$$x \bmod p_j^{\alpha_j}=x_j \tag{7.8}$$

其中 $x_j \in \{x_{j1}, x_{j2}\}$。这些子问题符合中国剩余定理 3.77 的应用 3.14，且最多得到 2^k 个不同解。

例 7.26

$n=221=13 \cdot 17$，$a=55$，$x_1=87$，$x_2=100$，$x_3=121$，$x_4=134$。图 7.3 表示模 221 的 4 种不同平方根。

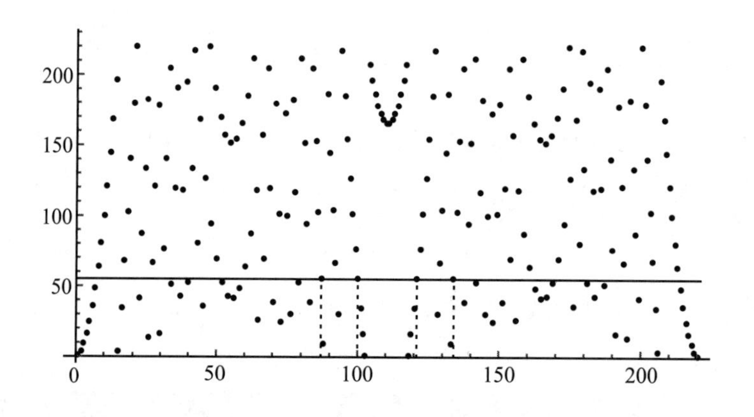

图 7.3　模 221 的 4 种不同平方根

例如，55 mod 13=3，9^2 mod 13=3，55 mod 17=4 和 15^2 mod 17=4。我们需要求解同余式

$$x \equiv_{13} 9 \text{ 和 } x \equiv_{17} 15$$

得到 $x=100$。最后，为了检验，我们计算 87^2 mod 221 = 100^2 mod 221 = 121^2 mod 221 = 134^2 mod 221 = 55。

在不分解 n 的情况下，我们尝试 x 的可能值。我们在算法 7.7 中写出求解模典型合数 n 的平方根的过程。

算法 7.7：模 n 平方根

要求：奇数 $n \in \mathbb{N}$，$a \in R_n$

确保：$x \in \mathbb{Z}_n$ 满足 x^2 mod $n=a$

1：求 n 的分解：$n=p_1^{\alpha_1}\cdot\cdots\cdot p_k^{\alpha_k}$

2：使用算法 7.6 或更加确切地说定理 7.23，求解子问题

$$x^2 \bmod p_j^{\alpha_j}=a \bmod p_j^{\alpha_j},\quad j\in\{1,\cdots,k\}$$

产生解 x_{j1} 和 $x_{j2}=p_j^{\alpha_j}-x_{j1}$

3：通过应用中国剩余定理算法 3.2，求得满足所有方程

$$x \bmod p_j^{\alpha_j}=x_j$$

的解 x，其中 $x_j\in\{x_{j1},x_{j2}\}$

4：令 x 是最多 2^k 个解中的一个

5：**return** x

例 7.27

$$n=221=13\cdot 17=p\cdot q,\ a=1$$

我们得到两个简单的平方根 $x_1=1$，$x_2=220$。我们计算第三个解

$$x_3\equiv_p p-1 \text{ 且 } x_3\equiv_q 1$$

$$\Leftrightarrow x_3=p\cdot(p^{-1} \bmod q)-q\cdot(q^{-1} \bmod p) \bmod n=103$$

最后，$x_4=n-x_3=118$。

7.2.3　素数幂乘及其因式分解

给定素数 p_1，…，p_k 和指数 α_1，…，$\alpha_k\in\mathbb{N}$，我们可以很容易地计算出乘积

$$n=\prod_{j=1}^{k}p_j^{\alpha_j}$$

另外，根据式(1.5)，很难对给定的数 n 进行因子分解。一个简单但花费大的方法是测试所有可能的素数直到一个固定的边界 $b\geqslant 2$。如果分数可以完全消去，则被测试数是一个素因子。例 7.28 展示了该方法。

例 7.28（试除法）

$$n=253=11\cdot 23,\ b=31$$

p	2	3	5	7	11	13	17	19	23	29	31
n/p	253/2	253/3	253/5	253/7	23	253/13	253/17	253/19	11	253/29	253/31

这种方法叫作试除法。如果找到了素数 p_1，我们可以再用该方法，寻找 $n_1=\frac{n}{p_1}$ 的因子，从素数 p_1 开始，以此类推，直到 $n_k=1$。得到的 p_j 形成一个递增序列。在最坏的情况下，试除法需要做大概$\sqrt{n}$次除法。假设每秒钟可能做10^{13}次除法且 $n=2^{512}\approx 10^{154}$，我们需要将近

$$\frac{2^{256}}{10^{13}\cdot 3600\cdot 24\cdot 365}=3.7\cdot 10^{56}$$

年来对 n 进行因子分解。

问题 7.29（正整数因子分解） 给定正整数 $n\in\mathbb{N}$，求素数 p_1，…，p_k 和适当的整数 α_1，…，$\alpha_k\in\mathbb{N}$，使得

$$n=p_1^{\alpha_1}\cdot\cdots\cdot p_k^{\alpha_k}$$

这对应于算术基本定理 1.29。

1974 年，Pollard[⊖] 考虑了一种求奇数 n 的因子 p 的方法。考虑 n 的一个素因子 p，通过选择 $x\in\mathbb{Z}_n^{\times}$ 和合适的 $k\in\mathbb{N}$ 满足

$$x^k \bmod n\neq 1 \text{ 且 } x^k \bmod p=1$$

我们可以得出，k 不是 $\phi(n)$ 的倍数，而 x^k-1 是 p 的倍数，因此

$$z=\mathrm{GCD}\ (x^k-1 \bmod n, n)\mid n \tag{7.9}$$

因为 $x\in\mathbb{Z}_n^{\times}$，所以 $\mathrm{GCD}(x,p)=1$，而且因为 $x^k \bmod p=1$，所以 k 是 $p-1$ 的倍数，所

⊖ 请参阅文献（Pollard，1974）。

以我们可能猜出一个合适的 k。为了该目的，我们考虑 $p-1$ 的因子分解

$$p-1=\prod_{j=1}^{l} p_j^{\alpha_j}$$

现在，我们选择一个界 $b\in\mathbb{N}$ 并对所有小于等于 b 的素数计算值

$$\alpha_b(q)=\max\{i\in\mathbb{N};q^i\leqslant b\}$$

令

$$k=\prod_{\substack{q\leqslant b\\ \text{素数}q}} q^{\alpha_b(q)}$$

如果未知的 $p-1$ 的素因子的幂都小于 b，那么 $p-1$ 是 k 的因子。否则，我们必须尝试一个更大的界。该方法只有当 $p-1$ 的素因子足够小时才有效。因为计算所有的 $\alpha_b(q)$ 很耗时，所以我们必须简化该过程。首先，我们使用 $x=2$，对于合数 n，总能得到 GCD $(x,n)=1$。其次，根据构造可知，最好情况是

$$p-1=\prod_{j=1}^{l} p_j^{\alpha_j} \Bigg| \prod_{\substack{q\leqslant b\\ \text{素数}q}} q^{\alpha_b(q)} \,|\, b! \tag{7.10}$$

式（7.10）中的最后一个关系是有效的，因为 q 是两两互素的。我们记为 $k=b!=(p-1)\cdot Q$。因此，我们可以计算

$$x^k \bmod n=2^{b!} \bmod n=2^{2\cdot 3\cdot \cdots \cdot b} \bmod n$$

如果 $x^k \bmod p=1$，我们再次使用式(7.9)。结果 z 可以是一个合数。接下来，我们必须继续研究 z 和 n/z。

算法 7.8：Pollard 的 $p-1$ 因子分解算法

要求：奇数 $n\in\mathbb{N}$，界 $b\in\mathbb{N}$

确保：n 的非平凡因子 z 或失败（-1）

1：$x:=2$

2：**for** $i=2$ **to** b **do**

3：　$x:=x^i \bmod n$

4：**end for**

5：z：$=$GCD($x-1$,n)

6：**if** $1<z<n$ **then**

7：　**return** z

8：**end if**

9：**return** -1

推论 7.30（Pollard 的 p-1 因子分解算法） 算法 7.8 中给定的 Pollard 方法，可以计算出一个给定奇数 n 的因子 z，或者它失败了并需要使用一个更高的界 b 重新开始。

例 7.31

$$n=253=11\cdot 23,\ b=6$$

算法 7.8 步骤 1～步骤 4 中 x 的序列为

$$(2,4,64,27,12,78)$$

计算 GCD(78-1,253)=GCD(7·11,11·23)=11，并得到因子 $11\mid 253$。另一个例子

$$n=70\ 698\ 786\ 003\ 409,\ b=1000$$

通过算法 7.8 的步骤 4，我们得到

$$x=54\ 091\ 116\ 376\ 397$$

我们计算 $z=\text{GCD}(x-1, n)=698\ 887\ 751$。我们使用 z 继续执行，且 $n/z=101\ 159$，已经是一个素数。此外，阶 $\text{ord}_{\mathbb{Z}^{\times}_{698887751}}(2)$ 的所有素因子中，最大的是 277。因此，我们必须在这里将界减小到一个更低的阈值，即 $b=270$。调用带有参数

$$n=698\ 887\ 751 \text{ 和 } b=270$$

的算法，得到

$$x=296\ 397\ 719$$

和 $z=\mathrm{GCD}(x-1,n)=131$，$z$ 是素数。此外，$n/z=5\ 335\ 021$ 是素数。最后，我们得到

$$70\ 698\ 786\ 003\ 409=131\cdot 101\ 159\cdot 5\ 335\ 021$$

Stirling 近似[⊖]告诉我们 $b!\approx\sqrt{2\pi\cdot b}(b/\mathrm{e})^b$。通过使用该公式和式(7.3)，我们可以利用估算

$$2\log_2\left(\sqrt{2\pi\cdot b}(b/\mathrm{e})^b\right)\approx 2b\log_2(b)$$

次乘法和模运算，来判断 Pollard 方法的效果。事实上，该方法适用于不大的数，但问题是，该方法只适用于如果 p 是 n 的因子且数 $p-1$ 恰好是小素数乘积的情况。这是关于数的一个非常有趣的性质，我们很快还会用到。

定义 7.32　当整数 $m\in\mathbb{N}$ 的所有素因子都小于或等于 b 时，被称为 b-光滑数。函数

$$\psi:\mathbb{N}\times\mathbb{N}\rightarrow\mathbb{N},\psi(n,b)=|\{m\in\{2,\cdots,n\};m\text{ 是 }b\text{-光滑数}\}|$$

记录所有比任意给定 n 小的 b-光滑数。

例 7.33

整数	2	3	4	5	6	7	8	9	10	11	12	13	14	15
因子分解	2	3	2^2	5	$2\cdot 3$	7	2^3	3^2	$2\cdot 5$	11	$2^2\cdot 3$	13	$2\cdot 7$	$3\cdot 5$

我们得到 $\psi(15,7)=|\{2,3,4,5,6,7,8,9,10,12,14,15\}|=12$

我们想用另一种方法分解 n。考虑任意奇数 $n=p\cdot Q$，其中 p 是一个素数。定义

$$x=\frac{p+Q}{2}\text{和 }y=\frac{p-Q}{2}$$

⊖ James Stirling (1692—1770)。

我们可以计算 $x^2-y^2=(x+y)(x-y)=Q\cdot p=n$。首先，我们通过重新调整得到 $x^2=n+y^2$。给定任意的 y，我们可以试着找到一个匹配的 x。我们也可以在方程中允许有 n 的倍数，即 $x^2=k\cdot n+y^2$，$k\in\mathbb{N}$。然而，$x-y$ 和 $x+y$ 是 $k\cdot n$ 的因子。因此，由于 k 的因子可以是 $x-y$ 或 $x+y$ 的因子，我们必须计算 GCD($x-y$，n) 和 GCD($x+y,n$)。

例 7.34

$$n=2491=47\cdot 53$$

我们试着找到一个平方数和一个完全平方：

y	1	2	3	4	5	6	7	8	9
$n+y^2$	2492	2495	2500	2507	2516	2527	2540	2555	2572
x^2			50^2						
$9n+y^2$	22 420	22 423	22 428	22 435	22 444	22 455	22 468	22 483	22 500
x^2									150^2

从前两行可以得到 $x-y=47$，$x+y=53$。从第二个式子可以得到 $x-y=141$ 和 $x+y=159$。最后，我们得到 GCD(141，2491)=47 和 GCD(159，2491)=53。

这一概括向我们展示了如何用另一种方法来研究该问题，以找到不同的数 x，y 满足

$$x^2\equiv_n y^2$$

然而，这就像大海捞针。在例 7.34 中，我们很幸运地得到 $9n+9^2=22\ 500=150^2$。因此，我们采取一种特殊的方法。考虑完全平方的因子分解，我们看到每个素因子的指数都是偶数。通常，对于一个给定的 y，我们通过计算 $y^2 \bmod n$ 的因子分解不会得到这种情况。但是，我们可以将几个这样的平方组合在一起，以希望因子分解的结果只有偶数指数，即

$$y_1^2 \bmod n=a_1,\cdots,y_u^2 \bmod n=a_u$$

$$\Rightarrow (y_{i_1}\cdot\cdots\cdot y_{i_v})^2 \equiv_n a_{i_1}\cdot\cdots\cdot a_{i_v} = p_{i_1}^{2\alpha_1}\cdot\cdots\cdot p_{i_w}^{2\alpha_w}$$

这些数与 n 的和或差的最大公约数是 n 的一个真因子。

例 7.35

$$17^2 \bmod 87 = 28 = 2^2\cdot 7,\ 18^2 \bmod 87 = 63 = 3^2\cdot 7$$

两式结合，我们得到 $n=87$，

$$\begin{aligned}306^2 \bmod 87 &= (17\cdot 18)^2 \bmod 87\\ &= 45\\ &= 28\cdot 63 \bmod 87 = (2\cdot 3\cdot 7)^2 \bmod 87 = 42^2 \bmod 87\end{aligned}$$

则 GCD(306－42，87)＝3，GCD(306＋42，87)＝87。我们找到了 n 的一个真因子。

素因子可能非常大。因此，我们可以通过指定一个素数和素数的幂都不能超过的界 b 来限制因子的大小。我们把它们收集到因子基 B 中

$$B=\{q\in\mathbb{N};q\text{ 是素数或素数的幂且 }q\leqslant b\}$$

为了在不同平方中得到合理的选择，我们考虑函数

$$f_n:\mathbb{N}\to\mathbb{N},t\mapsto f_n(t)=(\underbrace{\lfloor\sqrt{n}\rfloor+t}_{y_t})^2 \bmod n$$

并尝试仅根据 B 中的素数和素数的幂分解该值。我们可以利用改进的 Eratosthenes 筛法 1.27 使之更高效。由于二次方程有零个、一个（模 2）或两个解，我们可以一个接一个地测试看是否满足

$$f_n(t)\equiv_q 0,\quad q\in B$$

如果有任何的 t 满足，则 $f_n(t+k\cdot q)$ 也满足。因此，我们可以用 q 去除函数 $f_n(t)$，$f_n(t+p),f_n(t+2p),\cdots$。如果 q 是素数的幂，我们可以用这些基本的素数去除这些函数。在完成 B 中所有的 q 去除这些函数之后，一些产生的数被减少到 1。这些数是 B-平滑的，并且我们可以用它们来组合一个数，该数的因子分解甚至基于素数幂。

例 7.36 $n=2491$，$\lfloor\sqrt{n}\rfloor=49$，$B=\{2, 3, 4, 5, 7, 8, 9, 11\}$

y	1	2	3	4	5	6	7	8	9	10
$(\lfloor\sqrt{n}\rfloor+y)^2 \bmod n$	9	110	213	318	425	534	645	758	873	990
2	9	**55**	213	**159**	425	**267**	645	**379**	873	**495**
3	**3**	55	71	**53**	425	89	**215**	379	291	**165**
2^2	3	55	71	53	425	89	215	379	291	165
5	3	**11**	71	53	**85**	89	**43**	379	291	**33**
7	3	11	71	53	85	89	43	379	291	33
2^3	3	11	71	53	85	89	43	379	291	33
3^2	**1**	11	71	53	85	89	43	379	**97**	**11**
11	1	**1**	71	53	85	89	43	379	97	**1**
	↑ 50	↑ 51								↑ 59

现在，我们可以取

$$\underbrace{(51\cdot 59)}_{3009}{}^2 \equiv_{2491} (2\cdot 5\cdot 11)\cdot(2\cdot 3^2\cdot 5\cdot 11) \equiv_{2491} (\underbrace{2\cdot 3\cdot 5\cdot 11}_{330})^2$$

这导致

$$\text{GCD}(2491, 3009-330)=47 \text{ 且 } \text{GCD}(2491, 3009+330)=53$$

但是，这些正是要寻找的因子。

在例 7.36 中，很容易识别 B-平滑数的哪种组合会产生偶数指数。通常，我们必须考虑以下情况

$$y_t^2 \bmod n = a_t = \prod_{j=1}^{k} p_j^{\alpha_{tj}}, \quad p_j^{\alpha_{tj}} \in B \cup \{1\}$$

如果 p_j 不是 a_t 的因子，指数 α_{tj} 将被置为零。我们把所有的数相乘得到

$$\prod_{t=1}^{s} y_t^2 = \left(\prod_{t=1}^{s} y_t\right)^2 \equiv_n \prod_{j=1}^{k} p_j^{\sum_{t=1}^{s}\alpha_{tj}}$$

因为我们要找的是完全平方数，所以不能选任意的数 a_t。因此，我们引入一个标志值 $f_t \in \{0,1\}$ 来决定 a_t 是否被选择

$$\left(\prod_{t=1}^{s} y_t\right)^{2f_t} \equiv_n \prod_{j=1}^{k} p_j^{\sum_{t=1}^{s} \alpha_{tj} \cdot f_t}$$

如果每个 p_j 的指数都是偶数，我们得到一个解。现在，我们可以通过求解 $\mathbb{F}_2$ 中 f_t 的方程组

$$\sum_{t=1}^{s} \alpha_{tj} \cdot f_t \bmod 2 = 0, \quad j = 1, \cdots, k$$

来解该问题。

例 7.37　我们继续考虑例 7.36，经过筛选过程，我们得到三个候选。

$p_j \backslash a_t$	9	110	990
2	0	1	1
3	2	0	2
5	0	1	1
7	0	0	0
11	0	1	1

得到方程组

$$\begin{pmatrix} 0 & 1 & 1 \\ 0 & 0 & 0 \\ 0 & 1 & 1 \\ 0 & 0 & 0 \\ 0 & 1 & 1 \end{pmatrix} \cdot \begin{pmatrix} f_1 \\ f_2 \\ f_3 \end{pmatrix} \equiv_2 \begin{pmatrix} 0 \\ 0 \\ 0 \end{pmatrix}$$

该方程组的通解是

$$\mathbb{L} = \left\{ \lambda \cdot \begin{pmatrix} 1 \\ 0 \\ 0 \end{pmatrix} +_2 \mu \cdot \begin{pmatrix} 0 \\ 1 \\ 1 \end{pmatrix};\ \lambda,\ \mu \in \mathbb{F}_2 \right\}$$

通过选择 $\lambda=0$ 和 $\mu=1$，我们得到了例 7.36 中的解。

设 $L(n)=e^{\sqrt{\log n\cdot(\log(\log(n)))}}$。可以证明如果 $b=L(n)^{\frac{1}{\sqrt{2}}}$ 且 $S\approx 2L(n)$，例如，$y_t\in(\lfloor\sqrt{n}\rfloor-L(n),\lfloor\sqrt{n}\rfloor+L(n))\cap\mathbb{N}$，我们很有可能成功对 n 进行因式分解。需要进行将近 $c\cdot L(n)$ 次除法运算，其中 c 是一个常数。进一步的细节可以在文献（Hoffstein 等，2008；Stamp 和 Low，2007；Pomerance，1996）中找到。如果一个整数 n 是合数，我们通过分解 n 来计算模 n 的平方根。然而，这是一项困难工作。因此，我们可以用二次函数来作为单向函数。

例 7.38（Rabin 函数） 令 $n=p\cdot q$ 是两个素数 p 和 q 的乘积，定义函数系

$$f_n:\mathbb{Z}_n\to\mathbb{Z}_n, x\mapsto f_n(x)=x^2 \mod n$$

对于任意固定的 n，这样的单向函数称为 Rabin 函数。

7.2.4 二进制子集和问题

考虑一个集合 $x=(x_1,\cdots,x_n)\in\mathbb{N}^n$ 有 n 个整数。取相应的权值 $w_j\in\{0,1\}$ 计算

$$f_x:\mathbb{F}_2^n\to\mathbb{N},(w_1,\cdots,w_n)\mapsto f_x(w_1,\cdots,w_n):=\sum_{j=1}^{n}w_jx_j$$

这是很容易的，但是反之恢复权重 w_j 则是困难的。

问题 7.39（子集和问题） 给定一个正整数 $s\in\mathbb{N}$ 和一个正整数组成的元组 $x=(x_1,\cdots,x_n)\in\mathbb{N}^n$，求权 $w_j\in\{0,1\}$，使得

$$s=\sum_{j=1}^{n}w_jx_j$$

由于没有表明要使用多少个整数，以及使用哪些整数，我们必须考虑所有可能的数组合。因此，在最坏的情况下我们必须计算

$$\sum_{j=1}^{n}\binom{n}{j}=2^n-1$$

个不同的和。用 2.6 节中暴力攻击相同的方法，我们可以估计出成功之前的平均尝试次数。如果假设所有可能的 2^n-1 个序列都是等可能的，根据式(2.11)，我们得到期望的试验次数

$$\frac{2^n-1+1}{2}=2^{n-1}$$

但我们可以做得更好。为此，我们以下列方式取两个幂集的元素

$$\mathcal{P}_1=\mathcal{P}(\{1,\cdots,\lfloor n/2\rfloor\})\text{和 }\mathcal{P}_2=\mathcal{P}(\{\lfloor n/2\rfloor+1,\cdots,n\})$$

之后，我们计算所有可能的集合 $I\in\mathcal{P}_1$ 和 $J\in\mathcal{P}_2$ 两个长度为 $2^{n/2}$ 的列表

$$L_{\mathcal{P}_1}=\Big\{\sum_{i\in I}x_i;I\in\mathcal{P}_1\Big\}\text{和 }L_{\mathcal{P}_2}=s-\Big\{\sum_{j\in J}x_j;J\in\mathcal{P}_2\Big\}$$

由于

$$s=\sum_{j=1}^{n}w_jx_j=\sum_{i=1}^{\lfloor n/2\rfloor}w_ix_i+\sum_{j=\lfloor n/2\rfloor+1}^{n}w_jx_j$$

找到正确权重的次数大约是 $2^{n/2}$。

例 7.40

$$x=(202,404,159,419,391,133,670,403),\ s=1884$$

根据不同二进制位序列的顺序，可以生成以下 256 个不同和，如图 7.4 所示。

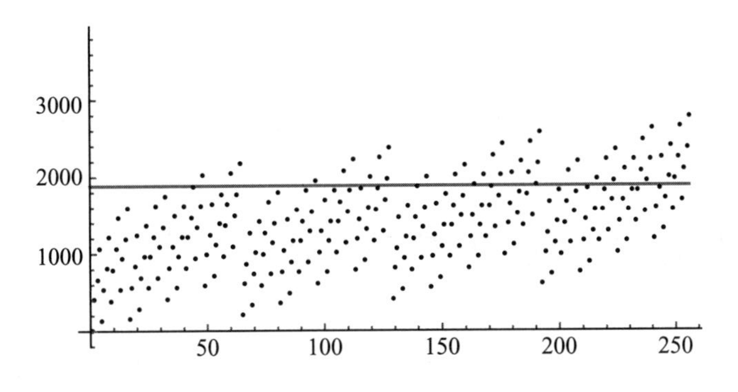

图 7.4　求子集和的逆问题

向量 $\boldsymbol{x}$ 可以得到 s 附近的数 1883、1884 和 1896。在这里，序列数 90（即 01011010）可以达到该目的。

通过考察两个幂集的 $2 \cdot 2^4 = 32$ 个元素可以找到权值。

L_1	$\sum_{x \in L_1} x$	L_2	$1884 - \sum_{x \in L_2} x$
∅	0	∅	1 884
{202}	202	{391}	1 493
{404}	404	{133}	1 751
{159}	159	{670}	1 214
{419}	419	{403}	1 481
{202,404}	606	{391,133}	1 360
{202,159}	361	**{391,670}**	**823**
{202,419}	621	{391,403}	1 090
{404,159}	563	{133,670}	1 081
{404,419}	**823**	{133,403}	1 348
{159,419}	578	{670,403}	811
{202,404,159}	765	{391,133,670}	690
{202,404,419}	1 025	{391,133,403}	957
{202,159,419}	780	{391,670,403}	420
{404,159,419}	982	{133,670,403}	678
{202,404,159,419}	1 184	{391,133,670,403}	287

7.3　公钥密码体制中的单向陷门函数

令 f 为单向函数。由于加密消息的接收方无法解密（尽管是有可能解密的），我们不能直接使用 f 来加密消息。为了使接收方的工作更容易，可以包括一些额外的信息，这使他们能够执行解密过程。这种信息称为陷门信息。

约定 7.41（单向陷门函数） 如果 $x=f^{-1}(y)$ 仅通过使用给定的陷门信息才容易计算，那么单向函数 $f: X \to Y$ 称为单向陷门函数。

根据 Diffie 和 Hellman（1976）的研究，使用单向陷门函数的目的是对消息进行加密和解密。这样，就可以定义一个公钥密码体制。

定义 7.42（公钥密码体制） 如果 $\mathcal{E}$ 是一个单向陷门函数体制，则密码体制（$\mathcal{P}$，$\mathcal{C}$，$\mathcal{K}$，$\mathcal{E}$，$\mathcal{D}$）称为公钥密码体制。

在下一章中，我们将讨论适用于给定单向函数的公钥密码体制。

- 基于子集和问题的 Merkle-Hellman 背包。
- 基于平方根问题的 Rabin 密码。
- 基于因子分解问题的 RSA 密码。
- 基于离散对数问题的 El Gamal 密码和椭圆曲线密码。

例 7.43 这是本章最后的一个例子，它展示了陷门信息背后的思想。令 $n=253$。如果实体 B 通过 Rabin 函数 f_{253} 加密任意明文 m，得到 $c=f_{253}(m)=36$，则任何该密文的接收方 A 必须对其进行解密。如果没有关于 n 的组成的任何知识，这将是非常困难的。然而，通过预先设置该参数，B 的真实通信伙伴 A 将处于一个良好的起点。由于 A 知道 $n=11 \cdot 23$，为求解

$$m_1^2 \equiv_{11} 36 (\equiv_{11} 3) \text{ 和 } m_2^2 \equiv_{23} 36 (\equiv_{11} 13)$$

可以使用算法 7.7 解密密文。比如，得到 $m_1=5$ 和 $m_2=17$。在第二步，他们利用中国剩余定理 3.77，求解

$$m \equiv_{253} 5 \text{ 和 } m \equiv_{253} 17$$

这里的结果是 $m=247$，它可能是寻找的明文的候选对象。

第 8 章

公钥密码

说明 8.1　学习本章的知识要求：

- 熟悉数论基础知识，请参阅 1.1 节；
- 了解乘法密码，请参阅 4.2.2 节；
- 能够用多项式进行计算，请参阅 6.3.1 节；
- 熟悉公钥密码体制的组分，请参阅第 7 章。

精选文献：请参阅文献（El Gamal，1985；Hoffstein 等，2008；Menezes 和 Vanstone，1993；Stinson，2005）。

公钥密码体制是私钥密码的一种替代方案。如果实体 A 想要向实体 B 发送数据，在这种情况下，B 必须发布一个公钥 $k_{b,pub}$，A 可以使用它来加密数据。因为 B 拥有私钥 $k_{b,priv}$，所以只有 B 可以解密接收到的数据。图 8.1 展示了公钥密码的这一原理。

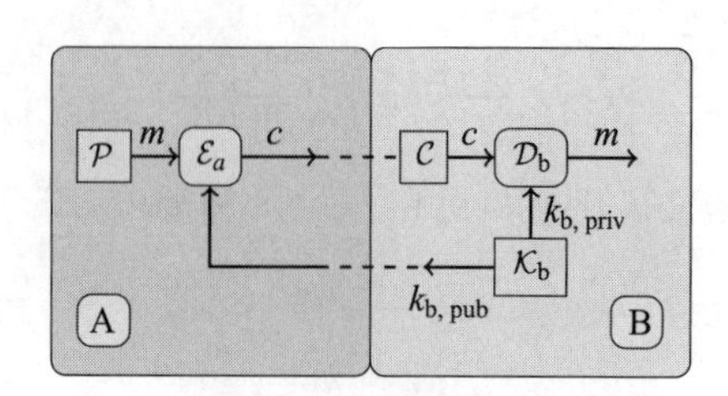

图 8.1　公钥密码体制

密码学家基于7.2节中提供的单向函数测试了许多公钥密码体制，包括陷门信息。8.1小节提供了关于该主题的基本原则和成果的概述。

8.1　Merkle-Hellman背包密码体制

发明于1978[㊀]年的Merkle-Hellman背包密码体制及其变体已经不再安全。例如，我们在这里讨论的基本思想在1982年被Shamir破解[㊁]。该密码体制基于子集和问题7.39。由于该问题是困难的，我们引入了陷门信息。一个正数序列 x_1，…，$x_n \in \mathbb{N}$ 被称为“超递增的”，如果序列中的每个元素都大于之前所有元素的和

$$x_{i+1} > \sum_{j=1}^{i} x_j, \quad 1 \leqslant i \leqslant n-1$$

通过归纳法，我们可以证明 $x_n \geqslant 2^{n-2} \cdot (x_1+1)$。从 $x_2 \geqslant 2^0 \cdot (x_1+1)$ 开始，我们通过证明 $x_{n+1} \geqslant 2^{n-1} \cdot (x_1+1)$ 来处理归纳步骤。

$$\begin{aligned} x_{n+1} &\geqslant \sum_{j=1}^{n} x_j + 1 = \sum_{j=2}^{n} x_j + x_1 + 1 \\ &\overset{\text{i. hyp.}}{\geqslant} \sum_{j=2}^{n} 2^{j-2} \cdot (x_1+1) + x_1 + 1 = (x_1+1) \cdot \left(1 + \sum_{q=0}^{n-2} 2^q\right) \\ &= (x_1+1) \cdot \left(1 + \frac{1-2^{n-1}}{1-2}\right) = (x_1+1) \cdot 2^{n-1} \end{aligned} \tag{8.1}$$

基于超递增序列求解子集和问题是简单的。假设一个超递增序列 x_1，…，x_n 的权重为 w_1，…，w_n，且它们的和为

$$s = \sum_{j=1}^{n} w_j x_j \leqslant \sum_{j=1}^{n} x_j$$

我们必须确定 y_j，使得对于任意 $j=1$，…，n，都有 $y_j = w_j$，并用向下归纳法证明。为了达到该目的，每次我们设 y_j 等于1时，我们都会将和减去 x_j，即从 $s_n = s$ 开始，

㊀　请参阅文献（Merkle 和 Hellman，1978）。

㊁　请参阅文献（Shamir，1982）。

$s_{j-1}=s_j-x_j$。对于 $j=n$ 的情况，如果 $s<x_n$，我们认为 $y_n=0$。否则，我们设 $y_n=1$，因为$s\geqslant x_n>\sum_{j=1}^{n-1}x_j$ 且我们得不到 s。归纳假设 $y_j=w_j$，其中 $j\geqslant k+1$，k 为一个任意固定的数，让我们考虑阶段 k。到现在为止，和已经减少为

$$s_k=s-\sum_{j=k+1}^{n}y_jx_j=\sum_{j=1}^{n}w_jx_j-\sum_{j=k+1}^{n}y_jx_j\overset{\text{i. hyp.}}{=}\sum_{j=1}^{k}w_jx_j$$

如果 $w_k=1$，则得到 $s_k\geqslant x_k$ 并确定 $y_k=1$。否则，如果 $w_k=0$，则得到

$$s_k=\sum_{j=1}^{k}w_jx_j=\sum_{j=1}^{k-1}w_jx_j<x_k\Rightarrow y_k=0$$

在每种情况下，我们都得到 $y_k=w_k$，至此，我们完成了证明。进一步地，我们得到唯一解。

推论 8.2 如果（x_1，…，x_n）是一个超递增序列，那么使用算法 8.1 很容易解决子集和问题。

例 8.3 $s=28, x=(1,2,4,9,22,40)$

$$w_6=0\xrightarrow{28<40}w_5=1\xrightarrow{28\geqslant 22}w_4=0\xrightarrow{6<9}w_3=1\xrightarrow{6\geqslant 4}w_2=1\xrightarrow{2\geqslant 2}w_1=0\ (0<1)$$

因为 $s_0=0$，所以存在唯一解 $w=(0,1,1,0,1,0)$，$2+4+22=28$。

此时，我们知道子集和问题是很难求解的，但在存在超递增序列的情况下，子集和问题的权值可以很容易地恢复。我们可以用该事实产生一个密码体制。如果私钥是一个超递增序列而公钥不是，但公钥取决于私钥，那么我们就成功了。为了达到该目的，我们用模 n 乘法引入陷门信息。假设一个超递增序列 $(x_1,\cdots,x_n)$，一个素数 $p>\sum_{i=1}^{n}x_i$ 和 $1<a<p-1$。p 的大小可以用下式估计

$$p>\sum_{i=1}^{n}x_i\overset{(8.1)}{\geqslant}x_1+\sum_{i=2}^{n}2^{i-2}\cdot(x_1+1)$$
$$=x_1+(x_1+1)\cdot(2^{n-1}-1)=2^{n-1}\cdot(x_1+1)-1 \tag{8.2}$$

然后，我们定义

$$y_i = a \cdot x_i \bmod p$$

任何被分组大小为 n 的二进制序列（$w_1, \cdots, w_n$）编码的明文都可以被

$$s = \sum_{i=1}^{n} w_i \cdot y_i \leqslant \sum_{i=1}^{n} y_i \leqslant n \cdot (p-1)$$

加密。原则上，任何想要解密密文的人都必须求解子集和问题。但是，如果我们使用陷门信息，我们可以解密并恢复明文。

$$\hat{s} = a^{-1} \cdot s \bmod p \equiv_p a^{-1} \cdot \sum_{i=1}^{n} w_i \cdot y_i \equiv_p \sum_{i=1}^{n} w_i \cdot a_i^{-1} \cdot y_i \equiv_p \sum_{i=1}^{n} w_i \cdot x_i$$

因为 $0 \leqslant \hat{s}$，$\sum_{i=1}^{n} w_i \cdot x_i \leqslant p-1$，我们可以得到等式 $\hat{s} = \sum_{i=1}^{n} w_i \cdot x_i$。使用算法 8.1 能够完成解密。

算法 8.1：超递增子集和问题

要求：$s \in \mathbb{N}, x = (x_1, \cdots, x_n) \in \mathbb{N}^n$ 超递增序列

确保：$w = (w_1, \cdots, w_n) \in \{0,1\}^n$ 满足 $s = \sum_{j=1}^{n} w_j x_j$ 或无解

1：$s_n := s$
2：**for** $j = n$ **to** 1 **do**
3：　$w_j := 0$
4：　**if** $s_j \geqslant x_j$ **then**
5：　　$w_j := 1$
6：　　$s_{j-1} := s_j - x_j$
7：**end if**
8：**end for**
9：**if** $s_0 = 0$ **then**
10：　$w := (w_1, \cdots, w_n)$
11：　**return** w
12：**end if**
13：**return** -1

定义 8.4（Merkle-Hellman 背包算法） 令 $x=(x_1, \cdots, x_n)$ 为任意超递增序列，$p>\sum_{i=1}^{n} x_i$ 是素数且 $a \in \mathbb{Z}_p^{\times}$。假设 $\mathcal{P}=\mathbb{F}_2^n$ 且 $\mathcal{C}=\mathbb{Z}_{n(p-1)}$。计算 $y=(y_1, \cdots, y_n)=a \cdot (x_1, \cdots, x_n) \bmod p$ 后，设

$$\mathcal{K}_a=\{(p,a,x,y)\}$$

$$k_{\mathrm{a,pub}}=(y,p) \text{ 且 } k_{\mathrm{a,sec}}=(a,p)$$

用“supsubS”表示算法 8.1，我们定义

$$e_{k_{\mathrm{a,pub}}}(m_1,\cdots,m_n)=\sum_{i=1}^{n} m_i \cdot y_i,\ d_{k_{\mathrm{a,sec}}}(c)=\mathrm{supsubS}\ (a^{-1} \cdot c \bmod p)$$

例 8.5

$$x=(1,2,4,9,22,40,81,165,344,700),\ p=1373,\ a=480$$

我们使用 $\mathcal{P}=\mathbb{F}_2^{10}$ 和 $\mathcal{C}=\mathbb{Z}_{13720}$。明文

“SECURITY”

的每个分组必须被编码成 10 个二进制位。因此，我们使用两个字母，每个用 5 位编码，结果是

$$18,4 \to (1,0,0,1,0,0,0,1,0,0)$$

$$2,20 \to (0,0,0,1,0,1,0,1,0,0)$$

$$17,8 \to (1,0,0,0,1,0,1,0,0,0)$$

$$19,24 \to (1,0,0,1,1,1,1,0,0,0)$$

为了加密，需要公钥

$$\begin{aligned} k_{\mathrm{a,pub}} &= (y,p)=(a \cdot x \bmod p, p) \\ &= ((480,960,547,201,949,1351,436,939, \\ &\quad 360,988),1373) \end{aligned}$$

得到密文

$$c_1=480+201+939=1620$$

$$c_2=201+1351+939=2491$$

$$c_3=480+949+436=1865$$

$$c_4=480+201+949+1351+436=3417$$

为了解密，我们计算 $a^{-1} \bmod p=123$

$$\hat{c}_1=a^{-1} \cdot c_1 \bmod p=175$$

相应地，$\hat{c}_2=214$，$\hat{c}_3=104$ 和 $\hat{c}_4=153$。运行算法 8.1 可以得到正确的明文。

然而，该描述有问题[⊖]，该密码体制是不安全的。为了理解这种说法为何是可能的，我们需要重新表述子集和问题 7.39。因此，我们使用 $n \times n$ 单位矩阵 $\boldsymbol{I}_n$ 来扩展我们的问题

$$\underbrace{\left(\begin{array}{c|c} \boldsymbol{I}_n & \begin{matrix} 0 \\ \vdots \\ 0 \end{matrix} \\ \hline y_1 \cdots y_n & -s \end{array}\right)}_{M} \cdot \underbrace{\begin{pmatrix} w_1 \\ \vdots \\ w_n \\ \hline 1 \end{pmatrix}}_{\tilde{w}} = \underbrace{\begin{pmatrix} w_1 \\ \vdots \\ w_n \\ \hline 0 \end{pmatrix}}_{\hat{w}}$$

最后一行是我们的问题方程，前 n 个方程是单位方程。这种表示法的优势如下。因为矩阵 $\boldsymbol{M}$ 的列 m_i 是线性无关的，我们知道 $\tilde{w}$ 是 LGS $\boldsymbol{M}_x=\hat{w}$ 的唯一解。w 的分量只是 0 或 1。因此，$\boldsymbol{M}$ 的列对应的所有可能的向量都可以记为

$$\mathcal{L}_{\mathbb{F}_2}(m_1,\cdots,m_{n+1})=\left\{M \cdot \begin{pmatrix} x \\ 1 \end{pmatrix}; x \in \mathbb{F}_2^n\right\}$$

$$\subset \mathcal{L}_{\mathbb{Z}}(m_1,\cdots,m_{n+1})=\left\{\sum_{i=1}^{n+1} \lambda_i \cdot m_i; \lambda_i \in \mathbb{Z}\right\}$$

$\mathcal{L}_{\mathbb{Z}}(m_1, \cdots, m_{n+1})$被称为格。基 $\{m_1, \cdots, m_{n+1}\}$ 用 $\mathcal{L}_{\mathbb{F}_2}$ 中定义的线性组合得到的向

⊖ 请参阅文献（Stamp，2011）。

量可能有一个大小为 $p\approx 2^{n-1}$（x_1+1）的欧几里得范数。相反，向量 $\widetilde{w}$ 拥有一个小于或等于$\sqrt{n}$的欧几里得范数。这样的向量被称为短向量。从 1982 年开始有一种多项式时间算法[一]来寻找这样的短向量，称为格基规约算法[二]（Lenstra-Lenstra-Lovász，LLL）。LLL 算法有两个伟大的思想。**M** 的列是由整数分量组成的独立生成集。第一个思想是使用 Gram Schmidt 过程[三]的自适应性来寻找潜在格的新基。而 Gram-Schmidt 过程是通过

$$m_i^* = m_i - \sum_{j=1}^{i-1} \underbrace{\frac{m_i^T m_j^*}{m_j^{*\,T} m_j^*}}_{\mu_{ij}} \cdot m_j^*$$

正交化线性无关向量。虽然它缩短了大小[四]，即 $m_i^{*\,T} m_i^* \leqslant m_i^T m_i$，自适应性使用了取整函数$\lfloor \mu_{ij} \rceil$用于在整个过程中获取整数向量。$\lfloor . \rceil$表示四舍五入到下一个整数。因此，虽然对于所有的 i，j，如果 $\mu_{ij}\leqslant 0.5$ 也可以缩小大小，但并不能完全实现正交性。第二种思想是根据它们的大小来排列它们以改变新基向量的顺序。这可以通过所谓的 Lovász 条件

$$(\lambda-\mu_{i,i-1}^2)\,\|m_{i-1}^*\|^2 \leqslant \|m_i^*\|^2,\quad \frac{1}{4}<\lambda<1$$

$$\Leftrightarrow \|m_i^* + \mu_{i,i-1} m_{i-1}^*\|^2 \geqslant \lambda\,\|m_{i-1}^*\|^2$$

来实现。最后一行意思是 m_i 在 $\{m_1^*,\cdots,m_{i-1}^*\}$ 上正交投影的补表示的大小最多与按 λ 比例缩小的 m_{i-1} 的大小相同。若 Lovász 条件不成立，则交换两个向量。Lenstra、Lenstra 和 Lovász 证明，他们的算法将在多项式时间内完成。由于找到了短基向量，并且 $\hat{w}$ 是为数不多的短向量之一，所以找到这种向量的机会相当高。

[一] 请参阅文献（Bremner 2011）。

[二] A. Lenstra，1946 年出生，H. Lenstra，1949 年出生，L. Lovász，1948 年出生。

[三] 请参阅文献（Lang，1987）。

[四] 请参阅文献（Bremner，2011，p. 55ff）。

例 8.6 我们使用例 8.5 来建模矩阵 $\boldsymbol{M}$ 为

$$
\boldsymbol{M}=\left(\begin{array}{cccccccccc|c}
1 & 0 & 0 & 0 & 0 & 0 & 0 & 0 & 0 & 0 & 0 \\
0 & 1 & 0 & 0 & 0 & 0 & 0 & 0 & 0 & 0 & 0 \\
0 & 0 & 1 & 0 & 0 & 0 & 0 & 0 & 0 & 0 & 0 \\
0 & 0 & 0 & 1 & 0 & 0 & 0 & 0 & 0 & 0 & 0 \\
0 & 0 & 0 & 0 & 1 & 0 & 0 & 0 & 0 & 0 & 0 \\
0 & 0 & 0 & 0 & 0 & 1 & 0 & 0 & 0 & 0 & 0 \\
0 & 0 & 0 & 0 & 0 & 0 & 1 & 0 & 0 & 0 & 0 \\
0 & 0 & 0 & 0 & 0 & 0 & 0 & 1 & 0 & 0 & 0 \\
0 & 0 & 0 & 0 & 0 & 0 & 0 & 0 & 1 & 0 & 0 \\
0 & 0 & 0 & 0 & 0 & 0 & 0 & 0 & 0 & 1 & 0 \\
\hline
480 & 259 & 518 & 114 & 45 & 273 & 325 & 688 & 385 & 221 & -1282
\end{array}\right)
$$

给定 $\lambda=0.75$，LLL 算法不能提供一个满意的结果。设 $\lambda=0.85$，得到由矩阵所表示的新基

$$
\widetilde{\boldsymbol{M}}=\begin{pmatrix}
-1 & \mathbf{1} & -1 & 1 & 0 & 0 & 0 & 0 & 2 & 0 & 1 \\
1 & \mathbf{0} & -1 & 0 & 0 & 0 & 1 & -1 & 1 & 0 & -1 \\
0 & \mathbf{0} & 1 & 0 & 0 & -1 & 0 & 0 & -1 & 1 & -1 \\
0 & \mathbf{1} & 0 & -1 & 0 & 0 & 0 & 0 & -1 & 1 & 1 \\
0 & \mathbf{0} & 0 & -1 & 0 & 0 & 1 & 1 & 0 & 0 & -2 \\
0 & \mathbf{0} & 0 & 1 & -2 & -1 & 0 & 1 & -1 & 0 & 1 \\
0 & \mathbf{0} & 0 & 0 & 1 & 1 & 0 & 1 & -1 & 0 & 0 \\
0 & \mathbf{1} & 0 & 1 & 0 & 1 & -1 & 0 & 1 & -1 & 0 \\
0 & \mathbf{0} & 0 & 0 & 0 & 0 & 1 & -1 & 1 & -1 & 0 \\
1 & \mathbf{0} & 1 & 0 & 1 & -1 & 0 & 0 & 1 & 2 & 0 \\
0 & \mathbf{0} & 0 & 0 & 0 & 1 & 1 & -1 & 1 & 1 & 0
\end{pmatrix}
$$

因为我们知道 $\widetilde{w}$ 的最后一个分量有 0，且所有其他的分量都必须是$\mathbb{F}_2$中的元素，所以第二列将提供一个合适的向量。经过证明，这可以得到证实。

现在明显知道，Merkle-Hellman 背包并不安全。另一个弱点是无法证明对于私钥和消息的最高位的严格雪崩标准。最高位远离 50%标记，如图 8.2 所示。

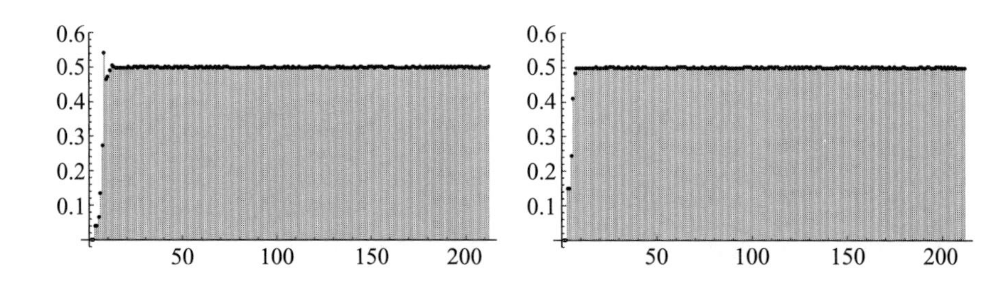

图 8.2　背包问题的严格雪崩准则：在具有固定密钥的（128 位）消息（左）或具有固定消息的密钥（右）中，二进制位翻转导致二进制位变化的经验概率

8.2　Rabin 密码体制

1979 年，Rabin[1] 密码体制被发明[2]，并且已经被证明只要因式分解是困难的，就可以抵抗选择明文攻击。这里，陷门信息是将一个已知的公开整数 n 分解成两个不同的素因子。

定义 8.7 Rabin 密码　令 $n=p\cdot q$ 是两个不同素数 p，$q\equiv_4 3$ 的乘积。给定 $\mathcal{P}=\mathcal{C}=\mathbb{Z}_n$，$b\in\mathbb{Z}_n$，我们设

$$\mathcal{K}_a=\{(n,p,q,b);p,q\text{ 是素数},n=p\cdot q,b\in\mathbb{Z}_n\}$$

$$k_{\mathrm{a,pub}}=(n,b)\text{ 和 }k_{\mathrm{a,sec}}=(p,q,b)$$

[1] Micheal O. Rabin，生于 1931 年。

[2] 请参阅（Stinson，2005）。

同时定义

$$e_{k_{a,pub}}(m)=m\cdot(m+b) \bmod n$$

$$d_{k_{a,sec}}(c)=\sqrt{b^2\cdot 4^{-1}+c}-b\cdot 2^{-1} \bmod n$$

我们必须证明这确实是一个密码体制。因此，我们使用代换 $m=m_1-b\cdot 2^{-1} \bmod n$，并在证明中省略模运算。

$$\begin{aligned}
d_{k_{a,sec}}(e_{k_{a,pub}}(m)) &= \sqrt{b^2\cdot 4^{-1}+m\cdot(m+b)}-b\cdot 2^{-1} \\
&= \sqrt{b^2\cdot 4^{-1}+(m_1-b\cdot 2^{-1})\cdot(m_1-b\cdot 2^{-1}+b)}-b\cdot 2^{-1} \\
&= \sqrt{m_1^2+m_1\cdot\underbrace{(-b\cdot 2^{-1}-b\cdot 2^{-1}+b)}_{\equiv_n 0} + \underbrace{b^2\cdot 4^{-1}+b^2\cdot 2^{-1}\cdot 2^{-1}-b^2\cdot 2^{-1}}_{\equiv_n 0}}-b\cdot 2^{-1} \\
&= \sqrt{m_1^2}-b\cdot 2^{-1} \\
&= m
\end{aligned}$$

因为 $n=p\cdot q$ 最多有四个不同的解，那么找到根的时间被缩短了。这也可以解释为 e_k 不是单射函数。为了明白这一点，令 $z\in\mathbb{Z}_n$ 为式(7.8) 计算的 $x^2 \bmod n=1$ 的 4 个解中的任意一个，请参见例 7.27，即

容易	费力
$z=1$	或 $z=q\cdot(q^{-1} \bmod p)+_n p\cdot(p^{-1} \bmod q)\cdot(q-1)$
	$=q\cdot(q^{-1} \bmod p)-_n p\cdot(p^{-1} \bmod q)$
或 $z=n-1$	或 $z=q\cdot(q^{-1} \bmod p)\cdot(p-1)+_n p\cdot(p^{-1} \bmod q)$
	$=p\cdot(p^{-1} \bmod q)-_n q\cdot(q^{-1} \bmod p)$

然后，我们得到变换后的消息（同样省略了模 n）并缩写为 $v=z\cdot(m+b\cdot 2^{-1})-b\cdot 2^{-1}$

$$\begin{aligned}e_{k_{\mathrm{a,pub}}}(v) &= (z\cdot(m+b\cdot 2^{-1})-b\cdot 2^{-1})\cdot((z\cdot(m+b\cdot 2^{-1})-b\cdot 2^{-1})+b)\\ &= z^2(m+b\cdot 2^{-1})^2-2\cdot b\cdot 2^{-1}\cdot z\cdot(m+b\cdot 2^{-1})+\\ &\quad b\cdot z\cdot(m+b\cdot 2^{-1})+b^2\cdot 2^{-1}\cdot 2^{-1}-b^2\cdot 2^{-1}\\ &= (m+b\cdot 2^{-1})^2-b^2\cdot 2^{-1}\cdot 2^{-1}\\ &= m^2+m\cdot b=m\cdot(m+b)\\ &= e_{k_{\mathrm{a,pub}}}(m)\end{aligned}$$

因为 p，$q\equiv_4 3$，我们可以用式(7.7)求这四个解。令 c 为接收到的密文。如果加密过程出错，则应用推论 7.18 可以得到 $c\notin R_p$ 或 $c\notin R_q$。

例 8.8 令 $n=713$ 且 $b=25$。对于本例，由于$26^2=676<713=n<27^2=729$，我们应用 $\mathcal{P}=\mathcal{C}=\Sigma_{\mathrm{Lat}}\cup\{[\}$。如果我们只从 Σ_{Lat} 中取 26 个字母，解码过程中会出现问题。在这里，约定不应使用虚拟符号 [。明文

"SECURITY"

应该用 $e_{(713,25)}(m)=m^2+m\cdot b \bmod n$ 加密。我们使用分组长度为 2，并加密被编码的明文

$$(m_1,m_2,m_3,m_4)=(490,74,467,537)$$

为密文

$$(c_1,c_2,c_3,c_4)=(661,196,178,195)$$

为了解密，我们首先必须使用私钥（23，31，25），即 $p=23$，$q=31$，$b=25$，求 $\tilde{c}_i=b^2\cdot 4^{-1}+c_i$ 的（4 个）根

	$\tilde{c}_1=639$	$\tilde{c}_2=174$	$\tilde{c}_3=156$	$\tilde{c}_4=173$
$c^6 \bmod p$	8	6	8	9
$-c^6 \bmod p$	15	17	15	14
$c^8 \bmod q$	9	9	1	7
$-c^8 \bmod q$	22	22	30	24

应用中国剩余定理 3.77,我们得到了每个 m_i 的 4 个解。

可能的明文	解码
(260,**74**,283,**537**)	JR**CU**KN**TY**
(198,384,221,289)	HJOGIFKT
(**490**,304,**467**,399)	**SE**LH**RI**OV
(428,614,405,151)	PXWUPAFQ

在没有任何先验知识的情况下，很难识别出每个文本分组的正确平方根。我们可以插入一些冗余信息来绕过该问题。在此例中，我们可以在每个分组的末尾添加虚拟符号。

S[E[C[U[R[I[T[Y[

我们得到

可能的明文	解码
(176,692,701,628,48,12,632,**674**)	GOZRZ[XHBVAMXL**Y[**
(52,**134**,608,**566**,203,446,**539**,612)	BZ**E[**WO**U[**HOQO**T[**WS
(636,554,**80**,122,**485**,**242**,149,76)	XPUO**C[**EO**R[I[**FOCW
(**512**,709,700,60,640,676,56,14)	**S[**[HZZCGXTZBCCAO

且解密更加清楚。当然，还有更巧妙的技术来实现该想法。

如果 n 的分解是已知的，则可以使用算法 7.7 进行解密。反过来，考虑可以随机选择的任意 $r\in\{1,\cdots,n-1\}$。如果 $\mathrm{GCD}(n,r)>1$，我们找到了 n 的一个因子，通常分解将会很快。因此，令 $\mathrm{GCD}(n,1)=1$。根据

$$
\begin{aligned}
&e_{(n,b)}(r-b\cdot 2^{-1} \bmod n)\\
&=(r-b\cdot 2^{-1})^2+(r-b\cdot 2^{-1})\cdot b \bmod n\\
&=r^2-rb+b^2\cdot 2^{-1}\cdot 2^{-1}+rb-b^2\cdot 2^{-1} \bmod n\\
&=r^2-b^2\cdot 2^{-1}\cdot 2^{-1} \bmod n
\end{aligned}
$$

我们确定 $y=r^2-b^2\cdot 2^{-1}\cdot 2^{-1}\bmod n$。假设存在一种将 y 解密为 x 的方法，即 $e_{(n,b)}(x)=x^2+x\cdot b \bmod n$，我们设 $z=x+b\cdot 2^{-1}\bmod n$。可得

$$\begin{aligned} z^2 &= x^2+x\cdot b+b^2\cdot 2^{-1}\cdot 2^{-1}\bmod n \\ &= y+b^2\cdot 2^{-1}\cdot 2^{-1}\bmod n \\ &= r^2 \bmod n \end{aligned}$$

现在我们得到

$$n\mid z^2-r^2=(z-r)\cdot(z+r)$$

我们区分两种情况。如果 $z\equiv_n r$，可得 $n\mid z-r$，则 $\mathrm{GCD}(n,z-r)=n$。此外，如果 $n\mid z+r$，可得 $\mathrm{GCD}(n,z+r)=n$。同样地，如果 $n\nmid z+r$ 且 $p\mid z+r$，我们可以计算

$$\begin{aligned} 2z &= z+r+z-r=k_1\cdot p+k_2\cdot p\cdot q=p\cdot(k_1+k_2\cdot q) \\ &\Rightarrow p\mid 2z \overset{\mathrm{GCD}(p,2)=1,(1.10)}{\Rightarrow} p\mid z \end{aligned}$$

这意味着 $z+r=k_1\cdot p=k_3\cdot p+r\Rightarrow r=p\cdot(k_1-k_3)\Rightarrow p\mid r$，这与假设 $\mathrm{GCD}(n,\ r)=1$ 矛盾。因此，$p\nmid z+r$。同理，$q\nmid z+r$，这意味着 $\mathrm{GCD}(n,z+r)\in\{1,n\}$。如果 $z\equiv_n -r$，同样的问题也会发生。因此，这些情况是没有价值的。相反，我们研究第二种情况 $z\equiv_n w\cdot r$，根据例 7.27，其中 w 是 1 的非平凡平方根之一。假设 $w\equiv_p p-1$，即 $w-(p-1)=k_4\cdot p$。则得到

$$k_5\cdot p\cdot q=k_5\cdot n=z-w\cdot r=z-(k_4\cdot p+p-1)\cdot r=z-r-p\cdot(k_4\cdot r+r)$$

我们得到 $z-r \bmod p=0$，因此，$\mathrm{GCD}(n,z-r)$ 是 p 的倍数，但小于 n。如果我们能够确定一个平方根，我们最终会找到一个素因子。因为随机选择的 r 的四种解中有两种成功了，所以成功的概率是 1/2。该过程根据选择明文攻击进行，其中 r 可以解释为选择的明文，并且计算平方根是由一个黑盒完成的。组合起来，破解 Rabin 密码（特别是获得平方根）等同于破解因式分解问题。由于能够诱导某人解密这样的消息 y，我们执行选择密文攻击，Rabin 密码将被这种类型的攻击破解。

例 8.9 我们使用 $n=713$，$b=25$ 继续例 8.8，并尝试选择密文攻击。令随机选取的$r=444$。我们检验 $\mathrm{GCD}(r,n)=1$，并置 $y=r^2-b^2\cdot 2^{-1}\cdot 2^{-1} \bmod n=370$（因为 $2^{-1} \bmod n=357$）。成功地连接到电脑后，我们收到解密消息 $x=199$。我们得到 $z=199+25\cdot 357 \bmod 713=568$，发现 $568\not\equiv_n \pm 444$。这就得到 $\mathrm{GCD}(713,568+444)=23$，这是 n 的一个素因子。

8.3 RSA 密码体制

1978 年，Rivest、Shamir 和 Adleman[⊖] 发明了以他们姓氏首字母命名的 RSA 密码体制。他们利用了问题 7.29 中提到的正整数 $n=p\cdot q$ 且素数 $p\neq q$ 的因式分解问题，并选择加密函数

$$e_{(k,n)}:\mathbb{Z}_n\rightarrow\mathbb{Z}_n, m\mapsto m^k \bmod n, k\in\mathbb{Z}_{\phi(n)}^{\times}$$

使用满足

$$k\cdot k'=1 \bmod \phi(n) \text{ 即 } k\cdot k'=\alpha\cdot\phi(n)+1, \alpha\in\mathbb{Z}$$

的公钥(k,n)和私钥(k',n)。解密使用与加密相同的函数，但用私钥，即 $d_{(k',n)}=e_{(k',n)}$。首先，我们注意到

$$\begin{aligned} d_{(k',n)}(e_{(k,n)}(m)) &= (m^k)^{k'} \bmod n = m^{k\cdot k'} \bmod n \\ &= m^{\alpha\cdot\phi(n)+1} \bmod n = m^{\alpha\cdot(p-1)\cdot(q-1)+1} \bmod n \end{aligned}$$

在具体分析中，我们证明了加密过程是有效的。

情形 1：$m=0$

$$d_{(k',n)}(e_{(k,n)}(m))=(0^k)^{k'} \bmod n=0$$

情形 2：$m\in\mathbb{Z}_n^{\times}$

$$d_{(k',n)}(e_{(k,n)}(m))=m^{k\cdot k'} \bmod n=(m^{\phi(n)})^{\alpha}\cdot m \bmod n \overset{(3.84)}{=} m$$

⊖ R. Rivest 生于 1947 年，A. Shamir 生于 1952 年，L. Adleman 生于 1945 年。

情形 3：$m\in \mathbb{Z}_n\setminus\{0\}$且 m 是 p 或 q 的倍数。令 m 是 p 的倍数，即 $m=\mu\cdot p$。由 GCD（p，q）=1 可知，$q\nmid m$ 和

$$m^{k\cdot k'} \bmod q=(m^{q-1})^{\alpha\cdot(p-1)}\cdot m \bmod q \overset{(3.84)}{=} m \text{ 且 } m^{k\cdot k'} \bmod p=0$$

利用中国剩余定理 3.77，我们可以求解一个由同余式 $x\equiv_q m$ 和 $x\equiv_p 0$ 组成的方程组，并得到

$$\begin{aligned} x &\overset{(3.13)}{=} a_1\cdot\widetilde{y}_1\cdot M_1+a_2\cdot\widetilde{y}_2\cdot M_2 \\ &=0\cdot q\cdot(q^{-1}\bmod p)+m\cdot p\cdot(p^{-1}\bmod q)\bmod n \\ &=m\cdot p\cdot(p^{-1}\bmod q)\bmod n \\ &\overset{\lambda\in\mathbb{Z}}{=} m\cdot(\lambda\cdot q+1)\bmod n \\ &\overset{m=\mu\cdot p}{=}(\mu\cdot p\cdot\lambda\cdot q+m)\bmod n \\ &=m \end{aligned}$$

在 m 是 q 倍数的情况下，我们相应地得到同样的结果。

推论 8.10 对于每一个 $m\in\mathbb{Z}_n$，都有 $d_{(k',n)}(e_{(k,n)}(m))=m$。

我们现在可以定义 RSA 密码体制。

定义 8.11（RSA 密码） 令 $n=p\cdot q$ 是两个不同素数的乘积。给定 $\mathcal{P}=\mathcal{C}=\mathbb{Z}_n$，$k\in\mathbb{Z}_{\phi(n)}^{\times}$，我们令

$$\mathcal{K}=\{(n,k,k');k'=k^{-1} \bmod \phi(n)\}$$

$$k_{\mathrm{a,pub}}=(k,n) \text{ 且 } k_{\mathrm{a,sec}}=(k',n)$$

同时定义

$$e_{k_{\mathrm{a,pub}}}(m)=m^k \bmod n, d_{k_{\mathrm{a,sec}}}(c)=c^{k'} \bmod n$$

如果知道 p 和 q 就等于知道了 $\phi(n)=(p-1)\cdot(q-1)$ 和 $k'=k^{-1}\bmod \phi(n)$。或者，如果已知 n 和 $\phi(n)$，我们可以计算出 p 和 q，因为

$$\phi(n)=(p-1)\cdot(q-1)=p\cdot q-(p+q)+1=n+1-(p+q)$$

$$\Leftrightarrow p+q=n+1-\phi(n)$$

$$(p+q)^2=p^2-2n+q^2+4n=(p-q)^2+4n$$

$$\overset{p>q}{\Leftrightarrow} p-q=\sqrt{(p+q)^2-4n}$$

且我们可以马上计算出（$p>q$）

$$p=\frac{p+q}{2}+\frac{p-q}{2}=\frac{1}{2}\cdot(n+1-\phi(n))+\frac{1}{2}\sqrt{(n+1-\phi(n))^2-4n}$$

如果解决因子分解问题，RSA 将是不安全的。然而，我们可能不需要解决因子分解问题，因为对 m 求解同余式 $m^k\equiv_n c$ 就足够了。这可以独立于因子分解问题来完成。

例 8.12

$$n=925\ 272\ 656\ 494\ 817,\ \phi(n)=925\ 272\ 595\ 163\ 136$$

我们尝试计算 p 和 q：$n+1-\phi(n)=61\ 331\ 682$。

$$p=\frac{1}{2}\cdot 61\ 331\ 682+\frac{1}{2}\cdot\sqrt{61\ 331\ 682^2-4\cdot 3\ 701\ 090\ 625\ 979\ 268}$$

$$=30\ 665\ 841+\frac{1}{2}\cdot 7\ 777\ 184=34\ 554\ 433$$

$$\Rightarrow q=26\ 777\ 249$$

8.2 算法：RSA 密钥生成

要求：$n=p\cdot q$ 且 p，q 是素数。

确保：公钥 $k_{\mathrm{a,pub}}$

1：$\phi(n):=(p-1)\cdot(q-1)$

2：选择 k 使得 $1<k<\phi(n)$ 且 $\mathrm{GCD}(k,\phi(n))=1$（公钥 (k,n)）

3：$k':=k^{-1}\bmod \phi(n)$（私钥 (k',n)）

4：**return** (k,n)

算法 8.3：RSA 加密和解密

要求：对于加密：公钥 (k, n)，明文 m

编码为 $0 \leqslant m < n$. 对于解密：私钥 (k', n).

确保：密文 c，解密的明文 m'.

1：$c := e_{(k,n)}(m) = m^k \bmod n$.

2：$m' := d_{(k',n)}(c) = c^{k'} \bmod n$.

3：**return** c and m'.

算法 8.2 中生成的 p 和 q 的大小对于算法 8.3 中 RSA 加解密过程的安全性至关重要。p 和 q 应该有 1024 个二进制位（大约 310 位十进制数），且都以二进制表示。因此，n 的大小约为 2048 个二进制位。例如，明文由 8 个二进制位 ASCII 码表示组成。然后，256 个符号组成一个分组。较长的明文通常被分割成几部分。

例 8.13

$$n = 771\,767,\ k = 2^{16} + 1 = 65\,537$$

我们使用 $\mathcal{P} = \mathcal{C} = \mathbb{F}_2^{20}$。明文

"SECURITY"

每个分组必须被编码为 20 个二进制位。因此，我们使用 4 个字母，每个字母用 5 个二进制位编码，结果是

$$18,4,2,20 \rightarrow (1,0,0,1,0,0,0,1,0,0,0,0,0,1,0,1,0,1,0,0) \rightarrow 594\,004$$

$$17,8,19,24 \rightarrow (1,0,0,0,1,0,1,0,0,0,1,0,0,1,1,1,1,0,0,0) \rightarrow 565\,880$$

对于加密，我们使用公钥

$$k_{\mathrm{a,pub}} = (k, n) = (65\,537, 771\,767)$$

得到

$$c_1 = 594\,004^{65\,537} \bmod 771\,767 = 686\,067 \rightarrow U\wedge{}`T$$

$$c_2 = 565\,880^{65\,537} \bmod 771\,767 = 211\,916 \rightarrow GO\_M$$

为了解密，我们计算 $k'=k^{-1} \bmod \phi(n)=62\ 297$，并使用私钥

$$k_{a,sec}=(k',n)=(62\ 297\ 771\ 767)$$

计算

$$\widetilde{m}_1=686\ 067^{62\ 297} \bmod 771\ 767=594\ 004$$

$$\widetilde{m}_2=211\ 916^{62\ 297} \bmod 771\ 767=565\ 880$$

RSA 有两个显著的缺点，需要寻找另一个单向陷门函数和不同的公钥密码体制。

1. 一旦有人成功有效地执行了自然数的素因子分解，必须立即替换 RSA 程序。到那时再开始寻找替代方案为时已晚。

2. 目前的素因子分解算法强制密码学家使用至少 1024 个二进制位的素数。这样的数量使得加密和解密变得非常复杂。我们正在寻找使用更小的数来执行的公钥方法。

我们仍然会展示一种对 RSA 的选择密文攻击。令 c 是一个基于公钥（k，n）的密文，例如，$c=m^k \bmod n$，明文 m 是未知的。如果攻击者可以选择任意密文 z 解密，他们可以令 $z=c^{-1} \bmod n$。现在，令 $\widetilde{m}$ 是 z 对应的明文。则

$$1=c^{-1} \cdot c \bmod n=z \cdot c \bmod n=\widetilde{m}^k \cdot m^k \bmod n=(\widetilde{m} \cdot m)^k \bmod n$$

然而，解密密文 1 不可避免地会得到明文 1。因此

$$1=\widetilde{m} \cdot m \bmod n \Leftrightarrow m=\widetilde{m}^{-1} \bmod n$$

例 8.14

$$n=771\ 767，k=2^{16}+1=65\ 537，c=292\ 493$$

首先，我们计算 $z=c^{-1} \bmod n=65\ 611$，并令它解密为 $\widetilde{m}=612\ 136$，得到

$$m=\widetilde{m}^{-1} \bmod n=612\ 136^{-1} \bmod 771\ 767=600\ 000$$

在相同的配置下，相同的明文每次生成相同的密文，如果可能的明文数量不太大时，可以用密文猜测明文。为了克服这种情况，我们可以引入 RSA 加密的概率版本，称为 RSA-OAEP（Optimal Asymmetric Encryption Padding，最优非对称加密填充）。

在这里，我们根据 Martin 的方法[⊖]给出一个简化的版本，以得到基本的思想。我们假设模数 n 的大小为 s 个二进制位。现在，我们需要满足条件 $s=v+u$ 的两个单向函数 g：$\mathbb{F}_2^u \to \mathbb{F}_2^v$ 和 h：$\mathbb{F}_2^v \to \mathbb{F}_2^u$。明文取自于$\mathbb{F}_2^v$。一个附加元素是一个随机选择的数 $r \in \mathbb{F}_2^u$。加密过程包括三个步骤

$$a=m \oplus g(r)$$

$$b=r \oplus h(a)$$

$$\widetilde{m}=a \parallel b \to c=\widetilde{m}^k \mod n$$

除此之外，为了解密 c，我们必须恢复 r。同样，用三个步骤得到明文

$$\widetilde{m}=a \parallel b=c^{k'} \mod n$$

$$r=r \oplus h(a) \oplus h(a)=b \oplus h(a)$$

$$m=m \oplus g(r) \oplus g(r)=a \oplus g(r)$$

根据 6.1 节，RSA-OAEP 是一种两轮类 Feistel 处理的算法。

8.4　El Gamal 密码体制

El Gamal 密码背后的思想是应用离散对数问题 7.10。该密码使用了 7.1.2 节中的 Diffie-Hellman 密钥协议和 4.2.2 节中的简单乘法密码的简单组合。

设 p 为素数，g 为乘法群（$\mathbb{Z}_p^{\times}, \cdot_p, 1$）的生成元。实体 A 想用自己的公钥进入公共目录，随机选择 $x_A \in \{2, \cdots, p-2\}$，并计算 $y_A=g^{x_A} \mod p \in \mathbb{Z}_p \backslash \{1, g\}$ 得到公钥 $k_{\mathrm{a,pub}}=(p, g, y_A)$。对应的私钥为 $k_{\mathrm{a,sec}}=(p, x_A)$。如果实体 B 想用公钥（p, g, y_A）向实体 A 发送消息 m，B 必须将在 $\mathbb{Z}_p$ 中表示消息，并随机选择整数 $x_B \in \mathbb{Z}_p^{\times}$。然后，$B$ 计算 $y_B=g^{x_B} \mod p \in \mathbb{Z}_p \backslash \{1, g\}$ 和 $c=m \cdot y_A^{x_B} \mod p$。

实体 B 仅使用私钥乘法密码作为 4.2.2 节中仿射分组密码的特例。密钥空间为

$$\mathcal{K}=\{(p, g, x_A, y_A); y_A=g^{x_A} \mod p\}$$

⊖ 请参阅文献（Martin，2017）。

且加密密钥由 $x_{AB}=y_A^{x_B} \bmod p \in \mathbb{Z}_p^\times$ 计算得到。加密函数为

$$e_{p,g,y_A;x_B}: \mathbb{Z}_p \to \{2,\cdots,p-2\} \times \mathbb{Z}_p, m \mapsto (y_B, c)$$

其中 $c=m \cdot y_A^{x_B} \bmod p = m \cdot x_{AB} \bmod p$。$B$ 将密文 c 和信息 y_B 发送给接收方 A。因为密文为 c，$y_B \leqslant \mathbb{Z}_p$，所以发送的消息长度是明文 m 的两倍。

我们可以使用 x_A 从私钥恢复原始消息。因此，我们设 $z=(y_B^{x_A})^{-1} \bmod p$，并得到

$$\begin{aligned} c \cdot z \bmod p &= m \cdot y_A^{x_B} \cdot (y_B^{x_A})^{-1} \bmod p \\ &= m \cdot (g^{x_A})^{x_B} \cdot ((g^{x_B})^{x_A})^{-1} \bmod p \\ &= m \cdot (g^{x_B})^{x_A} \cdot ((g^{x_B})^{x_A})^{-1} \bmod p = m \cdot 1 \bmod p = m \end{aligned}$$

我们将解密函数记为 $d_{x_A}: \{2,\cdots,p-2\} \times \mathbb{Z}_p \to \mathbb{Z}_p$。在这种情况下

$$z=(y_B^{x_A})^{-1} \bmod p = y_B^{p-1} \cdot (y_B^{x_A})^{-1} \bmod p = y_B^{p-1-x_A} \bmod p$$

可以很容易地被计算出来。如果把 $x_{AB}=y_A^{x_B} \bmod p$ 理解为乘法密码的安全密钥，我们得到

$$x_{AB}=y_A^{x_B} \bmod p = (g_A^{x})^{x_B} \bmod p = (g^{x_B})^{x_A} \bmod p = y_B^{x_A} \bmod p$$

且实体 A 可以用 x_A 和 y_B 计算 x_{AB}。数 x_A 在这里作为陷门信息。最后，c 被解密。这正是 7.1.2 节中 Diffie-Hellman 密钥协议中出现的情况。一个只知道 p，g，y_A 和 y_B 的攻击者为了获得私钥必须求解 $x_A=\log_g(y_A) \bmod p$ 或 $x_B=\log_g(y_B) \bmod p$。换言之，该攻击者需要解决 Diffie-Hellman 问题。

推论 8.15 对于每一个 $m \in \mathbb{Z}_p^\times$，可得

$$d_{x_A}(e_{(p,g,y_A;x_B)}(m))=m$$

我们现在可以定义 El Gamal 密码体制[⊖]。

⊖ 请参阅文献（El Gamal，1985）。

定义 8.16（$\mathbb{Z}_p^\times$ 上的 El Gamal 密码） 令 p 是素数，g 是（$\mathbb{Z}_p^\times$，$\cdot_p$，1）的生成元。已知 $\mathcal{P}=\mathbb{Z}_p$ 和 $\mathcal{C}=\{2,\cdots,p-2\}\times\mathbb{Z}_p$，我们设

$$\mathcal{K}=\{(p,g,x_A,y_A);y_A=g^{x_A} \bmod p\}$$

$$k_{\mathrm{a,pub}}=(p,g,y_A)\text{且}k_{\mathrm{a,sec}}=(p,x_A)$$

同时定义

$$e_{p,g,y_A;x_B}:\mathbb{Z}_p\to\{2,\cdots,p-2\}\times\mathbb{Z}_p$$

$$m\mapsto(g^{x_B} \bmod p,m\cdot y_A^{x_B} \bmod p)$$

$$d_{x_A}:\{2,\cdots,p-2\}\times\mathbb{Z}_p\to\mathbb{Z}_p,(y_B,c)\mapsto c\cdot(y_B^{x_A})^{-1} \bmod p$$

备注 8.17 （1）p 不一定需要是素数。只需要一个合理高阶的循环群，且对 x_A 和 y_A 的选择是允许的。

（2）请记住：El Gamal 让消息的大小增加了一倍。

算法 8.4： 使用安全素数生成 El Gamal 密钥

要求： p：$=2q+1$ 是安全素数，$q\in\mathbb{N}$ 是素数且 $g\in\mathbb{Z}_p^\times$ 满足 $\mathcal{L}(g)=\mathbb{Z}_p^\times$。

确保： 公钥（p，g，y_A）

1：随机选择 $x_A\in\{2,\cdots,p-2\}$（作为私钥）

2. $y_A:=g^{x_A} \bmod p$

3. **return**（p，g，y_A）

算法 8.5： 在 $\mathbb{Z}_p^\times$ 上的 El Gamal

要求： 对于加密：公钥（p，g，y_A），明文 m（编码成 $m\in\mathbb{Z}_p$）。对于解密：私钥（p，x_A）。

确保： 密文 $\tilde{c}$，解密后的明文 m'

1：随机选择 $x_B \in \{2,\cdots,p-2\}$

2：$y_B := g^{x_B} \bmod p$ and$c := m \cdot y_A^{x_B} \bmod p$

3：$\widetilde{c} := (y_B, c)$

4：$z := y_B^{-xA} \bmod p$

5：$m' := c \cdot z \bmod p$

6：**return** $\widetilde{c}$ and m'

例 8.18

$$p=771\ 767，\ g=458\ 751，\ x_A=65\ 535，\ x_B=262\ 145$$

我们使用 $\mathcal{P}=\mathbb{Z}_p \approx \mathbb{F}_2^{20}, \mathcal{C}=\{2,\cdots,p-2\}\times\mathbb{Z}_p$，得到

$$y_A = g^{x_A} \bmod p = 458\ 751^{65\ 535} \bmod 771\ 767 = 84\ 088$$

$$y_B = g^{x_B} \bmod p = 458\ 751^{262\ 145} \bmod 771\ 767 = 93\ 493$$

明文

"SECURITY"

的每个分组必须被编码成 20 个二进制位。因此，我们使用 4 个字母为一组，每个字母用 5 个二进制位编码，结果是

$$18,4,2,20 \rightarrow (1,0,0,1,0,0,0,1,0,0,0,0,0,1,0,1,0,1,0,0) \rightarrow 594\ 004$$

$$17,8,19,24 \rightarrow (1,0,0,0,1,0,1,0,0,0,1,0,0,1,1,1,1,0,0,0) \rightarrow 565\ 880$$

对于加密，我们使用公钥

$$k_{a,\text{pub}} = (p, g, y_A) = (771\ 767, 65\ 537, 84\ 088)$$

得到 $x_{AB} = y_A^{x_B} \bmod p = 492\ 258$ 和

$$c_1 = m_1 \cdot x_{AB} \bmod p = 594\ 004 \cdot 492\ 258 \bmod 771\ 767 = 742\ 644$$

$$\rightarrow \text{WVHU}$$

$$c_2 = m_2 \cdot x_{AB} \bmod p = 565\ 880 \cdot 492\ 258 \bmod 771\ 767 = 363\ 346$$

$$\rightarrow \text{，LC [S}$$

发送消息（93 493，742 644）和（93 493，742 644）。为了解密，我们使用私钥计算

$$k_{a,sec}=(p,x_A)=(771\ 767,65\ 535)$$

值 $z=y_B^{p-1-x_A} \bmod p=210\ 711$

$$\widetilde{m}_1=742\ 644\cdot 210\ 711 \bmod 771\ 767=594\ 004$$

$$\widetilde{m}_2=363\ 346\cdot 210\ 711 \bmod 771\ 767=565\ 880$$

除了密文之外，陷门信息也被传输。然而，在例 8.18 中，每个分组都使用了相同的配置。解密过程使用相同的私钥（p,x_A）。因此，如果攻击者有一个明文-密文对，他可以在不知道私钥的情况下恢复任何明文。

例 8.19　考虑明文-密文对$(m_2,c_2)=(565\ 880,363\ 346)$，其中已知密文 $c_1=742\ 644$ 和 $p=771\ 767$。则可得

$$c_1\cdot c_2^{-1} \bmod p=c_1\cdot c_2^{p-2} \bmod p=m_1\cdot y_A^{x_B}\cdot m_2^{p-2}\cdot y_A^{x_B(p-2)} \bmod p$$

$$=m_1\cdot m_2^{p-2} \bmod p$$

因此，我们得到 $m_1=c_1\cdot c_2^{-1}\cdot m_2 \bmod p$。根据该例，我们得到

$$m_1=742\ 644\cdot 363\ 346^{-1}\cdot 565\ 880 \bmod 771\ 767=594\ 004$$

任何新的明文都应该通过新的配置进行加密。或者，我们不希望更改公钥配置，这就要求不断地更改 y_B。这可以通过对 y_B 进行随机化来实现。如果 x_B 每次等概率取自于 $\{2,\cdots,p-2\}$ 且 y_A 是（$\mathbb{Z}_p^\times,\cdot_p,1$）的生成元，（$y_B,c$）的可能值是等概率取自于 $\mathbb{Z}_p\backslash\{1,g\}\times\mathbb{Z}_p^\times$。El Gamal 的表现就像是一种概率方案。

El Gamal 并不局限于($\mathbb{Z}_p^\times,\cdot_p,1$),所有的操作都可以在其他群上实现。概括来说，有两个方面需要考虑：

- 必须保持求解离散对数问题 7.10 的基本原则。
- 效率方面，群操作必须可以容易执行。

8.5　椭圆曲线密码体制

在 8.4 节中，我们将离散对数问题 7.10 应用于乘法群（$\mathbb{Z}_p^\times, \cdot_p, 1$）。同样地，我们也可以将它应用于任何其他循环群。例如，根据 3.1.1 节中定义的指数函数运算，我们研究 p 为素数的加法群（$\mathbb{Z}_p, +_p, 0$），即

$$e_g : \mathbb{Z}_p \to \mathbb{Z}_p, x \mapsto \begin{cases} x \cdot_p g = g +_p + \cdots +_p g, & x \neq 0 \\ 0, & x = 0 \end{cases}$$

其中，g 是生成元，即 $\mathcal{L}(g) = \{k \cdot g \bmod p; k \in \mathbb{Z}_p\} = \mathbb{Z}_p$。根据定理 3.59，在群（$\mathbb{Z}_p, +_p, 0$）中所有元素 $g \in \mathbb{Z}_p \setminus \{0\}$ 都是生成元。由于 $\mathcal{L}$（g）中的所有元素都两两不同，因此满足 $g \in \mathbb{Z}_p \setminus \{0\}$ 的映射 e_g 也是双射。因此，对应于离散对数，存在逆函数

$$d_g : \mathbb{Z}_p \to \mathbb{Z}_p, x \mapsto d_g(x) \qquad e_g(d_g(x)) = x$$

（$\mathbb{Z}_p, +_p, 0$）中的离散对数问题是：给定对数基 $g \in \mathbb{Z}_p \setminus \{0\}$ 和某个 $c \in \mathbb{Z}_p$，找到满足 $x \cdot_p g = c$ 的任意 x。其解是 $x = g^{-1} \cdot_p c$，其中 g^{-1} 是 g 在 $\mathbb{Z}_p^\times$ 中的乘法逆元。由于逆元可以很容易地通过扩展的欧几里得算法计算出来，所以该群在密码学应用方面是无用的。

例 8.20

$$(\mathbb{Z}_{23}, +_{23}, 0); g = 17$$

$\mathcal{L}(g) = \mathbb{Z}_{23}$。给定 $x_A = 5$，我们得到 $y_A = 17 \cdot 5 \bmod 23 = 16$。公钥为（23,17,16），私钥为（23,5）。消息 $m = 11$ 结合 $x_B = 2$，得到 $y_B = 17 \cdot 2 \bmod 23 = 11$ 和 $c = 11 + 16 \cdot 2 \bmod 23 = 20$，即 $\tilde{c} = (11, 20)$。对于解密，我们计算 $z = -(11 \cdot 5) \bmod 23 = 14$。恢复的明文为 $20 + 14 \bmod 23 = 11$。另一种可能是计算 x_B：$x_B = g^{-1} \cdot_p x_{AB} = 19 \cdot_{23} 11 = 2$。最后，$m = c - y_A \cdot x_B \bmod p = 20 - 16 \cdot 2 \bmod 23 = 11$。

因此，我们必须寻找其他的有限循环群，在这些有限循环群中，离散对数问题在计

算上是不可解的。利用椭圆曲线我们得到可替换的加法循环群。为理解该术语做准备，我们需要研究平面仿射曲线。

备注 8.21 按照定义 6.5 的风格，我们将一个由多变量 X_1，…，X_k 和系数 $a_{i_1\cdots i_k}$ 组成的多项式表示为

$$P(X_1,\cdots,X_k)=\sum_{i_1,\cdots,i_k>0} a_{i_1\cdots i_k}X_1^{i_1}\cdots X_k^{i_k},i_1+\cdots+i_k<\infty。$$

定义 8.22（平面仿射曲线） 设$(\mathbb{F},+,\cdot,0,1)$是一个域，两个变量组成的多项式函数为

$$f:\mathbb{F}\times\mathbb{F}\rightarrow\mathbb{F},(x,y)\mapsto f(x,y)=\sum_{i,j>0}a_{ij}x^iy^j,\quad a_{ij}\in\mathbb{F},$$

其中其系数 $a_{ij}\neq0$，且 a_{ij} 在有限的前提下尽可能多。则

$$\widetilde{C}_f(\mathbb{F})=\{(x,y)\in\mathbb{F}\times\mathbb{F};f(x,y)=0\}$$

称为$\mathbb{F}$上的平面仿射曲线。

现在我们来考虑，当 $i+j+k\neq3$ 时，$a_{ijk}=0$ 的 3 次多项式，

$$g:\mathbb{F}^3\rightarrow\mathbb{F},(x,y,z)\mapsto g(x,y,z)$$

$$\begin{aligned}g(x,y,z)=&a_{300}x^3+a_{210}x^2y+a_{201}x^2z+a_{120}xy^2+\\&a_{111}xyz+a_{102}xz^2+a_{030}y^3+a_{021}y^2z+\\&a_{012}yz^2+a_{003}z^3\end{aligned}$$

这样的多项式称为 3 次齐次多项式。对于 g 的每一个零点 $(x_0,y_0,z_0)\in\mathbb{F}^3$，由成比例的元组 $(\lambda x_0,\lambda y_0,\lambda z_0)$可得

$$\begin{aligned}g(\lambda x_0,\lambda y_0,\lambda z_0)=&a_{300}(\lambda x_0)^3+a_{210}(\lambda x_0)^2(\lambda y_0)+a_{201}(\lambda x_0)^2(\lambda z_0)\\&+\cdots+a_{012}(\lambda y_0)(\lambda z_0)^2+a_{003}(\lambda z_0)^3\end{aligned}$$

$$=\lambda^3 g(x_0, y_0, z_0)=0$$

再次计算 g。这使我们能够定义等价关系

$$(x_0, y_0, z_0) \sim (u, v, w)$$
$$\Leftrightarrow (u, v, w)=(\lambda x_0, \lambda y_0, \lambda z_0) \text{对于任意 } \lambda \in \mathbb{F} \backslash \{0\}$$

且 (x_0, y_0, z_0) 是我们用 $[x_0 : y_0 : z_0]$ 表示的代表类的代表。

定义 8.23 (平面射影曲线) 平面射影曲线是商集

$$C_g(\mathbb{F})=\{[x_0 : y_0 : z_0]; g(x_0, y_0, z_0)=0\}=(\mathbb{F}^3 \backslash \{(0,0,0)\})/\sim$$

即，～的代表类集。

对于特殊的映射

$$\begin{aligned}\tilde{f}: \mathbb{F}^2 \rightarrow \mathbb{F}, \tilde{f}(x, y) &= a_{300} x^3 + a_{210} x^2 y + a_{201} x^2 + a_{120} x y^2 + a_{111} x y \\ &\quad + a_{102} x + a_{030} y^3 + a_{021} y^2 + a_{012} y + a_{003} \\ &= g(x, y, 1) \end{aligned} \tag{8.3}$$

可以定义单射

$$i: \widetilde{C}_{\tilde{f}}(\mathbb{F}) \rightarrow C_g(\mathbb{F}), i(x, y)=[x : y : 1]$$

这是因为由 $i(x, y)=i(x', y')$，可得 $[x : y : 1]=[x' : y' : 1]$ 和 $x=tx'$，$y=ty'$，$1=t1$，因此 $t=1$，$x=x'$，$y=y'$。使用该映射，我们可以将 $\widetilde{C}_{\tilde{f}}(\mathbb{F})$ 解释为 $C_g(\mathbb{F})$ 的一个子集。根据映射 i，$\widetilde{C}_{\tilde{f}}(\mathbb{F})$ 可以嵌入到平面射影曲线 $C_g(\mathbb{F})$ 中。除此之外，g 中有更多的零点无法用 i 在 $\widetilde{C}_{\tilde{f}}(\mathbb{F})$ 的任何元素处求值得到。综上，这些是有些 $u \neq 0$ 或 $v \neq 0$，u，$v \in \mathbb{F}$的等价类 $[u: v: 0]$，且

$$g(u, v, 0)=a_{300} u^3 + a_{210} u^2 v + a_{120} u v^2 + a_{030} v^3=0$$

最后，我们得到

$$C_g(\mathbb{F})=i(\widetilde{C}_{\tilde{f}}(\mathbb{F})) \cup \{[u : v : 0]; g(u, v, 0)=0\}$$

令 g 是 3 次齐次多项式。平面射影曲线 $C_g(\mathbb{F})$ 在点 $[x_0:y_0:z_0]$ 处是奇异的，如果 g 的所有偏导数都消失，即

$$\frac{\partial g}{\partial x}(x_0,y_0,z_0)=\frac{\partial g}{\partial y}(x_0,y_0,z_0)=\frac{\partial g}{\partial z}(x_0,y_0,z_0)=0 \tag{8.4}$$

我们必须用朴素的方式计算多项式的导数。如果 $C_g(\mathbb{F})$ 没有奇异值，则称为非奇异点。我们研究一类特殊的 3 次齐次多项式。

定义 8.24（$\mathbb{F}$上的椭圆曲线） 椭圆曲线是$(\mathbb{F},+,\cdot,0,1)$域上的非奇异平面射影曲线 $C_{gw}(\mathbb{F})$，其中 gw 为 Weierstraß 多项式[⊖]

$$gw(x,y,z)=y^2z+a_1xyz+a_3yz^2-x^3-a_2x^2z-a_4xz^2-a_6z^3,$$

$$a_1,a_2,a_3,a_4,a_6\in\mathbb{F}。$$

备注 8.25 （1）在 Weierstraß 多项式中，$a_{210}=a_{120}=a_{030}=0$。因此，$gw(u,v,0)=-u^3=0\Leftrightarrow u=0$ 且

$$C_{gw}(\mathbb{F})=i(\widetilde{C}_{\widetilde{f}w}(\mathbb{F}))\cup\{[0:1:0]\}$$

其中 $\widetilde{f}w(x,y)=y^2+a_1xy+a_3y-x^3-a_2x^2-a_4x-a_6$。

（2）“点” $[0:1:0]$ 作为唯一不能被 $\widetilde{C}_{\widetilde{f}w}(\mathbb{F})$ 中的元素定义的点，现在我们简写为：$\mathcal{O}:=[0:1:0]$。$\mathcal{O}$ 不是奇异的，因为

$$\frac{\partial gw}{\partial z}(0,1,0)=1\neq 0$$

对点$[x:y:1]\in C_{gw}(\mathbb{F})\setminus\{[0:1:0]\}$，我们计算

⊖ Karl Weierstraß（1815—1891）。

$$\frac{\partial gw}{\partial x}(x,y,z)=a_1yz-3x^2-2a_2xz-a_4z^2$$

$$\overset{z=1}{=}a_1y-3x^2-2a_2x-a_4$$

$$\frac{\partial gw}{\partial y}(x,y,z)=2yz+a_1xz+a_3z^2$$

$$\overset{z=1}{=}2y+a_1x+a_3$$

$$\frac{\partial gw}{\partial z}(x,y,z)=y^2+a_1xy+2a_3yz-a_2x^2-2a_4xz-3a_6z^2$$

$$\overset{z=1}{=}y^2+a_1xy+2a_3y-a_2x^2-2a_4x-3a_6$$

可知

$$\frac{\partial gw}{\partial x}(x,y,1)=\frac{\partial \widetilde{f}w}{\partial x}(x,y)\text{和}\frac{\partial gw}{\partial y}(x,y,1)=\frac{\partial \widetilde{f}w}{\partial y}(x,y)$$

而且

$$\frac{\partial gw}{\partial z}(x,y,1)=-x\cdot\frac{\partial gw}{\partial x}(x,y,1)-y\cdot\frac{\partial gw}{\partial y}(x,y,1)+3g(x,y,1)$$

$$=-x\cdot\frac{\partial \widetilde{f}w}{\partial x}(x,y)-y\cdot\frac{\partial \widetilde{f}w}{\partial y}(x,y)+3\widetilde{f}w(x,y)$$

因此，$[x:y:1]\in\widetilde{C}_{gw}(\mathbb{F})\backslash\backslash\{[0:1:0]\}$为奇异点，当且仅当 fw 的偏导在点 $(x,y)\in\widetilde{C}_{\widetilde{f}w}(\mathbb{F})$ 处消失。

因此，我们只讨论 $\mathbb{R}$ 或$\mathbb{F}_p$上的平面射影曲线，其中 $p>3$ 为素数。因此，$\mathbb{F}$至少包含元素 0，1，2＝1＋1，3＝1＋1＋1。为了方便，对于 $q\in\{2,3\}$，我们用$\frac{1}{q^k}$代替 $q^{-k}\bmod p$。如果我们研究线性和这样的双射变换

$$\widetilde{\tau}:C_{gw}(\mathbb{F})\to C_{gw}(\mathbb{F}),\tau([x:y:z])=\left[x:y-\frac{1}{2}(a_1x+a_3z):z\right]$$

$$\widetilde{\tau}=\begin{pmatrix}1&0&0\\-\frac{1}{2}a_1&1&-\frac{1}{2}a_3\\0&0&1\end{pmatrix},\quad \det(\widetilde{\tau})=1$$

我们可以把 Weierstraß 多项式化简为

$$\widetilde{g}w(x,y,z)=y^2z-x^3-a'_2x^2z-a'_4xz^2-a'_6z^3$$

其中 $a'_2=a_2+\frac{1}{4}a_1^2$，$a'_4=a_4+a_1a_3$ 且 $a'_6=a_6+\frac{1}{4}a_3^2$

例 8.26（曲线 25519） 令 $p=2^{255}-19$。考虑 $C_{\widetilde{g}w}(\mathbb{F}_p)$ 和

$$\widetilde{g}w(x,y,z)=y^2z-x^3-486\ 662x^2z-xz^2$$

因为

$$\frac{\partial\widetilde{g}w}{\partial x}(x,y,z)\overset{z=1}{=}-3x^2-2\cdot 486\ 662x-1\overset{!}{=}0 \bmod p$$

$$\Leftrightarrow x_{1,2}=-3^{-1}\cdot 486\ 662\pm\sqrt{486\ 662^2-3} \bmod p \text{ 且进一步}$$

$$(486\ 662^2-3)^{\frac{p-1}{2}}=p-1\neq 1$$

⇒根据推论 7.18 不存在平方根。

所以没有奇异点。因此，$C_{\widetilde{g}w}(\mathbb{F}_p)$ 是椭圆曲线。

同样地，我们可以用双射线性变换

$$\hat{\tau}: Cgw(\mathbb{F})\rightarrow Cgw(\mathbb{F}),\ \tau([x:y:z])=\left[x-\frac{1}{3}a_2'z:y:z\right]$$

$$\hat{\tau}=\begin{pmatrix}1 & 0 & -\frac{1}{3}(a_2+\frac{1}{4}a_1^2)\\ 0 & 1 & 0\\ 0 & 0 & 1\end{pmatrix},\ \det(\hat{\tau})=1$$

来化简，得到

$$\hat{g}w(x,y,z)=y^2z-x^3-axz^2-bz^3 \tag{8.5}$$

其中 $a=a_4'-a_2'^2$ 且 $b=a_6'-\frac{1}{3}a_2'a_4'+\frac{2}{27}a_2'^3$。在之后的讨论中，为了定义椭圆曲线，将

$$\hat{f}w(x,y):=\hat{g}w(x,y,1):=y^2-x^3-ax-b$$

称为短 Weierstraß 多项式。此外，我们用 $\Delta=\frac{a^3}{27}+\frac{b^2}{4}$ 判断奇异点是否存在。为了明白这

点，考虑 $[x:y:1]\in C_{gw}(\mathbb{F})$ 是一个奇异点，即 $y=0$，$x^2=-\frac{a}{3}$ 且 $\hat{g}w(x,y,1)=\hat{f}w(x,y)=0$。如果 $a=0$，我们得到 $x=0$，因此 $b=0$ 且 $\Delta=0$。否则（$a\neq 0$），可得

$$0=x^3+ax+b=-\frac{a}{3}\cdot x+ax+b=\frac{2}{3}ax+b$$

$$\Rightarrow x=-\frac{3b}{2a}\Rightarrow x^2=-\frac{a}{3}=\frac{9b^2}{4a^2}\Rightarrow -\frac{a^3}{27}=\frac{b^2}{4}\Rightarrow \Delta=0$$

反之，令 $\Delta=0$。我们说明至少存在一个奇异点 $(x, y)\in C_{gw}(\mathbb{F})$。为了使点 $(x, y)\in\mathbb{F}^2$ 是奇异点，必须保证 $y=0$，$x^2=-\frac{a}{3}$。因而，我们得到

$$y^2-x^3-ax-b\overset{y=0}{=}-x^3-ax-b\Rightarrow x(x^2+a)=-b$$

$$\Rightarrow \frac{1}{4}x^2(x^2+a)^2=\frac{b^2}{4}\Rightarrow \frac{1}{4}x^2(x^2+a)^2=-\frac{a^3}{27}$$

$$\Rightarrow -\frac{27}{4}(x^6+2ax^4+a^2x^2)=-\frac{27}{4}\left(-\frac{a^3}{27}+\frac{2a^3}{9}-\frac{a^3}{3}\right)$$

$$=\frac{1}{4}(a^3-6a^3+9a^3)=a^3\Rightarrow (x,y)\in C_{gw}(\mathbb{F})$$

推论 8.27 $C_{gw}(\mathbb{F})$ 中存在一个奇异点当且仅当 $\Delta=\frac{a^3}{27}+\frac{b^2}{4}=0$ 或 $C_{gw}(\mathbb{F})$ 是椭圆曲线当且仅当 $\Delta\neq 0$。

备注 8.28 根据 a 和 $\mathbb{F}$ 的选择，$-\frac{a}{3}$ 有时不是一个完全平方或模 p 二次剩余。一个可能是考虑全部元素是完全平方的扩域，例如，用 $\mathbb{C}$ 代替 $\mathbb{R}$。但是，这超出了本书的范围。

例 8.29 再次令 $p=2^{255}-19$。根据例 8.26 考虑 $C_{\widetilde{g}w}(\mathbb{F}_p)$ 和

$$\widetilde{g}w(x, y, z)=y^2z-x^3-486\,662x^2z-xz^2$$

将它变换成一个短 Weierstraß 多项式，可得

$a=-38\ 597\ 363\ 079\ 105\ 398\ 474\ 523\ 661\ 669\ 562\ 635\ 951\ 089\ 994\ 888\ 546\ 854\ 679\ 819\ 194\ 669\ 383\ 323\ 180\ 713$

$b=-2\ 144\ 297\ 948\ 839\ 188\ 804\ 140\ 203\ 426\ 086\ 813\ 108\ 393\ 888\ 604\ 919\ 269\ 704\ 434\ 391\ 165\ 999\ 835\ 461\ 513$

因为

$\frac{a^3}{27}+\frac{b^2}{4} \bmod p=6\ 432\ 893\ 846\ 517\ 566\ 412\ 420\ 610\ 278\ 260\ 439\ 325\ 181\ 665\ 814\ 757\ 809\ 113\ 303\ 199\ 111\ 548\ 536\ 462\ 381\neq 0$

所以没有奇异点。

令 $p=31$。考虑 $C_{\hat{g}w}(\mathbb{F}_p)$ 和

$$\hat{f}_w(x,y)=y^2-x^3-18x+2 \quad (a=18,b=-2)$$

因为$\frac{a^3}{27}+\frac{b^2}{27} \bmod p=6^3+1 \bmod p=0$，所以存在一个奇异点。我们计算

$$x=\pm\sqrt{-\frac{a}{3}}=\pm\sqrt{25}=\pm 5$$

并检查（5，0）$\notin C_{\hat{g}w}(\mathbb{F}_p)$，但$(26,0)\in C_{\hat{g}w}(\mathbb{F}_p)$。（26，0）为奇异点且 $C_{\hat{g}w}(\mathbb{F}_p)$不是一个椭圆曲线。

算法 8.6：椭圆曲线算法

要求：椭圆曲线 $E_{\mathbb{F}}(a,b)$，点 $P_1=(x_1,y_1)\in E_{\mathbb{F}}(a,b)$和可能的点 $P_2=(x_2,y_2)\in E_{\mathbb{F}}(a,b)$。

确保：$P_3=P_1\oplus P_2$ 或确定$-P_1$。

1：**if** P_2 不存在 **then**

2：　$P_3:=P_1$. $\{-\mathcal{O}:=\mathcal{O}$ and $-P_1:=(x_1,-y_1)\}$

3：**else if** $P_1=\mathcal{O}$ *or* $P_2=\mathcal{O}$ **then**

4：　$P_3:=\mathcal{O}\oplus P_2:=P_2$ and $P_3:=P_1\oplus\mathcal{O}:=P_1$

{$\mathcal{O}$ id. element}

5：**else if** $P_1=-P_2$ **then**

6：　$P_3:=P_1\oplus P_2:=\mathcal{O}$

7：**else if** 前面的步骤都不适用 **then**

8：

$$x_3 := \lambda^2 - x_1 - x_2, y_3 := \lambda(x_1 - x_3) - y_1, \lambda \in \mathbb{F}$$

$$\lambda := \begin{cases} \frac{y_2 - y_1}{x_2 - x_1} P_1 \neq P_2, \\ \frac{3x_1^2 + a}{2y_1} P_1 = P_2, \end{cases} \qquad P_3 := (x_3, y_3)$$

9：**end if**

10：**return** P_3

我们定义

$$E_{\mathbb{F}}(a,b) = \{(x,y) \in \mathbb{F}^2; y^2 = x^3 + ax + b\} \cup \mathcal{O}$$

表示$\mathbb{F}$上的椭圆曲线。该集合可以推广为一个代数结构。通过指定加法运算

$$\oplus: E_{\mathbb{F}}(a,b) \times E_{\mathbb{F}}(a,b) \to E_{\mathbb{F}}(a,b)$$

结构（$E_{\mathbb{F}}(a,b), \oplus, \mathcal{O}$）产生一个交换加法群⊖。其目的是在曲线上取两个（不同的）点 P_1 和 P_2，并通过这两个点来确定一条直线。除某些特殊情况外，这条线与椭圆曲线在另一点相交。然后，在 x 轴上的映射得到加法的结果 P_3。点 $\mathcal{O}$ 是单位元。

例 8.30　给定方程 $y^2 = x^3 + 3x + 22$ 的椭圆曲线 $E_{\mathbb{R}}(3, 22)$，判别式 $\Delta = 122 > 0$，考虑图 8.3 所表示的三种情况。

典型的情况是取两个不同的点（且 $P_2 \neq -P_1$）并在 x 轴上显示出切点（第一种情况）。第二种情况展示了 $P_1 \oplus P_1$ 的加法。我们使用 $E_{\mathbb{R}}(3, 22)$ 上这一点的切线。第三种情况更为特殊，它需要一个在拐点处取拐点的切线。

⊖ 有关更多的细节和群性质的证明，请参阅文献（Silverman，1986）和（Kaliski，1988）。

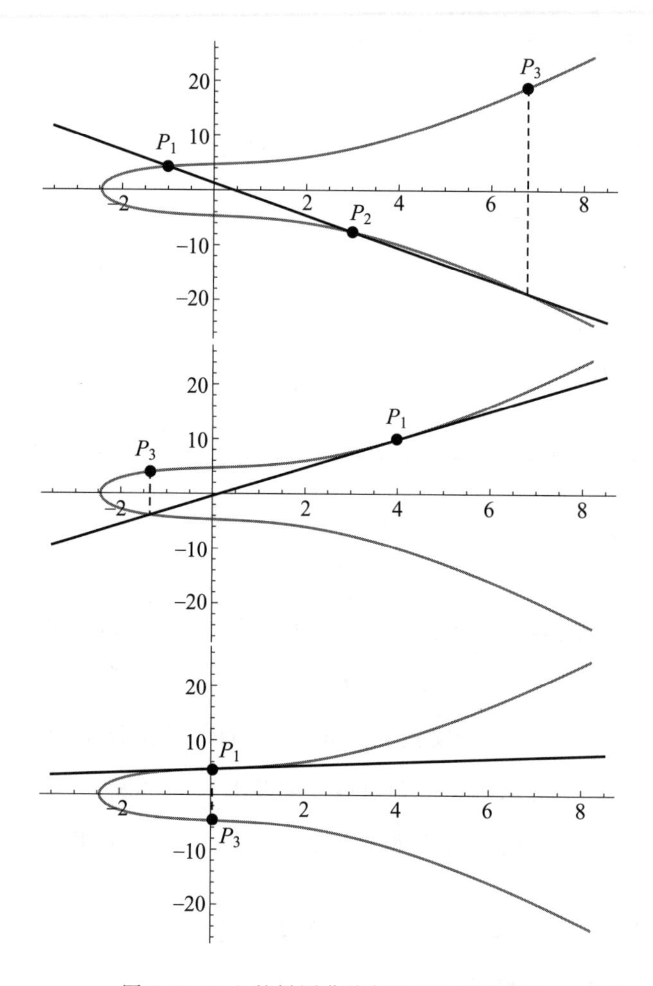

图 8.3　ℝ上的椭圆曲线加法的三种情况

由此，我们可以用 $P_1 \oplus P_2 \oplus P_3 = \mathcal{O}$ 来重新定义加法。算法 8.6 给出了关于该群的运算步骤。步骤 2 和步骤 3，$-\mathcal{O} := \mathcal{O}$ 和 $-P_1 := (x_1, -y_1)$ 只是定义。该算法被理解为必须连续处理的序列。一旦一个点被用，其余的就可以忽略。

让我们仔细考虑基于域（$\mathbb{Z}_p, +_p, \cdot_p, 0, 1$）的椭圆曲线 $E_{\mathbb{Z}_p}(a,b)$，其中 $p>3$ 是素数。加法 $\oplus_p$ 背后的直觉消失了，但运算还继续进行。根据模运算，规则完全从 ℝ 转移到 $\mathbb{Z}_p$。可以估计出群中元素的数量。因为我们寻找模 p 的二次剩余，我们从推论 7.20 知道有（$p-1$）/2 个这样的数。每个数有两个平方根。因此，我们可以预期在 $E_{\mathbb{Z}_p}(a,b)$

上大约有 p 个点。根据 Hasse[㊀] 定理[㊁]，元素的数量可以被限制为

$$p+1-2\sqrt{p}\leqslant|E_{\mathbb{Z}_p}(a,b)|\leqslant p+1+2\sqrt{p} \tag{8.6}$$

通过 a 和 b 的变化，可以得到 $|E_{\mathbb{Z}_p}(a,b)|$ 的所有可能值。

例 8.31　令 $p=23$。根据 a 和 b 的选择，在椭圆曲线上可能有 15～33 个点。根据方程 $y^2=x^3+3\cdot x+22 \bmod 23$，取 $a=3$，$b=22$，得到 33 个点（如图 8.4 所示）：

$\mathcal{O}$,(1,7),(1,16),(2,17),(2,6),(3,14),(3,9),(4,11),(4,12),(5,22)
(5,1),(6,7),(6,16),(7,15),(7,8),(8,11),(8,12),(11,11),(11,12)
(13,21),(13,2),(14,5),(14,18),(16,7),(16,16),(17,15),(17,8)
(20,20),(20,3),(21,10),(21,13),(22,15),(22,8)

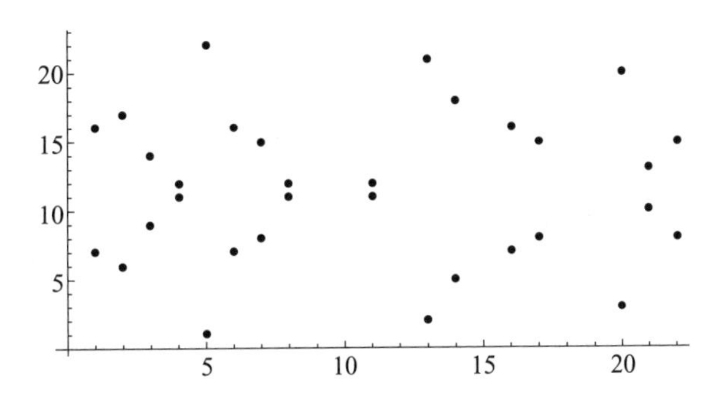

图 8.4　$\mathbb{Z}_{23}$ 上的椭圆曲线 $E_{\mathbb{Z}_{23}}(3,22)$

因为正在计算模 p 的平方根，所有的点（除了 $\mathcal{O}$）成对出现。例如，我们注意到以下加法

$$(7,8)\oplus_{23}(7,15)=\mathcal{O}$$

$$(7,8)\oplus_{23}(7,8)=(11,12),\quad \lambda=18$$

$$(11,12)\oplus_{23}(7,8)=(6,16),\quad \lambda=1$$

$$(11,12)\oplus_{23}(7,15)=(7,8),\quad \lambda=5$$

㊀ Helmut Hasse（1898—1979）。

㊁ 证明请参阅文献（Silverman，1986）。

为确定椭圆曲线 $E_{\mathbb{Z}_p}(a,b)$ 的所有点，我们可以依次利用 $x\in\mathbb{Z}_p$ 的每个可能值，并检验它是否为模 p 的二次剩余。如果是，则可以找到相应的 y。如果 $x^3+ax+b \bmod p=0$，则得到 $y=0$ 且点 $(x,0)\in E_{\mathbb{Z}_p}(a,b)$。如果我们将任意点 $g\in E_{\mathbb{Z}_p}(a,b)$ 相加 n 次，我们将其简写为

$$n\odot_p g := \underbrace{g\oplus_p\cdots\oplus_p g}_{n\text{次}}$$

使用与平方乘算法 7.3 同样的方法，我们现在可以加快 $n\odot_p g$ 的运算速度。我们只需要在步骤 5 和 8 中用加法 $\oplus_p$（步骤 8 中的加倍）替换乘法。通过选择任意 $g\in E_{\mathbb{Z}_p}(a,b)$，我们可以考虑由 $\mathcal{L}(g)$ 生成的子群。令 $n=\mathrm{ord}_{E_{\mathbb{Z}_p}(a,b)}(g)$ 是 g 的阶。根据拉格朗日定理 3.33，我们得到 $h=|E_{\mathbb{Z}_p}(a,b)|/n$ 是一个整数，为了密码学的目的，它应该尽可能小。

椭圆曲线 Diffie-Hellman（ECDH）

Diffie-Hellman 密钥协商协议允许实体在一个不安全的信道上建立共享密钥。操作步骤请参阅 7.1.2 节。ECDH（Elliptic curve Diffie-Hellman，椭圆曲线 Diffie-Hellman）也是一种密钥协商协议，其工作方式与 Diffie-Hellman 协议相同。但是，它是基于群 $(E_{\mathbb{Z}_p}(a,b),\oplus_p,\mathcal{O})$ 而不是群 $(\mathbb{Z}_p^{\times},\cdot_p,1)$。给定定义的参数 (p,a,b,g,n,h)，两个实体必须各自拥有一对由私钥和公钥组成的密钥对。因此，A 的私钥为 $\{1,\cdots,n-1\}$ 中的任意数 x_A。公钥是点

$$y_A=x_A\odot_p g\in E_{\mathbb{Z}_p}(a,b)$$

这样，A 和 B 可以通过

$$\begin{aligned} x_{AB} &= x_B\odot_p y_A = x_B\odot_p(x_A\odot_p g)=(x_B\cdot_p x_A)\odot_p g \\ &= x_A\odot_p(x_B\odot_p g)=x_A\odot_p y_B \end{aligned}$$

建立共享秘密密钥。攻击者必须解决应用于椭圆曲线的 Diffie-Hellman 问题，即在对某个 u 求解 $u\odot_p g=y_A$ 或对某个 v 求解 $v\odot_p g=y_B$ 后，计算出 x_{AB}。

例 8.32

$$p=23, a=3, b=22, y^2=x^3+3\cdot x+22 \bmod 23$$

令 $x_A=5, x_B=12, g=(7,8)$。我们得到 $\mathcal{L}(g)=E_{\mathbb{Z}_{23}}(3,22)$ 和

$$y_A=5\odot_p(7,8)=(14,18), y_B=12\odot_p(7,8)=(8,11)$$

$$x_{AB}=12\odot_p(14,18)=5\odot_p(8,11)=(20,20)$$

El Gamal 和椭圆曲线

考虑 Diffie-Hellman 密钥交换的参数（p，a，b，g，n，h）。如果将 El Gamal 密码转换到椭圆曲线，则必须用 $E_{\mathbb{Z}_p}(a, b)$ 上的一个点表示消息 m。令 $m\in E_{\mathbb{Z}_p}(a, b)$，然后将其加密为 $c=m\oplus_p x_B\odot_p y_A$，并返回密文消息（$y_B$，$c$）。

解密时，使用共享秘密密钥计算 $z=-(x_A\odot_p y_B)=-x_{AB}$，并得到原始消息 m。这是因为

$$\begin{aligned} d_{(E_p(a,b),x_A)}=c\oplus_p z &=m\oplus_p(x_B\odot_p y_A)\oplus_p(-(x_A\odot_p y_B)) \\ &=m\oplus_p(x_B\odot_p y_A)\oplus_p(-(x_A\odot_p(x_B\odot_p g))) \\ &=m\oplus_p(x_B\odot_p y_A)\oplus_p(-(x_B\odot_p x_A\odot_p g)) \\ &=m\oplus_p(x_B\odot_p y_A)\oplus_p(-(x_B\odot_p y_A)) \\ &=m \end{aligned}$$

密文消息（y_B，c）在 $\mathbb{Z}_p$ 中由四个数组成，但明文 m 必须在 $E_{\mathbb{Z}_p}(a, b)$ 中表示出来。根据 Hasse 估计式(8.6)，这意味着大约有 p 个可能的明文，对应的长度比例为 4∶1。另一个问题是明文和椭圆曲线上的点之间的映射。

例 8.33　我们继续例 8.32。明文

"SECURITY"

编码为（18，4，2，20，17，8，19，24）。我们试着用椭圆曲线上各点的第一个分量来表示。但是，没有第一个值为 18，19 或 24 的点。相反，我们从第一个分量开始，逐个分量地对这些点进行排序。最后一个点是 $\mathcal{O}$。此外，我们使用字母表

$$\Sigma_{\text{Latext}}=\Sigma_{\text{Lat}}\cup\{.,!,?,,,;,:\}$$

并将对字母表中指定位置对应的每个符号进行编码。我们得到编码后的明文

$$(13,2),(3,9),(2,6),(14,5),(11,12),(5,1),(13,21),(17,8)$$

使用值 $x_{AB}=(20,\ 20)$ 加密得到

$$(6,16),(4,12),(7,8),(1,16),(5,1),(4,11),(21,13),(2,6)$$

解码为

$$(11,7,12,1,8,6,29,2)\rightarrow\text{“LHMBIG,C”}$$

在这里，我们很幸运没有得到加密点 $\mathcal{O}$，因为它没有任何符号。解密时，我们需要计算 $-x_{AB}=(20,3)$ 才能最终得到正确的明文。例如 $(6,16)\oplus_{23}(20,3)=(13,2)$。

在实际应用中，4 比 1 文本扩展和明文映射到椭圆曲线上的点，这两个问题难点太大。因此，必须调整这种方法。Menezes 和 Vanstone[⊖] 用一条椭圆曲线来简单地掩盖加密，改进了这种方法。我们现在不需要将数据表示为椭圆曲线上的精确点。

定义 8.34（$E_{\mathbb{Z}_p}(a,\ b)$ 上的自适应 El Gamal） 令 $(p,\ a,\ b,\ g,\ n,\ h)$ 为利用椭圆曲线 $E_{\mathbb{Z}_p}(a,\ b)$ 进行 Diffie-Hellman 密钥交换的参数。给定 $\mathcal{P}=\mathbb{Z}_p^\times\times\mathbb{Z}_p^\times$，$\mathcal{C}=E_{\mathbb{Z}_p}(a,b)\times\mathbb{Z}_p\times\mathbb{Z}_p$，$x_A,x_B\in\{1,\cdots,n-1\}$，我们设

$$\mathcal{K}=\{(p,a,b,g,n,h,x_A,y_A,x_B)$$

$$\text{素数 } p,\ \frac{a^3}{27}+\frac{b^2}{4}\neq 0,h\leqslant 4$$

$$x_A\in\{1,\cdots,n-1\},y_A=x_A\odot_p g,x_B\in\{1,\cdots,n-1\}$$

$$k_{\mathrm{a,pub}}=(p,a,b,g,y_A)$$

$$k_{\mathrm{a,priv;A}}=(p,x_A),k_{\mathrm{a,priv;B}}=(p,x_B)$$

并定义 $y_B=x_B\odot_p g$，$x_{AB}=(k_1,\ k_2)=x_B\odot_p y_A=x_A\odot_p y_B$ 和

⊖ 请参阅文献（Menezes 和 Vanstone，1993）。

$$e_{k_{\mathrm{a,pub}}}(m_1, m_2) = (y_B, k_1 \cdot_p m_1, k_2 \cdot_p m_2)$$

$$d_{k_{\mathrm{a,priv,A}}}(y_B, c_1, c_2) = (k_1^{-1} \cdot_p c_1, k_2^{-1} \cdot_p c_2)$$

例 8.35　再一次，我们选择

$$p=23, a=3, b=22, y^2 = x^3 + 3 \cdot x + 22 \bmod 23, x_A = 5, x_B = 12$$

得到

$$y_A = 5 \odot_p (7,8) = (14,18), y_B = 12 \odot_p (7,8) = (8,11)$$

$$x_{AB} = (k_1, k_2) = 12 \odot_p (14,18) = 5 \odot_p (8,11) = (20,20)$$

明文

"SECURITY"

表示为(18,4),(2,20),(17,8),(19,24)。例如，根据算法 8.7，我们加密

$$c_1 = 20 \cdot_{23} 18 = 15,\quad c_2 = 20 \cdot_{23} 4 = 11$$

最后，我们得到

$$((8,11),15,11),((8,11),17,9),((8,11),18,22),((8,11),12,20)$$

$$\rightarrow \text{"PLRJSWMU"}$$

备注 8.36　该版本的 El Gamal 也存在与例 8.19 同样的问题。假设攻击者拥有关于一个明文-密文分量对的信息，即$(m_{21}, c_{21}) = (2,17)$，和任意对应的密文分量，即 $c_{11}=15$。在不改变 x_B 的情况下，攻击者可以通过 $m_{11} = c_{11} \cdot_p c_{21}^{-1} \cdot_p m_{21}$ 恢复明文。在上一个例子中，我们得到 $m_{11} = 15 \cdot_{23} 17^{-1} \cdot_{23} 2 = 18$。

例 8.37　本例以 ASCII 码（每个符号用 7 个二进制位表示）为基础。我们选择 $E_{18\,743}(3,22)$，$g=(12,338)$和 $x_A=20$，得到 $y_A = 20 \odot_{18\,743} (12,338) = (8308,8072)$。因为 $p=18\,743$，所以我们可以同时加密四个符号。首先，我们进行编码

$$\text{"SE"} \rightarrow 10\,693, \text{"CU"} \rightarrow 8661, \text{"RI"} \rightarrow 10\,569, \text{"TY"} \rightarrow 10\,841$$

为了加密消息（10 693，8661），令 $x_B=1000$。则 $(k_1,k_2)=1000\odot_{18\,743}(8308,8072)=(16\,553,18\,311)$。由 $y_B=1000\odot_{18\,743}(12,338)=(7977,18\,734)$，$c_1=16\,553\cdot_{18\,743}10\,693=11\,080$ 和 $c_2=18\,311\cdot_{18\,743}8661=7048$，得到加密的消息 (y_B,c_1,c_2) 为 $((7977,18\,734),11\,080,7048))$。为了解决备注 8.36 中提到的问题，我们选择 $x_B=14\,102$，并分别得到关于最后两个明文的分组 $((7872,3379),12\,361,10\,329)$。

为了解密第一个分组，我们计算 $20\odot_{18\,743}(7977,18\,734)=(16\,553,18\,311)=(k_1,k_2)$。因此，我们计算 $k_1^{-1}\bmod p=659$ 和 $k_2^{-1}\bmod p=5163$。解密消息为 $(11\,080\cdot_{18\,743}659,7048\cdot_{18\,743}5163)=(10\,693,8661)$。

上例表明，采用自适应的椭圆曲线 El Gamal 密码，得到的密文长度是明文长度的两倍。从两个数代表明文开始，我们得到由四个数组成的密文。不需要考虑明文与椭圆曲线上点之间的映射。这样就解决了上述两个问题。

算法 8.7：$E_{\mathbb{Z}_p}(a,b)$ 上的自适应 El Gamal

要求：椭圆曲线 $E_{\mathbb{Z}_p}(a,b)$，公钥
$k_{a,pub}=(p,a,b,g,y_A)$，私钥
$k_{a,priv;A}=(p,x_A)$，$k_{a,priv;B}=(p,x_B)$，如定义 8.34
消息 $m=(m_1,m_2)\in\mathbb{Z}_p^{\times}\times\mathbb{Z}_p^{\times}$
确保：密文 $\tilde{c}$，解密后的明文 m'

1：$y_B:=x_B\odot_p g$
2：$x_{AB}:=(k_1,k_2):=x_B\odot_p y_A$
3：$(c_1,c_2):=(k_1\cdot_p m_1,k_2\cdot_p m_2)$
4：$\tilde{c}:=(y_B,c_1,c_2)$
5：$x_{AB}:=(\tilde{k}_1,\tilde{k}_2):=x_A\odot_p y_B$
6：$m':=(\tilde{k}_1^{-1}\cdot_p c_1,\tilde{k}_2^{-1}\cdot_p c_2)$
7：**return**$(\tilde{c},m')$

第9章

消息摘要

说明 9.1 学习本章的知识要求：

- 熟悉数论基础知识，请参阅 1.1 节；
- 能够应用基本的概率论概念，请参阅 1.2 节；
- 了解现代私钥密码，请参阅第 6 章；
- 了解消息摘要函数的概念，请参阅 2.5.2 节。

精选文献：请参阅文献（Chaum 等，1992；Damgård，1989；Dang，2013；Stinson，2005）。

我们已经在 2.5.2 节中看到了创建消息摘要的示例。其目的是鉴别数据是否以任何方式发生改变（例如在传输过程中是否发生了改变），从而达到确保数据完整性的安全目标。

像位翻转这样的随机变化可以被识别。ISBN-13 码展示了其基本原理。但是，这种代码有一个缺点：由于有许多这样的代码拥有相同的消息摘要，它可以被故意更改而摘要不变。这样的匹配称为*碰撞*，但它在密码学应用中是不可取的。我们区分了生成消息摘要的两种类型：(1) 消息摘要函数 $h: \mathcal{P} \rightarrow \Sigma^n$，只取输入数据用于生成消息摘要，称为哈希函数；(2) 消息认证码是通过消息摘要函数 $h_k: \mathcal{P} \rightarrow \Sigma^n$ 获取的消息摘要，其中还包含一个密钥。后者通常基于私钥密码体制。

9.1 消息检测码

在计算机科学中，有一类哈希函数将可变位长消息映射为固定位长消息，这相当于消息的指纹。图 9.1 展示了使用密码哈希函数检查数据完整性的基本思想。另一个准则是能够简单而快速运行。

另外两个非常重要的特性，包括对某些类型碰撞的避免和雪崩准则的严格执行。

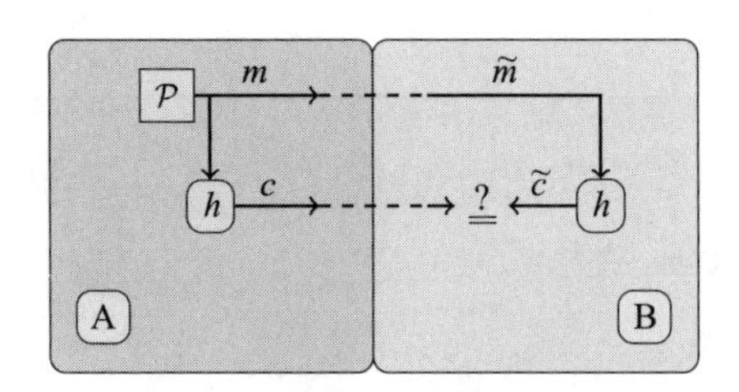

图 9.1 用密码哈希函数检查完整性

定义 9.2（密码哈希函数） 给定 $n \in \mathbb{N}$，一个密码哈希函数是一个消息摘要函数

$$h: \mathcal{P} \to \Sigma^n$$

它满足严格的雪崩准则和所谓的强无碰撞性质，这可以理解为在计算上无法找到消息 $x, y \in \mathcal{P}$，使得 $x \neq y$ 满足 $h(x)=h(y)$。此结果值称为篡改检测码或简称哈希值。假设 $x, y \in \mathcal{P}$ 且 $x \neq y$。如果 $h(x)=h(y)$，我们称之为碰撞。

例如，Adler-32 哈希算法[⊖]不适用于密码学目的，且这不是其预期用途。也就是说，它不满足强无碰撞性，以及严格的消息雪崩准则。如果任何消息通过加上 q 在字节 k 处会发生改变，通过加上 $-2q$ 在字节 $k+1$ 处会发生改变，最后通过再次加上 q 在字节 $k+$

⊖ 请参阅 RFC 1950 和文献（Deutsch 和 Gailly，1996）。

2 处会发生改变，就会产生碰撞。此外，在严格的消息雪崩准则下，该算法失效。图 9.2 表明了这个问题。

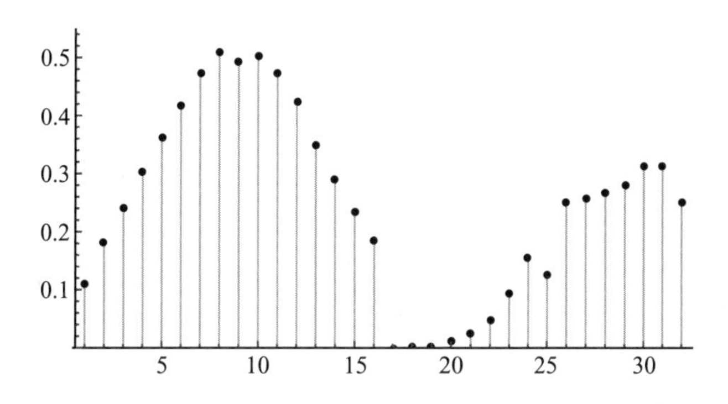

图 9.2 Adler-32 在严格的消息雪崩准则下失效

密码哈希函数的一个例子是 Chaum-van Heijst-Pfitzmann 哈希函数（Chaum 等，1992），它基于问题 7.10，该问题试图计算离散对数。

定理 9.3（Chaum-van Heijst-Pfitzmann 哈希函数） 给定一个安全素数 $p=2q+1$ 和两个在 $(\mathbb{Z}_p^{\times},\cdot_p,1)$ 上的生成元 $g_1,g_2\in\mathbb{Z}_p$，定义密码哈希函数

$$h:\mathbb{Z}_q^2\rightarrow\mathbb{Z}_p,\quad (x,y)\mapsto h(x,y):=g_1^x\cdot g_2^y \bmod p \tag{9.1}$$

如果离散对数$\log_{g_1}(g_2)$不能有效地被计算，那么函数 h 是强无碰撞的。

证明 因为$\mathbb{Z}_q\subset\mathbb{Z}_p$，集合$\mathbb{Z}_q^2$是$\mathbb{Z}_p$上的一种语言。假设 h 不是强无碰撞的，即当 $0\leqslant x$，y，u，$v\leqslant q-1$ 时，确定碰撞

$$(x,y)\neq(u,v)\text{ 且 }h(x,y)=h(u,v)$$

在计算上是可行的。然后，我们得到

$$g_1^x\cdot g_2^y\equiv_p g_1^u\cdot g_2^v\Leftrightarrow g_1^{x-u}\equiv_p g_2^{v-y}$$

由于 $p-1=2\cdot q$ 且 q 是素数，$d=\mathrm{GCD}(v-y,p-1)$ 取四个值中的一个，$d\in\{1,2,q,2\cdot q\}$。如果 $y=v$，我们得到 $d=2\cdot q$。由此得到 $g_1^{x-u}\equiv_p g_2^{v-y}=1\Leftrightarrow x=u$ 这与假设 $(x,\ y)\neq(u,v)$ 矛盾。因为$-q<v-y<q$，我们注意到 $d\neq q$。d 还有两个可能的值。

情形 1　$d=1$：令 $w=(v-y)^{-1} \bmod p-1$。因此

$$g_2 \equiv_p g_2^{(v-y)\cdot w} \equiv_p g_1^{(x-u)\cdot w} \Rightarrow \log_{g_1}(g_2)=(x-u)\cdot(v-y)^{-1} \bmod p-1$$

情形 2　$d=2$：因为 q 是偶数且 $p-1=2\cdot q$，我们得到 $\mathrm{GCD}(v-y,q)=1$。令 $w=(v-y)^{-1} \bmod q$，即，对于某些 $k\in\mathbb{Z}$，$(v-y)\cdot w=k\cdot q+1$。利用 $\mathcal{L}(g_2)=\mathbb{Z}_p^{\times}$ 这一事实，得到

$$g_1^{(x-u)\cdot w} \equiv_p g_2^{(v-y)\cdot w} \equiv_p g_2^{k\cdot q+1} \overset{(7.1)}{\equiv_p} (-1)^k \cdot g_2 \equiv_p \pm g_2$$

如果 $g_1^{(x-u)\cdot w} \equiv_p -g_2$ 因为 $\mathcal{L}(g_1)=\mathbb{Z}_p^{\times}$，我们可以使用 $g_1^q \bmod p=p-1$ 来得到离散对数$\log_{g_1}(g_2)$。

每个可能的情况都会得到离散对数$\log_{g_1}(g_2)$。　□

例 9.4

$$p=179=2\cdot 89+1, g_1=2, g_2=23, x=31, y=77, u=19, v=85$$

由定理 7.4 可知 $\mathcal{L}(g_1)=\mathcal{L}(g_2)=\mathbb{Z}_p^{\times}$。现在

$$h(x,y)=2^{31}\cdot 23^{77} \bmod 179=42=2^{19}\cdot 23^{85} \bmod 179=h(u,v)$$

产生了一个碰撞。由于 $\mathrm{GCD}(v-y,p-1)=\mathrm{GCD}(-22,178)=2$，我们计算

$$w=8^{-1} \bmod 89=78 \text{ 和 } 2^{12\cdot 78+89} \bmod 179=23$$

$$\Rightarrow \log_2(23)=12\cdot 78+89 \bmod 178=135$$

用 Shanks 算法 7.4 验证成功。

Chaum-van Heijst-Pfitzmann 哈希函数有两个缺点：(1) 由于模幂运算，其执行速度很慢；(2) 其定义域是有限的。

Merkle-Damgård 设计

如果我们考虑有限域密码哈希函数，那么必须扩展它们以允许任何长度的消息。其思想是，如果基本哈希函数是强无碰撞的，那么进行分组操作时也要保证它是强无碰撞

的[⊖]。在这里，我们假设密码哈希函数是逐位运算的，即 h：$\mathbb{Z}_2^k \to \mathbb{Z}_2^n$，其中 $k \geqslant n+2$。我们将 h 扩展为密码哈希函数 h^*：$\bigcup_{i=k+1}^{\infty} \mathbb{Z}_2^i \to \mathbb{Z}_2^n$。考虑 $x \in \mathbb{Z}_2^w$，即 $|x| = w > k$。我们将 x 分为长度为 $k-n-1$ 的序列，并记 $w = q \cdot (k-n-1) + r, r \in \mathbb{Z}_{k-n-1}$。假设我们得到 v 个序列 $x = x_1 \parallel x_2 \parallel \cdots \parallel x_v$，其中对于 $i \in \{1, \cdots, v-1\}, x_i \in \mathbb{Z}_2^{k-n-1}, |x_i| \in k-n-1$，

$$|x_v| = \begin{cases} k-n-1, & r=0 \\ r, & r \neq 0 \end{cases} \quad v = \left\lceil \frac{w}{k-n-1} \right\rceil$$

用函数 $y: \mathbb{Z}_2^w \to (\mathbb{Z}_2^{k-n-1})^{v+1}, x \mapsto y(x) = y_1 \parallel \cdots \parallel y_v \parallel y_{v+1}, y_i = x_i, i \in \{1, \cdots, v-1\}$ 来保存序列。我们可能需要通过插入 $d = k-n-1-r \in \{1, \cdots, k-n-2\}$ 个 0 来扩充最后一个序列 x_v，以得到完整的长度 $y_v = x_v \parallel 0^d$。令 y_{v+1} 是预先用 d 个 0 填充的二进制表示形式，这样 $|y_{v+1}| = k-n-1$。假设某些 x，$x' \in \mathbb{Z}_2^w$ 满足 $y(x) = y(x')$。对于 $i \in \{1, \cdots, v-1\}$，可得 $x_i = x_i'$。如果 $x_v \neq x'_v$，其中一个要么有一个零，要么有过多的零。然而，这将改变 d 的值，因此，$y_{v+1} \neq y'_{v+1}$，这与假设相反，我们得到 $x = x'$。函数 y 是单射。现在我们定义序列

$$cv_1 = h(\underbrace{0^{n+1} \parallel y_1}_{\text{长度为}k}), \quad cv_{i+1} = h(\underbrace{cv_i \parallel 1 \parallel y_{i+1}}_{\text{长度为}k}), i \in \{1, \cdots, v\} \tag{9.2}$$

cv_i 被称为链接值。如果设 $h^*(x) = cv_{v+1}$，我们就得到了一个具有任意长度输入消息的候选密码哈希函数。然而，我们必须研究 h^* 的强无碰撞性。

定理 9.5 如式(9.2) 中最后一个链接值的定义，令 h：$\mathbb{Z}_2^k \to \mathbb{Z}_2^n$ 是一个密码哈希函数，其中 $k \geqslant n+2$ 且 h^*：$\bigcup_{i=k}^{\infty} \mathbb{Z}_2^i \mapsto \mathbb{Z}_2^n$。假设 h^* 满足严格的消息雪崩准则，则 h^* 是一个密码哈希函数。

⊖ 根据文献（Stinson，2005）。

证明 假设 h^* 不是强无碰撞的，即我们找到一些 x、x' 满足 $x \neq x'$ 且 $h^*(x) = h^*(x')$。考虑带有关联值 d、d' 和链接值的

$$y(x) = y_1 \parallel \cdots \parallel y_{v+1} \text{和} \ y(x') = y'_1 \parallel \cdots \parallel y'_{v'+1}$$

分为以下三种情况。

情形 1： $|x| \not\equiv_{k-n-1} |x'|$。这意味着 $d \neq d'$，$y_{v+1} \neq y'_{v'+1}$，且得到

$$h(cv_v \parallel 1 \parallel y_{v+1}) = cv_{v+1} = h^*(x) = h^*(x') = cv'_{v'+1} = h(cv'_{v'} \parallel 1 \parallel y_{v'+1}) \quad (9.3)$$

由于 $y_{v+1} \neq y_{v'+1}$，这是 h 的一个碰撞。

情形 2： $|x| \equiv_{k-n-1} |x'|$ 且 $|x| = |x'|$。我们有 $v = v'$ 和 $y_{v+1} = y'_{v+1}$，且首先得到与式(9.3) 相同的结果，$h(cv_v \parallel 1 \parallel y_{v+1}) = h(cv'_v \parallel 1 \parallel y_{v'+1})$。否则，假设 $cv_v \neq cv'_{v'}$。我们退一步回到

$$h(cv_{v-1} \parallel 1 \parallel y_v) = h(cv'_{v-1} \parallel 1 \parallel y_{v'})$$

我们要么找到了 h 的碰撞，要么得到 $cv_{v-1} = cv'_{v-1}$ 且 $y_v = y_v'$，这可以迭代处理。最后一步得到

$$h(0^{n+1} \parallel y_1) = cv_1 = cv'_1 = h(0^{n+1} \parallel y'_1)$$

如果 $y_1 \neq y'_1$，我们找到了 h 的一个碰撞。否则，假设 $y_1 = y'_1$。综上，我们得到$y_i = y'_i$ $(i \in \{1, \cdots, v+1\})$和 $y(x) = y(x')$。然而，y 是单射，因此 $x = x'$。这是一个矛盾。

情形 3： $|x| \equiv_{k-n-1} |x'|$ 且 $|x| \neq |x'|$。我们假设 $v' > v$，并按照情况二开始执行操作。最后，如果没有碰撞，我们得到

$$h(0^{n+1} \parallel y_1) = cv_1 = cv'_{v'-v+1} = h(0^{n+1} \parallel 1 \parallel y'_{v'-v+1})$$

然而，左边函数的第（$n+1$）位是 0，右边函数的第（$n+1$）位是 1，这产生了 h 的一个碰撞。 □

如果 h 是一个密码哈希函数，则 h^* 也是。该设计结构因 Merkle 和 Damgård[⊖] 被命名[⊖] 为 Merkle - Damgård 结构。

⊖ IvanB. Damgård，生于 1956 年。

⊖ 请参阅文献（Damgård，1989，p. 216ff.）。

备注 9.6 (1) 这种方法的缺点是一个碰撞会产生许多碰撞。如果两个不同的数据 q 和 $\tilde{q}$ 产生 $h(q)=h(\tilde{q})$，则对于任意的 $p, h(q\parallel p)=h(\tilde{q}\parallel p)$：

$$cv_i=h(cv_{i-1},y_i)=h(h(cv_{i-2},y_{i-1}),y_i) \tag{9.4}$$

(2) 初始值 cv_0 不必为 0^n，也可以为其他任何值。初始步骤的中间位必须是零。

单向性

密码哈希函数 $h: \mathcal{P}\to\Sigma^n$ 使得找到碰撞变得困难。在这种情况下，我们证明两个不同的要求。

首先，对于给定的消息 m，应该不可能轻易找到任何消息 $x\neq m$ 满足 $h(x)=h(m)$。这称为*弱无碰撞*。如果这仍然发生了，我们将得到 h 的碰撞 m 和 x，因此，h 不可能是强无碰撞的。反过来讲，强无碰撞哈希函数不会出现这种行为，这是弱无碰撞。

其次，对于给定的消息 m，我们应该能够快速计算消息摘要 $z=h(m)$。然而，找到 z 的原象以及可能的碰撞应该是非常困难的。这与约定 7.7 中的单向函数是一致的。假设随机选取一条消息 m 和 $z=h(m)$，很容易找到任意一条消息 $x\in h^{-1}(\{z\})$，即 $h(x)=z$ 且 h 不是单向的。如果 $m\neq x$，则发生碰撞；否则跳过。以这种方式发现这种碰撞的概率是多少？我们称 $\mathcal{P}$ 的两个成员 x、y 等价，即当 $h(x)=h(y)$ 时，$x\sim y$。这就产生了一个等价关系。由于 $|\Sigma^n|=|\Sigma|^n$ 是有限的，我们将得到有限个等价类。令 $C=\{[m]=\{x\in\mathcal{P}; x\sim m\}\}$，则 $|C|\leqslant|\Sigma|^n$。假设 $|\mathcal{P}|<\infty$ 是有限的。给定等价类 $[m]$，发现 h 的一个碰撞（这里用 1 表示）的概率为 $\mathbb{P}(\{1\}|\{[m]\})=\frac{|[m]|-1}{|[m]|}$，我们得到

$$\mathbb{P}(\{1\}) \overset{(1.9)}{=} \sum_{[m]\in C}\mathbb{P}(\{1\}\mid\{[m]\})\cdot\mathbb{P}(\{[m]\}) = \sum_{[m]\in C}\frac{|[m]|-1}{|[m]|}\cdot\frac{|[m]|}{|\mathcal{P}|}$$

$$= \sum_{[m]\in C}\frac{|[m]|-1}{|\mathcal{P}|} = \frac{|\mathcal{P}|-|\mathcal{C}|}{|\mathcal{P}|} \geqslant 1-\frac{|\Sigma|^n}{|\mathcal{P}|}$$

考虑一个候选密码哈希函数 $h: \mathbb{Z}_2^k\to\mathbb{Z}_2^n$，由定理 9.5 可得 $k\geqslant n+2$，我们通常使用 $\Sigma=$

$\mathbb{Z}_2$，因此$|\mathcal{P}|=2^k\geqslant 2^{n+2}\geqslant 2^n=|\Sigma|^n$。这意味着消息应该至少比消息摘要多两位，这是有争议的。继而，我们得到$\mathbb{P}(\{1\})\geqslant 1-\frac{1}{4}=\frac{3}{4}$。因此，有一种快速找到碰撞的方法，且密码哈希函数 h 不是强无碰撞的。

推论 9.7　任何密码哈希函数都是弱无碰撞的单向函数。

生日悖论

设 n 为密码哈希函数 h：$\mathbb{Z}_2^k\to\mathbb{Z}_2^n$ 的输出长度。假设每个位序列的出现概率相同。为了获得概率大于 1/2 的碰撞，需要检查多少个序列？为了回答这个问题，令 $r=2^n$。总的来说，通过 k 折抽样选择任意 n 位序列有 r^k 种可能。如果每次都要选择不同的序列，则首先有 r，然后是 $r-1$，$r-2$，直到剩下 $r-k+1$ 个可能的序列。从 r^k 中选择 k 个不同序列的概率为

$$\mathbb{P}_r(\{k\})=\frac{r\cdot(r-1)\cdot(r-2)\cdot\cdots\cdot(r-k+1)}{r^k}$$

互补概率表示至少有一个重复选择的概率，并假设值为 $b\in(0,1)$：

$$\begin{aligned}
b&=1-\frac{r\cdot(r-1)\cdot(r-2)\cdot\cdots\cdot(r-k+1)}{r^k}\\
&=1-\left(1\cdot\frac{r-1}{r}\cdot\frac{r-2}{r}\cdot\cdots\cdot\frac{r-k+1}{r}\right)\\
&=1-\left(\left(1-\frac{1}{r}\right)\cdot\left(1-\frac{2}{r}\right)\cdot\cdots\cdot\left(1-\frac{k-1}{r}\right)\right)\\
&\geqslant 1-(\mathrm{e}^{-1/r}\cdot\mathrm{e}^{-2/r}\cdot\cdots\cdot\mathrm{e}^{-(k-1)/r})\\
&=1-\mathrm{e}^{-\frac{k(k-1)}{2r}}
\end{aligned}\tag{9.5}$$

上面的估计是有效的，因为

$$\mathrm{e}^{-u/r}=\sum_{i=0}^{\infty}\frac{\left(-\frac{u}{r}\right)^i}{i!}=1-\frac{u}{r}+\frac{\left(\frac{u}{r}\right)^2}{2}-\frac{\left(\frac{u}{r}\right)^3}{6}\pm\cdots\geqslant 1-\frac{u}{r},\ 0<u<r$$

对于给定的 n，我们寻找 k，使得这样概率至少是 b。因此，我们必须求解出关于 k 的以

下不等式：

$$\begin{aligned} 1-b &\leqslant e^{-\frac{k(k-1)}{2r}} \\ \Leftrightarrow \ln(1-b) &\leqslant -\frac{k(k-1)}{2\cdot 2^n} \\ \Leftrightarrow 2^{n+1}\ln(1-b) &\leqslant -k(k-1) \\ \Leftrightarrow 0 &\geqslant k^2-k+2^{n+1}\ln(1-b) \\ \Rightarrow k &= \tfrac{1}{2}+\sqrt{\tfrac{1}{4}-2^{n+1}\ln(1-b)} \end{aligned}$$

这得到的一个（正）k，$k\approx\sqrt{-2\ln(1-b)}\sqrt{2^n}$。

例 9.8 我们需要大约 77 000 次试验，才能以 1/2 的概率为一个 32 位的消息摘要找到至少一个碰撞。尝试 200 000 次，概率增加到 0.99。在使用没有附加信息的 128 位或 160 位的消息摘要之后，需要10^{19}或者10^{24}数量级的试验次数。这在计算上是非常困难的或不可行的。

MD5 消息摘要

最著名的 Merkle-Damgård 设计是消息摘要算法 5（Message Digest algorithm 5，MD5）：$\mathbb{Z}_2^* \to \mathbb{Z}_2^{128}$，它将任意位序列映射为长度为 128 位的位序列。考虑任意长度数据 $m\in \mathbb{Z}_2^b$，

$$m=m_0m_1\cdots m_{b-1}$$

首先，m 必须通过 1－0 填充到 448 mod 512 的长度，从而产生 $\widetilde{m}_e$。接下来，b 的二进制表示被拟合为 64 位并被添加到数据中，$m_e=\widetilde{m}_e \| (b_{(2)} \bmod 2^{64})$。整个长度现在可以被 512 整除。准备工作结束时，将它们分成 32 位的分组，

$$m_e=m_0m_1\cdots m_{N-1}$$

其中 N 是 16 的倍数。一个 128 位的初始向量，

$$\mathrm{IV}=A\|B\|C\|D$$

其中 $A=0x67452301$，$B=0xefcdab89$，$C=0x98badcfe$ 和 $D=0x10325476$，并引入四个非线性函数

$$g_0:(\mathbb{F}_2^{32})^3 \to \mathbb{F}_2^{32},(X,Y,Z) \mapsto g_0(X,Y,Z)=(X \wedge Y) \vee (\neg X \wedge Z)$$

$$g_1:(\mathbb{F}_2^{32})^3 \to \mathbb{F}_2^{32},(X,Y,Z) \mapsto g_1(X,Y,Z)=(X \wedge Z) \vee (Y \wedge \neg Z)$$

$$g_2:(\mathbb{F}_2^{32})^3 \to \mathbb{F}_2^{32},(X,Y,Z) \mapsto g_2(X,Y,Z)=X \oplus Y \oplus Z$$

$$g_3:(\mathbb{F}_2^{32})^3 \to \mathbb{F}_2^{32},(X,Y,Z) \mapsto g_3(X,Y,Z)=Y \oplus (X \vee \neg Z)$$

此外，我们需要 64 个值 T_k，$k=1$，…，64，其中

$$T_k := \lfloor \underbrace{4\ 294\ 967\ 296}_{2^{32}} \cdot |\sin(k)| \rfloor,\ k \in \{1,\cdots,64\}$$

表 9.1 展示了所有结果值。

表 9.1　$T_k=\lfloor 2^{32} \cdot |\sin(k)| \rfloor$的值

3 614 090 360,	3 905 402 710,	606 105 819,	3 250 441 966,
4 118 548 399,	1 200 080 426,	2 821 735 955,	4 249 261 313,
1 770 035 416,	2 336 552 879,	4 294 925 233,	2 304 563 134,
1 804 603 682,	4 254 626 195,	2 792 965 006,	1 236 535 329,
4 129 170 786,	3 225 465 664,	643 717 713,	3 921 069 994,
3 593 408 605,	38 016 083,	3 634 488 961,	3 889 429 448,
568 446 438,	3 275 163 606,	4 107 603 335,	1 163 531 501,
2 850 285 829,	4 243 563 512,	1 735 328 473,	2 368 359 562,
4 294 588 738,	2 272 392 833,	1 839 030 562,	4 259 657 740,
2 763 975 236,	1 272 893 353,	4 139 469 664,	3 200 236 656,
681 279 174,	3 936 430 074,	3 572 445 317,	76 029 189,
3 654 602 809,	3 873 151 461,	530 742 520,	3 299 628 645,
4 096 336 452,	1 126 891 415,	2 878 612 391,	4 237 533 241,
1 700 485 571,	2 399 980 690,	4 293 915 773,	2 240 044 497,
1 873 313 359,	4 264 355 552,	2 734 768 916,	1 309 151 649,
4 149 444 226,	3 174 756 917,	718 787 259,	3 951 481 745

m_e 的每个分组被使用两次。这是按顺序发生的，但在置换 $\sigma(k)$ 之后，如表 9.2 所示。

表 9.2　MD5 的置换 $\sigma(k)$

0	1	2	3	4	5	6	7	8	9	10	11	12	13	14	15
1	6	11	0	5	10	15	4	9	14	3	8	13	2	7	12
5	8	11	14	1	4	7	10	13	0	3	6	9	12	15	2
0	7	14	5	12	3	10	1	8	15	6	13	4	11	2	9

该算法的核心是 64 次迭代，其中使用了非线性函数 g_0 到 g_3。循环左移 s_k 如表 9.3 所示。

表 9.3　循环左移的移位值 s_k

7	12	17	22	7	12	17	22	7	12	17	22	7	12	17	22
5	9	14	20	5	9	14	20	5	9	14	20	5	9	14	20
4	11	16	23	4	11	16	23	4	11	16	23	4	11	16	23
6	10	15	21	6	10	15	21	6	10	15	21	6	10	15	21

整个过程如算法 9.1 所示。它是 MD5 的简化版本，因为它不考虑每个序列的字节都是用小端（Little-Endian）模式表示的，即序列是从最小顺序的字节开始。

算法 9.1： MD5

要求： 数据 $m \in \mathbb{Z}_2^b$，$b \in \mathbb{N}$，另外 A，B，C，D，T，σ，s

确保： 128 位消息摘要 MD5（m）

1：$d := 447 - b \bmod 2^9$

2：$l := b_{(2)} \bmod 2^{64}$（$b$ 的 64 位二进制表示）

3：根据 m 构造 $m_e = m_0 \| m_1 \| \cdots \| m_{N-1} := m \| 1 \| \underbrace{0\cdots0}_{d个} \| l$

4：$(S_1, S_2, S_3, S_4) := (A, B, C, D)$

5：**for** $i := 0$ **to** $N/16 - 1$ **do**

6: **for** $j := 0$ **to** 15 **do**

7: $x_j := m_{i \cdot 16+j}$

8: **end for**

9: $(U, V, W, X) := (S_1, S_2, S_3, S_4)$

10: **for** $k := 0$ **to** 63 **do**

11: $t := U + g_{\lfloor k/16 \rfloor}(V, W, X) + x_{\sigma(k)} + T_k \bmod 2^{32}$

12: $t := t \lll s_k$

13: $t := (V + t) \bmod 2^{32}$

14: $(U, V, W, X) := (X, t, V, W)$

15: **end for**

16: $(S_1, S_2, S_3, S_4) := (S_1 +_{2^{32}} U, S_2 +_{2^{32}} V, S_3 +_{2^{32}} W, S_4 +_{2^{32}} X)$

17: **end for**

18: **return** $MD5(m) = S_1 \| S_2 \| S_3 \| S_4$

备注 9.9 （1）MD5 遵循 Merkle-Damgård 结构，从初始值 $CV_0 = A \| B \| C \| D$ 和压缩函数

$$h_{MD5}: \mathbb{Z}_2^{641} \to \mathbb{Z}_2^{128}, (S_1 \| S_2 \| S_3 \| S_4 \| 1 \| m_{i \cdot 16} \| \cdots \| m_{i \cdot 16+15})$$

$$\mapsto cv_{i+1} = h(\underbrace{S_1 \| S_2 \| S_3 \| S_4}_{cv_i} \| 1 \| \underbrace{m_{i \cdot 16} \| \cdots \| m_{i \cdot 16+15}}_{y_{i+1}})$$

开始。这样做，$m_{i \cdot 16} \| \cdots \| m_{i \cdot 16+15} \in \mathbb{Z}_2^{512}$ 长度是 512 位且 MD5 $(p) = cv_{N/16}$。在第一步中，我们必须把中间的位由 1 改为 0。

（2）如前所述，一个碰撞分组就足以攻击整个方法。这已经被证明了很多次。

例如，Wang[㊀] 表示不再推荐 MD5。还有其他基于 Merkle - Damgård 的安全哈希算法（Secure Hash Algorithms，SHA）。这种密码哈希函数的最新版本可以在联邦信息处理标准出版物 FIPS PUB 180-4[㊁] 中找到。

（3）然而，MD5 实现了严格的消息雪崩准则。例如，图 9.3 展示了在测试大约 2^{15} 条随机选择的消息时，MD5 输出位变化的概率。

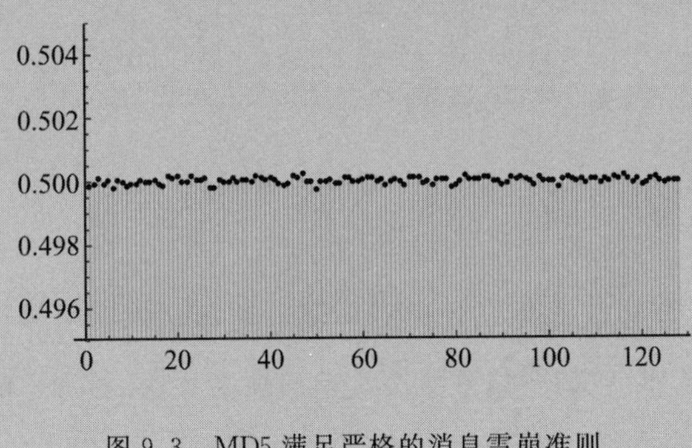

图 9.3　MD5 满足严格的消息雪崩准则

9.2　消息认证码

如果能在发现有意义的碰撞之前篡改消息，密码哈希函数的作用可能就会变弱。在将数据传输到另一个实体并同时启用完整性检查时，对任何实体来说，完整性证明都比较困难。为了提供更多的安全性，我们可以使用*消息认证码*（MAC）。此外，在生成消息摘要的过程中还添加了密钥 k_s。函数中使用密钥 k_s 和数据 p 作为输入变量。它的目的

㊀ 参见 X. Wang 和 H. Yu 的文章“How to Break MD5 and Other Hash Functions”，http：//merlot. usc. edu/csac-f06/papers/Wang05a. pdf。

㊁ 参见文献（Dang，2013）和 https：//nvlpubs. nist. gov/nistpubs/FIPS/NIST. FIPS. 180-4. pdf。

是防止攻击者从给定的（p_i，$\mathrm{MAC}_{k_s}(p_i)$）对推断密钥。MAC 的基本思想如图 9.4 所示。

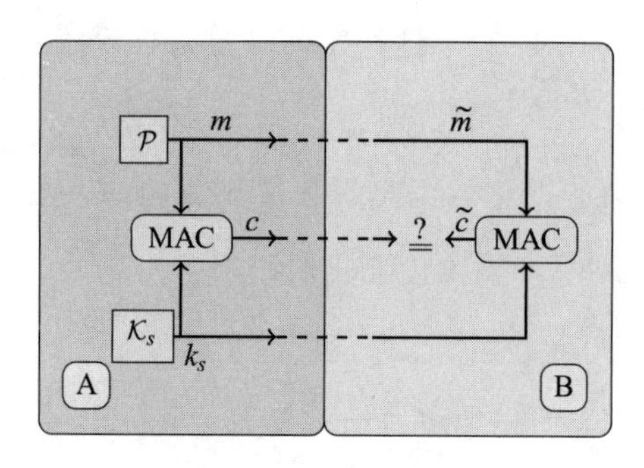

图 9.4　消息认证码的生成

CBC-MAC

使用密钥的 MAC，建议采用私钥密码体制，而不是密码哈希函数。事实上，实际应用中通常是通过以 CBC 密码分组链接模式返回加密算法 $e_{k_s}(p)$ 的最后一个分组来实现的，例如，在使用 AES 时。

例 9.10　给定数据 $m=m_0\|m_1\|\cdots\|m_N$，分组大小为 n，令

$$\mathrm{MAC}_{k_s}:\mathbb{Z}_2^*\to\mathbb{Z}_2^n,\mathrm{MAC}_{k_s}(m)=e_{k_s}(\underbrace{m_0\oplus m_1\oplus\cdots\oplus m_N}_{\Delta(m)})$$

是一个消息认证码。假设（m，$\mathrm{MAC}_{k_s}(m)$）已知。令 $q=q_0\|q_1\|\cdots\|q_{N-1}$ 具有与 m 相同的分组大小且 $q_N=\Delta(q)\oplus\Delta(m)$。则可得

$$\mathrm{MAC}_{k_s}(q\|q_N)=e_{k_s}(\Delta(q\|q_N))=MAC_{k_s}(m)$$

该 MAC 独立于所使用的私钥密码体制，这是不安全的。

CMAC（密码 MAC）是 MAC 的一种扩展。这里，密钥首先用于 CBC-MAC。然后，通过加密 e_{k_s}（0…0）、左移循环以及可能应用异或操作从一个密钥生成两个临时密

钥[1]。这种消息认证码目前被认为是安全的[2]。

9.3 基于哈希函数的消息认证码

MDC-MAC 是基于密码哈希函数的 MAC，数据和密钥充当哈希函数的输入。

例 9.11（带有 MD5 的朴素 MDC-MAC） 给定数据 $m \in \mathbb{Z}_2^{\times}$ 和密钥 k_s，我们想要使用 MD5($k \| m$) 来检查完整性。但是 MD5($k \| m$) 是能够被成功攻击的。为了明白这一点，我们根据算法 9.1 研究

$$\underbrace{m_{\mathrm{e}} = k_s \| m \| \underbrace{10\cdots0}_{d+1\text{位}}}_{\equiv 448 \bmod 512} \| l$$

其中 l 的位长为 $m \bmod 2^{64}$。我们生成任意的 $q \in \mathbb{Z}_2^{512}$ 且

$$q = \underbrace{10\cdots0}_{d+1\text{位}} \| l \| q_0$$

其中 $q_0 \in \mathbb{Z}_2^{447-d \bmod 2^9}$ 是任意的。则由式(9.4)可得

$$\mathrm{MD5}(k \| m \| q) = cv_{i+1} = h_{\mathrm{MD5}}(\underbrace{\mathrm{MD5}(k \| m)}_{cv_i} \| 1 \| q_0 \| \underbrace{10\cdots0}_{d+1\text{位}} \| \tilde{l})$$

如果 m 的长度大于 65 位，攻击者可以在不知道密钥的情况下为新数据引入有效的 MAC。

这种方法和类似的方法不利于实际应用。基于哈希的 MAC(HMAC) 是一种 MDC-MAC，其密钥能够影响更多的数据。RFC 2104[3] 推荐了给定输出为 n 位的密码哈希函数

---

[1] 请参阅文献（Iwata 和 Kurosawa，2003）。

[2] 请参阅文献（Dworkin，2016）。

[3] 征求修正意见书（Request For Comments，RFC），https://www.ietf.org/rfc/rfc2104.txt。

h 的方法

$$\mathrm{HMAC}_{k_s}(m)=h(k_s \oplus \text{opad} \| h(k_s \oplus \text{ipad} \| m))$$

这里有两个常量，ipad=$0x36\cdots36$ 和 opad=$0x5c\cdots5c$，用于对每个字节重复 $n/8$ 次。密钥可以通过填充 0 来扩展到 n 位，也可以通过哈希来缩短。图 9.5 展示了生成 HMAC 和完整性检查的过程。

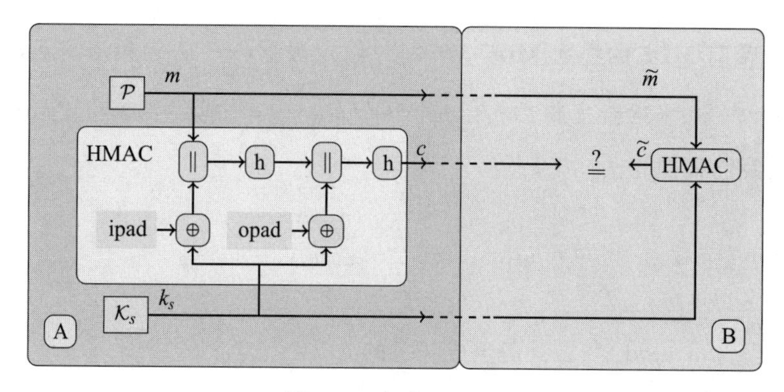

图 9.5　生成 HMAC

第 10 章 数字签名

说明 10.1　学习本章的知识要求：

- 熟悉数论基础知识，请参阅 1.1 节；
- 熟悉扩展的代数基础知识，请参阅 3.1 节和 3.2 节；
- 能应用基本的概率论概念，请参阅 1.2 节；
- 了解现代公钥密码，请参阅第 8 章。

精选文献：请参阅文献（Coutinho，1999；El Gamal，1985；Hoffstein 等，2008）。

*数字签名*是附在电子传输文件上的一种数字代码，用来验证数据的来源。为此，签名实体（发送方）需要一个用于签名的密钥。除此之外，另一个实体（接收方）需要相应的公开审查机制。公钥密码体制可以用于此目的，因为所需的思想本质上包含在这样的体制中。发送方拥有一个私钥，并且是唯一知道它的实体。所有其他实体都有公钥。与使用公钥加密不同，签名数据的发送方可以通过使用私钥“解密”数据来逆向执行该过程。然后使用公钥“加密”数据。这就要求公钥密码体制在这个意义上是可逆的，

$$m = e_{k_{\mathrm{a,pub}}}(\underbrace{d_{k_{\mathrm{a,priv}}}(m)}_{s}) \tag{10.1}$$

这样的数据源身份认证包括成功时的完整性检查。从另一个角度来看，我们可以使用这样的算法让某人对自己的行为负责。如果涉及第三方实体，它还涉及不可否认性的安全目标。

10.1 签名生成类型

产生数字签名有两种基本方法[⊖]。具有恢复功能的数字签名对数据本身进行签名。验证是通过比较未加密的数据与公钥处理后的数据来实现的（如图10.1所示）。

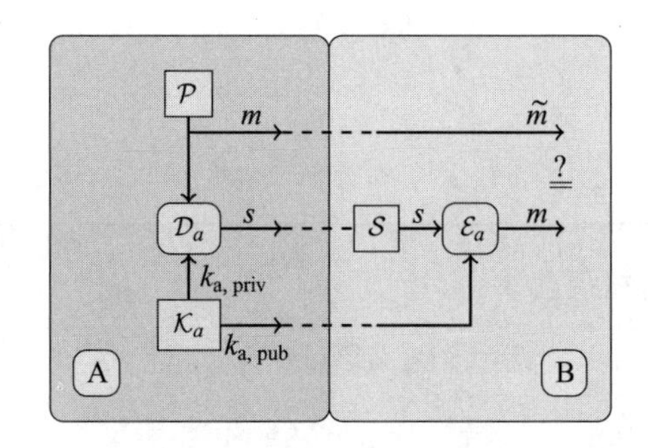

图10.1　具有恢复功能的数字签名

带有附录的数字签名对数据的消息摘要进行签名（如图10.2所示）。其优点是只需对少量的位进行签名。一个非常重要的原因是使用公钥密码体制的计算复杂性很高。验证可以通过使用公钥处理签名数据，然后将结果与原始消息摘要进行比较，这个过程不需要传递原始消息摘要。同时这种签名方法也是最常用的版本。

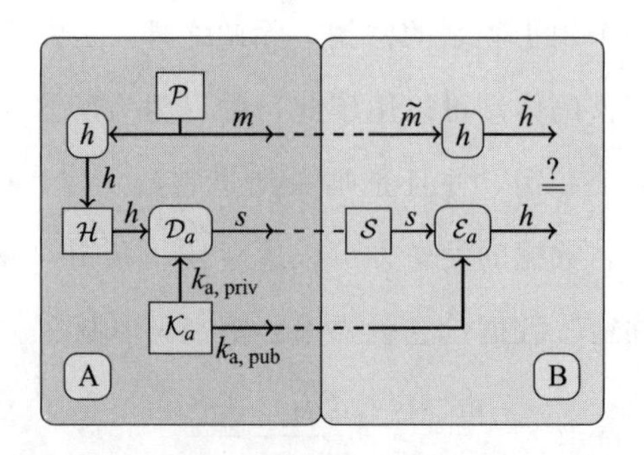

图10.2　带有附录的数字签名

⊖ 请参阅文献（Coutinho，1999）。

10.2 基于 RSA 的数字签名

8.3 节中的 RSA 密码体制是生成数字签名最常用和最重要的方法之一。因为

$$e_{k_{a,pub}}(m)=m^k \bmod n, d_{k_{a,priv}}(c)=c^{k'} \bmod n$$

我们可以验证式(10.1)，即

$$\begin{aligned} d_{k_{a,priv}}(e_{k_a},\text{pub}(m)) &= m^{k_{a,pub}\cdot k_{a,priv}} \bmod n \\ &= m^{k_{a,priv}\cdot k_{a,pub}} \bmod n = e_{k_{a,pub}}(d_{k_{a,priv}}(m)) = m \end{aligned}$$

只是密钥的角色互换了。

算法 10.1：RSA 密钥生成

要求：$n=p\cdot q$ 且 p、q 是素数

确保：公钥 (k, n)

1：$\phi(n):=(p-1)\cdot(q-1)$

2：选择满足 $1<k<\phi(n)$ 且 $\text{GCD}(k,\phi(n))=1$(公钥(k,n))

3：$k':=k^{-1} \bmod \phi(n)$(私钥(k', n))

4：**return**(k,n)

算法 10.2 基于 RSA 的数字签名

要求：用于验证：公钥 (k, n)、明文 m（编码为 $0\leqslant m<n$）。用于签名：私钥 (k', n)

确保：签名消息 s，验证明文 m'

1：$s:=d_{(k',n)}(m)=m^{k'} \bmod n$

2：$m':=e_{(k,n)}(s)=s^k \bmod n$

3：**return** s 和 m'

如果公钥被当作验证密钥接受，则可以证明签名的真实性。相反，如果公钥源于另一个实例，它可以将签名数据强行赋给第一个实体。

例 10.2　我们选择 $p=131$ 和 $q=139$，得到 $n=18\ 209$，$\phi(18\ 209)=17\ 940$。由于 GCD(17，17 940) =1，我们可以使用 $k=17$ 作为公钥。设 $m=9682$ 为要签名的消息。为此，我们需要一个满足 $k \cdot k'=1 \bmod 17\ 940$ 的私钥 k'。我们得到 $k'=10\ 553$，因此 m 的签名为

$$s=m^{k'} \bmod 18\ 209=9682^{10\ 553} \bmod 18\ 209=8873$$

为了验证，我们计算

$$m'=s^k \bmod 18\ 209=8873^{17} \bmod 18\ 209=9682$$

接受该数字签名。

基于两个数字签名 $s_1=m_1^{k_{a,priv}} \bmod n$ 和 $s_2=m_2^{k_{a,priv}} \bmod n$，得到

$$s=s_1 \cdot s_2 \bmod n=(m_1^{k_{a,priv}} \cdot m_2^{k_{a,priv}}) \bmod n=(m_1 \cdot m_2)^{k_{a,priv}} \bmod n$$

且 s 是 $m=m_1 \cdot m_2 \bmod n$ 的有效数字签名。这是具有恢复功能的数字签名的缺点。如果要生成消息 m 的数字签名，我们可以先选择消息 $m_1 \in \mathbb{Z}_n$ 且 $m \neq m_1$，然后计算消息 $m_2=(m \cdot m_1^{-1}) \bmod n$。如果这两个消息的签名为 s_1 和 s_2，那么我们就获得了 m 的有效数字签名 s。这是选择明文攻击。通过使用带有附录的数字签名，我们可以避免这个问题，因为密码哈希函数通常不满足

$$h(m_1) \cdot h(m_2)=h(m_1 \cdot m_2)$$

10.3　基于 El Gamal 的数字签名

El Gamal 密码体制不满足式(10.1) 的要求。然而，使用离散对数作为单向函数的

想法在 El Gamal[⊖] 中是有意义的，密钥生成不需要修改就可以使用。为此，我们给出两个原理清晰的说明。设（G，$*$，e_*）是一个群，$g \in \mathbf{G}$ 且 $n=\operatorname{ord}_{\mathbf{G}}(g)$。如果 $u=q \cdot n$，$q \in \mathbb{Z}$，可得

$$\overset{u}{\circledast} g=\overset{n \cdot q}{\circledast} g=\overset{q}{\circledast}\underbrace{(\overset{n}{\circledast} g)}_{e_*}=e_*$$

反之亦然，如果$\overset{u}{\circledast} g=e_*$，$u=q \cdot n+r, q \in \mathbb{Z}, r \in \mathbb{Z}_n$，下式成立

$$e_*=\overset{u}{\circledast} g=\overset{q \cdot n+r}{\circledast} g=\underbrace{\overset{n \cdot q}{\circledast} g}_{e_*} * \overset{r}{\circledast} g=\overset{r}{\circledast} g$$

进而可得 $r=0$，$u=q \cdot n$。对于某些 k，$l \in \mathbb{Z}$，如果我们令 $u=k-l$，一个特殊的情况将会发生。由此可得$\overset{k}{\circledast} g=\overset{l}{\circledast} g$。

推论 10.3　设（G，$*$，e_*）是一个群且 $g \in \mathbf{G}$。

（1）令 $u \in \mathbb{Z}$，则$\overset{u}{\circledast} g=e_*$ 当且仅当 u 可被 $\operatorname{ord}_G(g)$ 整除。

（2）令 k，$l \in \mathbb{Z}$，则有$\overset{k}{\circledast} g=\overset{l}{\circledast} g$ 当且仅当 $k \equiv_{\operatorname{ord}_G(g)} l$。

算法 10.3 和算法 10.4 通过基于 El Gamal 的消息签名来展示此过程。

算法 10.3：使用安全素数生成 El Gamal 签名密钥

要求：$p:=2q+1$ 是安全素数，$q \in \mathbb{N}$ 是素数且 $g \in \mathbb{Z}_p^{\times}$ 满足 $\mathcal{L}(g)=\mathbb{Z}_p^{\times}$

确保：公钥（p，g，y_A）

1：随机选择 $x_A \in \{2,\cdots,p-2\}$（私钥）

2：$y_A:=g^{x_A} \bmod p$

3：**return**(p,g,y_A)

⊖ 请参阅文献（El Gamal，1985）。

算法 10.4：基于 El Gamal 的数字签名

要求：用于签名：私钥 x_A，数据 m（编码为 $m\in\mathbb{Z}_p$）。用于验证：公钥（p，g，y_A）

确保：签名消息 $\tilde{s}$，验证明文 $z_1\equiv_p z_2$？

1：选择 $x_B\in\{2,\cdots,p-2\}$ 满足 $\mathrm{GCD}(x_B,p-1)=1$

2：$y_B:=g^{x_B} \bmod p$

3：计算 $x_B^{-1} \bmod (p-1)$

4：$s:=x_B^{-1}\cdot(m-x_A\cdot y_B) \bmod (p-1)$

5：$\tilde{s}:=(m,y_B,s)$

6：$z_1:=y_A^{y_B}\cdot y_B^s \bmod p$

7：$z_2:=g^m \bmod p$

8：**return** $\tilde{s}$，$z_1==z_2$

算法 10.4 从步骤 3 开始与 8.4 节中的 El Gamal 密码体制没有任何共同之处。因此，我们必须证明它是有效的。

定理 10.4　根据算法 10.3 和算法 10.4，元组 $\tilde{s}=(m,y_B,s)$ 是由 El Gamal 产生的一个有效数字签名当且仅当

$$y_A^{y_B}\cdot y_B^s \bmod p=g^m \bmod p$$

证明　设 p,g,y_A,x_A,m,x_B,y_B,s 由算法 10.3 和算法 10.4 给出。

"⇒"：如果 $\tilde{s}$ 是一个有效的数字签名，则满足

$$\begin{aligned}y_A^{y_B}\cdot y_B^s \bmod p &= g^{x_A\cdot y_B}\cdot g^{x_B\cdot(x_B^{-1}(m-x_A\cdot y_B)) \bmod (p-1)} \bmod p\\ &\overset{\text{推论10.3}}{=} g^{x_A\cdot y_B}\cdot g^{x_B\cdot(x_B^{-1}(m-x_A\cdot y_B))} \bmod p\\ &= g^{x_A\cdot y_B}\cdot g^{m-x_A\cdot y_B} \bmod p\\ &= g^m \bmod p \qquad (10.2)\end{aligned}$$

"⇐"：对于任意 (m, y_B, s)，令 $y_A^{y_B} \cdot y_B{}^s \bmod p = g^m \bmod p$ 且 $x_B = \log_g(y_B)$。首先，根据推论 10.3，可得

$$g^{x_A \cdot y_B + x_B \cdot s \bmod \mathrm{ord}_G(g)} \equiv_p g^m$$

由于 $\mathcal{L}(g) = \mathbb{Z}_p^\times$，我们得到 $x_A \cdot y_B + x_B \cdot s \equiv_{p-1} m$。因此，$\mathrm{GCD}(x_B, p-1) = 1$，可得

$$x_A \cdot y_B + x_B \cdot s \equiv_{p-1} m$$

$$x_B \cdot s \equiv_{p-1} m - x_A \cdot y_B$$

$$s \equiv_{p-1} x_B^{-1} \cdot (m - x_A \cdot y_B)$$

通过定义 $s = x_B^{-1} \cdot (m - x_A \cdot y_B) \bmod (p-1)$，我们得到一个有效的数字签名。　□

例 10.5　我们使用与例 8.18 相同的密钥，公钥是 $(p, g, y_A) = (18\,743, 15, 16\,385)$，私钥是 $x_A = 17\,333$。给定 $x_B = 5553$，$\mathrm{GCD}(5553, 18\,472) = 1$ 且被签名的数据 $m = 9682$ 例如是一个消息的消息摘要，我们得到

$$y_B = 15^{5553} \bmod 18\,743 = 13\,702$$

$x_B^{-1} \bmod p = 3743$，且

$$s = 3743 \cdot (9682 - 17\,333 \cdot 13\,702) \bmod 18\,742 = 12\,562$$

这将产生数字签名 $(m, y_B, s) = (9682, 13\,702, 12\,562)$。通过计算下列等式进行验证，

$$g^m \bmod p = 15^{9682} \bmod 18\,743 = 12\,614$$

$$x_B^{-1} \bmod p = 3743$$

$$y_A^{y_B} \cdot y_B^s \bmod p = 16\,385^{13\,702} \cdot 13\,702^{12\,652} \bmod 18\,743 = 12\,614$$

该数字签名看来是有效的。

由于算法 10.4 中的 x_B 是随机选择的，就像算法 8.5 中的 El Gamal 密码所用的一样，因此我们可以将签名生成解释为一个随机过程。

它与基于 RSA 的数字签名有相似的缺点。如果同一个 x_B 被两次用于生成签名 s_1 和 s_2，我们可以计算

$$s_1 - s_2 \equiv_{p-1} x_B^{-1} \cdot (m_1 - x_A \cdot y_B - (m_2 - x_A \cdot y_B)) \equiv_{p-1} x_B^{-1} \cdot (m_1 - m_2)$$

如果 $\mathrm{GCD}(m_1-m_2,p-1)=1$，我们可以计算 x_B^{-1}。接下来我们从算法 10.4 的步骤 4 得到

$$x_A \equiv_{p-1} y_B^{-1} \cdot (m_1 - x_B \cdot s_1)$$

第二个问题与 RSA 相同：数据应该是一个消息摘要，以避免从两个已签名消息的乘积计算有效的数字签名。

10.4 数字签名标准

基于 El Gamal 的数字签名需要三次求幂运算以进行验证。对该方法做一些修改可以省去一次求幂运算。由此产生了*数字签名标准*（DSS）。首先，我们必须生成一个素数 q 且 $2^{159}<q<2^{160}$。这意味着 q 是一个 160 位的数。然后确定第二个素数 p，对于任意 $u\in\{1,\cdots,8\}$和 $q|p-1$，满足

$$2^{511+64\cdot u}<p<2^{512+64\cdot u}$$

p 的长度为 512 ～1024 位且能被 64 整除。$q|p-1$的性质允许我们使用数论中的一个特殊性质。考虑有限域 $(\mathbb{F},\oplus,\odot,e_\oplus,e_\odot)$，$|\mathbb{F}|=n$，以及相应的基于$\mathbb{F}$的单位的循环群 $(\mathbb{F}^\times,\odot,e_\odot)$。令 $d|n-1=|\mathbb{F}^\times|$。通过选取任意生成元 $a\in\mathbb{F}^\times$，元素

$$b=\bigodot^{\frac{n-1}{d}} a\in\mathbb{F}^\times \text{得到} \operatorname{ord}_{\mathbb{F}^\times}(b) \overset{\text{推论3.28}}{=} \frac{n-1}{\mathrm{GCD}(n-1,\frac{n-1}{d})}=d$$

b 生成一个子群$(\mathcal{L}(b),\odot,e_\odot)$,其中 $\mathcal{L}(b)$包含 d 个元素。从推论 3.70 可以得出，该群有 $\phi(d)$ 个生成元。

> **推论 10.6** 给定有限域 $(\mathbb{F},\oplus,\odot,e_\oplus,e_\odot)$ 单位的群 $(\mathbb{F}^\times,\odot,e_\odot)$ 和生成元 $a\in\mathbb{F}^\times$。当$|\mathbb{F}|=n$ 且 $d \mid n-1$ 时，存在一个包含 $\phi(d)$ 个生成元的 d 阶子群。

现在，令 $g\in\mathbb{Z}_p^\times$ 是 $(\mathbb{Z}_p^\times,\cdot,1)$ 的生成元且 $g_q=g^{\frac{p-1}{q}} \bmod p$。从推论 10.6 可知，$g_q$ 是 $\mathcal{L}(g_q)$ 的 q 阶生成元。我们选择数 $x_A\in\{1,\cdots,q-1\}$并计算

$$y_A = g_q^{x_A} \bmod p$$

我们已经确定了公钥(p,q,g_q,y_A)和私钥x_A。在随机选择数$x_B \in \{1,\cdots,q-1\}$后，我们计算

$$y_B = (g_q^{x_B} \bmod p) \bmod q$$

并定义签名的最后一部分

$$s = x_B^{-1} \cdot (m + x_A \cdot y_B) \bmod q$$

其中x_B^{-1}取其模q的结果。在这种情况下，(m,y_B,s)是数字签名。以与 El Gamal 类似的方法，我们可以验证签名。y_B和s应该来自集合$\{1,\cdots,q-1\}$,我们需要检验

$$y_B = ((g_q^{s^{-1} \cdot m \bmod q} \cdot y_A^{y_B \cdot s^{-1} \bmod q}) \bmod p) \bmod q \qquad (10.3)$$

由于

$$g_q^{s^{-1} \cdot m \bmod q} \cdot y_A^{y_B \cdot s^{-1} \bmod q} \equiv_p g_q^{s^{-1} \cdot (m + y_B \cdot x_A) \bmod q} \equiv_p g_q^{x_B}$$

如果式(10.3)中的等号成立，则得到一个有效签名。

这种方法减少了工作量，因为我们现在需要用 El Gamal 做两次求幂运算，而不是三次。RSA 和 El Gamal 的两个问题仍然存在：(1)必须不能使用相同的x_B两次；(2)必须不能使用消息本身，而使用消息摘要。

算法 10.5 和算法 10.6 展示了用基于改进的 El Gamal 签名对消息进行签名的过程。

算法 10.5：用两个素数生成 DSS 签名密钥

要求：满足$2^{159} < q < 2^{160}$的素数q，对于任意的$u \in \{1,\cdots,8\}$,满足$2^{511+64 \cdot u} < p < 2^{512+64 \cdot u}$和$q \mid p-1$的素数$p$

确保：公钥(p,q,g_q,y_A)

1：选择任意生成元$g \in \mathbb{Z}_p^{\times}$并计算$g_q := g^{\frac{p-1}{q}} \bmod p$

2：随机选择$x_A \in \{1,\cdots,q-1\}$(私钥)

3：$y_A := g_q^{x_A} \bmod p$

4：**return** (p,q,g_q,y_A)

算法 10.6：基于 DSS 的数字签名

要求：用于签名：私钥 x_A，数据 m（编码为 $m \in \{1,\cdots,q-1\}$）。用于验证：公钥 (p,q,g_q,y_A)。

确保：签名消息 $\widetilde{s}$，验证明文 $y_B \equiv_p z$?

1：选择 $x_B \in \{1,\cdots,q-1\}$

2：计算 $y_B := (g_q^{x_B} \bmod p) \bmod q$

3：$s := x_B^{-1} \cdot (m + x_A \cdot y_B) \bmod q$

4：$\widetilde{s} := (m, y_B, s)$

5：**if** $y_B, s \in \{1,\cdots,q-1\}$ **then**

6：　$z := ((g_q^{s^{-1} \cdot m \bmod q} \cdot y^{y_B \cdot s^{-1} \bmod q}) \bmod p) \bmod q$

7：　**return** $\widetilde{s}, y_B == z$

8：**else**

9：　**return** $\widetilde{s}, FALSE$

10：**end if**

例 10.7　同样地，我们以例 8.18 和例 10.5 中相同的配置作为开始

$$p=18\ 743,\ g=15,\ x_A=17\ 333,\ x_B=5553 \text{ 和 } m=9682$$

由于 $p=2 \cdot 9371+1$ 是一个安全素数，我们定义 $q=9371$ 并得到 $g_q=15^2 \bmod 18\ 743=225$ 和 $y_A=225^{17\ 333} \bmod 18\ 743=12\ 236$。公钥为 $(p,q,g_q,y_A)=(18\ 743, 9371, 225, 12\ 236)$，私钥为 $x_A=17\ 333$。给定 $x_B=5553$ 和需要签名的数据 $m=9682$（例如它是一条消息的消息摘要），我们得到

$$y_B=(225^{5553} \bmod 18\ 743) \bmod 9371=5545$$

$$x_B^{-1} \equiv_q 3743$$

$$s=3743 \cdot (9682+17\ 333 \cdot 5545) \bmod 9371=3514$$

这将产生数字签名$(m, y_B, s)=(9682, 5545, 3514)$。通过计算下列等式进行验证，

$$s^{-1} \equiv_q 9363$$

$$x_B^{-1} \equiv_q 3743$$

$$5545 \stackrel{!}{=} (225^{9363 \cdot 9682 \bmod 9371} \cdot 12\ 236^{9363 \cdot 5545 \bmod 9371} \bmod 18\ 743)$$

$$\bmod 9371 = 5545$$

该数字签名看来是有效的。

第 11 章

素性检验和伪随机数

说明 11.1　学习本章的知识要求：

- 熟悉数论基础知识，请参阅 1.1 节；
- 熟悉扩展的代数基础知识，请参阅 3.1 节和 3.2 节；
- 了解计算平方根和因子分解的问题，请参阅 7.2.2 节和 7.2.3 节。

精选文献：请参阅文献（Blum 等，1986；Hoffstein 等，2008；Pollard，1974；Shoup，2009）。

素数在密码学应用中起着非常重要的作用。例如，

- 私钥体制：6.3 节中使用有限域 $GF(2^8)$ 的 AES 和 6.4 节中使用素数模运算的 Pohlig-Hellman 指数密码。
- 公钥体制：7.1.2 节中的 Diffie-Hellman 密钥协议使用任意素数模数，7.2 节中运用单向函数的问题，例如计算离散对数、计算平方根和分解正整数。
- 插入陷门信息的机制：8.1 节中的 Merkle-Hellman 背包使用素数模数消除混合操作，8.2 节的 Rabin 密码和 8.3 节的 RSA 使用基于两个素数乘积的合数模数，和 8.4 节中的 El Gamal 使用素数模数或有限素数域。
- 创建消息摘要：9.1 节中的 Chaum-van Heijst-Pfitzmann 哈希函数使用安全素数。
- 创建数字签名：10.2 节中的 RSA、10.3 节中的 El Gamal 和 10.4 节中的 DSS 使用两个素数模数。

为了准备这样的系统，我们必须做两个基本的任务：(1) 必须选择素数，(2) 必须检查一个给定的数是否是素数。对于选择素数 p 的任务，我们认为素数应该有一个预先确定的位长度 n，即 $2^{n-1}<p\leqslant 2^n$。根据素数定理 1.28，我们知道素数个数的近似值是

$$\pi(2^n)-\pi(2^{n-1})\approx\frac{2^n}{\ln(2^n)}-\frac{2^{n-1}}{\ln(2^{n-1})}=\frac{(n-1)\cdot 2^n-n\cdot 2^{n-1}}{n\cdot(n-1)\cdot\ln(2)}$$

$$=\frac{2^{n-1}\cdot(n-2)}{n\cdot(n-1)\cdot\ln(2)} \tag{11.1}$$

如果我们随机选择任意 n 位的数,成为素数的概率是

$$\mathbb{P}(\text{“prime”})=\frac{\dfrac{2^{n-1}\cdot(n-2)}{n\cdot(n-1)\cdot\ln(2)}}{2^n-2^{n-1}}=\frac{n-2}{n\cdot(n-1)\cdot\ln(2)}\approx\frac{1}{n\cdot\ln(2)}$$

我们感兴趣的是获得一个素数（成功）所需的（伯努利）试验的期望次数。这个随机实验 X 遵循成功参数为 $w=\mathbb{P}$（“素数”）的几何分布。几何分布的期望是 $\mathbb{E}_w[X]=\frac{1}{w}$。因此，我们预计需要

$$\mathbb{E}_w[X]=\frac{1}{w}=n\cdot\ln(2)$$

次试验。这与位的长度 n 呈线性关系。如果一个数是否是素数的检验执行得足够快，我们可以应用算法 11.1 选择位长度为 n 的素数。

算法 11.1： n 位的随机素数

要求： 位长度 n

确保： 随机选择 n 位的素数 p

1：$x:=1$

2：**while** x 不是素数 **do**

3：　选择 x 且 $2^{n-1}<x\leqslant 2^n$

4：**end while**

5：**return** $p:=x$

11.1 素性检验

如果素性检验是相似的，则算法 11.1 是相当有效的。为了进行素数检验，有一种确定性的方法来检验素性，这种检验方法称为 AKS[⊖]，它提供了基于同一思想的相似方法池。然而，在实际应用中，AKS 检验要比概率 Miller-Rabin 素性检验慢得多，详见文献（Hoffstein 等，2008）。我们将在后面几节中对后者进行研究。有时，也可以通过数论的概率性来做出素性的最终判定。例如，推论 1.24 中的序列（1.3）就有助于判定。

例 11.2

$$p=1\ 902\ 996\ 923\ 607\ 946\ 508\ 077\ 714\ 625\ 932\ 660\ 181\ 843\ 662\ 165$$

由于 $3\cdot p+1=4^{76}$ 是 4 的幂，根据推论 1.24，数 $p=a_{76}$ 是合数。事实上，

$$p=5\cdot 17\cdot 229\cdot 457\cdot 1217\cdot 148\ 961\cdot 174\ 763\cdot 524\ 287\cdot 525\ 313\cdot 24\ 517\ 014\ 940\ 753$$

但是，该方法是一个特例，因此我们需要一种更常用的方法。

11.2 费马检验

最简单的素性检验方法之一是*费马素性检验*。它基于费马小定理 3.86，

$$素数\ p\Rightarrow 对于所有\ a\in\mathbb{Z}_p^\times，都有\ a^{p-1}\bmod p=1。$$

的逆否命题，

$$任何\ a\in\mathbb{Z}_p^\times\ 满足\ a^{p-1}\bmod p\neq 1\Rightarrow p\ 都不是素数，$$

可以用来检验给定数 p 的素性。

⊖ 请参阅文献（Agrawal 等，2002）。

例 11.3

$$p=341(=a_5,\text{根据序列}(1.3))$$

由于 GCD$(2,p)=1$，我们以 $a=2$: $2^{340} \bmod 341=1$ 作为开始进行检验。因为 p 是合数，所以我们称 p 为以 $a=2$ 为底的伪素数。进一步求 $a=3$(GCD$(3,p)=1$)，得到 $2^{340} \bmod 341=56\neq 1$，说明 p 不是素数。

通过选择 $a\notin \mathbb{Z}_p^{\times}$，证明 p 不是素数。算法 11.2 总结了该过程。不幸的是，存在数 p，对于所有与 p 有关的互素的数都让 p 成为它们的伪素数。这样的数 p 被称为 Carmicheal 数[⊖]。最小的 Carmicheal 数是 $561=3\cdot 11\cdot 17$。因此，该检验不是有效的检验。

算法 11.2：费马素性检验

要求：候选的 $p\in\mathbb{N}$，$p>2$

确保：p 是合数或可能是素数的判定

1：选择 a 且 $1<a<p$
2：**if** GCD $(a, p)\neq 1$ **then**
3：　**return** p 是合数
4：**end if**
5：**if** $a^{p-1} \bmod p\neq 1$ **then**
6：　**return** p 是合数
7：**end if**
8：**return** p 可能是素数

⊖ 以 Robert D. Carmicheal（1879—1967）命名。

11.3 Miller-Rabin 素性检验

素数的概率检验是一种可以判断给定数是合数还是可能是素数的检验。由推论7.18，我们知道 $x^2 \equiv_p 1$ 对于一个奇素数 p 的两个解是 1 和 $p-1$。选择任意 $1 < a < p$ 之后，我们记

$$1 \overset{\text{Fermat}}{\equiv}_p a^{p-1} \equiv_p (a^{\frac{p-1}{2}})^2 \Rightarrow a^{\frac{p-1}{2}} \bmod p \in \{1, p-1\}$$

这就得到了一个更严格的费马小定理。令 $p \in \mathbb{N}$ 是候选的奇素数。通过定义最大的数

$$t = \max\{r \in \mathbb{N}; 2^r \mid n-1\} > 1$$

其中 2^t 整除 $p-1$，我们可以判定 $q = \frac{p-1}{2^t} > 1$。

定理 11.4 设 $p \in \mathbb{N}$ 为素数，$a \in \mathbb{Z}$ 且 GCD $(a,p)=1$。进一步，设 t 和 q 像前面定义的那样。则

$$a^q \equiv_p 1$$

或者

$$\text{存在任意 } r \in \{0,1,\cdots,t-1\} \text{ 且 } a^{2^r \cdot q} \equiv_p p-1。$$

证明 设 $a \in \mathbb{Z}$ 且 GCD $(a,p)=1$。因为 p 是素数，$|\mathbb{Z}_p^\times| = p-1 = 2^t \cdot q$。阶 $e = \text{ord}_{\mathbb{Z}_p^\times}(a)$ 整除 $p-1=2^t \cdot q$ 即

$$2^t \cdot q = e \cdot z, \quad 0 < z < n-1 \text{ 且 } \text{ord}_{\mathbb{Z}_p^*}(a^q) \overset{\text{推论3.28}}{=} \frac{e}{\text{GCD}(e, q)}$$

$$\Rightarrow e = 2^t \cdot q \cdot z^{-1}, \text{ord}_{\mathbb{Z}_p^\times}(a^q) = \frac{2^t \cdot q \cdot z^{-1}}{\text{GCD}(2^t \cdot q \cdot z^{-1}, q)} = 2^t \cdot z^{-1} \in \{1, \cdots p-1\}.$$

根据 $2^t \cdot q = (z \cdot q) 2^t z^{-1} = z \cdot (2^t \cdot z^{-1}) \cdot q$，有 z^{-1} 为 2 的幂。由此可得，对任意 $l \in \{0, \cdots, t\}$，$k = \text{ord}_{\mathbb{Z}_p^\times}(a^q) = 2^l$

$$l=0: \quad k=1 \Rightarrow a^{q} \equiv_{p} 1$$

$$1 \leqslant l \leqslant t: k>1 \Rightarrow \operatorname{ord}_{\mathbb{Z}_{p}^{\times}}\left(a^{2^{l-1}} \cdot q\right)=\frac{2^{l}}{\operatorname{GCD}\left(2^{l}, 2^{l-1}\right)}=2$$

哪些数 $b\in \mathbb{Z}_p^{\times}$ 的阶是 2 还有待确定。很明显，$b^2 \bmod n=1$ 或者更确切地说 $n|b^2-1=(b-1)\cdot(b+1)$。因此，根据定理 1.29 的证明，n 可以整除（$b-1$）或（$b+1$）。因为 n 是素数，我们得到 $b=n-1$ 且 $n \mid b+1=n$。然而，这样的元素 $b\in \mathbb{Z}_n^{\times}$：$n-1$ 只有一个。当 $r=l-1$ 时，$a^{2^r\cdot q}\equiv_p p-1$，$0\leqslant r<t$。 □

p 为素数是 $a\in \mathbb{Z}_p^{\times}$ 为一个单位的两个必要条件之一。因此，当条件不满足时，a 是 p 合性的证据。

例 11.5　设 $n=21$，$n-1=20=2^2\cdot 5$，则 $t=2$，$q=5$。$a=2$ 对于 $r=0$ 得到 $2^5 \bmod 21=11$，而对于 $r=1$ 得到 $2^{5\cdot 2} \bmod 21=16$。因此，2 是 21 的合性的证据。

设 $n=11$ 且 $n-1=10=2\cdot 5$，则 $t=1$ 且 $q=5$。$a=2$ 得到 $2^5 \bmod 11=10$，且 11 仍然是候选素数。同样，我们得到 $a=3$ 和 $a=7$：$3^5 \bmod 11=1$，$7^5 \bmod 11=10$。错误地接受 11 为素数的概率小于 0.016。

算法 11.3 给出了一个关于 $p>2$ 合性的安全判定。使用 k 个不同且随机选择的基做 k 折重复检验，错误接受一个数为素数的概率[⊖]小于 $\frac{1}{4^k}$。这个想法是为了证明，如果 p 是合数，约 $(p-1)/4$ 个数有伪素性。

算法 11.3：Miller-Rabin 素性检验

要求：候选的 $p\in \mathbb{N}$，p 是奇数

确保：p 是合数或可能是素数的判定

1：$t:=0, q:=0, i:=p-1$

⊖ 请参阅文献（Stinson，2005）。证明请参阅文献（Shoup，2009）。

2：**while** i mod $2\neq1$ **do**

3：　$i:=i/2$

4：　$t:=t+1$

5：**end while**

6：$q:=(p-1)/2^t$

7：随机选择 a 且 $1<a<p$

8：**if** $\mathrm{GCD}(a, p)\neq1$ **then**

9：　**return** p 是合数

10：**end if**

11：$e:=0$，$b:=a^q \bmod p$

12：**if** $b=1$ **then**

13：　**return** p 可能是素数

14：**end if**

15：**while** $b\neq\pm1 \bmod p$ && $e<t-1$ **do**

16：　$b:=b^2 \bmod p$

　　$e:=e+1$

17：**end while**

18：**if** $b\neq p-1 \bmod p$ **then**

19：　**return** p 是合数

20：**end if**

21：**return** p 可能是素数

11.4　伪随机数发生器

我们已经知道，密码应用在许多情况下都需要随机因素。因此，我们必须能够及时地生成随机数。除了物理可能性之外，真正的应用还需要使用确定性算法返回随机数。这种算法产生的是伪随机数，称为伪随机数发生器（PseudoRandom Number Generator，PRNG）或确定性随机位发生器（Deterministic Random Bit Generator，DRBG）。

定义 11.6　伪随机位发生器（PRBG）是一种确定性算法，当给定一个长度为 n 的真随机二进制序列时，输出一个长度大于 n 的二进制序列，该序列看起来是随机的。PRBG 的输入称为种子，输出称为伪随机位序列。

11.4.1　线性同余发生器

一种非常简单且快速有效的方法是线性同余发生器（LCG）。给定任意整数 $n\in\mathbb{N}$，整数 $b\in\mathbb{Z}_n$，$a\in\mathbb{Z}_n^{\times}$ 和种子 $x_0\in\mathbb{Z}_n$，我们用

$$x_{i+1}:=a\cdot x_i+b \bmod n \tag{11.2}$$

开始迭代过程。事实上，如果 n 足够大，这是一种非常快速有效产生许多伪随机数的方法。比如，这是一种适合于模拟项目的方法，但不应该用于密码学。为了理解这点，对于 $i\in\mathbb{N}$，考虑序列 $(x_i)_{i\in\mathbb{N}_0}$ 并定义

$$\begin{aligned}y_{i+1}:=x_{i+1}-x_i \bmod n&=a\cdot x_i+b-(a\cdot x_{i-1}+b)\bmod n\\&=a\cdot(x_i-x_{i-1})\bmod n\\&=a\cdot y_i \bmod n\end{aligned} \tag{11.3}$$

假设此时存在 $y_i^{-1}\bmod n$。由于

$$y_{i+1}\equiv_n a\cdot y_i\equiv_n a^2\cdot y_{i-1}\equiv_n\cdots\equiv_n a^i\cdot y_1$$

我们可以计算 $a\equiv_n y_{i+1}\cdot y_i^{-1}$ 和

$$y_{i+1}\equiv_n (y_{i+1}\cdot y_i^{-1})^i\cdot y_1\Rightarrow\underbrace{y_1\cdot y_{i+1}^{i-1}-y_i^i}_{=q\cdot n,q\in\mathbb{Z}}\equiv_n 0 \tag{11.4}$$

因此，只有少数序列可以得到 n 倍的序列。取它们的最大公约数，我们将很快得到 n。由式(11.3)，我们可以估计出 a。由式(11.2)，我们可以估计出 b。这些估计量可以用来

检验和预测序列。因此，LCG 非常不安全。

例 11.7 设参数未知的 LCG 生成的起始数字序列为：

$$19,20,31,46,52$$

在计算出 y_i (1,11,15,6) 之后，我们尝试从 {2, 3} 中依次选择 i 来得到 n：

$$y_1 \cdot y_3 - y_2^2 = 1 \cdot 15 - 11^2 = -106 \text{ 和 } y_1 \cdot y_4^2 - y_3^3 = 1 \cdot 46^2 - 31^3 = -3339$$

根据式(11.4)，这些数是 n 的倍数。因此，我们通过计算它们的最大公约数得到 n 的候选值：

$$n = \text{GCD}(-106, -3339) = 53$$

由于 $y_2 = a \cdot y_1 \bmod n$，我们得到 $a=11$。在此之后，我们可以计算 $b=23$。事实上，这些是正确的参数，可以通过检验这里的值来证明。如果这不能起作用，我们需要更多的 y_i 来获得更好的结果。

11.4.2 Blum-Blum-Shub 发生器

更好的方法是使用公钥密码学的结果。问题 7.25 求模 n 平方根是定义 PRNG 的一个合适的出发点，该问题和问题 7.29 中分解合数是一样的。我们不能使用算法 7.7 求平方根，除非我们能够分解 n。一个非常著名和公认的 PRNG 是算法 11.4 中描述的 BBS 发生器[㊀]，它也被称为“$x^2 \bmod n$”发生器。我们需要一个 Blum 数 $n=p \cdot q$，其中 $p \bmod 4 = 3 = q \bmod 4$ 且 $p \neq q$ 均为素数。有多少这样的数存在？设 $\pi_{a,b}(n)$ 为小于或等于 $n \in \mathbb{N}$ 素数的个数，以 $a \cdot k + b$ 的形式给出，其中 a，$b \in \mathbb{N}$，GCD $(a,b)=1$ 且 $k \in \{0,\cdots,\lfloor \frac{x-b}{a} \rfloor\}$。C. J. Poussin[㊁]，证明了素数定理 1.28，证明这个数与 $\pi(n)$ 是成比例的，

㊀ 请参阅文献（Blum 等，1986）或（McAndrew，2011）。

㊁ Charles-Jean de La Vallée Poussin（1866—1962）。

$$\pi_{a,b}(n) \sim \frac{1}{\phi(a)} \cdot \frac{n}{\log n}，其中 \phi(1)=1$$

通过设 $a=4$ 且 $b=3$，我们得到

$$\pi_{4,3}(n) \sim \frac{1}{\phi(4)} \cdot \frac{x}{\log x} = \frac{1}{2} \cdot \frac{n}{\log n}$$

因此，由于 $\pi_{1,0}(n)=\pi(n) \sim \frac{n}{\log n}$，一半的素数都有这样的形式，密码分析攻击是无效的。

令 p 为素数。如果（$p-1$）和（$p+1$）至少有一个大素因子，则 p 称为强素数。应用这样的素数可以用来抵抗一些密码分析攻击。因此，在算法 11.4 中需要用到它们。

算法 11.4：BBS 位发生器

要求：素数 $p \neq q$，其中 p，$q \equiv_4 3$ 且 $p-1$，$q-1$，$p+1$ 和 $q+1$ 至少拥有一个大素数因子，$k \in \mathbb{N}$

确保：给定伪随机数位序列 $x_1 \cdots x_k, x_i \in \{0,1\}$

1：$n := p \cdot q$

2：随机选择一个种子 $a \in \mathbb{N}$ 且 $\mathrm{GCD}(a,n)=1$

3：$a_0 := a^2 \bmod n$

4：$i := 0$

5：**while** $i < k$ **do**

6：　$a_{i+1} := a_i^2 \bmod n$

7：　取 a_{i+1} 最低有效位(lsb)：

　　$x_{i+1} := a_{i+1} \bmod 2$

8：　$i := i+1$

9：**end while**

10：**return** $x_1 \cdots x_k$

---

n 的分解使我们可以计算序列$(a_i)_{i \in \mathbb{N}}$。只有知道 p，q 和 a_k，才能进一步预测位

$a_{k+1}, a_{k+2}, \cdots$。如果这些值是已知的，算法 7.7 会产生最多 4 个可能的解。先前的附加信息将产生正确的解。

算法 11.4 中 a 和 n 的不恰当选择会产生位序列中的模式，从而破坏整个序列的安全性。我们可以在例 11.8 中看到这一点。

例 11.8（周期过短） 令 $p=7$，$q=11$ 且 $n=p\cdot q=77$。更进一步令 $a=3\in\mathbb{Z}_n^\times$。首先，得到 $a_0=9$。我们可以通过

i	a_i	位序列	$a_i \bmod 2$	$a_i^2 \bmod 77$
0	9	0001001	1	4
1	4	0000100	0	16
2	16	0010000	0	25
3	25	0011001	1	9
4	9	0001001	1	4
5	4	0000100	0	16
6	16	0010000	0	25
7	25	0011001	1	9
⋮	⋮	⋮	⋮	⋮

生成一个位长度 $k=32$ 的伪随机数。从 a_0 开始，我们得到了重复序列

$$10011001100110011001100110011001_{(2)}=2\ 576\ 980\ 377$$

继续 1024 位的长度并绘制 32×32 的图像，我们得到如图 11.1 所示模式（暗区$\hat{=}$ 1，亮区$\hat{=}$ 0）：

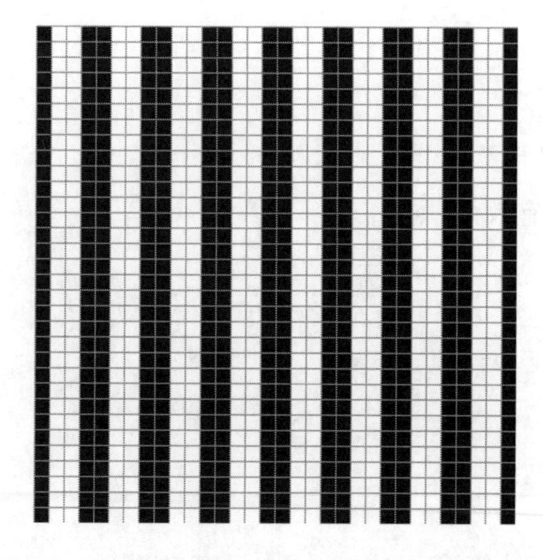

图 11.1　BBS 生成的“随机”位样本中的短模式

因为生成的位序列周期很短，例 11.8 中的位长度是不可取的。这是因为 $a=3$ 的阶很小。研究与 n 互素的剩余类群（$\mathbb{Z}_n^\times$，$\cdot n,1$）。考虑 n 的分解，特别是 $\phi(n)$ 是已知的，

$$\phi(n)=\prod_{d\mid\phi(n)} d^{\alpha(d)}$$

其中 α（d）是素因子 d 重复相乘的次数。这样我们可以计算任意群（G，$*$，e_*）中任意成员 $a\in G$ 的阶数。

定理 11.9　对于 $|G|$ 阶群（G，$*$，e_*）的每个素因子 d，对于任意 $a\in G$，令 $\beta(d)\in\mathbb{N}_0$ 是使得 $a^{|G|/d^{\beta(d)}} \bmod n=1$ 成立的最大的数。则得到 $0\leqslant\beta(d)\leqslant\alpha(d)$ 且

$$\mathrm{ord}_G(a)=\prod_{d\,\|\,|G|} d^{\alpha(d)-\beta(d)}$$

证明　由于 $\mathrm{ord}_G(a)$ 整除阶 $|G|$，对所有 $d\,\|\,|G|$，具有形式 $\prod_{d\,\|\,|G|} d^{\gamma(d)}$，其中 $0\leqslant\gamma(d)\leqslant\alpha(d)-\beta(d)$。由于 $\beta(d)$ 的定义，它甚至适用于所有 $d\mid|G|$ 的 $\gamma(d)=\alpha(d)-\beta(d)$。

□

序列 $(a_i)_{i\in\mathbb{N}_0}$ 产生集合

$$\{a^{2^i \bmod \mathrm{ord}_{\mathbb{Z}_n^\times}(a)} \bmod n; i\in\mathbb{N}_0\}\subset\mathcal{L}(a^2)\subset\mathcal{L}(a)$$

循环的长度可以通过指数 $2^i \bmod \mathrm{ord}_{\mathbb{Z}_n^\times}(a)$ 来计算。假设 $p\equiv_4 3$，$q\equiv_4 3$，我们得到一些 u，$v\in\mathbb{N}$，

$$\phi(n)=(p-1)(q-1)=(4u+3-1)(4v+3-1)=4(2u+1)(2v+1)$$

根据费马小定理 3.86，得到

$$a^{\frac{\phi(n)}{2}} \bmod p$$
$$=a^{(p-1)\cdot\frac{q-1}{2}} \bmod p=1=a^{(q-1)\cdot\frac{p-1}{2}} \bmod q=a^{\frac{\phi(n)}{2}} \bmod q$$

因此，使用中国剩余定理 3.77，得到

$$a^{\frac{\phi(n)}{2}} \bmod n=1$$

因此，$a^{\frac{\phi(n)}{4}} \bmod n$ 最多有四个解。四分之一的可能给出解 1，根据定理 11.9，这意味着

$\beta(2)=2$。在这种情况下，阶 z 是奇数的且我们可以通过 $\text{ord}_{\mathbb{Z}_z^\times}(2)$ 来计算周期长度。否则，我们必须找到序列 $(2^i \bmod z)_{i\in\mathbb{N}}$ 的周期。这可以通过查看值 $w=a^{\lceil\log_2(z)\rceil} \bmod z$ 和搜索下一个满足 $2^i \bmod z=w$ 大小的指数 i 来实现。

例 11.10（计算周期长度） 取例 11.8 的参数，得到 $\phi(77)=60=2^2\cdot3\cdot5$。使用 $a=3$，我们得到 $f(2)=1$、$f(3)=0$ 和 $f(5)=0$，因此，$\text{ord}_{\mathbb{Z}_{77}^\times}(3)=2^{2-1}\cdot3^{1-0}\cdot5^{1-0}=30$ 是偶数。由于 $2^5\equiv_{30}2^9$，因此该集合的无循环元素个数为 4。因此，这些值是循环重复的。

我们可以通过选择更大的 p 和 q 值以及对 a 做出更好的选择来改善这种情况。

例 11.11 我们令产生 32 位随机数的 BBS 发生器使用素数

$$p=59\ 649\ 589\ 127\ 497\ 231 \text{ 和 } q=5\ 704\ 689\ 200\ 685\ 129\ 050\ 051$$

在第一次尝试中，我们选择

$$a=7\ 116\ 192\ 729\ 228\ 367\ 089\ 987\ 758\ 095\ 479\ 444\ 937$$

具有较小的阶

$$z=\text{ord}_{\mathbb{Z}_n^\times}(a)=2\ 110$$

通过设 $w=2^{11}-z=1986$，我们得到一个周期 $i=420$。因为我们想要生成 32 位的随机数，这些数会在每 LCM(32，420)/32＝105 个值后重复出现。图 11.2 中的左图显示了生成的前 1024 位。周期约为 420 位。右图还显示了 1024 个生成的 32 位随机数，通过模式识别，每 105 个数循环一次。

在图 11.3 中，我们选择 $a=9$，这具有更好的阶

$$z=\text{ord}_{\mathbb{Z}_n^\times}(a)=17\ 014\ 118\ 346\ 046\ 926\ 867\ 285\ 549\ 276\ 195\ 318\ 075$$

这就得到 $i=\text{ord}_{\mathbb{Z}_z^\times}(2)=74\ 271\ 421\ 898\ 083\ 906\ 115\ 528\ 887\ 860$ 和生成 32 位随机数的周期为 18 567 855 474 520 976 528 882 221 965。两个对应的图像都没有可识别的模式。

在实际应用中，BBS 有两个缺点：（1）产生足够的伪随机数非常缓慢，（2）需要使

图 11.2　基于大素数的 BBS 生成的“随机”位样本中仍可识别模式

图 11.3　基于大素数的 BBS 生成的“随机”位样本无可识别模式

用一个较大的模 n 并选择一个具有足够大阶数的种子。因此，实际中我们通常使用其他方法。例如，推荐使用基于 9.3 节 HMAC 的称为 HMAC _ DRBG[⊖] 的方法。

⊖ 请参阅文献 NIST SP 800-90A，http：//nvlpubs. nist. gov/nistpubs/SpecialPublications/nist. sp. 800-90 ar1. pdf。

参考文献

文章

Agrawal, M., N. Kayal, and N. Saxena (2002). "PRIMES is in P". In: *Anns. Math.* 2, pp. 781-793 (cit. on p. 337).

Blum, L., M. Blum, and M. Shub (1986). "A Simple Unpredictable Pseudo Random Number Generator". In: *SIAM J. Comput.* 15.2, pp. 364-383. ISSN: 0097-5397. DOI:10.1137/0215025. URL: http://dx.doi.org/10.1137/0215025 (cit. on pp. 335, 343).

Cleary, J., and I. Witten (1984). "Data Compression Using Adaptive Coding and Partial String Matching". In: *IEEE Tran. on Communications* 32.4, pp. 396-402. ISSN: 0090-6778. DOI:10.1109/TCOM.1984.1096090 (cit. on p. 171).

Dang, Q. (2013). "Changes in Federal Information Processing Standard (FIPS) 180-4, Secure Hash Standard". In: *Cryptologia* 37.1, pp. 69-73, DOI:10.1080/01611194.2012.687431. URL: https://doi.org/10.1080/01611194.2012.687431 (cit. on pp. 319, 307).

Deutsch, P., and J.-L. Gailly (1996). "RFC1950 — ZLIB Compressed Data Format Specification, Version 3.3". In: URL: https://www.rfc-editor.org/info/rfc1950 (cit. on p. 308).

Diffie, W., and M. Hellman (1976). "New Directions in Cryptography". In: *IEEE Trans. Inf. Theor.* 22.6, pp. 644-654, ISSN: 0018-9448. DOI:10.1109/TIT.1976.1055638. URL: http://dx.doi.org/10.1109/TIT.1976.1055638 (cit. on pp. 225, 229, 265).

Kerckhoffs, A. (1883). "La Cryptographie Militaire". In: *Journal des Sciences Militaires* 9, pp. 5-83 (cit. on p. 61).

Massey, J. L. (1988). "An Introduction to Contemporary Cryptology". In: *Proc. of the IEEE* 76.5, pp. 533-549. DOI:10.1109/5.4440 (cit. on pp. 151, 155, 157, 168, 180).

Menezes, A. J., and S. A. Vanstone (1993). "Elliptic Curve Cryptosystems and their Implementation". In: *J. Cryptol.* 6.4, pp. 209-224. ISSN: 0933-2790. DOI:10.1007/BF00203817. URL: http://dx.doi.org/10.1007/BF00203817 (cit. on pp. 267, 304).

Merkle, R., and M. Hellman (1978). "Hiding Information and Signatures in Trapdoor Knapsacks". In: *IEEE Trans. on Info. Theor.* 24.5, pp. 525-530. ISSN: 0018-9448. DOI:10.1109/TIT.1978.1055927 (cit. on pp. 226, 227, 268).

Merkle, R. C. (1978). "Secure Communications over Insecure Channels". In: *Commun. ACM* 21.4, pp. 294-299. ISSN: 0001-0782. DOI:10.1145/359460.359473. URL: http://doi.acm.org/10.1145/359460.359473 (cit. on p. 226).

Pollard, J. M. (1974). "Theorems on Factorization and Primality Testing". In: *Proceedings of the Cambridge Philosophical Society* 76, p. 521. DOI:10.1017/S0305004100049252 (cit. on pp. 254, 335).

Pomerance, C. (1996). "A Tale of Two Sieves". In: *Notices Amer. Math. Soc.* 43, pp. 1473-1485 (cit. on p. 262).

Rejewski, M. (1981). "How Polish Mathematicians Broke the Enigma Cipher". In: *Anns. History of Computing* 3.3, pp. 213-234. ISSN: 0164-1239. DOI: 10.1109/MAHC.1981.10033 (cit. on p. 124).

Takahira, R., K. Tanaka-Ishii, and L. Debowski (2016). "Entropy Rate Estimates for Natural Language — A New Extrapolation of Compressed Large-Scale Corpora". In: *MDPI Entropy* 18, p. 16 (cit. on p. 171).

书籍

Applebaum, D. (2008). *Probability and Information: An Integrated Approach.* 2nd edn. Cambridge University Press. DOI:10.1017/CBO9780511755262 (cit. on pp. 1, 16).

Baigneres, T., *et al.* (2006). *A Classical Introduction to Cryptography Exercise Book.* New York: Springer. ISBN: 0-387-27934-2 (cit. on p. 58).

Biggs, N. (2008). *Codes.* London: Springer, X, 273 S. ISBN: 978-1-84800-272-2 (cit. on pp. 23, 25).

Bremner, M. R. (2011). *Lattice Basis Reduction — An Introduction to the LLL Algorithm and its Applications.* Boca Raton, Fla: CRC Press. ISBN: 978-1-439-80702-6 (cit. on p. 273).

Buchmann, J. (2004). *Introduction to Cryptography* New York: Springer. ISBN: 9781441990037. DOI:10.1007/978-1-4419-9003-7. URL: http://dx.doi.org/10.1007/978-1-4419-9003-7 (cit. on p. 192).

——— (2012). *Introduction to Cryptography.* 2nd ed. New York: Springer, p. 281. ISBN: 978-1468404982 (cit. on pp. 67, 243).

Coutinho, S. C. (1999). *The Mathematics of Ciphers: Number Theory and RSA Cryptography.* CRC Press. ISBN: 1568810822. URL: https://www.crcpress.com/The-Mathematics-of-Ciphers-Number-Theory-and-RSA-Cryptography/Coutinho/p/book/9781568810829 (cit. on pp. 323, 324).

Cover, T. M., and J. A. Thomas (2006). *Elements of Information Theory.* Hoboken, NJ: Wiley-Interscience (cit. on pp. 151, 171).

Dixon, M. R., L. A. Kurdachenko, and I. Ya. Subbotin (2010). *Algebra and Number Theory.* New Jersey: John Wiley and Son. ISBN: 978-0-470-49636-7 (cit. on p. 3).

Durbin, J. R. (2009). *Modern Algebra.* 6th ed. Hoboken, NJ: Wiley, XIII, 335 S. ISBN: 0-470-38443-3 (cit. on pp. 67, 75).

Fano, R. M. (1961). *Transmission of Information: A Statistical Theory of Communications.* MIT Press. URL: https://archive.org/details/TransmissionOfInformationAStatisticalTheoryOfCommunication%20RobertFano (cit. on pp. 155, 164).

Hardy, G. H., *et al.* (2008). *An Introduction to the Theory of Numbers.* Oxford: Oxford University Press. ISBN: 9780199219865. URL: https://books.google.de/books?id=rey9wfSaJ9EC (cit. on pp. 1, 12, 67, 96).

Hellman, M. E. (1977). *An Extension of the Shannon Theory Approach to Cryptography,* Vol. 23. IEEE Press, pp. 289-294. DOI:10.1109/TIT.1977.1055709 (cit. on p. 171).

Hoffstein, J., J. Pipher, and J. H. Silverman (2008). *An Introduction to Mathe-*

matical Cryptography. 1st ed. Springer. ISBN: 9780387779935 (cit. on pp. 1, 57, 119, 179, 188, 225, 262, 267, 323, 335, 337).

Holden, J. (2017). *The Mathematics of Secrets.* Princeton University Press. ISBN: 9781400885626. DOI:10.1515/9781400885626. URL: http://dx.doi.org/10.1515/9781400885626 (cit. on pp. 179, 187, 229).

ISO/IEC, 9798-2 (1999). *Information Technology-Security Techniques — Entity Authentication.* ISO (cit. on p. 233).

Jevons, W. S. (1875). *The Principles of Science: A Treatise on Logic and Scientific Method.* Bd. 1. Macmillan. URL: https://archive.org/details/theprinciplesof00jevoiala/page/n8 (cit. on p. 235).

Kaliski, B. S. (1988). *Elliptic Curves and Cryptography.* MIT, Laboratory for Computer Science, p. 169 (cit. on p. 298).

Kullback, S. (1997). *Information Theory and Statistics.* Dover Publications. ISBN: 9780486696843. URL: https://books.google.de/books?id=luHcCgAAQBAJ (cit. on p. 160).

Küster, M. W. (2006). *Geordnetes Weltbild.* Tübingen: Niemeyer, XV, 712 S. ISBN: 3-484-10899-1 (cit. on p. 26).

Lang, S. (1984). *Algebra.* 2nd ed. Reading, Mass: Addison-Wesley, XV, 714 S. ISBN: 0-201-05487-6 (cit. on pp. 67, 131).

——— (1987). *Linear Algebra* Springer. ISBN: 9780387964126. URL: https://books.google.de/books?id=0DUXym7QWfYC (cit. on pp. 116, 273).

Li, Y., and H. Niederreiter, eds. (2008). *Coding and Cryptology — Proceedings of the First International Workshop (Coding Theory and Crytology)*, Vol. 4. Singapore: World Scientific Publishing. ISBN: 9812832238. URL: https://www.worldscientific.com/worldscibooks/10.1142/6915 (cit. on p. 57).

Lidl, R., and H. Niederreiter (1996). *Finite Fields.* Cambridge: Cambridge University Press. ISBN: 9780521392310. DOI:DOI:10.1017/CBO9780511525926. URL: https://www.cambridge.org/core/books/finite-fields/75BDAA74ABAE713196E718392B9E5E72 (cit. on pp. 179, 192, 201).

Mahalingam, R. (2014). *Symmetric Cryptographic Protocols.* Cham: Springer, p. 234. ISBN: 978-3-319-07583-9 (cit. on p. 43).

Mariconda, C. (2016). *Discrete Calculus.* 103. Cham: Springer, xxi, 659 Seiten. ISBN: 978-3-319-03037-1 (cit. on p. 124).

Martin, K. M. (2017). *Everyday Cryptography.* 2nd ed. Oxford: Oxford University Press, p. 674. ISBN: 978-0-19-878801-0 (cit. on pp. 23, 43, 65, 119, 142, 285).

McAndrew, A. (2011). *Introduction to Cryptography with Open-Source Software.* CRC Press (cit. on p. 343).

Nielsen, M. A., and I. L. Chuang (2011). *Quantum Computation and Quantum Information: 10th Anniversary Edition.* New York: Cambridge University Press. ISBN: 9781107002173 (cit. on p. 243).

Proakis, J. G. (2008). *Digital Communications.* 5th ed. Boston: McGraw-Hill, XVIII, 1150 S. ISBN: 978-0-07-126378-8 (cit. on pp. 23, 36, 55).

Ross, S. (2014). *Introduction to Probability Models.* 11th ed. Boston: Academic Press, p. 784. ISBN: 978-0-12-407948-9. DOI:https://doi.org/10.1016/B978-0-12-407948-9.00012-8. URL: http://www.sciencedirect.com/science/article/pii/B9780124079489000128 (cit. on pp. 1, 16).

Shannon, C. E. (1949). *Communication Theory of Secrecy Systems.* New York: AT & T, p. 60 (cit. on pp. 29, 151, 152, 164, 176, 180).

Shoup, V. (2009). *A Computational Introduction to Number Theory and Algebra.* 2nd ed. Cambridge University Press. ISBN: 978-0521516440 (cit. on pp. 335, 340).

Silverman, J. H. (1986). *The Arithmetic of Elliptic Curves.* New York: Springer, XII, 400 S. ISBN: 978-0-387-96203-0 (cit. on pp. 298, 300).

Sorge, C., N. Gruschka, and L. L. Lacono, (2013). *Sicherheit in Kommunikationsnetzen.* München: Oldenbourg. ISBN: 978-3-486-72016-7 (cit. on pp. 51).

Stamp, M. (2011). *Information Security.* John Wiley and Sons, Inc. ISBN: 9780470626399, DOI:10.1002/9781118027974. URL: http://dx.doi.org/10.1002/9781118027974 (cit. on p. 272).

Stamp, M., and R. M. Low (2007). *Applied Cryptanalysis.* New Jersey: Wiley. ISBN: 978-0-470-11486-5 (cit. on pp. 64, 65, 225, 262).

Stinson, D. R. (2005). *Cryptography: Theory and Practice.* 3rd ed. Taylor & Francis. ISBN: 9781584885085. URL: https://books.google.de/books?id=Yz55lPEuzckC (cit. on pp. 23, 62, 119, 171, 225, 243, 267, 275, 307, 311, 340).

Tranquillus, G. S. (1918). *Gai Suetoni Tranquilli De vita Caesarum libri I-II: Iulius, Augustus.* Alyn and Bacon (cit. on p. 44).

Vaudenay, S. (2006). *A Classical Introduction to Cryptography.* Springer (cit. on p. 225).

其他

Chaum, D., E. van Heijst, and B. Pfitzmann (1992). "Cryptographically Strong Undeniable Signatures, Unconditionally Secure for the Signer". In: *Advances in Cryptology — CRYPTO '91, Proceedings.* Ed. J. Feigenbaum. Berlin, Heidelberg: Springer, pp. 470–484. ISBN: 978-3-540-46766-3 (cit. on pp. 307, 309).

Damgård, I. B. (1989). "A Design Principle for Hash Functions". In: *Advances in Cryptology — CRYPTO' 89, Proceedings.* Ed. G. Brassard. New York: Springer, pp. 416-427. ISBN: 978-0-387-34805-6 (cit. on pp. 307, 313).

Dworkin, M. J. (2001). *Sp 800-38A 2001 Edition. Recommendation for Block Cipher Modes of Operation: Methods and Techniques.* Tech. rep. Gaithersburg, MD, United States (cit. on p. 149).

——— (2016a). *Sp 800-38B. Recommendation for Block Cipher Modes of Operation: The CMAC Mode for Authentication.* Tech. rep. Gaithersburg, MD, United States: NIST (cit. on p. 321).

——— (2016b). *Sp 800-38G 2001 Edition. Recommendation for Block Cipher Modes of Operation: Methods for Format-Preserving Encryption.* Tech. rep. Gaithersburg, MD, United States (cit. on pp. 119, 149).

Dworkin, M. J., *et al.* (2001). *Federal Inf. Process. Stds. (NIST FIPS) — 197 (AES).* NIST Pubs 197. NIST (cit. on pp. 179, 188).

El Gamal, T. (1985). "A Public Key Cryptosystem and a Signature Scheme Based on Discrete Logarithms". In: *Advances in Cryptology — CRYPTO'84, Proceedings.* New York: Springer, pp. 10-18. ISBN: 0-387-15658-5. URL: http://dl.acm.org/citation.cfm?id=19478.19480 (cit. on pp. 267, 287, 323, 327).

Iwata, T., and K. Kurosawa (2003). "OMAC: One-Key CBC MAC". In: *Fast Software Encryption.* Ed. T. Johansson. Berlin Heidelberg: Springer Berlin,

Heidelberg, pp. 129-153 (cit. on p. 321).

Shamir, A. (1982). "A Polynomial Time Algorithm for Breaking the Basic Merkle-Hellman Cryptosystem". In: *23rd Annual Symposium on Foundations of Computer Science*. SFCS'82, pp. 145-152. DOI:10.1109/SFCS.1982.5 (cit. on p. 268).

Webster, A. F., and S. E. Tavares (1986). "On the Design of S-boxes". In: *Advances in Cryptology — CRYPTO'85, Proceedings.* USA: Springer, pp. 523-534. ISBN: 0-387-16463-4. URL: http://dl.acm.org/citation.cfm?id=18262.25423 (cit. on pp. 151, 176).

推荐阅读

人人可懂的密码学（原书第2版）

作者：（英）基思 M.马丁（Keith M. Martin）译者：贾春福 钟安鸣 高敏芬 等

书号：978-7-111-66311-9

本书特点：

强调基本原理：本书着重介绍密码学中重要且长期稳定的基本原理，不关注流行的密码技术的实现细节，从而确保本书内容在未来不会过时。

以应用为中心：本书希望更多的用户能了解密码学，因此给出了大量在日常生活中能接触到的密码学应用案例，包括无线局域网、移动通信、网上支付、视频广播、身份证、电子邮件、个人设备等场景中的安全需求，以及应用的密码技术。

广泛的适用性：本书的目标是适合密码学初学者学习，因此本书关注密码学的核心问题，并尽力做到面向各种专业背景和基础的读者，使读者无须额外学习预备知识也能理解本书的内容。

推荐阅读

计算机安全：原理与实践(原书第4版）

作者：：（美）威廉・斯托林斯（William Stallings）（澳）劳里・布朗（Lawrie Brown）
译者：贾春福 高敏芬 等 书号：978-7-111-61765-5

本书特点：

对计算机安全和网络安全领域的相关主题进行了广泛而深入的探讨，同时反映领域的最新进展。内容涵盖ACM/IEEE Computer Science Curricula 2013中计算机安全相关的知识领域和核心知识点，以及CISSP认证要求掌握的知识点。

从计算机安全的核心原理、设计方法、标准和应用四个维度着手组织内容，不仅强调核心原理及其在实践中的应用，还探讨如何用不同的设计方法满足安全需求，阐释对于当前安全解决方案至关重要的标准，并通过大量实例展现如何运用相关理论解决实际问题。

除了经典的计算机安全的内容，本书紧密追踪安全领域的发展，完善和补充对数据中心安全、恶意软件、可视化安全、云安全、物联网安全、隐私保护、认证与加密、软件安全、管理问题等热点主题的探讨。